高等职业教育公共基础课通用教材

应用数学实用教程
（第 2 版）

主　编　王烂曼　刘玫星　蒋卫华
主　审　周卓夫
副主编　仇益彩　冯　婷　袁　想　姜颖蕤

北京理工大学出版社
BEIJING INSTITUTE OF TECHNOLOGY PRESS

内 容 简 介

本书根据教育部最新制定的《高职高专教学课程教学基本要求》和《高职高专教育专业人才培养目标及规格》，结合高职高专教学特点，由长沙通信职业技术学院长期从事高职数学教学的教师编写而成。

本书内容包括：极限与连续、导数与微分、导数的应用、不定积分、定积分及其应用、常微分方程、行列式、矩阵、线性方程组、线性规划、随机事件与概率、随机变量及其数字特征、集合论、数理逻辑。

本书适用于高职高专工科类和经济管理类及计算机各专业，也可作为"专升本"考试培训教材和自学考试的教材或参考书。

版权专有　侵权必究

图书在版编目(CIP)数据

应用数学实用教程/王烂曼，刘玫星，蒋卫华主编．—2版．—北京：北京理工大学出版社，2020.11

ISBN 978-7-5682-9194-1

Ⅰ．①应… Ⅱ．①王… ②刘… ③蒋… Ⅲ．①应用数学-高等职业教育-教材 Ⅳ．①O29

中国版本图书馆 CIP 数据核字(2020)第 210071 号

出版发行 / 北京理工大学出版社有限责任公司
社　　址 / 北京市海淀区中关村南大街5号
邮　　编 / 100031
电　　话 / (010)68914775(总编室)
　　　　　 (010)82562903(教材售后服务热线)
　　　　　 (010)68948351(其他图书服务热线)
网　　址 / http://www.bitpress.com.cn
经　　销 / 全国各地新华书店
印　　刷 / 涿州市新华印刷有限公司
开　　本 / 787毫米×1092毫米　1/16
印　　张 / 17.75　　　　　　　　　　　　　　　责任编辑 / 江　立
字　　数 / 440千字　　　　　　　　　　　　　　文案编辑 / 江　立
版　　次 / 2020年11月第2版　2020年11月第1次印刷　责任校对 / 周瑞红
定　　价 / 42.00元　　　　　　　　　　　　　　责任印制 / 施胜娟

图书出现印装质量问题，请拨打售后服务热线，本社负责调换

前　　言

　　本书是根据教育部最新制定的《高职高专教学课程教学基本要求》和《高职高专教育专业人才培养目标及规格》，结合高职高专教学特点，由长沙通信职业技术学院长期从事高职数学教学的教师编写而成．本书适用于高职高专工科类和经济管理类及计算机各专业，也可作为"专升本"考试培训教材和自学考试的教材或参考书．

　　本书遵循高等教育的教学规律，以"符合大纲要求，加强实际应用，增加知识容量，优化结构体系"为原则，以 21 世纪市场经济形势下对人才素质的要求为前提，以高职数学在高职教育中的功能定位和作用为基础，在内容上删去了一些烦琐的推理和证明，增加了一些实际应用的内容，力求把数学内容讲得简单易懂，重点是让学生接受高等数学的思想方法和思维习惯．在习题的编排上，根据高职工科各专业的特点，力求做到习题难易搭配适当，知识与内容结合紧密，掌握理论与培养能力相得益彰．为帮助读者学习和自学，本书同时配套了一套习题解答．

　　本书内容包括：极限与连续、导数与微分、导数的应用、不定积分、定积分及其应用、常微分方程、行列式、矩阵、线性方程组、线性规划、随机事件与概率、随机变量及其数字特征、集合论、数理逻辑．

　　本书在编写过程中，得到了湖南邮电职业技术学院领导、教务处及各系领导的关心和支持．在此表示衷心的感谢．特别感谢通信管理系叶伟主任对本书的支持和帮助．

　　由于时间仓促，加之编者水平有限，书中疏漏之处在所难免，恳请读者多提宝贵意见．

编　者

目 录

第一章 函数 ·· 1
   1.1 函数的概念 ·· 1
   1.2 函数的几种特性 ··· 2
   1.3 基本初等函数和初等函数 ·· 6
   1.4 经济中常用的函数 ·· 10

第二章 极限与连续 ·· 15
   2.1 极限的概念 ·· 15
   2.2 无穷小与无穷大 ··· 18
   2.3 极限运算法则 ·· 20
   2.4 两个重要极限 ·· 23
   2.5 函数的连续性 ·· 25
   本章小结 ·· 29

第三章 导数与微分 ·· 32
   3.1 导数的概念 ·· 32
   3.2 求导法则与求导公式 ··· 40
   3.3 函数的微分 ·· 47
   本章小结 ·· 52

第四章 导数的应用 ·· 56
   4.1 洛必达法则 ·· 56
   4.2 函数单调性与极值 ·· 58
   本章小结 ·· 64

第五章 不定积分 ··· 67
   5.1 不定积分的概念 ··· 67
   5.2 不定积分的基本性质和直接积分法 ·· 68
   5.3 不定积分的换元积分法 ··· 72
   5.4 分部积分法 ·· 77
   本章小结 ·· 79

第六章 定积分及其应用 ··· 82
   6.1 定积分的概念与性质 ··· 82
   6.2 微积分学基本公式 ·· 86
   6.3 定积分的基本积分法则 ··· 89
   6.4 定积分的应用 ·· 92

本章小结 …………………………………………………………………………… 96

第七章　常微分方程 ……………………………………………………………… 99
　7.1　微分方程的基本概念 …………………………………………………………… 99
　7.2　一阶微分方程 ………………………………………………………………… 100
　7.3　一阶线性微分方程 …………………………………………………………… 103
　7.4　二阶常系数线性微分方程 …………………………………………………… 106
　　本章小结 ………………………………………………………………………… 110

第八章　行列式 …………………………………………………………………… 112
　8.1　二元线性方程组与二阶行列式 ……………………………………………… 112
　8.2　三阶行列式 …………………………………………………………………… 115
　8.3　高阶行列式 …………………………………………………………………… 120
　　本章小结 ………………………………………………………………………… 123

第九章　矩阵 ……………………………………………………………………… 126
　9.1　矩阵的基本概念与基本运算 ………………………………………………… 126
　9.2　逆矩阵 ………………………………………………………………………… 135
　9.3　矩阵的秩与初等变换 ………………………………………………………… 138
　　本章小结 ………………………………………………………………………… 144

第十章　线性方程组 ……………………………………………………………… 147
　10.1　线性方程组的有关概念 ……………………………………………………… 147
　10.2　消元法 ………………………………………………………………………… 148
　10.3　线性方程组解的情况判定 …………………………………………………… 155
　　本章小结 ………………………………………………………………………… 158

第十一章　线性规划 ……………………………………………………………… 160
　11.1　线性规划问题及其数学模型 ………………………………………………… 160
　11.2　两个变量问题的图解法 ……………………………………………………… 162
　11.3　线性规划数学模型的标准形式及解的概念 ………………………………… 165
　11.4　单纯形法 ……………………………………………………………………… 169
　　本章小结 ………………………………………………………………………… 174

第十二章　随机事件与概率 ……………………………………………………… 175
　12.1　随机事件 ……………………………………………………………………… 175
　12.2　随机事件的概率 ……………………………………………………………… 178
　12.3　条件概率和全概率公式 ……………………………………………………… 181
　12.4　事件的独立性 ………………………………………………………………… 184
　　本章小结 ………………………………………………………………………… 188

第十三章　随机变量及其数字特征 ……………………………………………… 190
　13.1　随机变量 ……………………………………………………………………… 190
　13.2　分布函数 ……………………………………………………………………… 194

13.3 几种常见随机变量的分布 …………………………………………………… 197
13.4 期望与方差 ………………………………………………………………… 202
本章小结 ……………………………………………………………………… 207
第十四章 集合论 ………………………………………………………………… 210
本章小结 ……………………………………………………………………… 221
第十五章 数理逻辑 ……………………………………………………………… 224
本章小结 ……………………………………………………………………… 242
参考答案 …………………………………………………………………………… 245
附录 1 初等数学常用公式 ……………………………………………………… 266
附录 2 标准正态分布数值表 …………………………………………………… 271
附录 3 泊松分布表 ……………………………………………………………… 272
参考文献 …………………………………………………………………………… 273

第一章 函 数

1.1 函数的概念

高中阶段已经接触过常量与变量的概念,在某一变化过程中可以取不同数值的量叫变量,而始终保持相同数值的量叫常量.

一、区间与邻域

(1) 区间是介于某两个实数之间的全体实数,这两个实数称为区间的端点. 区间分为两类:有限区间、无限区间. 区间有四种表示方法:括号表示法、不等式表示法、数轴表示法和集合表示法. 它们的名称、记号和定义如下:

有限区间:闭区间 $[a,b]=\{x\,|\,a\leqslant x\leqslant b\}$;
    开区间 $(a,b)=\{x\,|\,a<x<b\}$;
    半开区间 $(a,b]=\{x\,|\,a<x\leqslant b\}$;
         $[a,b)=\{x\,|\,a\leqslant x<b\}$;
无限区间: $(a,+\infty)=\{x\,|\,x>a\}$;
         $[a,+\infty)=\{x\,|\,x\geqslant a\}$;
         $(-\infty,b)=\{x\,|\,x<b\}$;
         $(-\infty,b]=\{x\,|\,x\leqslant b\}$;
         $(-\infty,+\infty)=\{x\,|\,x\in\mathbf{R}\}$,

其中 a,b 为确定的实数,分别称为区间的左端点和右端点;$b-a$ 为区间长度;$+\infty$ 和 $-\infty$ 分别读作"正无穷大"和"负无穷大",不表示任何数,只是记号.

区间可用数轴表示,如图 1-1 所示.

(2) 邻域是高等数学中常用的概念. 称实数集 $\{x\,|\,|x-a|<\delta\}$ 为点 a 的 δ 邻域,记作 $U(a,\delta)$,a 称为邻域的中心,δ 称为邻域的半径. 由定义可知 $U(a,\delta)=(a-\delta,a+\delta)$ 表示分别以 $a-\delta$,$a+\delta$ 为左、右端点的开区间,区间长度为 2δ,如图 1-2 所示.

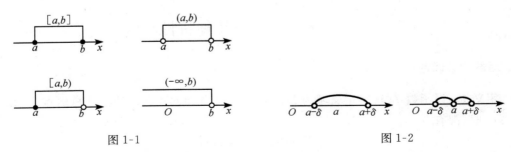

图 1-1   图 1-2

在 $U(a,\delta)$ 中去掉中心点 a 得到的实数集 $\{x\,|\,0<|x-a|<\delta\}$ 称为点 a 的去心邻域,记作

$\mathring{U}(a,\delta)$. 显然去心邻域 $\mathring{U}(a,\delta)$ 是两个开区间 $(a-\delta,a)$ 和 $(a,a+\delta)$ 的并,即
$$\mathring{U}(a,\delta) = (a-\delta,a) \bigcup (a,a+\delta).$$

二、函数的概念

定义 设 x,y 是两个变量,D 是一个实数集,如果对于 D 内的每一个实数 x,按照某个对应法则 f,变量 y 都有唯一确定的数值和它对应,则称 y 是 x 的函数,记作 $y=f(x)$. x 称为自变量,y 称为因变量,实数集 D 称为这个函数的定义域.

当 x 取数值 $x_0 \in D$ 时,与 x_0 相对应的 y 值称为函数 $y=f(x)$ 在点 x_0 处的函数值,记作 $f(x_0)$ 或 $y|_{x=x_0}$,这时称函数在点 x_0 处有定义. 函数 $y=f(x)$ 的所有函数值的集合 $M=\{y|y=f(x), x \in D\}$ 称为函数的值域.

在函数的定义中,要求对于定义域中的每一个 x 值,都有唯一的 y 值与之对应,这种函数称为单值函数,如果 y 值的唯一性不满足,就称为多值函数. 例如,以原点为圆心,1 为半径的圆的方程为 $x^2+y^2=1$,由这个方程所确定的函数 $y=\pm\sqrt{1-x^2}$ 就是多值函数. 又如,反三角函数也是多值函数. 今后如无特殊声明,所讲的函数都是指单值函数.

在实际问题中,函数的定义域是根据问题的实际意义确定的. 但在数学上作一般性研究时,对于只给出表达式而没有说明实际背景的函数,我们规定:函数的定义域就是使函数表达式有意义的自变量的取值范围.

练习题 1.1

1. 求下列函数的定义域:

(1) $y=3x^2+\dfrac{1}{x-1}$; (2) $y=\sqrt{5x+3}$;

(3) $y=\sqrt[3]{x-2}$; (4) $y=\sqrt{9-x^2}$;

(5) $y=\dfrac{1}{\sqrt{16-x^2}}$; (6) $f(x)=\dfrac{1}{\sqrt{x^2+1}}+\dfrac{1}{\sqrt{(2x+1)^2}}$.

2. 作下列函数的图形:

(1) $y=2x, x \in \{-2,-1,0,1,2\}$;

(2) $y=2x-1, x \in \{x|-1<x<1\}$;

(3) $f(x)=\begin{cases} x+2, & x \leqslant -1, \\ x^2, & -1<x<2, \\ 2x, & x \geqslant 2. \end{cases}$

1.2 函数的几种特性

一、函数的单调性

定义 1 设函数 $f(x)$ 的定义域为 D,区间 $I \subseteq D$,如果对于区间 I 上任意两点 x_1 和 x_2,当 $x_1 < x_2$ 时,都有
$$f(x_1) < f(x_2),$$
则称函数 $f(x)$ 在区间 I 上是单调增加的(图 1-3),区间 I 称为单调增区间;如果对于区间 I 上

任意两点 x_1 和 x_2,当 $x_1 < x_2$ 时,都有
$$f(x_1) > f(x_2),$$
则称函数 $f(x)$ 在区间 I 上是单调减少的(图 1-4),区间 I 称为单调减区间. 单调增加和单调减少的函数统称为单调函数,单调增区间和单调减区间统称为单调区间.

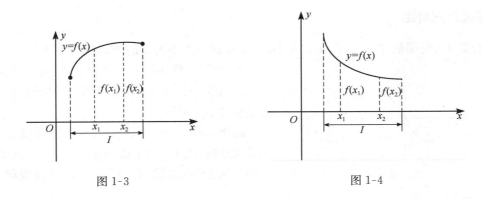

图 1-3　　　　　　　　　　图 1-4

二、函数的奇偶性

定义 2　设函数 $f(x)$ 的定义域 D 关于原点对称. 如果对于任一 $x \in D$,都有
$$f(-x) = -f(x)$$
成立,则称 $f(x)$ 为奇函数(图 1-5). 如果对于任一 $x \in D$,都有
$$f(-x) = f(x)$$
成立,则称 $f(x)$ 为偶函数(图 1-6).

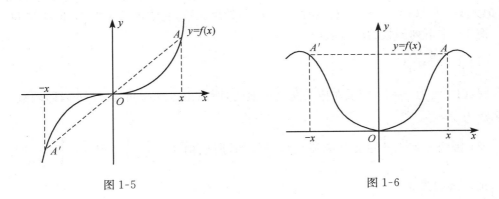

图 1-5　　　　　　　　　　图 1-6

例如,函数 $f(x) = x^5$ 是奇函数,因为 $f(-x) = (-x)^5 = -x^5 = -f(x)$. 函数 $f(x) = x^4$ 是偶函数,因为 $f(-x) = (-x)^4 = x^4 = f(x)$. 函数 $f(x) = x^2 + x^3$ 不是奇函数也不是偶函数,因为它不满足奇函数定义的条件,也不满足偶函数定义的条件.

三、函数的有界性

定义 3　设函数 $f(x)$ 的定义域为 D,区间 $I \subseteq D$,如果存在正数 M,使得对于任一 $x \in I$,都有
$$|f(x)| \leqslant M,$$

则称函数 $f(x)$ 在区间 I 内有界. 如果这样的正数 M 不存在, 就称函数 $f(x)$ 在区间 I 内无界.

例如, 函数 $y=\cos x$ 在区间 $(-\infty,+\infty)$ 内有界, 因为对于任一 $x\in(-\infty,+\infty)$, 总有 $|\cos x|\leq 1$; 但函数 $y=x^2$ 在区间 $(-\infty,+\infty)$ 内无界, 因为对于任意取定的一个正数 M, 不能使得 $|x^2|\leq M$ 在区间 $(-\infty,+\infty)$ 内都成立.

四、函数的周期性

定义 4 设函数 $f(x)$ 的定义域为 D, 如果存在一个不为零的数 l, 使得对于任一 $x\in D$, 都有 $(x\pm l)\in D$, 且 $f(x+l)=f(x)$ 恒成立, 则称 $f(x)$ 为周期函数, l 称为 $f(x)$ 的周期. 通常, 周期函数的周期是指最小正周期.

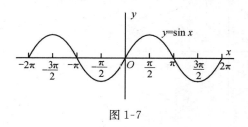

图 1-7

例如, 函数 $y=\sin x$, $y=\cos x$ 都是以 2π 为周期的周期函数(图 1-7); 函数 $y=\tan x$, $y=\cot x$ 都是以 π 为周期的周期函数, 而函数 $y=x^2$ 不是周期函数.

五、反函数

对于函数 $y=2x+4$, 已知自变量的一个值 $x\in D$, 可以求出唯一对应的函数值 y, 即函数 $y=2x+4$ 的对应关系是单值的. 反过来, 根据此式, 已知 y 的每一个值, $y\in M$, 我们也能求出对应的 x 的唯一确定的值, 即 $y=2x+4$ 的反对应关系也是单值的.

一般地, 对于反对应关系也是单值的函数, 给出下面的定义.

定义 5 设函数 $y=f(x)$, 其定义域为 D, 值域为 M. 如果对于 M 中的每一个 y 值, 都可以从关系式 $y=f(x)$ 确定唯一的值 $x\in D$ 与之对应, 这样就确定了一个以 y 为自变量的新函数, 记为 $x=f^{-1}(y)$, 这个函数就叫作 $y=f(x)$ 的反函数, 它的定义域为 M, 值域为 D.

例 1 求下列函数的反函数:

(1) $y=x^3$; (2) $y=\dfrac{x-1}{x+1}$.

解: (1) 因为 $y=x^3$ 的反对应关系是单值的, 所以由 $y=x^3$ 可得 $x=\sqrt[3]{y}$, 即函数 $y=x^3$ 的反函数为 $x=\sqrt[3]{y}$.

(2) 因为 $y=\dfrac{x-1}{x+1}$ 的反对应关系是单值的, 所以由 $y=\dfrac{x-1}{x+1}$ 可得 $x=\dfrac{1+y}{1-y}$, 即函数 $y=\dfrac{x-1}{x+1}$ 的反函数是 $x=\dfrac{1+y}{1-y}$.

函数 $y=f(x)$ 的反函数 $x=f^{-1}(y)$ 以 y 为自变量, 但习惯上都以 x 表示自变量, 所以反函数 $x=f^{-1}(y)$ 通常表示为 $y=f^{-1}(x)$. 以后如无特殊说明, 函数 $y=f(x)$ 的反函数都是指以 x 为自变量的函数 $y=f^{-1}(x)$.

例 2 求函数 $y=\dfrac{1}{2}x+2$ 的反函数, 并在同一个平面直角坐标系中作出它们的图像.

解: 由 $y=\dfrac{1}{2}x+2$ 解得 $x=2y-4$, 所以 $y=\dfrac{1}{2}x+2$ 的反函数是 $y=2x-4$.

原函数 $y=\dfrac{1}{2}x+2$ 的图像是过点 $(0,2)$ 和点 $(-4,0)$ 的直线, 其反函数 $y=2x-4$ 的图像

是过点$(2,0)$和点$(0,-4)$的直线(图1-8).

从图1-8可以看到,直接函数$y=\frac{1}{2}x+2$的图像与反函数$y=2x-4$的图像是关于直线$y=x$对称的. 一般地,由图1-9可以看出,$y=f(x)$的图像与其反函数$y=f^{-1}(x)$的图像关于直线$y=x$对称.

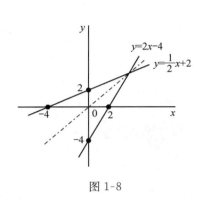

图1-8

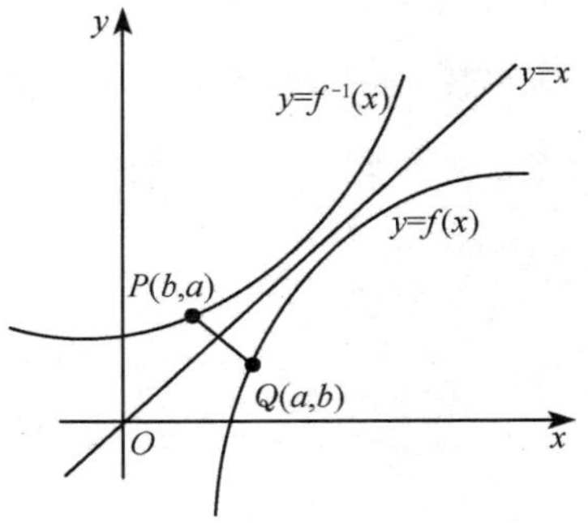

图1-9

例3 讨论函数$y=x^2$的反函数.

解:函数$y=x^2$的定义域$D=(-\infty,+\infty)$,值域$M=[0,+\infty)$. 因为$x=\pm\sqrt{y}$,所以,任取$y\in[0,+\infty)$($y\neq 0$),有两个x值与之对应(图1-10).所以x不是y的单值函数.即函数$y=x^2$不存在反函数.

在上例中,如果只考虑函数$y=x^2$在区间$[0,+\infty)$上的反函数,则由$y=x^2,x\in[0,+\infty)$,解得$x=\sqrt{y}$. 即$y=x^2$在区间$[0,+\infty)$上存在反函数$y=\sqrt{x},x\in[0,+\infty)$. 同理,函数$y=x^2$在区间$(-\infty,0]$上也存在反函数$y=-\sqrt{x},x\in(-\infty,0]$.

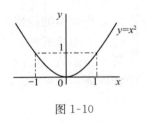

图1-10

从图1-10知,这两种情形中,函数在所限定的区间内都是单调的. 一般地,有下述反函数存在定理.

定理 设函数$y=f(x)$的定义域为D,值域是M. 如果函数$y=f(x)$在D上是单调增加(或减少)的,则它必存在反函数$y=f^{-1}(x),x\in M$,且反函数$y=f^{-1}(x)$在M上也是单调增加(或减少)的.

利用上述定理,只需判断函数在所讨论的区间内是否单调,就可确定其反函数是否存在,并可判断反函数的单调性. 例如,函数$y=x^3$在区间$(-\infty,+\infty)$上是单调增加的,因此它必存在反函数,且其反函数在相应的定义区间上也是单调增加的. 事实上,$y=x^3$的反函数为$y=\sqrt[3]{x},x\in(-\infty,+\infty)$,可以看到,它在$(-\infty,+\infty)$上是单调增加的(图1-11).

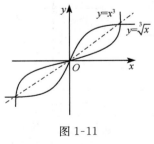

图1-11

练习题 1.2

1. 指出下列函数中哪些是奇函数,哪些是偶函数,哪些既不是奇函数也不是偶函数.

   (1) $f(x)=x^4-2x^2+6$;   (2) $f(x)=x^2\cos x$;

(3) $f(x)=\dfrac{e^x+e^{-x}}{2}$；

(4) $f(x)=\dfrac{e^x-e^{-x}}{2}$；

(5) $f(x)=\sin x+\cos x-2$；

(6) $f(x)=x(x-1)(x+1)$.

2. 下列哪些函数是周期函数？对于周期函数，指出其周期.

(1) $y=\cos\left(x-\dfrac{\pi}{3}\right)$；

(2) $y=3\cos 5x$；

(3) $y=\sin\pi x-3$；

(4) $y=x^2\tan x$.

3. 证明函数 $y=\dfrac{1}{x}$ 在区间 $(-1,0)$ 内单调减少.

4. 下列函数中哪些函数在区间 $(-\infty,+\infty)$ 内是有界的？

(1) $y=3\sin^2 x$；

(2) $y=\dfrac{1}{1+\tan x}$.

1.3　基本初等函数和初等函数

一、基本初等函数

在科学发展过程中，有一类为数不多的函数，在各种问题中经常出现. 因此，这些函数就从大量的各种各样的函数中被挑选出来，作为最基本的函数加以研究. 其他常见的函数通常都是由这些基本的函数构成的.

下面这五种已学过的函数就是最基本的，它们是幂函数、指数函数、对数函数、三角函数和反三角函数. 这五种函数统称为基本初等函数. 为了便于应用，将它们的定义域、值域、图像和特性列表如下（表 1-1～表 1-4）.

表 1-1

函数	幂函数			
	$y=x^2$	$y=x^3$	$y=x^{\frac{1}{2}}$	$y=x^{-1}$
图像				
定义域	$x\in(-\infty,+\infty)$	$x\in(-\infty,+\infty)$	$x\in[0,+\infty)$	$x\in(-\infty,0)\cup(0,+\infty)$
值域	$y\in[0,+\infty)$	$y\in(-\infty,+\infty)$	$y\in[0,+\infty)$	$y\in(-\infty,0)\cup(0,+\infty)$
特性	偶函数，在 $[-\infty,0)$ 内单调减少，在 $(0,+\infty)$ 内单调增加	奇函数，单调增加	单调增加	奇函数，单调减少

表 1-2

函数	指数函数		对数函数	
	$y=a^x(a>1)$	$y=a^x(0<a<1)$	$y=\log_a x(a>1)$	$y=\log_a x(0<a<1)$
图像				
定义域	$x\in(-\infty,+\infty)$	$x\in(-\infty,+\infty)$	$x\in(0,+\infty)$	$x\in(0,+\infty)$
值域	$y\in(0,+\infty)$	$y\in(0,+\infty)$	$y\in(-\infty,+\infty)$	$y\in(-\infty,+\infty)$
特性	单调增加	单调减少	单调增加	单调减少

表 1-3

函数	三角函数			
	$y=\sin x$	$y=\cos x$	$y=\tan x$	$y=\cot x$
图像				
定义域	$x\in(-\infty,+\infty)$	$x\in(-\infty,+\infty)$	$x\neq k\pi+\dfrac{\pi}{2}(k\in\mathbf{Z})$	$x\neq k\pi(k\in\mathbf{Z})$
值域	$y\in[-1,1]$	$y\in[-1,1]$	$y\in(-\infty,+\infty)$	$y\in(-\infty,+\infty)$
特性	奇函数,周期 2π,有界,在 $\left(2k\pi-\dfrac{\pi}{2},2k\pi+\dfrac{\pi}{2}\right)$ 内单调增加,在 $\left(2k\pi+\dfrac{\pi}{2},2k\pi+\dfrac{3\pi}{2}\right)$ 内单调减少 $(k\in\mathbf{Z})$	偶函数,周期 2π,有界,在 $(2k\pi,2k\pi+\pi)$ 内单调减少,在 $(2k\pi+\pi,2k\pi+2\pi)$ 内单调增加 $(k\in\mathbf{Z})$	奇函数,周期 π,在 $\left(k\pi-\dfrac{\pi}{2},k\pi+\dfrac{\pi}{2}\right)$ 内单调增加 $(k\in\mathbf{Z})$	奇函数,周期 π,在 $(k\pi,k\pi+\pi)$ 内单调减少 $(k\in\mathbf{Z})$

表 1-4

函数	反三角函数			
	$y=\arcsin x$	$y=\arccos x$	$y=\arctan x$	$y=\text{arccot } x$
图像				
定义域	$x\in[-1,1]$	$x\in[-1,1]$	$x\in(-\infty,+\infty)$	$x\in(-\infty,+\infty)$
值域	$y\in\left[-\dfrac{\pi}{2},\dfrac{\pi}{2}\right]$	$y\in[0,\pi]$	$y\in\left(-\dfrac{\pi}{2},\dfrac{\pi}{2}\right)$	$y\in(0,\pi)$
特性	奇函数,单调增加,有界	单调减少,有界	奇函数,单调增加,有界	单调减少,有界

二、分段函数与复合函数

1. 分段函数

有时候一个函数要用几个式子表示. 这种在自变量的不同变化范围内,对应法则用几个不同式子来表示的函数,通常称为分段函数.

例如,函数

$$y=f(x)=\begin{cases} x^2, & 0\leqslant x<1, \\ 3-x, & 1\leqslant x<2 \end{cases}$$

是一个分段函数,它的定义域 $D=[0,1)\cup[1,2)=[0,2)$. 当 $x\in[0,1)$ 时,对应的函数表达式为 $f(x)=x^2$;当 $x\in[1,2)$ 时,对应的函数表达式为 $f(x)=3-x$. 分别作出各区间内函数的图像即可得分段函数的图像.

在工程技术中有几种很重要的分段函数,例如

(1) 单位阶跃函数

$$1(t)=\begin{cases} 1, & t>0, \\ 0, & t<0. \end{cases}$$

(2) 指数衰减函数

$$f(t)=\begin{cases} e^{-at}, & t>0, \\ 0, & t<0. \end{cases}$$

(3) 矩形函数

$$f(t)=\begin{cases} E, & 0<t<\tau, \\ 0, & t<0 \text{ 或 } t>\tau. \end{cases}$$

2. 复合函数

看下面的函数

$$y=\ln\sin x.$$

很明显，它不是基本初等函数，但是，它可看作是由两个基本初等函数
$$y = \ln u, \quad u = \sin x$$
构成的.

定义 设 $y=f(u), u=\varphi(x), x\in D$. 如果在 D 的某个非空子集 D_1 上，对于 $x\in D_1$ 的每一个值所对应的 u 值，都能使函数 $y=f(u)$ 有定义，则 y 是 x 的函数. 这个函数叫作由 $y=f(u)$ 与 $u=\varphi(x)$ 复合而成的函数，简称为 x 的复合函数，记作 $y=f[\varphi(x)]$，其中 u 叫作中间变量，复合函数的定义域是 D_1.

例如，$y=\ln(x^3)$ 是由函数 $y=\ln u$ 与 $u=x^3$ 复合而成的，其定义域为 $(0,+\infty)$，它是函数 $u=x^3$ 的定义域 $(-\infty,+\infty)$ 的非空子集.

例 1 写出下列函数的复合函数：

(1) $y=u^2, u=\sin x$；

(2) $y=\sin u, u=x^2$.

解：(1) 将 $u=\sin x$ 代入 $y=u^2$ 得所求的复合函数 $y=(\sin x)^2$.

将 $u=x^2$ 代入 $y=\sin u$ 得所求的复合函数 $y=\sin x^2$.

上例表明，复合顺序不同，所得的复合函数是不同的.

注意：并非任意两个函数都可复合成一个复合函数. 例如，$y=\ln u$ 与 $u=-x^2$ 就不能复合成一个复合函数，因为任何 x 的值所对应的 u 值，都不能使 $y=\ln \mu$ 有意义.

例 2 指出下列复合函数的复合过程：

(1) $y=\sin 2^x$；

(2) $y=\sqrt{1+x^2}$；

(3) $y=\ln \cos 3x$.

解：(1) $y=\sin 2^x$ 的复合过程是
$$y = \sin u, \quad u = 2^x.$$

(2) $y=\sqrt{1+x^2}$ 的复合过程是
$$y = \sqrt{u}, \quad u = 1+x^2.$$

(3) 函数 $y=\ln \cos 3x$ 的复合过程是
$$y = \ln u, \quad u = \cos v, \quad v = 3x.$$

3. 初等函数

初等函数是由常数和基本初等函数经过有限次四则运算和有限次的函数复合步骤所构成的，并可以用一个式子表示的函数.

初等函数的基本特征：在函数有定义的区间内，初等函数的图形是不间断的.

练习题 1.3

1. 设 $y=\begin{cases} 1-x, & x\leq 1, \\ 1+x, & x>1, \end{cases}$ 求 $f(-1), f(1), f(\pi), f(-\sqrt{2})$，并作出函数的图像.

2. 设 $f(x)=\begin{cases} |\sin x|, & |x|<\dfrac{\pi}{3}, \\ 0, & |x|\geq \dfrac{\pi}{3}, \end{cases}$ 求 $f\left(\dfrac{\pi}{6}\right), f\left(\dfrac{\pi}{4}\right), f\left(-\dfrac{\pi}{4}\right)$.

3. 将下列各题中的 y 表示为 x 的函数,并写出定义域:

(1) $y=u^2, u=1+x^3$;　　　　(2) $y=\ln u, u=3^v, v=\dfrac{1}{x}$.

4. 设 $f(x)=3x^2, \varphi(t)=\ln(1+t)$,求 $f(\phi(t))$,并求其定义域.

5. 指出下列各复合函数的复合过程:

(1) $y=\sqrt{1-x^2}$;　　　　(2) $y=e^{x+1}$;

(3) $y=\sin\dfrac{3x}{2}$;　　　　(4) $y=\cos^2(3x+1)$;

(5) $y=\ln\sqrt{1+x}$　　　　(6) $y=\arccos(1-x^2)$.

1.4　经济中常用的函数

在经济分析中,常常要用数学方法来分析经济变量间的关系,这就要求我们首先找出变量间的函数关系,即建立经济数学模型.本节将介绍几个常见的经济函数.

一、需求函数与价格函数

1. 需求函数

作为市场中的一种商品,消费者对它的需求量,与消费者人数、消费者的收入、消费者的偏好以及该商品的价格等诸多因素有关.其中,商品价格是影响需求量的一个十分重要的因素.为简化问题的分析,现在假定其他因素暂时保持某种状态不变,只考虑商品的价格对需求量的影响.为此,可建立商品的需求量 Q 与该商品价格 p 之间的函数关系,称其为需求函数,记为 $Q=Q(p)$.这里,价格 p 是自变量,取非负值.

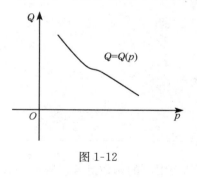

图 1-12

按市场一般规律,需求量 Q 随价格 p 上涨而减少.因此,通常需求函数是价格的单调减少函数.如图 1-12 所示是一条需求曲线(需求函数的图像).

在企业管理和经济学中常见的需求函数有:

线性需求函数: $Q=a-bp$,其中 $a\geqslant 0, b\geqslant 0$ 均为常数;

二次曲线需求函数: $Q=a-bp-cp^2$,其中 $a\geqslant 0, b\geqslant 0, c\geqslant 0$ 均为常数;

指数需求函数: $Q=Ae^{-bp}$,其中 $A\geqslant 0, b\geqslant 0$ 均为常数.

2. 价格函数

需求函数 $Q=Q(p)$ 的反函数就是价格函数,记作 $p=p(Q)$.价格函数也反映商品的需求与价格的关系.

二、供给函数

如果市场中的每一种商品直接由生产者提供,则生产者的供给量同样是受多种因素影响的,如该商品的市场价格、生产者的生产成本,等等.在市场经济规律作用下,影响商品供给量的重要因素是商品价格.若记商品供给量为 S, p 为商品的价格,则商品供给量 S 是价格 p 的函数,称其为供给函数,记作 $S=S(p)$.

一般来讲,与需求函数的情况相反,商品供给量是随商品价格的上涨而增加的.因此,商品供给函数 S 是商品价格 p 的单调增加函数.常见的供给函数有线性函数、二次函数、幂函数、指数函数等.

需求函数与供给函数可以帮助我们分析市场规律,两者密切相关.若把需求曲线和供给曲线(供给函数的图形)画在同一坐标系中(图 1-13),由于需求函数 Q 是价格 p 的单调减少函数,供给函数 S 是价格 p 的单调增加函数,它们将相交于一点 $(\bar{p},\bar{Q})$,它是该商品的市场需求与供给达到平衡时的状态量.这里的 $\bar{p}$ 就是供、需平衡的价格,称为均衡价格. $\bar{Q}$ 就是均衡需求(或供给)数量.

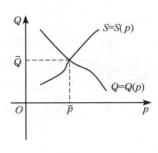

图 1-13

例 1 已知某商品的供给函数是 $S=7p-14$,需求函数是 $Q=30-4p$,试求该商品处于市场平衡状态下的均衡价格和均衡数量.

解:令 $S=Q=\bar{Q}$,$p=\bar{p}$,解方程组
$$\begin{cases} \bar{Q}=7\bar{p}-14, \\ \bar{Q}=30-4\bar{p}, \end{cases}$$
得均衡价格 $\bar{p}=4$,均衡数量 $\bar{Q}=14$.

三、总成本函数

成本就是生产者用于生产商品的费用.成本投入大体可分为两大部分,其一是在短时间内不发生变化或变化很小或不明显地随产品数量增加而变化的部分,如厂房、设备等,称为固定成本,常用 C_1 表示;其二是随产品数量的变化而直接变化的部分,如原材料、能源等,称为可变成本,常用 C_2 表示,它是产品数量 q 的函数,即 $C_2=C_2(q)$.

生产 q 个单位某种产品时的可变成本 C_2 与固定成本 C_1 之和,称为总成本函数,记作 C,即
$$C=C(q)=C_1+C_2(q).$$

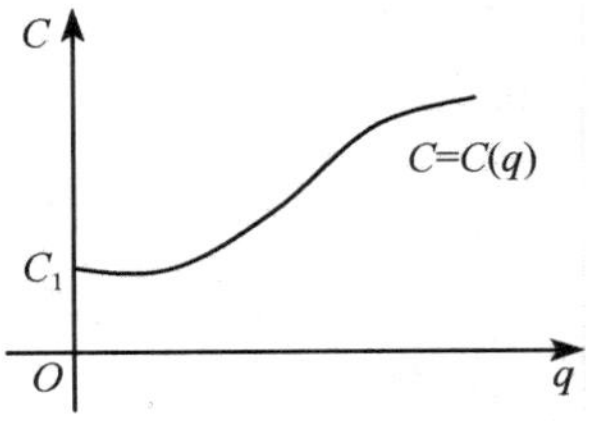

一般情况下,总成本函数是一个单调增加函数(图 1-14),常见的成本函数有线性函数、二次函数、三次函数等.只给出总成本不能说明企业生产的好坏,在经济分析中,常用到平均成本这个概念,即生产 q 个单位产品时,单位产品的成本,记作 $A(q)$,即
$$A(q)=\frac{C(q)}{q}=\frac{\text{固定成本}+\text{可变成本}}{\text{产量}}.$$

图 1-14

在生产技术水平和生产要素的价格固定不变的条件下,总成本、平均成本都是产量的函数.

例 2 生产某种商品的总成本为 $C(q)=10+5q+0.2q^2$(单位:元),求生产 10 件这种商品时的总成本和平均成本.

解:生产 10 件这种商品的总成本为
$$C(10)=10+5\times 10+0.2\times 10^2=80(\text{元}),$$
平均成本为

$$A(10) = \frac{C(q)}{q}\bigg|_{q=10} = \frac{80}{10} = 8(元/件).$$

四、收入函数与利润函数

1. 收入函数

收入是指销售某种商品所获得的收入,收入又可分为总收入和平均收入.总收入是销售者售出一定数量商品所得的全部收入,常用 R 表示.平均收入是售出一定数量的商品时,平均每售出一个单位商品的收入,常用 $\bar{R}$ 表示.总收入、平均收入都是售出商品数量的函数.

设 P 为商品价格,q 为商品的销售量,则有

$$R = R(q) = qP(q),$$

$$\bar{R} = \frac{R(q)}{q} = P(q),$$

其中 $P(q)$ 是商品的价格函数.

例 3 设某商品的价格函数是 $p = 200 - \frac{1}{5}q$,试求该商品的收入函数,并求出销售 10 件该商品时的总收入和平均收入.

解:收入函数为

$$R = pq = 200q - \frac{1}{5}q^2;$$

平均收入为

$$\bar{R} = \frac{R}{q} = p = 200 - \frac{1}{5}q.$$

由此得到销售 10 件商品时的总收入和平均收入分别为

$$R(10) = 200 \times 10 - \frac{1}{5} \times 10^2 = 1\,980,$$

$$\bar{R}(10) = 200 - \frac{1}{5} \times 10 = 198.$$

2. 利润函数

生产 q 件产品的利润是其总收入 $R(q)$ 扣除总成本 $C(q)$ 后的剩余部分,记作 L,即

$$L = L(q) = R(q) - C(q),$$

其中 q 是产品数量,平均利润记作 $\bar{L}$,即

$$\bar{L} = \bar{L}(q) = \frac{L(q)}{q},$$

总利润 L 和平均利润 $\bar{L}$ 都是产量 q 的函数.

例 4 已知生产某种商品 q 件时的总成本为 $C(q) = 12 + 3q + q^2$(单位:万元),如果该商品的销售单价为 11 万元,试求:

(1) 该商品的利润函数;

(2) 生产 5 件该商品时的总利润和平均利润;

(3) 生产 8 件该商品时的利润.

解:(1) 该商品的收入函数为 $R(q) = 11q$,从而利润函数为 $L(q) = R(q) - C(q) = 8q - 12 - q^2$.

(2) 生产 5 件该商品时的总利润为
$$L(5) = 8 \times 5 - 12 - 5^2 = 3(万元),$$
此时的平均利润为
$$\bar{L}(5) = \frac{L(5)}{5} = \frac{3}{5} = 0.6(万元/件).$$

(3) 生产 8 件该商品时的总利润为
$$L(8) = 8 \times 8 - 12 - 8^2 = -12(万元).$$

我们知道,一般情况下,收入随着销售量的增加而增加,而由例 4 可以看出,利润并不总是随销售量的增加而增加的.

生产某种产品的总成本是产量 q 的增加函数.但是,产品的需求量 q,由于受到价格及社会诸多因素的影响,往往不总是增加的.也就是说,对某种商品而言,销售的总收入 $R(q)$,有时增长显著,有时增长缓慢,可能达到顶点,之后若继续销售,利润反而下降.因此,利润函数 $L(q)$ 出现了三种情形:

(1) $L(q) = R(q) - C(q) > 0$,此时称为有盈余生产,即生产处于利润状态;

(2) $L(q) = R(q) - C(q) < 0$,此时称为亏损生产,即生产处于亏损状态,利润为负;

(3) $L(q) = 0$,此时称为无盈亏生产,把无盈亏生产时的产量记为 q_0,称为无盈亏点.

无盈亏分析常用于企业(经营)管理和经济学中分析各种定价和生产决算.

例 5 在例 4 中,试求:

(1) 该商品生产的无盈亏点;

(2) 若每天生产 10 件该商品,为了不亏本,销售单价应定为多少才合适?

解:(1) 由例 4 知,利润函数 $L(q) = 8q - 12 - q^2$,由 $L(q) = 0$,即 $8q - 12 - q^2 = 0$,解得两个无盈亏点 $q_1 = 2$ 和 $q_2 = 6$.

由 $L(q) = (q-2)(6-q)$ 可以看出,当 $q < 2$ 或 $q > 6$ 时,都有 $L(q) < 0$,这时生产经营是亏损的;当 $2 < q < 6$ 时,$L(q) > 0$,生产经营是盈利的.因此,$q = 2$(件)和 $q = 6$(件)分别是盈利的最低产量和最高产量.

(2) 设该商品的定价为 p 万元/件,则利润函数 $L(q) = R - C = pq - (12 + 3q + q^2)$,为使每天生产 10 件该商品时,生产经营不亏本,需有 $L(10) \geq 0$,即 $10p - 142 \geq 0$,也就是 $p \geq 14.2$.所以,为了不亏本,销售单价应不低于 14.2 万元/件.

练习题 1.4

1. 某商品的需求规律为 $p + 3Q = 75$,供求规律为 $Q = 2p - 15$,求市场平衡价格.

2. 设生产与销售某种商品的总收入函数 R 是产量 x 的二次函数,经统计得知当产量分别为 0,2,4 时,总收入 R 为 0,6,8.试确定 R 与 x 的函数关系,并指明定义域.

3. 某车间设计最大生产能力为月生产 100 台机床,至少要完成 40 台方可保本,生产 x 台时的总成本函数 $C(x) = x^2 + 10x$(百元).按市场规律,价格为 $p = 250 - 5x$(x 为需求量)时可以销售完.试求月利润函数.

4. 某厂生产一种元器件,预计能力为日产 100 件.每日的固定成本为 150 元,每件的平均可变成本为 10 元.

(1) 试求该厂生产此元器件的日总成本函数及平均成本函数;

(2) 若每件售价 14 元,试写出总收入函数;

(3) 试写出利润函数并求无盈亏点.

5. 某厂生产某种产品 1 600 吨，定价为 150 元/吨，销售量在不超过 800 吨时，按原价出售，超过 800 吨时，超过部分按八折出售．试求销售收入与销售量之间的函数关系．

6. 设某工厂生产某产品每吨售价 2 万元，每天生产 q 吨的总成本为 C（万元），且 $C = q^2 - 4q + 5$．求每天生产 2,5,7 吨时的总利润．

7. （1）求第 6 题中该厂生产的无盈亏点．

（2）若该厂每天至少生产 7 吨产品，为了不亏本，单价应定为多少？

第二章 极限与连续

微积分是研究变量以及变量之间函数关系的一门学科. 极限概念是微积分的重要基本概念之一, 微积分的其他重要概念如导数、微分、积分等都是用极限表述的, 它们的主要性质和法则也是通过极限方法推导出来的. 本章将介绍极限和函数的连续性等基本概念, 以及它们的一些性质, 为以后各章的学习做准备.

2.1 极限的概念

一、数列的极限

按一定次序排列的无穷多个数 $a_1, a_2, \cdots, a_n, \cdots$ 称为无穷数列, 简称数列, 可简记为 $\{a_n\}$, 其中的每个数称为数列的项, a_n 称为通项.

例如 数列 $2, \dfrac{1}{2}, \dfrac{4}{3}, \dfrac{3}{4}, \cdots, \dfrac{n+(-1)^{n+1}}{n}, \cdots$, 该数列的值无限接近于常数 1.

定义 1 如果当 n 无限增大时, 数列 $\{a_n\}$ 无限接近于一个确定的常数 A, 则称常数 A 是数列 $\{a_n\}$ 的极限, 或称数列 $\{a_n\}$ 收敛于 A. 记作 $\lim\limits_{n\to\infty} a_n = A$ 或 $a_n \to A (n \to \infty)$. 如果一个数列没有极限, 就称该数列是发散的.

例 1 观察下面各数列的变化趋势, 写出它们的极限.

(1) $a_n = \dfrac{1}{n}$; (2) $a_n = 2 - \dfrac{1}{n^2}$;

(3) $a_n = \left(-\dfrac{1}{2}\right)^n$; (4) $a_n = 5$.

解:(1) 收敛, $\lim\limits_{n\to\infty} \dfrac{1}{n} = 0$;

(2) 收敛, $\lim\limits_{n\to\infty} \left(2 - \dfrac{1}{n^2}\right) = 2$;

(3) 收敛, $\lim\limits_{n\to\infty} \left(-\dfrac{1}{2}\right)^n = 0$;

(4) 收敛, $\lim\limits_{n\to\infty} 5 = 5$.

由例 1 归纳出的一般结果为:

(1) $\lim\limits_{n\to\infty} \dfrac{1}{n^\alpha} = 0 (\alpha > 0)$; (2) $\lim\limits_{n\to\infty} q^n = 0 (|q| < 1)$;

(3) $\lim\limits_{n\to\infty} C = C (C 为常数)$.

例 2 观察数列的变化趋势, 写出它们的极限

(1) $a_n = 3 \times 2^{n-1}$; (2) $a_n = (-1)^{n+1}$.

解:(1) 发散; (2) 发散.

二、函数的极限

数列可以看成是定义域为正整数集合的函数 $f(n)$,当自变量 n 从小到大取值时,所对应的一列函数值就是数列的项,$a_n = f(n)$ 为数列的通项. 那么数列 $\{a_n\}$ 的极限 A 就是当自变量 n 取正整数且无限增大(即 $n \to \infty$)时,对应的函数值 $f(n)$ 无限接近的确定的数. 将数列极限概念中自变量 n 和函数 $f(x)$ 的特殊性撇开,引出函数极限的一般概念.

1. 自变量趋于无穷大时函数的极限

观察当 $x \to \infty$ 时,$f(x) = \dfrac{1}{x}$ 的变化趋势,如图 2-1 所示.

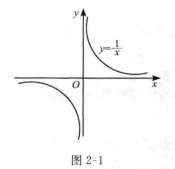

图 2-1

定义 2 设函数 $f(x)$ 在 $|x|$ 充分大时有定义,如果当 x 的绝对值无限增大时,函数 $f(x)$ 的值无限接近于一个确定的常数 A,则 A 叫作函数 $f(x)$ 当 $x \to \infty$ 时的极限,记作

$$\lim_{x \to \infty} f(x) = A \quad \text{或} \quad f(x) \to A(x \to \infty).$$

如果在上述定义中,限制 x 只取正值或只取负值,即有

$$\lim_{x \to +\infty} f(x) = A \quad \text{或} \quad \lim_{x \to -\infty} f(x) = A,$$

则称常数 A 为函数 $f(x)$ 当 $x \to +\infty$ 或 $x \to -\infty$ 时的极限.

注意到,$x \to \infty$ 意味着同时考虑 $x \to +\infty$ 与 $x \to -\infty$,那么有:若 $\lim\limits_{x \to +\infty} f(x)$ 和 $\lim\limits_{x \to -\infty} f(x)$ 都存在且相等,则 $\lim\limits_{x \to \infty} f(x)$ 存在且与它们相等. 当其中一个不存在,或都存在,但是不相等时,$\lim\limits_{x \to \infty} f(x)$ 不存在.

定理 1 极限 $\lim\limits_{x \to \infty} f(x) = A$ 的充分必要条件是 $\lim\limits_{x \to +\infty} f(x) = \lim\limits_{x \to -\infty} f(x) = A.$

2. 自变量趋向于有限值时函数的极限

定义 3 设函数 $f(x)$ 在点 x_0 的某个邻域内有定义(x_0 可以除外),如果当 x 无限接近于定值 x_0,即 $x \to x_0 (x \neq x_0)$ 时,函数 $f(x)$ 的值无限接近于一个确定的常数 A,则 A 叫作函数 $f(x)$ 当 $x \to x_0$ 时的极限,记作

$$\lim_{x \to x_0} f(x) = A \quad \text{或} \quad f(x) \to A(x \to x_0).$$

例 3 试根据定义说明下列结论:

(1) $\lim\limits_{x \to x_0} x = x_0$;(2) $\lim\limits_{x \to x_0} C = C.$

解:(1)当自变量 $x \to x_0$ 时,显然,函数 $y = x$ 也趋近于 x_0,故 $\lim\limits_{x \to x_0} x = x_0$;

(2)当自变量 $x \to x_0$ 时,函数 $y = C$ 始终取相同的值 C,故 $\lim\limits_{x \to x_0} C = C.$

当自变量 x 从 x_0 左侧(右侧)趋近 x_0 时,函数 $f(x)$ 趋于常数 A,则称 A 为函数 $f(x)$ 在点 x_0 处的左极限(或右极限),记为

$$\lim_{x \to x_0^-} f(x) = f(x_0 - 0) = A \quad \text{或} \quad \lim_{x \to x_0^+} f(x) = f(x_0 + 0) = A.$$

定理 2 函数 $f(x)$ 当 $x \to x_0$ 时极限存在的充分必要条件是左、右极限都存在且相等. 即

$$\lim_{x \to x_0} f(x) = A \Leftrightarrow \lim_{x \to x_0^+} f(x) = \lim_{x \to x_0^-} f(x) = A.$$

例 4　通过正弦和余弦函数的图像考察极限 $\lim\limits_{x \to 0} \sin x$ 和 $\lim\limits_{x \to 0} \cos x$ 的值.

解：$\lim\limits_{x \to 0} \sin x = 0, \lim\limits_{x \to 0} \cos x = 1$.

例 5　求函数 $y = \operatorname{sgn} x = \begin{cases} 1, & x > 0, \\ 0, & x = 0, \\ -1, & x < 0 \end{cases}$ 当 $x \to 0$ 时的左、右极限，并讨论极限 $\lim\limits_{x \to 0} \operatorname{sgn} x$ 是否存在.

解：因为 $\lim\limits_{x \to 0^-} \operatorname{sgn} x = -1, \lim\limits_{x \to 0^+} \operatorname{sgn} x = 1$.

所以 $\lim\limits_{x \to 0} \operatorname{sgn} x$ 不存在.

例 6　讨论函数 $f(x) = \dfrac{x^2}{x}$ 当 $x \to 0$ 时的极限.

解：因为 $x \to 0, x \neq 0$，因此有 $f(x) = \dfrac{x^2}{x} = x$.

于是
$$\lim_{x \to 0} f(x) = \lim_{x \to 0} \frac{x^2}{x} = \lim_{x \to 0} x = 0.$$

注意：例 6 中的函数 $f(x) = \dfrac{x^2}{x}$ 在 $x = 0$ 处没有定义，但是函数在 $x = 0$ 处有极限.

结论：函数在 $x = x_0$ 处有无极限与该函数在该点有无定义没有关系.

三、极限的性质

性质 1（唯一性）　如果极限 $\lim\limits_{x \to x_0} f(x)$ 存在，则其极限是唯一的.

性质 2（有界性）　如果极限 $\lim\limits_{x \to x_0} f(x)$ 存在，则函数 $f(x)$ 必在 x_0 的某个去心邻域内有界.

性质 3（保号性）　如果 $\lim\limits_{x \to x_0} f(x) = A > 0$（或 $A < 0$），则存在点 x_0 的某一邻域，当 x 在该邻域内，但 $x \neq x_0$ 时，有 $f(x) > 0$（或 $f(x) < 0$）.

推论　如果 $f(x) \geq 0$（或 $f(x) \leq 0$），且 $\lim\limits_{x \to x_0} f(x) = A$，则 $A \geq 0$（或 $A \leq 0$）.

练习题 2.1

1. 选择题

(1) 函数 $f(x)$ 在 $x = x_0$ 处有定义，是 $x \to x_0$ 时函数 $f(x)$ 有极限的（　　）.

(A) 必要条件；　　　　　　(B) 充分条件；

(C) 充要条件；　　　　　　(D) 无关条件.

(2) $f(x_0 + 0)$ 与 $f(x_0 - 0)$ 都存在是函数 $f(x)$ 在 $x = x_0$ 处有极限的（　　）.

(A) 必要条件；　　　　　　(B) 充分条件；

(C) 充要条件；　　　　　　(D) 无关条件.

2. 设 $f(x) = \begin{cases} x + 1, & x < 1, \\ x - 1, & x > 1. \end{cases}$ 画出它的图像，并求当 $x \to 1$ 时，函数的左右极限，从而说明当 $x \to 1$ 时函数的极限是否存在.

3. 设 $f(x)=\begin{cases}1+2x, & x<0,\\1, & x=0,\\1-x, & x>0.\end{cases}$ 求 $f(0+0), f(0-0), \lim\limits_{x\to 0}f(x)$.

4. 设函数 $f(x)=\begin{cases}e^x, & x<0,\\x^2+1, & 0\leqslant x<1,\\1, & x>1,\end{cases}$ 求 $f(x)$ 在 $x\to 0$ 及 $x\to 1$ 时的左、右极限,并说明 $\lim\limits_{x\to 0}f(x), \lim\limits_{x\to 1}f(x)$ 是否存在.

2.2 无穷小与无穷大

一、无穷小

1. 无穷小的定义

定义 1 极限是零的变量,称为无穷小量,简称无穷小.

例如,因为 $\lim\limits_{x\to\infty}\dfrac{1}{x^2}=0$,所以 $f(x)=\dfrac{1}{x^2}$ 是当 $x\to\infty$ 时的无穷小;又因为 $\lim\limits_{x\to 2}(x-2)=0$,所以函数 $g(x)=x-2$ 是当 $x\to 2$ 时的无穷小.

注意:(1) 说一个函数 $f(x)$ 是无穷小,必须指明自变量 x 的变化趋势. 例如函数 $f(x)=x+5$ 是当 $x\to -5$ 时的无穷小,但当 $x\to 1$ 时,$x+5$ 就不是无穷小.

(2) 不能把一个绝对值很小的常数说成是无穷小,因为这个常数的极限不等于 0.

(3) 常数函数 $f(x)=0$ 总是无穷小,因为 $\lim 0=0$.

2. 无穷小的性质

在自变量的同一变化过程中,无穷小具有如下性质.

性质 1 有限个无穷小的代数和仍是无穷小.

性质 2 有限个无穷小的乘积仍是无穷小.

性质 3 有界函数与无穷小的乘积仍是无穷小.

推论 常数与无穷小的乘积仍是无穷小.

例 1 求 $\lim\limits_{x\to\infty}\dfrac{\sin x}{x}$.

解:考虑到 $\dfrac{\sin x}{x}=\dfrac{1}{x}\cdot\sin x$,当 $x\to\infty$ 时,$\dfrac{1}{x}$ 是无穷小,而 $\sin x$ 是有界函数,由性质 3 可得 $\lim\limits_{x\to\infty}\dfrac{\sin x}{x}=0$.

3. 无穷小与函数极限之间的关系

定理 1 具有极限的函数等于它的极限与一个无穷小之和;反之,如果函数可以表示为常数与无穷小之和,那么该常数就是这个函数的极限. 即,$\lim\limits_{x\to x_0(x\to\infty)}f(x)=A$ 的充分必要条件是 $f(x)=A+\alpha$. 其中 α 为 $x\to x_0(x\to\infty)$ 时的无穷小.

二、无穷大

1. 无穷大的定义

定义 2　如果当 $x \to x_0 (x \to \infty)$ 时,函数 $f(x)$ 的绝对值无限增大,则函数 $f(x)$ 称为当 $x \to x_0 (x \to \infty)$ 时的无穷大量,简称无穷大.

一个函数 $f(x)$ 当 $x \to x_0 (x \to \infty)$ 时为无穷大,按极限的意义,$f(x)$ 的极限是不存在的. 为了描述函数的这一性态,也称函数 $f(x)$ 的极限是无穷大,并记为 $\lim\limits_{\substack{x \to x_0 \\ (x \to \infty)}} f(x) = +\infty$,$\lim\limits_{\substack{x \to x_0 \\ (x \to \infty)}} f(x) = -\infty$.

通常,还把趋向于 $+\infty$ 的函数叫作正无穷大,趋向 $-\infty$ 的函数叫作负无穷大.

例如,当 $x \to +\infty$ 时,$y = 2^x$ 是正无穷大,当 $x \to 0^+$ 时 $\ln x$ 是负无穷大,即

$$\lim_{x \to +\infty} 2^x = +\infty, \lim_{x \to 0^+} \ln x = -\infty.$$

注意:(1) 说一个函数 $f(x)$ 是无穷大,必须指明自变量 x 的变化趋势. 如 $\dfrac{1}{x}$,当 $x \to 0$ 时,是无穷大,但当 $x \to 1$ 时就不是无穷大.

(2) 不能把一个很大的常数说成是无穷大. 因为当 $x \to x_0 (x \to \infty)$ 时,这个常数的绝对值不能无限地增大.

2. 无穷小与无穷大的关系

定理 2　在自变量的同一变化过程中,如果 $f(x)$ 为无穷大,那么 $\dfrac{1}{f(x)}$ 为无穷小;反之,如果 $f(x)$ 为无穷小,且 $f(x) \neq 0$,那么 $\dfrac{1}{f(x)}$ 为无穷大.

例如,当 $x \to 0$ 时,x 是无穷小,所以 $x \to 0$ 时,$\dfrac{1}{x}$ 是无穷大;

当 $x \to +\infty$ 时,e^x 是无穷大,所以当 $x \to +\infty$ 时,e^{-x} 是无穷小.

三、无穷小的比较

定义 3　设 α 和 β 都是在同一个自变量的变化过程中的无穷小,又 $\lim \dfrac{\alpha}{\beta}$ 是在这一变化过程中的极限,则

(1) 如果 $\lim \dfrac{\alpha}{\beta} = 0$,就说 α 是比 β 高阶的无穷小;

(2) 如果 $\lim \dfrac{\alpha}{\beta} = \infty$,就说 α 是比 β 低阶的无穷小;

(3) 如果 $\lim \dfrac{\alpha}{\beta} = C$($C$ 为不等于 0 的常数),就说 α 是与 β 同阶的无穷小;

(4) 如果 $\lim \dfrac{\alpha}{\beta} = 1$,就说 α 与 β 为等价无穷小,记作 $\alpha \sim \beta$.

例 2　比较下列无穷小的阶数的高低:

(1) $x\to\infty$ 时,无穷小 $\dfrac{1}{x^2}$ 与 $\dfrac{3}{x}$;

(2) $x\to 1$ 时,无穷小 $1-x$ 与 $1-x^2$.

解：(1) 因为 $\lim\limits_{x\to\infty}\dfrac{\frac{1}{x^2}}{\frac{3}{x}}=\dfrac{1}{3}\lim\limits_{x\to\infty}\dfrac{1}{x}=0$,所以 $\dfrac{1}{x^2}$ 是比 $\dfrac{3}{x}$ 高阶的无穷小;

(2) 因为 $\lim\limits_{x\to 1}\dfrac{1-x^2}{1-x}=\lim\limits_{x\to 1}\dfrac{(1+x)(1-x)}{1-x}=\lim\limits_{x\to 1}(x+1)=2$,所以 $1-x$ 是与 $1-x^2$ 同阶的无穷小.

练习题 2.2

1. 选择题

(1) 若 $\lim\limits_{x\to x_0}f(x)=\infty$,$\lim\limits_{x\to x_0}g(x)=\infty$,下列极限正确的是(　　).

(A) $\lim\limits_{x\to x_0}[f(x)+g(x)]=\infty$;　　(B) $\lim\limits_{x\to x_0}[f(x)-g(x)]=\infty$;

(C) $\lim\limits_{x\to x_0}\dfrac{1}{f(x)+g(x)}=0$;　　(D) $\lim\limits_{x\to x_0}Cf(x)=\infty$ $(C\neq 0)$.

(2) 下列变量在给定的变化过程中不是无穷小的是(　　).

(A) $n(x+1)$ $(x\to -1)$;　　(B) $\dfrac{1}{\sqrt{x}}$ $(x\to +\infty)$;

(C) $\dfrac{x-2}{x^2-x-2}$ $(x\to 2)$;　　(D) $\mathrm{e}^{\frac{1}{x}}$ $(x\to 0^-)$.

2. 指出下列函数在自变量怎样变化时是无穷小,无穷大：

(1) $y=\dfrac{1}{x^3+1}$;　　(2) $y=\dfrac{x}{x+5}$;

(3) $y=\sin x$;　　(4) $y=\ln x$.

3. 比较下列无穷小的阶的高低：

(1) 当 $x\to 0$ 时,$5x^2$ 与 $3x$;

(2) 当 $x\to\infty$ 时,$\dfrac{5}{x^2}$ 与 $\dfrac{4}{x^3}$.

2.3 极限运算法则

一、极限的四则运算法则

定理 1　在同一个变化过程中,设 $\lim f(x)=A$,$\lim g(x)=B$,则

(1) $\lim[f(x)\pm g(x)]=A\pm B=\lim f(x)\pm\lim g(x)$;

(2) $\lim[f(x)\cdot g(x)]=A\cdot B=\lim f(x)\cdot\lim g(x)$;

(3) $\lim\dfrac{f(x)}{g(x)}=\dfrac{A}{B}=\dfrac{\lim f(x)}{\lim g(x)}$ $(B\neq 0)$.

推论 1　若 $\lim\limits_{x\to x_0}f(x)$ 存在,C 为常数,则 $\lim\limits_{x\to x_0}Cf(x)=C\lim\limits_{x\to x_0}f(x)$.

推论 2　$\lim\limits_{x\to x_0}[f(x)]^n=[\lim\limits_{x\to x_0}f(x)]^n$.

例1 求极限：

(1) $\lim\limits_{n\to\infty}\dfrac{7+n^2}{n(n+1)}$； (2) $\lim\limits_{n\to\infty}\left[\dfrac{1}{1\times 2}+\dfrac{1}{2\times 3}+\cdots+\dfrac{1}{n(n+1)}\right]$.

解：(1) $\lim\limits_{n\to\infty}\dfrac{7+n^2}{n(n+1)}=\lim\limits_{n\to\infty}\dfrac{7+n^2}{n^2+n}=\lim\limits_{n\to\infty}\dfrac{\dfrac{7}{n^2}+1}{1+\dfrac{1}{n}}=\dfrac{\lim\limits_{n\to\infty}\dfrac{7}{n^2}+\lim\limits_{n\to\infty}1}{\lim\limits_{n\to\infty}1+\lim\limits_{n\to\infty}\dfrac{1}{n}}=1.$

(2) $\lim\limits_{n\to\infty}\left[\dfrac{1}{1\times 2}+\dfrac{1}{2\times 3}+\cdots+\dfrac{1}{n(n+1)}\right]$

$=\lim\limits_{n\to\infty}\left[\left(1-\dfrac{1}{2}\right)+\left(\dfrac{1}{2}-\dfrac{1}{3}\right)+\cdots+\left(\dfrac{1}{n}-\dfrac{1}{n+1}\right)\right]$

$=\lim\limits_{n\to\infty}\left(1-\dfrac{1}{n+1}\right)=1.$

例2 求下列函数的极限.

(1) $\lim\limits_{x\to 1}(3x^2+2x-1)$； (2) $\lim\limits_{x\to 5}\dfrac{x+3}{x-2}$；

(3) $\lim\limits_{x\to 1}\dfrac{x^2-2x+1}{x^3-x}$； (4) $\lim\limits_{x\to\infty}\left(\dfrac{x^3}{2x^2-1}-\dfrac{x^2}{2x+1}\right)$；

(5) $\lim\limits_{x\to 1}\left(\dfrac{1}{1-x}-\dfrac{3}{1-x^3}\right)$； (6) $\lim\limits_{x\to 2}\dfrac{x^2-4}{x-2}$.

解：(1) $\lim\limits_{x\to 1}(3x^2+2x-1)$

$=\lim\limits_{x\to 1}3x^2+\lim\limits_{x\to 1}2x-\lim\limits_{x\to 1}1=3(\lim\limits_{x\to 1}x)^2+2\lim\limits_{x\to 1}x-1$

$=3+2-1=4$；

(2) $\lim\limits_{x\to 5}\dfrac{x+3}{x-2}=\dfrac{\lim\limits_{x\to 5}(x+3)}{\lim\limits_{x\to 5}(x-2)}=\dfrac{5+3}{5-2}=\dfrac{8}{3}$；

(3) $\lim\limits_{x\to 1}\dfrac{x^2-2x+1}{x^3-x}=\lim\limits_{x\to 1}\dfrac{(x-1)^2}{x(x-1)(x+1)}=\lim\limits_{x\to 1}\dfrac{x-1}{x(x+1)}=0$；

(4) $\lim\limits_{x\to\infty}\left(\dfrac{x^3}{2x^2-1}-\dfrac{x^2}{2x+1}\right)=\lim\limits_{x\to\infty}\dfrac{x^3(2x+1)-x^2(2x^2-1)}{(2x^2-1)(2x+1)}$

$=\lim\limits_{x\to\infty}\dfrac{x^3+x^2}{4x^3+2x^2-2x-1}=\dfrac{1}{4}$；

(5) $\lim\limits_{x\to 1}\left(\dfrac{1}{1-x}-\dfrac{3}{1-x^3}\right)=\lim\limits_{x\to 1}\dfrac{(x-1)(x+2)}{(1-x)(1+x+x^2)}$

$=-\lim\limits_{x\to 1}\dfrac{x+2}{1+x+x^2}=-1$；

(6) $\lim\limits_{x\to 2}\dfrac{x^2-4}{x-2}=\lim\limits_{x\to 2}\dfrac{(x+2)(x-2)}{x-2}=\lim\limits_{x\to 2}(x+2)=4.$

例3 求 $\lim\limits_{x\to\infty}\dfrac{2x^3-3x+1}{x^3+x^2-3}$.

解：$\lim\limits_{x\to\infty}\dfrac{2x^3-3x+1}{x^3+x^2-3}=\lim\limits_{x\to\infty}\dfrac{2-\dfrac{3}{x^2}+\dfrac{1}{x^3}}{1+\dfrac{1}{x}-\dfrac{3}{x^3}}=\dfrac{\lim\limits_{x\to\infty}\left(2-\dfrac{3}{x^2}+\dfrac{1}{x^3}\right)}{\lim\limits_{x\to\infty}\left(1+\dfrac{1}{x}-\dfrac{3}{x^3}\right)}=2.$

例4 求 $\lim\limits_{x\to\infty}\dfrac{x^5+x^3-2}{4x^4+8x^3+9}$.

解：$\lim\limits_{x\to\infty}\dfrac{4x^4+8x^3+9}{x^5+x^3-2}=\lim\limits_{x\to\infty}\dfrac{\dfrac{4}{x}+\dfrac{8}{x^2}+\dfrac{9}{x^5}}{1+\dfrac{1}{x^2}-\dfrac{2}{x^5}}=0.$

所以 $\lim\limits_{x\to\infty}\dfrac{x^5+x^3-2}{4x^4+8x^3+9}=\infty.$

综合上述两个例题，可以得到这样的结论：

$a_0\neq 0, b_0\neq 0, m\in\mathbf{N}^+, n\in\mathbf{N}^+$ 时，

$$\lim_{x\to\infty}\frac{a_0x^m+a_1x^{m-1}+\cdots+a_m}{b_0x^n+b_1x^{n-1}+\cdots+b_n}=\begin{cases}\dfrac{a_0}{b_0}, & \text{当 } n=m,\\ 0, & \text{当 } n>m,\\ \infty, & \text{当 } n<m.\end{cases}$$

二、复合函数的极限法则

定理 2 设函数 $y=f(u)$ 和 $u=\varphi(x)$ 满足条件：

(1) $\lim\limits_{u\to a}f(u)=A$；

(2) 当 $x\neq x_0$ 时，$\varphi(x)\neq a$，且 $\lim\limits_{x\to x_0}\varphi(x)=a$，

则当 $x\to x_0$ 时复合函数 $f[\varphi(x)]$ 的极限存在，且

$$\lim_{x\to x_0}f[\varphi(x)]=\lim_{u\to a}f(u)=A.$$

结论：定理 2 说明，在定理 2 的条件下，求极限时可以换元.

例5（游戏销售） 当推出一种新的电子游戏程序时，在短期内销售量会迅速增加，然后开始下降，如图 2-2 所示，其函数关系为

$$S(t)=\frac{200t}{t^2+100}$$

（t 为月份）.若要对该产品的长期销售做出预测，试建立相应的表达式.

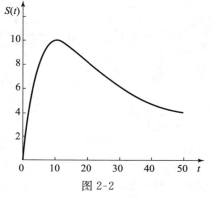

图 2-2

解：

$$\lim_{t\to+\infty}\frac{200t}{t^2+100}=\lim_{t\to+\infty}\frac{\dfrac{200}{t}}{1+\dfrac{100}{t^2}}$$

$$=\frac{\lim\limits_{t\to+\infty}\dfrac{200}{t}}{\lim\limits_{t\to+\infty}\left(1+\dfrac{100}{t^2}\right)}=\frac{0}{1+0}=0$$

问：上述极限的经济意义是什么？

例6 求极限 $\lim\limits_{x\to 8}\dfrac{\sqrt[3]{x}-2}{x-8}$.

解：设 $u=\sqrt[3]{x}$，则，

$$\lim_{x\to 8}\frac{\sqrt[3]{x}-2}{x-8}=\lim_{u\to 2}\frac{u-2}{u^3-8}=\lim_{u\to 2}\frac{u-2}{(u-2)(u^2+2u+4)}=\lim_{u\to 2}\frac{1}{u^2+2u+4}=\frac{1}{12}.$$

练习题 2.3

1. 求下列数列的极限：

(1) $\lim\limits_{n\to\infty}\left(\dfrac{1}{n^2}+\dfrac{2}{n^2}+\cdots+\dfrac{n}{n^2}\right)$；

(2) $\lim\limits_{n\to\infty}\dfrac{2+4+6+\cdots+2n}{1+3+5+\cdots+(2n-1)}$；

(3) $\lim\limits_{n\to\infty}\dfrac{8n}{9n-2}$；

(4) $\lim\limits_{n\to\infty}\left(\dfrac{1}{\sqrt{n}}+2\right)$.

2. 求下列各极限：

(1) $\lim\limits_{x\to -2}\dfrac{x^2-4}{x+2}$；   (2) $\lim\limits_{x\to 0}(e^x+1)$；

(3) $\lim\limits_{x\to 5}\dfrac{x^2-6x+5}{x-5}$；   (4) $\lim\limits_{x\to 2}\left(\dfrac{1}{x-2}-\dfrac{4}{x^2-4}\right)$；

(5) $\lim\limits_{x\to\infty}\dfrac{3x^2+2x-4}{x^2+7}$； (6) $\lim\limits_{x\to\infty}\dfrac{x^2-3x+7}{4x^3-x+5}$；

(7) $\lim\limits_{x\to\infty}\dfrac{\sin 2x}{x}$；   (8) $\lim\limits_{x\to 0}x^2\cos\dfrac{1}{x}$；

(9) $\lim\limits_{x\to 0}x^2\sin\dfrac{1}{x}$；   (10) $\lim\limits_{x\to 1}\dfrac{\sqrt{5x-4}-\sqrt{x}}{x-1}$.

3. 设 $f(x)=\begin{cases}x^2+2x-3, & x\leqslant 1,\\ x, & 1<x<2,\\ 2x-2, & x\geqslant 2.\end{cases}$ 求：$\lim\limits_{x\to 1}f(x),\lim\limits_{x\to 2}f(x),\lim\limits_{x\to 3}f(x)$.

2.4 两个重要极限

一、重要极限 $\lim\limits_{x\to 0}\dfrac{\sin x}{x}=1$

例1 求 $\lim\limits_{x\to 0}\dfrac{\sin 3x}{2x}$.

解：$\lim\limits_{x\to 0}\dfrac{\sin 3x}{2x}=\lim\limits_{x\to 0}\left(\dfrac{3}{2}\cdot\dfrac{\sin 3x}{3x}\right)=\dfrac{3}{2}\cdot\lim\limits_{x\to 0}\dfrac{\sin 3x}{3x}=\dfrac{3}{2}$.

例2 求 $\lim\limits_{x\to 0}\dfrac{\tan x}{x}$.

解：$\lim\limits_{x\to 0}\dfrac{\tan x}{x}=\lim\limits_{x\to 0}\left(\dfrac{\sin x}{x}\cdot\dfrac{1}{\cos x}\right)=\lim\limits_{x\to 0}\dfrac{\sin x}{x}\cdot\lim\limits_{x\to 0}\dfrac{1}{\cos x}=1$.

例3 求 $\lim\limits_{x\to 3}\dfrac{\sin(x^2-9)}{x-3}$.

解：$\lim\limits_{x\to 3}\dfrac{\sin(x^2-9)}{x-3}=\lim\limits_{x\to 3}\dfrac{(x+3)\sin(x^2-9)}{x^2-9}=\lim\limits_{x\to 3}\dfrac{\sin(x^2-9)}{x^2-9}\cdot\lim\limits_{x\to 3}(x+3)=6.$

例 4 求 $\lim\limits_{x\to 0}\dfrac{\arctan x}{x}$.

解：令 $\arctan x=t$，则 $x=\tan t$，当 $x\to 0$，$t\to 0$.

所以 $\lim\limits_{x\to 0}\dfrac{\arctan x}{x}=\lim\limits_{t\to 0}\dfrac{t}{\tan t}=\lim\limits_{t\to 0}\left(\dfrac{t}{\sin t}\cdot\cos t\right)=1.$

例 5 求 $\lim\limits_{x\to 0}\dfrac{x^2\sin\dfrac{1}{x}}{\sin x}$.

解：$\lim\limits_{x\to 0}\dfrac{x^2\sin\dfrac{1}{x}}{\sin x}=\lim\limits_{x\to 0}\dfrac{x}{\sin x}\cdot\left(x\cdot\sin\dfrac{1}{x}\right)=0.$

二、重要极限 $\lim\limits_{x\to\infty}\left(1+\dfrac{1}{x}\right)^x=\mathrm{e}$

如果在上式中，令 $\dfrac{1}{x}=t$，则 $x=\dfrac{1}{t}$，且当 $x\to\infty$ 时 $t\to 0$，于是有

$$\lim_{t\to 0}(1+t)^{\frac{1}{t}}=\mathrm{e}.$$

这个极限常用来求一些幂指函数 $f(x)^{g(x)}$ 的极限，并且上式可以推广为

$$\lim_{f(x)\to 0}[1+f(x)]^{\frac{1}{f(x)}}=\mathrm{e}.$$

例 6 求 $\lim\limits_{x\to\infty}\left(1+\dfrac{1}{x}\right)^{-x}$.

解：$\lim\limits_{x\to\infty}\left(1+\dfrac{1}{x}\right)^{-x}=\lim\limits_{x\to\infty}\left[\left(1+\dfrac{1}{x}\right)^x\right]^{-1}=\mathrm{e}^{-1}=\dfrac{1}{\mathrm{e}}.$

例 7 求 $\lim\limits_{x\to\infty}\left(1+\dfrac{3}{x}\right)^x$.

解：$\lim\limits_{x\to\infty}\left(1+\dfrac{3}{x}\right)^x=\lim\limits_{x\to\infty}\left[\left(1+\dfrac{3}{x}\right)^{\frac{x}{3}}\right]^3=\mathrm{e}^3.$

例 8 求 $\lim\limits_{x\to 0}(1+\tan x)^{\cot x}$.

解：设 $t=\tan x$，则当 $x\to 0$ 时，$t\to 0$.

于是 $\lim\limits_{x\to 0}(1+\tan x)^{\cot x}=\lim\limits_{t\to 0}(1+t)^{\frac{1}{t}}=\mathrm{e}.$

例 9 求 $\lim\limits_{x\to\infty}\left(\dfrac{x+2}{x-1}\right)^x$.

解：$\lim\limits_{x\to\infty}\left(\dfrac{x+2}{x-1}\right)^x=\lim\limits_{x\to\infty}\left\{\left[\left(1+\dfrac{3}{x-1}\right)^{\frac{x-1}{3}}\right]^3\cdot\left(1+\dfrac{3}{x-1}\right)\right\}$

$=\lim\limits_{x\to\infty}\left[\left(1+\dfrac{3}{x-1}\right)^{\frac{x-1}{3}}\right]^3\cdot\lim\limits_{x\to\infty}\left(1+\dfrac{3}{x-1}\right)=\mathrm{e}^3\times 1=\mathrm{e}^3.$

例 10（连续复利公式） 设初始本金为 P，年利率为 R，按复利计算，存 n 年得本利和为

$$S_n=P(1+R)^n$$

若一年均分 m 期计算利息，则每期的利率为 $\dfrac{R}{m}$，第 n 年末有 mn 期，其本利和为

$$S_n = P\left(1+\frac{R}{m}\right)^{mn}$$

试求极限 $\lim\limits_{m\to\infty}S_n$,并解释其经济意义.

解:由重要极限

$$\lim_{x\to\infty}\left(1+\frac{1}{x}\right)^x = e$$

得

$$\lim_{m\to\infty}S_n = \lim_{m\to\infty}P\left(1+\frac{R}{m}\right)^{mn} = P\lim_{m\to\infty}\left[\left(1+\frac{R}{m}\right)^m\right]^n = Pe^{Rn}$$

这就是说,当初始本金为 P,年利率为 R 时,若按连续复利计算,则存 n 年得本利和为

$$A_n = Pe^{Rn}$$

练习题 2.4

求下列极限:

(1) $\lim\limits_{x\to 0}\dfrac{(x+2)\sin x}{x}$;

(2) $\lim\limits_{x\to 0}\dfrac{1-\cos 2x}{x\sin x}$;

(3) $\lim\limits_{x\to 0}\dfrac{\tan x - \sin x}{x}$;

(4) $\lim\limits_{x\to a}\dfrac{\sin x - \sin a}{x-a}$;

(5) $\lim\limits_{x\to 0}(1+3x)^{\frac{1}{5x}}$;

(6) $\lim\limits_{n\to\infty}\left(\dfrac{n}{n+4}\right)^n$;

(7) $\lim\limits_{x\to\infty}\left(1-\dfrac{1}{x}\right)^{2x}$;

(8) $\lim\limits_{x\to\infty}\left(\dfrac{2x+3}{2x+1}\right)^{x+1}$;

(9) $\lim\limits_{x\to\infty}\left(\dfrac{x+1}{x}\right)^{3x}$;

(10) $\lim\limits_{x\to\infty}\left(\dfrac{x+a}{x-a}\right)^x$.

2.5 函数的连续性

一、函数的增量

当某一个变量 u 由初值 u_1 变到终值 u_2 时,u 的这两个值的差 u_2-u_1 就叫作变量 u 在 u_1 处的增量,记作 Δu. 即 $\Delta u = u_2 - u_1$.

定义 1 设函数 $y = f(x)$ 在点 x_0 及其某邻域内有意义,当自变量 x 从 x_0 变到 $x_0+\Delta x$ 时,函数 $y = f(x)$ 相应地从 $f(x_0)$ 变到 $f(x_0+\Delta x)$,记 $\Delta y = f(x_0+\Delta x) - f(x_0)$,称 Δy 为函数的增量.

二、函数的连续性

1. 函数连续的定义

一般地,当 Δx 有变化时,函数的增量 Δy 也随之变动. 由图 2-3 可见,函数 $y = f(x)$ 的图像在 x_0 处是连续不断的,表现为 $\Delta x \to 0$ 时,$\Delta y \to 0$;而由图 2-4 可见,尽管 x 从 x_0 的右侧趋近于 x_0,但 Δy 却不趋近于 0. 从图 2-4 可知,函数 $y = f(x)$ 的图像在 x_0 处是不连续的.

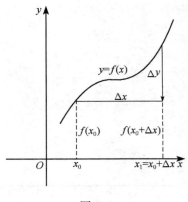 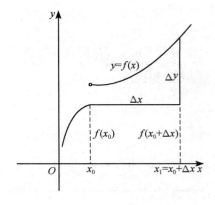

图 2-3　　　　　　　　　　　图 2-4

故关于函数在一点的连续性有如下的定义.

定义 2　设函数 $y=f(x)$ 在点 x_0 及其某个邻域内有定义,如果当自变量 x 在 x_0 处的增量 Δx 趋近于零时,函数 $y=f(x)$ 相应的增量 Δy 也趋近于零,即

$$\lim_{\Delta x\to 0}\Delta y=\lim_{\Delta x\to 0}[f(x_0+\Delta x)-f(x_0)]=0.$$

那么就称函数 $y=f(x)$ 在点 x_0 处是连续的,点 x_0 称为函数 $y=f(x)$ 的连续点.

例 1　证明函数 $y=f(x)=x^2-1$ 在点 $x=1$ 处连续.

证:因为函数 $y=x^2-1$ 的定义域为 $(-\infty,\infty)$,所以函数在点 $x=1$ 及其附近有定义.当自变量 x 在 $x=1$ 处有增量 Δx 时,函数相应的增量为:

$$\Delta y=[(1+\Delta x)^2-1]-[1^2-1]=2\Delta x+(\Delta x)^2.$$

因为 $\lim_{\Delta x\to 0}\Delta y=\lim_{\Delta x\to 0}[2\Delta x+(\Delta x)^2]=0$,所以函数 $y=f(x)=x^2-1$ 在点 $x=1$ 处连续.

在定义 2 中,令 $x_0+\Delta x=x$,则有

$$\Delta y=f(x_0+\Delta x)-f(x_0)=f(x)-f(x_0).$$

很明显,$\Delta x\to 0$ 也即 $x\to x_0$;$\Delta y\to 0$,也即 $f(x)\to f(x_0)$.所以函数 $y=f(x)$ 在点 x_0 处连续的定义又可叙述如下.

定义 3　设函数 $y=f(x)$ 在点 x_0 及其近旁有定义,如果当 $x\to x_0$ 时,函数 $y=f(x)$ 的极限存在,且等于函数在 x_0 点的函数值,即

$$\lim_{x\to x_0}f(x)=f(x_0),$$

那么就称函数 $y=f(x)$ 在点 x_0 处连续.

此定义指出了函数 $y=f(x)$ 在 x_0 点连续必须满足的三个条件.

(1) 函数 $y=f(x)$ 在 x_0 及其近旁有意义;

(2) 极限 $\lim_{x\to x_0}f(x)$ 存在;

(3) 点 x_0 处的极限值等于函数值,即 $\lim_{x\to x_0}f(x)=f(x_0)$.

2. 函数的间断点

定义 4　如果函数 $y=f(x)$ 在点 x_0 不连续,则 x_0 点叫作函数 $y=f(x)$ 的不连续点或间断点.

例如:函数 $y=\dfrac{1}{x}$ 在 $x=0$ 处无定义,所以函数 $y=\dfrac{1}{x}$ 在 $x=0$ 处不连续.即 $x=0$ 是函数的间断点.

又如:函数 $f(x)=\begin{cases} 1, & x>0, \\ 0, & x=0, \\ -1, & x<0, \end{cases}$ 在点 $x=0$ 处的左右极限都存在但不相等,所以当 $x\to 0$ 时,函数 $y=f(x)$ 的极限不存在,因此函数在点 $x=0$ 处不连续,即 $x=0$ 是函数的间断点.

再如:函数 $f(x)=\begin{cases} x+1, & x\neq 1, \\ 0, & x=1, \end{cases}$ 在 $x=1$ 处的极限 $\lim\limits_{x\to 1}f(x)=\lim\limits_{x\to 1}x+1=2$,但 $f(1)=0$,即 $\lim\limits_{x\to 1}f(x)\neq f(1)$,所以函数 $y=f(x)$ 在 $x=1$ 处不连续,即 $x=1$ 是函数的间断点.

通常把间断点划分为如下两类.

如果 x_0 是函数 $y=f(x)$ 的间断点,但左右极限都存在,则 x_0 称为函数 $y=f(x)$ 的第一类间断点,且若左右极限存在并相等,则称为可去间断点;左右极限存在但不相等的称为跳跃间断点,其他情形的间断点都是第二类间断点.且极限为无穷大的称为无穷间断点.上面举例中的第一个函数中的 $x=0$ 是第二类间断点;第二个函数中的 $x=0$ 是第一类间断点;第三个函数中的 $x=1$ 是第一类间断点.

例 2 设 $f(x)=\begin{cases} x+2, & x<0, \\ 0, & x=0, \\ \dfrac{\sin 2x}{x}, & x>0, \end{cases}$ 讨论函数 $y=f(x)$ 在 $x\to 0$ 时是否有极限,在 $x=0$ 处是否连续.

解:$y=f(x)$ 是分段函数,用左、右极限讨论.

$$\lim_{x\to 0^-}f(x)=\lim_{x\to 0^-}(x+2)=2.$$

$$\lim_{x\to 0^+}f(x)=\lim_{x\to 0^+}\frac{\sin 2x}{x}=\lim_{x\to 0^+}\frac{\sin 2x \cdot 2}{2x}=2.$$

左右极限存在且相等,所以 $y=f(x)$ 在 $x\to 0$ 时极限存在.但因

$$\lim_{x\to 0}f(x)=2\neq f(0),$$

所以函数 $y=f(x)$ 在 $x=0$ 处不连续.

例 3(出租车费) 某城市出租车白天的收费 y(单位:元)与路程 x(单位:km)之间的关系为

$$y=f(x)=\begin{cases} 5+1.2x, & 0<x<7, \\ 13.4+2.1(x-7), & x\geq 7. \end{cases}$$

(1)求极限 $\lim\limits_{x\to 7}f(x)$;

(2)函数 $y=f(x)$ 在点 $x=7$ 处连续吗?

解:(1)因为

$$\lim_{x\to 7^+}f(x)=\lim_{x\to 7^+}[13.4+2.1(x-7)]=13.4$$

$$\lim_{x\to 7^-}f(x)=\lim_{x\to 7^-}(5+1.2x)=13.4$$

所以,所求极限为:$\lim\limits_{x\to 7}f(x)=13.4$.

(2)因为 $f(7) = 13.4$，$\lim\limits_{x \to 7} f(x) = f(7)$，所以函数 $y = f(x)$ 在点 $x = 7$ 处连续.

例 4（血液中药物的总量） 一个病人每隔 4 小时注射一次 150 mg 药物，图 2-5 中显示了病人血液中药物的总量 $f(t)$ 与时间 t 的关系. 求 $\lim\limits_{t \to 12^+} f(t)$ 和 $\lim\limits_{t \to 12^-} f(t)$ 的值并判断函数 $f(t)$ 在 $t = 12$ 时是否连续.

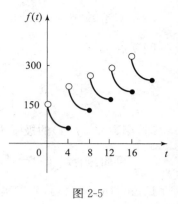

图 2-5

解：由图 2-5 知 $\lim\limits_{t \to 12^-} f(t) \approx 150$，$\lim\limits_{t \to 12^+} f(t) \approx 300$.

因为 $\lim\limits_{t \to 12^-} f(t) \neq \lim\limits_{t \to 12^+} f(t)$，所以函数在点 $t = 12$ 处不连续.

三、函数在区间上的连续性

如果函数 $y = f(x)$ 在开区间 (a, b) 内的每一点都连续，那么就称函数 $y = f(x)$ 在区间 (a, b) 内连续，区间 (a, b) 叫作函数 $y = f(x)$ 的连续区间.

如果函数 $y = f(x)$ 在闭区间 $[a, b]$ 上有定义，在开区间 (a, b) 内连续，且满足 $\lim\limits_{x \to a^+} f(x) = f(a)$（此时称函数 $y = f(x)$ 在 $x = a$ 处右连续）和 $\lim\limits_{x \to b^-} f(x) = f(b)$（此时称函数 $y = f(x)$ 在 $x = b$ 处左连续），那么就称函数 $y = f(x)$ 在闭区间 $[a, b]$ 上连续. 所有连续点构成的区间称为函数的连续区间. 如 $y = \sin x$ 的连续区间是 $(-\infty, +\infty)$.

在几何上，连续函数的图像是一条连续不间断的曲线.

四、初等函数的连续性

由于基本初等函数的图像在其定义区间内都是连续不断的曲线，故知：基本初等函数在其定义区间内都是连续的.

根据连续函数的定义和极限的运算法则，可得下列连续函数的运算法则.

法则 1 设函数 $f(x), g(x)$ 均在点 x_0 处连续，那么 $f(x) \pm g(x)$，$f(x) \cdot g(x)$，$\dfrac{f(x)}{g(x)}$ $(g(x) \neq 0)$ 也都在点 x_0 处连续.

法则 2 设函数 $y = f(u)$ 在点 u_0 处连续，又函数 $u = \theta(x)$ 在点 x_0 处连续，且 $u_0 = \theta(x_0)$，那么复合函数 $y = f[\theta(x)]$ 在 x_0 处也连续.

以上两个法则同时也说明：一切初等函数在其定义区间内都是连续的.

根据上面的法则和结论以及函数连续的定义可知：

(1) 初等函数在定义域内 x_0 处的极限值等于函数在 x_0 处的函数值，即
$$\lim_{x \to x_0} f(x) = f(x_0);$$

(2) 求连续的复合函数的极限时，"$\lim$" 与 "f" 可交换次序；

(3) 连续函数求极限时，可作代换 $\lim\limits_{x \to x_0} f[\theta(x)] = \lim\limits_{u \to u_0} f(u)$，其中 $u = \theta(x)$.

例 5 求 $\lim\limits_{x \to 0} \cos(1+x)^{\frac{1}{x}}$.

解：$\lim\limits_{x \to 0} \cos(1+x)^{\frac{1}{x}} = \cos[\lim\limits_{x \to 0}(1+x)^{\frac{1}{x}}] = \cos e$.

五、闭区间上连续函数的性质

1. 最大、最小值性质

定理 1 设函数 $f(x)$ 在闭区间 $[a,b]$ 上连续,那么 $f(x)$ 在 $[a,b]$ 上必有最大值和最小值.

如图 2-6 所示,函数 $f(x)$ 在闭区间 $[a,b]$ 上连续,显然在 ξ_1 处,函数取得最大值 $f(\xi_1)=M$;在点 ξ_2 处取得最小值 $f(\xi_2)=m$.

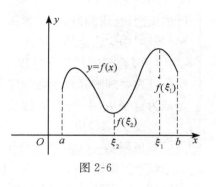

图 2-6

2. 介值定理

定理 2 设函数 $f(x)$ 在闭区间 $[a,b]$ 上连续,且 $f(a)$ 与 $f(b)$ 异号,那么在开区间 (a,b) 内至少存在一点 ξ,使得 $f(\xi)=0$.

例 6 证明方程 $x^3-4x^2+1=0$ 在区间 $(0,1)$ 内至少有一个实根.

证:设 $f(x)=x^3-4x^2+1$,因为 $f(x)$ 为初等函数,且在 $[0,1]$ 上有定义,所以在闭区间 $[0,1]$ 上连续,又因为
$$f(0)=1>0, f(1)=-2<0,$$
所以根据根的存在定理可知,方程 $x^3-4x^2+1=0$ 在区间 $(0,1)$ 内至少有一个实根.

练习题 2.5

1. 该函数 $f(x)=\begin{cases} e^x+2x^3-x+1, & x\neq 0, \\ k, & x=0, \end{cases}$ 在 $(-\infty,+\infty)$ 内连续,则 k 值为( ).
   (A) 0; (B) 1; (C) 2; (D) 任意常数.

2. 设函数 $f(x)=\begin{cases} 2x, & -1<x<2, \\ a, & x=2, \\ x^2, & 2<x<4. \end{cases}$ 在 $x=2$ 处连续,则 $a=($).

3. 求下列函数的间断点,并指出间断点的类型:
   (1) $f(x)=\dfrac{x}{\sin x}$;
   (2) $f(x)=\dfrac{x+3}{x^2-9}$;
   (3) $f(x)=\dfrac{1}{x^2-1}$;
   (4) $f(x)=\dfrac{1}{1+e^{\frac{1}{x-1}}}$;
   (5) $f(x)=\begin{cases} x^2+1, & x\leqslant 0, \\ x-1, & x>0; \end{cases}$
   (6) $f(x)=\begin{cases} \cos x-1, & x\geqslant 0, \\ \sin 2x+1, & x<0. \end{cases}$

4. 求下列极限:
   (1) $\lim\limits_{x\to 0} e^{x^2+3x-1}$;
   (2) $\lim\limits_{x\to 8}\dfrac{\sqrt[3]{x}-2}{x-8}$;
   (3) $\lim\limits_{x\to 1}\dfrac{x^3+x^2-1}{2x+3}$.

5. 证明方程 $x^5-3x-1=0$ 在区间 $(1,2)$ 内有一个根.

本 章 小 结

通过本章的学习,要求读者熟悉数列极限和函数极限运算法则,掌握两个重要极限,理解

无穷小与无穷大的概念,了解无穷小的性质,知道无穷小与无穷大之间的关系,理解函数连续性的概念,会求间断点,了解闭区间上连续函数的性质.

学习中应注意的问题.

1. 复合函数的复合过程.

首先要理解复合函数的定义,掌握基本初等函数及其定义域(见教材中附表),其次清楚究竟谁为自变量、中间变量、因变量.

2. 如何求极限.

求极限是一元函数微积分中最基本的一种运算,其方法较多,主要有以下几种:

(1) 利用极限的定义,通过函数图像,直观地求出其极限;

(2) 利用极限的运算法则;

(3) 利用重要极限 $\lim\limits_{x\to 0}\dfrac{\sin x}{x}=1$ 和 $\lim\limits_{x\to\infty}\left(1+\dfrac{1}{x}\right)^x=e$ 求函数的极限;

(4) 利用无穷小的性质;

(5) 利用函数的连续性,即 x_0 为函数的连续点时有 $\lim\limits_{x\to x_0}f[\varphi(x)]=f[\lim\limits_{x\to x_0}\varphi(x)]$.

3. 判断函数的连续性,找出间断点,其具体做法为:

(1) 寻找使函数 $f(x)$ 没有定义的点 x_0;

(2) 寻找使 $\lim f(x)$ 不存在的点 x_0,分段函数通常发生于分段点处;

(3) 寻找使 $\lim\limits_{x\to x_0}f(x)\neq f(x_0)$ 点 x_0.

习 题 2

1. 选择填空

(1) $\lim\limits_{x\to\infty}\dfrac{x+\sin x}{x}=(\quad)$.

(A) 0;   (B) 1;   (C) 不存在;   (D) ∞.

(2) 下列各式不正确的是( ).

(A) $\lim\limits_{x\to 0}e^{\frac{1}{x}}=\infty$;   (B) $\lim\limits_{x\to 0^-}e^{\frac{1}{x}}=0$;   (C) $\lim\limits_{x\to 0^+}e^{\frac{1}{x}}=+\infty$;   (D) $\lim\limits_{x\to\infty}e^{\frac{1}{x}}=1$.

(3) 下列各式正确的是( ).

(A) $\lim\limits_{x\to\infty}(1+x)^{\frac{1}{x}}=e$;   (B) $\lim\limits_{x\to 0}(1+x)^x=e$;   (C) $\lim\limits_{x\to\infty}\left(1+\dfrac{1}{x}\right)^x=e$;   (D) $\lim\limits_{x\to\infty}\left(1+\dfrac{1}{x}\right)^{\frac{1}{x}}=e$.

(4) $f(x)=\begin{cases}\dfrac{1}{x}\sin 3x, & x\neq 0 \\ a, & x=0\end{cases}$,若使 $f(x)$ 在 $(-\infty,+\infty)$ 内连续,则 $a=(\quad)$.

(A) 0;   (B) 1;   (C) $\dfrac{1}{3}$;   (D) 3.

2. 求下列各极限:

(1) $\lim\limits_{x\to -2}\dfrac{x^3+3x^2+2x}{x^2-x-6}$;

(2) $\lim\limits_{x\to +\infty}(\sqrt{x^2+1}-\sqrt{x^2-1})$;

(3) $\lim\limits_{x\to\infty}\dfrac{(2x-3)^{20}(3x+2)^{30}}{(5x+1)^{50}}$;

(4) $\lim\limits_{x\to 1}\left(\dfrac{1}{x^2-1}-\dfrac{1}{x-1}\right)$;

(5) $\lim\limits_{x\to\infty}\left(\dfrac{x}{1+x}\right)^x$;

(6) $\lim\limits_{x\to 0}x\sin\dfrac{1}{x}$;

(7) $\lim\limits_{x\to\infty}\left(\dfrac{x+a}{x-a}\right)^x$; (8) $\lim\limits_{x\to 1}\dfrac{\sqrt{3-x}-\sqrt{x+1}}{x^2-1}$;

(9) $\lim\limits_{x\to 0}\dfrac{\tan x-\sin x}{x^2}$; (10) $\lim\limits_{x\to 0}\left(1+\dfrac{x}{2}\right)^{\frac{x-1}{x}}$.

3. 讨论函数 $f(x)=\begin{cases} 2, & x=\pm 2, \\ 4, & |x|>2, \\ 4-x^2, & |x|<2 \end{cases}$ 的连续性.

4. 证明方程 $\sin x+x+1=0$ 在区间 $\left(-\dfrac{\pi}{2},\dfrac{\pi}{2}\right)$ 内至少有一个根.

第三章 导数与微分

3.1 导数的概念

一、导数的定义

在自然科学的许多领域中,当研究运动的各种形式时,都要从数量上研究函数相对于自变量的变化快慢程度,即变化率问题.为此我们先来重温历史上与导数有密切关系的两个问题:瞬时速度问题和曲线的切线问题.

1. 变速直线运动物体的瞬时速度

在运动学中,对于匀速运动来说,有公式:速度 $=\dfrac{距离}{时间}$.

此公式只是反映了物体走完某一路程的平均速度,而没有反映出在任何时刻物体运动的快慢.况且,在实际生活中,运动往往是非匀速的.要想精确地刻画出物体在任意时刻运动的快慢程度,就需要进一步讨论物体在任何时刻的瞬时速度.

设某一物体做变速直线运动,其运动方程是 $s=s(t)$,则在时刻 t_0 到 $t_0+\Delta t$ 的时间间隔内,它的平均速度为

$$\bar{v}=\frac{\Delta s}{\Delta t}=\frac{s(t_0+\Delta t)-s(t_0)}{\Delta t}.$$

当 Δt 很小时,显然平均速度 $\bar{v}$ 即 $\dfrac{\Delta s}{\Delta t}$,与在 t_0 时刻的瞬时速度相近似.随着 Δt 越来越小,这种近似的程度就越来越高.当 Δt 趋近于 0 时,$\dfrac{\Delta s}{\Delta t}$ 的极限值就是物体在 t_0 时刻的瞬时速度,简称速度,记为 $v(t_0)$,即

$$v(t_0)=\lim_{\Delta t\to 0}\bar{v}=\lim_{\Delta t\to 0}\frac{\Delta s}{\Delta t}=\lim_{\Delta t\to 0}\frac{s(t_0+\Delta t)-s(t_0)}{\Delta t}.$$

上式的特征是函数值增量与自变量增量之比的极限.

2. 平面曲线切线的斜率

定义 1 设有曲线 C 及 C 上的一点 M(图 3-1),在点 M 外另取一点 N,作割线 MN,当点 N 沿曲线 C 趋于点 M 时,如果割线 MN 绕点 M 旋转而趋于极限位置 MT,则直线 MT 就称为曲线 C 在点 M 处的切线(这里极限位置的含义是:弦长 $|MN|$ 趋于 0,$\angle NMT$ 也趋于 0).

设函数 $y=f(x)$ 的图像为曲线 C,点 $M(x_0,y_0)$ 是曲线 C 上的一点(图 3-2),则 $y_0=f(x_0)$.如果让自变量 x 在 x_0 处取得增量 Δx,则其对应于曲线 C 上的点 $N(x_0+\Delta x,y_0+$

Δy),于是割线 MN 的斜率为

$$k_{割} = \tan\varphi = \frac{\Delta y}{\Delta x} = \frac{f(x_0+\Delta x)-f(x_0)}{\Delta x}.$$

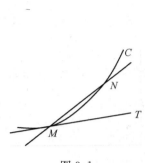

图 3-1

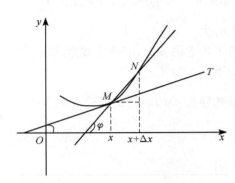

图 3-2

其中 φ 为割线 MN 的倾斜角,当 $\Delta x \to 0$ 时,点 N 沿曲线 C 逼近点 M,割线 MN 逼近于极限位置 MT,割线 MN 的斜率无限接近于切线 MT 的斜率,即切线 MT 的斜率等于割线 MN 斜率的极限值:

$$k_{切} = \lim_{N \to M} k_{割} = \lim_{\Delta x \to 0}\tan\varphi = \lim_{\Delta x \to 0}\frac{\Delta y}{\Delta x} = \lim_{\Delta x \to 0}\frac{f(x_0+\Delta x)-f(x_0)}{\Delta x}.$$

上式的特征仍然是函数值增量与自变量增量之比的极限.

3. 导数的定义

上面两个例子虽然表示的问题的实际意义不同,但是从数量关系上来分析,它们的特征都是相同的,都表示函数值增量与自变量增量之比的极限. 这种特征在求电流强度、线密度等问题时都会出现. 我们去掉问题的实际意义,把这种特征抽象出来,就得到导数的定义.

定义 2 设函数 $y=f(x)$ 在点 x_0 的某一邻域内有定义,如果当自变量 x 在点 x_0 处有增量 Δx(点 $x_0+\Delta x$ 仍在该邻域内,且 $\Delta x \neq 0$)时,函数取得相应的增量 $\Delta y = f(x_0+\Delta x) - f(x_0)$,如果当 $\Delta x \to 0$ 时,Δy 与 Δx 之比 $\frac{\Delta y}{\Delta x}$ 的极限 $\lim\limits_{\Delta x \to 0}\frac{\Delta y}{\Delta x}$ 存在,则称这个极限为函数 $y=f(x)$ 在点 x_0 处的导数(也称变化率),记作 $f'(x_0)$,即

$$f'(x_0) = \lim_{\Delta x \to 0}\frac{\Delta y}{\Delta x} = \lim_{\Delta x \to 0}\frac{f(x_0+\Delta x)-f(x_0)}{\Delta x},$$

也记为 $y'|_{x=x_0}, \dfrac{\mathrm{d}y}{\mathrm{d}x}\bigg|_{x=x_0}$ 或 $\dfrac{\mathrm{d}f(x)}{\mathrm{d}x}\bigg|_{x=x_0}$.

若极限 $\lim\limits_{\Delta x \to 0}\dfrac{\Delta y}{\Delta x}$ 存在,则称函数 $y=f(x)$ 在点 x_0 处可导.

注:导数 $f'(x_0)$ 的定义还有另外的表达式:

$$f'(x_0) = \lim_{\Delta x \to 0}\frac{\Delta y}{\Delta x} = \lim_{h \to 0}\frac{f(x_0+h)-f(x_0)}{h},$$

$$f'(x_0) = \lim_{\Delta x \to 0}\frac{\Delta y}{\Delta x} = \lim_{x \to x_0}\frac{f(x)-f(x_0)}{x-x_0}.$$

如果极限 $\lim\limits_{\Delta x \to 0} \dfrac{\Delta y}{\Delta x}$ 不存在,则称函数 $y=f(x)$ 在点 x_0 处不可导,称点 x_0 为 $y=f(x)$ 的不可导点. 如果不可导的原因是极限 $\lim\limits_{\Delta x \to 0} \dfrac{\Delta y}{\Delta x}$ 为 ∞,为方便起见,有时也称函数 $y=f(x)$ 在点 x_0 处导数为无穷大.

有了导数的概念,变速直线运动物体的瞬时速度就可以表示为 $v(t_0)=s'(t_0)$,平面曲线切线的斜率 $k_{切}=f'(x_0)$.

既然导数 $f'(x_0)$ 是比值 $\dfrac{\Delta y}{\Delta x}$ 的极限,而极限概念中有左极限与右极限之分,那么左极限

$$\lim_{\Delta x \to 0^-} \frac{\Delta y}{\Delta x} = \lim_{\Delta x \to 0^-} \frac{f(x_0+\Delta x)-f(x_0)}{\Delta x}$$

和右极限

$$\lim_{\Delta x \to 0^+} \frac{\Delta y}{\Delta x} = \lim_{\Delta x \to 0^+} \frac{f(x_0+\Delta x)-f(x_0)}{\Delta x}$$

分别叫作函数 $y=f(x)$ 在点 x_0 处的左导数和右导数,记为 $f'_-(x_0)$ 和 $f'_+(x_0)$.

即,左导数 $f'_-(x_0) = \lim\limits_{\Delta x \to 0^-} \dfrac{\Delta y}{\Delta x} = \lim\limits_{\Delta x \to 0^-} \dfrac{f(x_0+\Delta x)-f(x_0)}{\Delta x}$;

右导数 $f'_+(x_0) = \lim\limits_{\Delta x \to 0^+} \dfrac{\Delta y}{\Delta x} = \lim\limits_{\Delta x \to 0^+} \dfrac{f(x_0+\Delta x)-f(x_0)}{\Delta x}$.

根据极限存在的理论知道,函数 $y=f(x)$ 在点 x_0 处可导的充分必要条件是左导数 $f'_-(x_0)$ 和右导数 $f'_+(x_0)$ 均存在且相等.

4. 求导数举例

例 1 求函数 $y=x^2$ 在点 $x_0=1$ 处的导数.

解:设自变量 x 在 x_0 处取得增量 Δx,对应的函数值的增量是

$$\Delta y = f(1+\Delta x)-f(1) = (1+\Delta x)^2 - 1 = 2(\Delta x)+(\Delta x)^2,$$

则有

$$\frac{\Delta y}{\Delta x} = \frac{f(1+\Delta x)-f(1)}{\Delta x} = \frac{2(\Delta x)+(\Delta x)^2}{\Delta x} = 2+\Delta x.$$

上式两边取当 $\Delta x \to 0$ 时的极限,得

$$f'(1) = \lim_{\Delta x \to 0} \frac{\Delta y}{\Delta x} = \lim_{\Delta x \to 0} \frac{f(1+\Delta x)-f(1)}{\Delta x} = \lim_{\Delta x \to 0}(2+\Delta x) = 2.$$

类似地可求得

$$f'(x_0) = \lim_{\Delta x \to 0} \frac{\Delta y}{\Delta x} = \lim_{\Delta x \to 0} \frac{f(x_0+\Delta x)-f(x_0)}{\Delta x} = \lim_{\Delta x \to 0}(2x_0+\Delta x) = 2x_0.$$

如果函数 $y=f(x)$ 在区间 (a,b) 内的每一点处都可导,那么称函数 $y=f(x)$ 在区间 (a,b) 内可导,每一个 x 的值都对应一个导数值,这样就建立了一个从 x 到导数值 $f'(x)$ 之间的新的函数关系,称之为导函数,记为 $f'(x)$,简称导数,即

$$f'(x) = \lim_{\Delta x \to 0} \frac{\Delta y}{\Delta x} = \lim_{\Delta x \to 0} \frac{f(x+\Delta x)-f(x)}{\Delta x}.$$

例 2 求函数 $y=C$ 的导数.

解：设自变量 x 在任意点 x_0 处取得增量 Δx，对应的函数值的增量是
$$\Delta y = C - C = 0,$$
从而
$$\frac{\Delta y}{\Delta x} = 0.$$
因此
$$y' = \lim_{\Delta x \to 0} \frac{\Delta y}{\Delta x} = 0.$$
即
$$(C)' = 0.$$

分析例 1 和例 2 知，用导数定义求导数，可分为如下三个步骤．

(1) 求增量：给自变量 x 以增量 Δx，求出对应的函数值的增量
$$\Delta y = f(x + \Delta x) - f(x);$$

(2) 算比值：$\dfrac{\Delta y}{\Delta x} = \dfrac{f(x + \Delta x) - f(x)}{\Delta x}$，并化简；

(3) 求极限：$f'(x_0) = \lim\limits_{\Delta x \to 0} \dfrac{\Delta y}{\Delta x} = \lim\limits_{\Delta x \to 0} \dfrac{f(x_0 + \Delta x) - f(x_0)}{\Delta x}$．

例 3　设函数 $y = \dfrac{1}{x}$，求 $f'(x)$ 和 $f'(-2)$．

解：第一步：求增量
$$\Delta y = f(x + \Delta x) - f(x) = \frac{1}{x + \Delta x} - \frac{1}{x} = \frac{x - (x + \Delta x)}{x(x + \Delta x)} = \frac{-\Delta x}{x^2 + x(\Delta x)}.$$

第二步：算比值
$$\frac{\Delta y}{\Delta x} = \frac{f(x + \Delta x) - f(x)}{\Delta x} = \frac{-1}{x^2 + x(\Delta x)}.$$

第三步：取极限
$$\lim_{\Delta x \to 0} \frac{\Delta y}{\Delta x} = \lim_{\Delta x \to 0} \frac{f(x + \Delta x) - f(x)}{\Delta x} = \lim_{\Delta x \to 0} \frac{-1}{x^2 + x(\Delta x)} = -\frac{1}{x^2},$$
即
$$f'(x) = \left(\frac{1}{x}\right)' = -\frac{1}{x^2}.$$

而 $f'(-2)$ 可以认为是导函数 $f'(x) = -\dfrac{1}{x^2}$ 当 $x = -2$ 时的函数值，
即
$$f'(-2) = -\frac{1}{(-2)^2} = -\frac{1}{4}.$$

例 4　求函数 $y = x^3$ 的导数．

解：
$$\Delta y = f(x + \Delta x) - f(x) = (x + \Delta x)^3 - x^3$$
$$= 3x^2 (\Delta x) + 3x (\Delta x)^2 + (\Delta x)^3,$$
$$\frac{\Delta y}{\Delta x} = \frac{3x^2 (\Delta x) + 3x (\Delta x)^2 + (\Delta x)^3}{\Delta x} = 3x^2 + 3x (\Delta x) + (\Delta x)^2,$$
从而，
$$\lim_{\Delta x \to 0} \frac{\Delta y}{\Delta x} = \lim_{\Delta x \to 0} \frac{f(x + \Delta x) - f(x)}{\Delta x}$$
$$= \lim_{\Delta x \to 0} [3x^2 + 3x(\Delta x) + (\Delta x)^2] = 3x^2.$$
即
$$(x^3)' = 3x^2.$$

利用二项式定理可求得 $y = x^n (n \in \mathbf{Z}^+)$ 的导数

$$(x^n)' = nx^{n-1}.$$

在下一节中我们将进一步证得

$$(x^\alpha)' = \alpha x^{\alpha-1} \ (\alpha \in \mathbf{R}).$$

例 5 求函数 $y = \sin x$ 的导数.

解：

$$\begin{aligned}
(\sin x)' &= \lim_{\Delta x \to 0} \frac{\Delta y}{\Delta x} = \lim_{\Delta x \to 0} \frac{\sin(x + \Delta x) - \sin x}{\Delta x} \\
&= \lim_{\Delta x \to 0} \frac{2\cos\left(x + \frac{\Delta x}{2}\right)\sin\frac{\Delta x}{2}}{\Delta x} \text{（这里用到了三角函数的和差化积公式）} \\
&= \lim_{\Delta x \to 0} \frac{\sin\frac{\Delta x}{2}}{\frac{\Delta x}{2}} \cdot \lim_{\Delta x \to 0} \cos\left(x + \frac{\Delta x}{2}\right) \\
&= \cos x.
\end{aligned}$$

即
$$(\sin x)' = \cos x.$$

类似地可得：$(\cos x)' = -\sin x.$

例 6 求函数 $y = \log_a x \ (a > 0, a \neq 1)$ 的导数.

解：

$$\begin{aligned}
(\log_a x)' &= \lim_{\Delta x \to 0} \frac{\Delta y}{\Delta x} = \lim_{\Delta x \to 0} \frac{\log_a(x + \Delta x) - \log_a x}{\Delta x} \\
&= \lim_{\Delta x \to 0} \frac{\log_a \frac{x + \Delta x}{x}}{\Delta x} = \lim_{\Delta x \to 0} \frac{\left[\frac{x}{\Delta x} \cdot \log_a\left(1 + \frac{\Delta x}{x}\right)\right]}{x} \\
&= \frac{\lim_{\Delta x \to 0}\left[\frac{x}{\Delta x} \cdot \log_a\left(1 + \frac{\Delta x}{x}\right)\right]}{x} \\
&= \frac{\lim_{\Delta x \to 0}\left[\log_a\left(1 + \frac{\Delta x}{x}\right)^{\frac{x}{\Delta x}}\right]}{x} \\
&= \frac{\log_a\left[\lim_{\Delta x \to 0}\left(1 + \frac{\Delta x}{x}\right)^{\frac{x}{\Delta x}}\right]}{x} = \frac{\log_a e}{x} = \frac{1}{x \ln a}.
\end{aligned}$$

即
$$(\log_a x)' = \frac{1}{x \ln a}.$$

类似地可得
$$(\ln x)' = \frac{1}{x}.$$

例 7 求函数 $y = a^x (a > 0, a \neq 1)$ 的导数.

解：

$$\begin{aligned}
(a^x)' &= \lim_{\Delta x \to 0} \frac{\Delta y}{\Delta x} = \lim_{\Delta x \to 0} \frac{a^{x + \Delta x} - a^x}{\Delta x} \\
&= \lim_{\Delta x \to 0} \frac{a^x(a^{\Delta x} - 1)}{\Delta x}.
\end{aligned}$$

令 $a^{\Delta x} - 1 = t$, 则 $\Delta x = \log_a(1 + t)$, 且 $\Delta x \to 0$ 时 $t \to 0$, 所以

$$\lim_{\Delta x \to 0} \frac{a^x(a^{\Delta x}-1)}{\Delta x} = \lim_{t \to 0} \frac{a^x t}{\log_a(1+t)}$$

$$= a^x \frac{1}{\lim_{t \to 0}\left[\frac{1}{t}\log_a(1+t)\right]} = a^x \frac{1}{\log_a\left[\lim_{t \to 0}(1+t)^{\frac{1}{t}}\right]}$$

$$= a^x \frac{1}{\log_a e} = a^x \ln a$$

即
$$(a^x)' = a^x \ln a.$$

特殊地,当 $a = e$ 时,得
$$(e^x)' = e^x.$$

例 8(边际分析) 在经济学中,把经济函数的导数称为边际函数.试根据导数的定义,分析边际函数的意义.

分析:"边际"这个词可以理解为"增加的"意思,"边际量"也就是"增量"的意思.说得确切一些,自变量的增量为 1 单位时,因变量的增量就是边际量.例如,生产要素(自变量)增加 1 单位,产量(因变量)的增量为 2 个单位,这因变量改变的 2 个单位就是边际产量.边际分析法就是分析自变量变动 1 单位时,因变量会变动多少的方法.根据导数的定义,有

$$f'(x) = \lim_{\Delta x \to 0} \frac{\Delta y}{\Delta x}$$

因此,当 Δx 很小时,有下面的近似计算公式

$$f'(x) \approx \frac{\Delta y}{\Delta x}$$

于是
$$\Delta y = f(x+\Delta x) - f(x) \approx f'(x)\Delta x$$

特别地,当 $\Delta x = 1$ 时,有
$$f(x+1) - f(x) \approx f'(x) \cdot 1 = f'(x)$$

这就是说,当自变量增加 1 单位时,函数的增量近似地等于其导数值.

边际函数的意义为:$f'(x)$ 在点 x 处,当自变量 x 再改变 1 个单位时,因变量 y 将近似地改变 $f'(x)$ 个单位.

例如,函数 $y = x^3$ 在 $x = 2$ 处的边际函数值为
$$y'|_{x=2} = 3x^2|_{x=2} = 12$$

它表示当 $x = 2$ 时,若 x 增加 1 个单位,则函数 y 将增加 12 个单位.

例 9(价格的变化率) 某公司利用一种新型材料加工成各类精致的手提包,销售出口后供不应求.为扩大出口范围,争取到更多的外商经营,企业第一年实行限量订货.当订货量 x (单位:千个)大于 3 时,订货单价 y(单位:百元)为
$$y = x^2 + 8 \quad (x > 3)$$

求:(1)订货量 x 由 x_0 变化到 $x + \Delta x$ 时,y 的平均变化率;

(2)订货量为 4 时,y 的瞬时变化率,并说明其实际意义.

解:(1)平均变化率:
$$\Delta y = (x_0+\Delta x)^2 + 8 - (x_0^2+8) = 2x_0(\Delta x) + (\Delta x)^2$$

$$\frac{\Delta y}{\Delta x} = \frac{2x_0(\Delta x) + (\Delta x)^2}{\Delta x} = 2x_0 + \Delta x$$

（2）瞬时变化率：

$$y'|_{x=x_0} = \lim_{\Delta x \to 0} \frac{\Delta y}{\Delta x} = \lim_{\Delta x \to 0}(2x_0 + \Delta x) = 2x_0$$

$$y'|_{x=4} = 2 \times 4 = 8$$

即订货量为 4（千个）时，y 的瞬时变化率为 8（百元/千个）. 也就是说，订货量在 4 千个时，若订货量增加 1 千个，则订货单价将增加 800 元.

例 10（人口增长率） 《全球 2000 年报告》指出世界人口在 1975 年为 41 亿，并以每年 2% 的相对比率增长. 若用 P 表示自 1975 年以来的人口数，求 $\dfrac{dP}{dt}, \left.\dfrac{dP}{dt}\right|_{t=0}, \left.\dfrac{dP}{dt}\right|_{t=15}$ 并说明其实际意义.

解： 由导数的意义知，世界人口总量 P 关于时间 t 的变化率可表示为

$$\frac{dP}{dt} = \lim_{\Delta t \to 0} \frac{P(t+\Delta t) - P(t)}{\Delta t}$$

由于人口以每年 2% 的相对比率增长，即

$$\frac{P(t+\Delta t) - P(t)}{P(t)\Delta t} = 2\%$$

$$P(t+\Delta t) - P(t) = 2\% P(t)\Delta t$$

代入前式中，并求极限，得

$$\frac{dP}{dt} = 2\% P(t),$$

$$\left.\frac{dP}{dt}\right|_{t=0} = 2\% P(0),$$

$$\left.\frac{dP}{dt}\right|_{t=15} = 2\% P(15).$$

即从 1975 年起，世界人口的增长率为当时人口总数的 0.02 倍.

二、导数的几何意义

由前面的讨论可知，函数 $y = f(x)$ 在点 x_0 处的导数 $f'(x_0)$，在几何上表示函数图像 C 在相应点 $M(x_0, y_0)$ 处的切线斜率. 这就是导数的几何意义，如图 3-3 所示.

因此曲线 $y = f(x)$ 上点 $M(x_0, y_0)$ 处的切线方程为

$$y - y_0 = f'(x_0)(x - x_0).$$

法线方程为

$$y - y_0 = -\frac{1}{f'(x_0)}(x - x_0) \quad (f'(x_0) \neq 0).$$

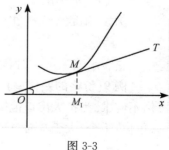

图 3-3

例 11 求抛物线 $y = x^3$ 在点 $(2, 8)$ 处的切线方程和法线方程.

解： 先求切线斜率

$$y' = (x^3)' = 3x^2,$$

从而，

$$k_{切} = y'|_{x=2} = 3x^2|_{x=2} = 12.$$

$$k_{法} = -\frac{1}{12}.$$

因此得切线方程为 $y-8=12(x-2)$,

即 $$12x-y-16=0.$$

法线方程为 $y-8=-\dfrac{1}{12}(x-2)$,

即 $$x+12y-98=0.$$

三、可导与连续的关系

定理 如果函数 $y=f(x)$ 在点 x_0 可导,它一定在点 x_0 处连续.

事实上,由函数 $y=f(x)$ 在点 x_0 处可导,有 $\lim\limits_{\Delta x\to 0}\dfrac{\Delta y}{\Delta x}=f'(x_0)$,由具有极限的函数与无穷小的关系知道,$\dfrac{\Delta y}{\Delta x}=f'(x_0)+\alpha$,其中 α 为当 $\Delta x\to 0$ 时的无穷小.

上式两边同时乘以 Δx,得
$$\Delta y=f'(x_0)\cdot \Delta x+\alpha\cdot \Delta x.$$

显然,$\lim\limits_{\Delta x\to 0}\Delta y=\lim\limits_{\Delta x\to 0}[f'(x_0)\Delta x+\alpha\cdot \Delta x]=0.$

由函数在一点连续的定义知,函数 $y=f(x)$ 在点 x_0 处是连续的.

注意:逆命题不成立. 即一个函数在某点处连续,但不一定在该点处可导.

例如函数 $y=f(x)=\sqrt[3]{x}$ 在 $(-\infty,+\infty)$ 上连续,但在 $x=0$ 处不可导.

这是因为
$$\lim_{\Delta x\to 0}\dfrac{f(0+\Delta x)-f(0)}{\Delta x}=\lim_{\Delta x\to 0}\dfrac{\sqrt[3]{\Delta x}}{\Delta x}=\lim_{\Delta x\to 0}\dfrac{1}{(\Delta x)^{\frac{2}{3}}}=+\infty.$$

导数为无穷大,表现在几何上为曲线在原点处具有垂直于 x 轴的切线 $x=0$,如图 3-4 所示.

又如函数 $y=|x|$ 在点 $x=0$ 处连续,但函数 $y=|x|$ 在点 $x=0$ 处不可导,如图 3-5 所示.

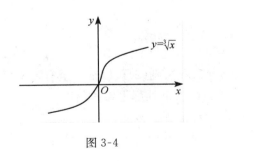

图 3-4

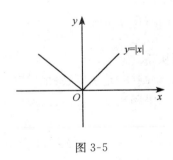

图 3-5

因此,函数在某点连续是在该点可导的必要条件,不是充分条件.

练习题 3.1

1. 下列命题是否正确?如不正确举出反例.

(1) 若函数 $y=f(x)$ 在点 x_0 处不可导,则函数 $y=f(x)$ 在点 x_0 处一定不连续;

(2) 若曲线 $y=f(x)$ 处处有切线,则函数 $y=f(x)$ 必处处有导数.

2. 一垂直上抛物体的运动方程为 $h(t)=10t-\dfrac{1}{2}gt^2$，求物体

(1) 从 $t=1\text{ s}$ 到 $t=1.2\text{ s}$ 的平均速度；

(2) 速度函数 $v(t)$.

3. 设 $f(x)=\cos x$，试按导数定义求 $f'(-1)$.

4. 设函数 $y=f(x)$ 在点 x_0 处的导数为 A，则

(1) $\lim\limits_{\Delta x\to 0}\dfrac{f(x_0-\Delta x)-f(x_0)}{\Delta x}=$ _____；

(2) $\lim\limits_{h\to 0}\dfrac{f(x_0+h)-f(x_0-h)}{h}=$ _____.

5. 求下列函数的导数：

(1) $y=\sqrt[3]{x^2}$； (2) $y=x^3\sqrt{x}$； (3) $y=\dfrac{1}{x^2}$； (4) $y=\sqrt{x\sqrt{x}}$.

6. 求曲线 $y=\log_3 x$ 在横坐标为 $x=3$ 处所对应的切线方程和法线方程.

7. 如果函数在某个点没有导数，则函数所表示的曲线在对应的点是否一定没有切线？试举例说明.

8. 试讨论函数 $y=\begin{cases} x\sin\dfrac{1}{x}, & x\neq 0 \\ 0, & x=0 \end{cases}$ 在点 $x=0$ 处的连续性和可导性.

3.2 求导法则与求导公式

一、导数的四则运算法则

定理 1 如果函数 $u=u(x)$ 和 $v=v(x)$ 在点 x 处都可导，则其和、差、积、商在点 x 处也可导，且有下列法则：

(1) $(u\pm v)'=u'\pm v'$；

(2) $(uv)'=u'v+uv'$；

(3) $(Cu)'=Cu'$；

(4) $\left(\dfrac{u}{v}\right)'=\dfrac{u'v-uv'}{v^2}$ $(v\neq 0)$.

证明从略.

注意：法则(3)是法则(2)的特殊情形，法则(1)和法则(2)可以推广至有限个可导函数的情形. 例如，如果函数 $u=u(x), v=v(x), w=w(x)$ 在点 x 处都可导，则有

$$(u+v-w)' = u'+v'-w';$$

$$(u\cdot v\cdot w)' = u'\cdot v\cdot w + u\cdot v'\cdot w + u\cdot v\cdot w'.$$

例 1 设函数 $y=\sqrt{x}\cos x-2\ln x+\sin\dfrac{\pi}{5}$，求 y'.

解：

$$\begin{aligned}
y' &= \left(\sqrt{x}\cos x-2\ln x+\sin\dfrac{\pi}{5}\right)' \\
&= (\sqrt{x}\cdot\cos x)'-2(\ln x)'+\left(\sin\dfrac{\pi}{5}\right)' \\
&= (\sqrt{x})'\cos x+\sqrt{x}(\cos x)'-\dfrac{2}{x}+0
\end{aligned}$$

$$= \frac{1}{2\sqrt{x}}\cos x - \sqrt{x}\sin x - \frac{2}{x}.$$

例 2 设函数 $y = \tan x$,求 y'.

解:
$$y' = (\tan x)' = \left(\frac{\sin x}{\cos x}\right)'$$
$$= \frac{(\sin x)' \cos x - \sin x (\cos x)'}{(\cos x)^2}$$
$$= \frac{\cos^2 x + \sin^2 x}{\cos^2 x}$$
$$= \frac{1}{\cos^2 x}$$
$$= \sec^2 x.$$

即
$$(\tan x)' = \sec^2 x$$
$$(\cot x)' = -\csc^2 x$$

例 3 设函数 $y = \sec x$,求 y'.

解: $y' = (\sec x)' = \left(\frac{1}{\cos x}\right)' = \frac{-(\cos x)'}{\cos^2 x} = \frac{\sin x}{\cos^2 x} = \sec x \cdot \tan x,$

即
$$(\sec x)' = \sec x \cdot \tan x;$$
$$(\csc x)' = -\csc x \cdot \cot x.$$

例 4 设函数 $y = x\sin x \tan x$,求 y'.

解:
$$y' = (x \sin x \tan x)'$$
$$= x' \sin x \tan x + x(\sin x)' \tan x + x \sin x (\tan x)'$$
$$= \sin x \tan x + x \cos x \tan x + x \sin x \sec^2 x$$
$$= \sin x \tan x + x \sin x + x \sin x \sec^2 x.$$

二、复合函数的求导法则

有一些函数,如 $y = \ln(\tan x)$,$y = e^{-2x}$,$y = \sqrt{x^2 + 2x - 1}$,其是否可导尚属未知,如果可导,则怎么样求导. 下面要学习的复合函数的求导法则将会很好地解决这个问题.

定理 2 如果 $y = f(u)$,$u = \varphi(x)$ 均可导,则复合函数 $y = f[\varphi(x)]$ 也可导,且其导数为
$$\frac{dy}{dx} = \frac{dy}{du} \cdot \frac{du}{dx} \text{ 或记为 } y'_x = f'_u(u)\varphi'(x),$$
其中 $f'_u(u)$ 是指 $f(u)$ 对 u 求导数(u 视为自变量).

证明从略.

例 5 设函数 $y = \sin\sqrt{x}$,求 y'.

解: $y = \sin\sqrt{x}$ 可以看成是由 $y = \sin u$ 与 $u = \sqrt{x}$ 复合而成的.

而 $\frac{dy}{du} = (\sin u)' = \cos u$,$\frac{du}{dx} = (\sqrt{x})' = \frac{1}{2\sqrt{x}}.$

所以 $\frac{dy}{dx} = \frac{dy}{du} \cdot \frac{du}{dx} = \cos u \cdot \frac{1}{2\sqrt{x}} = \frac{1}{2\sqrt{x}} \cos\sqrt{x}.$

从上例可知,求复合函数的导数时,遵循"由外往里,逐层求导"的顺序.

例6 设函数 $y=\ln\tan\dfrac{x}{2}$，求 y'.

解：$y=\ln\tan\dfrac{x}{2}$ 可以看成是由 $y=\ln u, u=\tan v$ 及 $v=\dfrac{x}{2}$ 复合而成的.

而 $\dfrac{\mathrm{d}y}{\mathrm{d}u}=(\ln u)'=\dfrac{1}{u}, \dfrac{\mathrm{d}u}{\mathrm{d}v}=(\tan v)'=\sec^2 v, \dfrac{\mathrm{d}v}{\mathrm{d}x}=\left(\dfrac{x}{2}\right)'=\dfrac{1}{2}$.

所以
$$\dfrac{\mathrm{d}y}{\mathrm{d}x}=\dfrac{\mathrm{d}y}{\mathrm{d}u}\cdot\dfrac{\mathrm{d}u}{\mathrm{d}v}\cdot\dfrac{\mathrm{d}v}{\mathrm{d}x}=\dfrac{1}{u}\cdot\sec^2 v\cdot\left(\dfrac{1}{2}\right)=\dfrac{\sec^2\dfrac{x}{2}}{2\tan\dfrac{x}{2}}.$$

$$=\dfrac{1}{2\sin\dfrac{x}{2}\cos\dfrac{x}{2}}=\dfrac{1}{\sin x}=\csc x.$$

对复合函数的复合过程熟悉以后，中间的复合过程可以不必写出来，而直接分层求出导数即可.

例7 设函数 $y=\mathrm{e}^{-x^3}$，求 y'.

解：$y'=(\mathrm{e}^{-x^3})'=\mathrm{e}^{-x^3}\cdot(-x^3)'$
$=\mathrm{e}^{-x^3}\cdot(-3x^2)=-3x^2\mathrm{e}^{-x^3}.$

例8 设 $x>0$，证明幂函数的导数公式 $(x^\alpha)'=\alpha x^{\alpha-1}(\alpha\in\mathbf{R})$.

证：因为 $x^\alpha=\mathrm{e}^{\ln x^\alpha}=\mathrm{e}^{\alpha\ln x}$,

所以
$$(x^\alpha)'=(\mathrm{e}^{\alpha\ln x})'=\mathrm{e}^{\alpha\ln x}\cdot(\alpha\ln x)'=\dfrac{\alpha}{x}\mathrm{e}^{\alpha\ln x}=\dfrac{\alpha}{x}x^\alpha=\alpha x^{\alpha-1}.$$

三、常数和基本初等函数的导数公式

前面利用导数的定义和求导的法则，求得所有基本初等函数的导数，可利用这些公式和法则来解决初等函数的求导问题.

此处将基本初等函数的求导公式和求导法则全部列出，便于查阅和记忆.

1. 基本初等函数的求导公式

(1) $(C)'=0$，(C 为常数)； (2) $(x^\alpha)'=\alpha x^{\alpha-1}$；

(3) $(a^x)'=a^x\ln a$； (4) $(\mathrm{e}^x)'=\mathrm{e}^x$；

(5) $(\log_a x)'=\dfrac{1}{x\ln a}$； (6) $(\ln x)'=\dfrac{1}{x}$；

(7) $(\sin x)'=\cos x$； (8) $(\cos x)'=-\sin x$；

(9) $(\tan x)'=\sec^2 x$； (10) $(\cot x)'=-\csc^2 x$；

(11) $(\sec x)'=\sec x\tan x$； (12) $(\csc x)'=-\csc x\cot x$；

(13) $(\arcsin x)'=\dfrac{1}{\sqrt{1-x^2}}$； (14) $(\arccos x)'=-\dfrac{1}{\sqrt{1-x^2}}$；

(15) $(\arctan x)'=\dfrac{1}{1+x^2}$； (16) $(\mathrm{arccot}\, x)'=-\dfrac{1}{1+x^2}$.

2. 函数的和、差、积、商的求导法则

$$[u(x) \pm v(x)]' = [u(x)]' \pm [v(x)]';$$
$$[u(x)v(x)]' = [u(x)]'[v(x)] + [u(x)][v(x)]';$$
$$[Cu(x)]' = C[u(x)]';$$
$$\left[\frac{u(x)}{v(x)}\right]' = \frac{[u(x)]'v(x) - u(x)[v(x)]'}{[v(x)]^2}.$$

3. 复合函数的求导法则

设 $y = f(u), u = \varphi(x)$ 均可导，则复合函数 $y = f[\varphi(x)]$ 对 x 的导数为

$$\frac{dy}{dx} = \frac{dy}{du} \cdot \frac{du}{dx} \quad \text{或} \quad \frac{dy}{dx} = f'_u(u)\varphi'(x).$$

例 9 设 $y = 3^x - e^{-x}\tan x + 3^3 - \ln(\arcsin x)$，求 y'.

解：
$$y' = [3^x]' - [e^{-x} \cdot \tan x]' + [3^3]' - [\ln(\arcsin x)]'$$
$$= 3^x \ln 3 + e^{-x}\tan x - e^{-x}\sec^2 x - \frac{1}{\sqrt{1-x^2}\arcsin x}.$$

例 10（新线路数量） 电信公司要估计安装住宅电话新线路的数量. 该公司拥有的总电话线数量为 $L = L(t)$，拥有客户数量为 $s = s(t)$，每个客户拥有电话线数量为 $n = n(t)$，其中 t（单位：月）是时间. 若 1 月初，令 $t = 0$，公司有 100 000 个用户，平均每个月用户拥有 1.2 条电话线路. 估计客户每月的增长率为 1 000. 调查发现，平均每个用户想要在 1 月底再安装 0.01 条新线路. 试估计在 1 月份，该公司将为用户安装新线路的数量.

解： 依题意，得
$$L(t) = s(t)n(t),$$
$$s(0) = 100\,000,$$
$$n(0) = 1.2,$$
$$s'(0) \approx 1\,000,$$
$$n'(0) \approx 0.01,$$

在 1 月份，该公司将为用户安装新线路的数量近似等于
$$L'(t) = [s(t)n(t)]' = s'(t)n(t) + s(t)n'(t)$$

因此，得
$$L'(0) = s'(0)n(0) + s(0)n'(0)$$
$$\approx 1\,000 \times 1.2 + 100\,000 \times 0.01 = 2\,200$$

即在 1 月份，该公司将为用户安装约 2 200 条新线路.

例 11（相关变化率） 若水以 2 m³/min 的速度灌入高为 10 m，底面半径为 5 m 的圆锥形容器中（如图 3-6 所示），问当水深为 6 m 时，水位的上升速度为多少？

解： 设在时间 t 时，容器中的水的体积为 V，水面的半径为 r，容器中水的深度为 x.

由题意，有

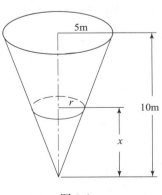

图 3-6

$$V = \frac{1}{3}\pi r^2 x.$$

又 $\frac{r}{5} = \frac{x}{10}$，即 $r = \frac{1}{2}x$，因此，$V = \frac{1}{12}\pi x^3$.

因为水的深度 x 是时间 t 的函数，即 $x = x(t)$，所以水的体积 V 通过中间变量 x 与时间 t 发生联系，是时间 t 的复合函数，即 $V = \frac{1}{12}\pi [x(t)]^3$.

两端关于 t 求导数，得

$$\frac{dV}{dt} = \frac{1}{12}\pi \cdot 3x^2 \cdot \frac{dx}{dt}$$

由已知条件可得，$\frac{dV}{dt} = 2 \text{ m}^3/\text{min}, x = 6$. 代入上式，得

$$\frac{dx}{dt} = \frac{4}{\pi x^2} \cdot \frac{dV}{dt} = \frac{4}{36\pi} \times 2 = \frac{2}{9\pi} \approx 0.071.$$

因此，当水深为 6 m 时，水位的上升速度约为 0.071 m/min.

四、高阶导数

函数 $y = f(x)$ 的导数 $f'(x)$ 一般仍然是 x 的函数，如果可以继续求导，则对 $f'(x)$ 所求的导数叫作 $f(x)$ 的二阶导数，记为 y''，$f''(x)$，$\frac{d^2 y}{dx^2}$.

即

$$y'' = (y')', \quad f''(x) = [f'(x)]', \quad \frac{d^2 y}{dx^2} = \frac{d}{dx}\left(\frac{dy}{dx}\right).$$

类似地，二阶导数的导数叫作三阶导数，三阶导数的导数叫作四阶导数，$\cdots$，$(n-1)$ 阶导数的导数叫作 n 阶导数，分别记作

$$y''', y^{(4)}, \cdots, y^{(n)},$$

或

$$\frac{d^3 y}{dx^3}, \frac{d^4 y}{dx^4}, \cdots, \frac{d^n y}{dx^n}.$$

二阶及二阶以上的导数统称为高阶导数. 因此，求高阶导数没有引入新的方法，只要连续多次地求导数就可以了. 所以仍可以用前面学过的求导公式和求导方法来计算高阶导数.

例 12 求 $y = e^{-x}\cos x$ 的二阶导数.

解：

$$\begin{aligned}
y' &= (e^{-x})'\cos x + e^{-x}(\cos x)' \\
&= -e^{-x}\cos x - e^{-x}\sin x \\
&= -e^{-x}(\cos x + \sin x). \\
y'' &= [-e^{-x}(\cos x + \sin x)]' \\
&= -[(e^{-x})'(\cos x + \sin x) + e^{-x}(\cos x + \sin x)'] \\
&= -[-e^{-x}(\cos x + \sin x) + e^{-x}(\cos x - \sin x)] \\
&= 2e^{-x}\sin x.
\end{aligned}$$

例 13 求 n 次多项式 $y = a_0 x^n + a_1 x^{n-1} + \cdots + a_{n-1} x + a_n$ 的各阶导数.

解
$$y' = (a_0 x^n + a_1 x^{n-1} + \cdots + a_{n-1} x + a_n)'$$
$$= a_0 n x^{n-1} + a_1 (n-1) x^{n-2} + \cdots + a_{n-1};$$
$$y'' = (a_0 n x^{n-1} + a_1 (n-1) x^{n-2} + \cdots + a_{n-1})'$$
$$= a_0 n(n-1) x^{n-2} + a_1 (n-1)(n-2) x^{n-3} + \cdots + 2 a_{n-2};$$
$$\cdots$$
$$y^{(n)} = a_0 n!;$$
$$y^{(n+1)} = y^{(n+2)} = \cdots = 0.$$

从物理学的观点看,变速直线运动物体的速度是距离对时间的一阶导数,即
$$v(t) = s'(t).$$
又由于速度对时间的导数是加速度,即
$$a(t) = v'(t).$$
所以,距离对时间的二阶导数在物理学上就是加速度,即
$$a(t) = s''(t).$$

例 14 求函数 $y = a^x$ 和 $y = e^x$ 的 n 阶导数.

解：
$$y' = (a^x)' = a^x \cdot \ln a$$
$$y'' = (y')' = (a^x \ln a)' = a^x \cdot \ln a \cdot \ln a = a^x \cdot (\ln a)^2,$$
$$\cdots$$

一般地,可得
$$y^{(n)} = a^x \cdot (\ln a)^n,$$
即
$$(a^x)^{(n)} = a^x \cdot (\ln a)^n.$$
特别地
$$(e^x)^{(n)} = e^x.$$

例 15 求 $y = \sin x$ 与 $y = \cos x$ 的 n 阶导数.

解：
$$y' = \cos x = \sin\left(x + \frac{\pi}{2}\right)$$
$$y'' = \cos\left(x + \frac{\pi}{2}\right) = \sin\left[\left(x + \frac{\pi}{2}\right) + \frac{\pi}{2}\right] = \sin\left(x + 2 \cdot \frac{\pi}{2}\right),$$
$$y''' = \cos\left(x + 2 \cdot \frac{\pi}{2}\right) = \sin\left[\left(x + 2 \cdot \frac{\pi}{2}\right) + \frac{\pi}{2}\right] = \sin\left(x + 3 \cdot \frac{\pi}{2}\right),$$
$$\cdots$$
$$y^{(n)} = \sin\left(x + n \cdot \frac{\pi}{2}\right)$$
即
$$(\sin x)^{(n)} = \sin\left(x + n \cdot \frac{\pi}{2}\right).$$
类似地可得
$$(\cos x)^{(n)} = \cos\left(x + n \cdot \frac{\pi}{2}\right).$$

例 16 求 $y = \ln(1+x)$ 的 n 阶导数

解：
$$y' = [\ln(1+x)]' = \frac{1}{1+x},$$
$$y'' = \left[\frac{1}{1+x}\right]' = -\frac{1}{(1+x)^2},$$
$$y''' = \frac{1 \cdot 2}{(1+x)^3},$$

$$\cdots$$
$$y^{(n)} = (-1)^{n-1} \frac{1}{(1+x)^n}(n-1)!,$$

即
$$[\ln(1+x)]^{(n)} = (-1)^{n-1} \frac{1}{(1+x)^n}(n-1)!.$$

例 17（汽车运行的加速度） 在测试一汽车的刹车性能时发现，刹车后汽车行驶的距离 s（单位：m）与时间 t（单位：s）满足关系
$$s = 19.2t - 0.4t^3$$
求汽车在 $t=4$ s 时的速度和加速度.

解：汽车刹车后的速度为
$$v = \frac{ds}{dt} = (19.2t - 0.4t^3)' = 19.2 - 1.2t^2$$
$t=4$ s 时的速度为
$$v(4) = (19.2 - 1.2t^2)|_{t=4} = 19.2 - 1.2 \times 4^2 = 0 \text{ (m/s)}$$

在物理学中，把物体运动速度的变化率叫作物体运动的加速度，记作 a. 即物体运动的加速度 a 是速度 v 对时间 t 的一阶导数，是路程 s 对时间 t 的二阶导数，即
$$a = s''(t) = \frac{d^2 s}{dt^2}$$
因此，汽车刹车后的加速度为
$$a = \frac{d^2 s}{dt^2} = \frac{dv}{dt} = (19.2 - 1.2t^2)' = -2.4t$$
于是，汽车在 $t=4$ s 时的加速度为
$$a(4) = -2.4t|_{t=4} = -9.6.$$

例 18（利润增长率的变化率） 某工程建设公司承包了一段公路的建设任务，建设周期至少要 3 年. 如果这一公路的建设有以下两个可供选择的方案模型：
$$\text{模型 1：} L_1(t) = \frac{3t}{t+1}$$
$$\text{模型 2：} L_2(t) = \frac{t^2}{t+1} + 1$$
其中 L_1, L_2 是利润（单位：百万元），t 是时间（单位：年）.

问：哪种方案的模型最优？

解：将 $t=1, t=2$ 依次代入两个模型中，得
$$L_1(1) = \frac{3}{2}, L_2(1) = \frac{3}{2}$$
$$L_1(2) = 2, L_2(2) = \frac{7}{3}$$
即，1 年后两个模型的利润额是相等的，2 年后第 2 个模型的利润额大于第 1 个模型的利润. 这是什么原因呢？下面我们来比较两个模型的利润增长率. 对两个模型分别求导，得
$$L_1' = \frac{3}{(t+1)^2}, \ L_2' = \frac{t^2 + 2t}{(t+1)^2}$$
$$L_1'(1) = \frac{3}{4}, \quad L_2'(1) = \frac{3}{4}$$

两个模型的利润增长率仍然相等. 因此, 需要考察这两个模型利润增长率的变化情况. 对两个模型分别求二阶导数, 得

$$L''_1 = -\frac{6}{(t+1)^3}, \quad L''_2 = \frac{2}{(t+1)^3}$$

$$L''_1(1) = -\frac{3}{4}, \quad L''_2(1) = \frac{1}{4}$$

以上结果表明, 对第一个模型来说, 在 $t=1$ 处, 利润增长率 $L'_1(1) > 0$, 但利润增长率的变化率 $L''_1(1) < 0$, 即利润增长率在减速; 对第二个模型来说, 因为 $L'_2(1) > 0$, $L''_2(1) > 0$, 所以利润的增长率在加速.

结论: 由于建设周期至少要 3 年, 因此该公司应选择第二个模型.

练习题 3.2

1. 求下列函数的导数:

(1) $y = 2\cos(1+x)$;

(2) $y = \cot\left(\frac{1}{x}\right)$;

(3) $y = \ln(3x) \cdot \sin 2x$;

(4) $y = \left(\frac{1+x}{1-x}\right)^2$;

(5) $y = e^{\sqrt{x+1}}$;

(6) $y = \arccos \frac{1}{x}$;

(7) $y = \operatorname{arccot} x$;

(8) $y = \ln(x + \sqrt{1+x^2})$.

2. 求下列函数的二阶导数:

(1) $y = 2x^2 + \ln x$

(2) $y = e^{1-2x}$;

(3) $y = \sqrt{x} + \frac{1}{\sqrt{x}}$;

(4) $y = (1+x^2)\arctan x$.

3. 求下列函数所指定的 n 阶导数:

(1) $y = e^x \sin x$, 求 $y^{(4)}$;

(2) $y = \sin 2x$, 求 $y^{(n)}$.

4. 已知物体的运动规律为 $s = A\sin\omega t$, (A, ω 是常数), 求物体运动的加速度, 并验证关系式: $\frac{d^2 s}{dt^2} + \omega^2 s = 0$.

3.3 函数的微分

在实际问题中, 有时需要计算在自变量有微小变化时函数值的增量. 而通常函数值增量精确值的计算比较复杂, 因此有必要寻找函数值增量近似值的计算方法, 使得计算简单而且精度又高.

一、微分的定义

先看下面的实例.

一块正方形金属薄片, 因受温度变化的影响, 其边长由 x_0 变到 $x_0 + \Delta x$, 如图 3-7 所示, 问此金属薄片的表面积改变了多少?

设正方形金属薄片的边长为 x, 面积为 A, 则有 $A = x^2$.

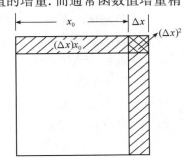

图 3-7

薄片因受温度变化的影响,面积的改变量为
$$\Delta A = (x_0 + \Delta x)^2 - x_0^2 = 2x_0\Delta x + (\Delta x)^2.$$
上式表明,面积改变量的值由两部分组成:第一部分 $2x_0\Delta x$ 是 Δx 的线性表达式,即图中带有阴影的两个大小相等的长方形面积之和,而第二部分 $(\Delta x)^2$ 是图中右上角带有交叉阴影的小正方形的面积.显然,当 $\Delta x \to 0$ 时,$(\Delta x)^2$ 是比 $2x_0\Delta x$ 高阶的无穷小量,可以忽略不计.

因此
$$\Delta A \approx 2x_0 \cdot \Delta x.$$
而
$$A'|_{x=x_0} = 2x_0.$$
因此,此金属薄片的表面积改变量的近似值为
$$\Delta A \approx A'|_{x=x_0} \cdot \Delta x.$$

定义 设函数 $y=f(x)$ 在区间 I 上有定义,且在区间 I 内的任意点 x 处有导数 $f'(x)$,那么称 $f'(x) \cdot \Delta x$ 为函数 $y=f(x)$ 在点 x 处的微分,记作 $\mathrm{d}y$,即
$$\mathrm{d}y = f'(x) \cdot \Delta x,$$
此时也称函数 $y=f(x)$ 在点 x 处可微.

例1 求函数 $y=x^2$ 当 $x=2$ 且 $\Delta x=0.01$ 时的增量和微分.

解:
$$\Delta y = f(x_0+\Delta x)-f(x_0)$$
$$= (2+0.01)^2 - 2^2 = 2\times 2\times 0.01 + 0.0001 = 0.0401.$$
$$\mathrm{d}y = f'(2)\Delta x = 2x|_{x=2} \times 0.01 = 0.04.$$

此例表明,当 Δx 很小时,可以将 $\mathrm{d}y$ 作为 Δy 的近似值.
即
$$\Delta y \approx \mathrm{d}y.$$

有趣的是,当 $y=x$ 时,它的微分是
$$\mathrm{d}y = \mathrm{d}(x) = (x)'\Delta x = \Delta x,$$
即
$$\Delta x = \mathrm{d}x.$$

因此,函数的微分又可以写成
$$\mathrm{d}y = f'(x)\mathrm{d}x.$$
进一步又有
$$\frac{\mathrm{d}y}{\mathrm{d}x} = f'(x).$$

此式表明,导数即微商,微商即导数.求导数或求微分的方法叫作微分法.

二、微分的几何意义

微分是从计算函数值的增量时引入的,那么,在几何上函数的微分 $f'(x_0)\mathrm{d}x$ 表示什么意义呢?

设函数 $y=f(x)$ 的图形如图 3-8 所示.

MP 是曲线上点 $M(x_0,y_0)$ 处的切线,设 MP 的倾斜角为 θ,当自变量 x 取得改变量 Δx 时,对应于曲线上的另一点 $N(x_0+\Delta x, y_0+\Delta y)$,从图 3-8 可知,
$$MQ = \Delta x, QN = \Delta y.$$
则
$$\mathrm{d}y = f'(x_0)\Delta x = \tan\theta \cdot MQ = QP.$$

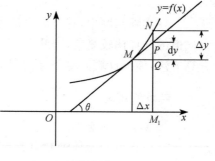

图 3-8

由此可知,当自变量 x 取得改变量 Δx 时,函数 $y=f(x)$ 的微分 $dy=f'(x_0)dx$ 在几何上表示点 $M(x_0,y_0)$ 处的切线的纵坐标的改变量.

从图 3-8 中还可以看出,当 $\Delta x \to 0$ 时,在点 $M(x_0,y_0)$ 附近,可以用切线段来近似代替曲线段. 这就是微分学中的"以直代曲"思想.

三、基本初等函数的微分公式与微分运算法则

因为函数的微分等于函数的导数乘以自变量的微分,因此,根据导数公式和求导运算法则可以得到相应的微分公式和微分法则.

1. 微分基本公式

(1) $d(C)=0$ (C 为常数); (2) $d(x^a)=ax^{a-1}dx$;

(3) $d(a^x)=a^x \ln a\, dx$ ($a>0, a\neq 1$); (4) $d(e^x)=e^x dx$;

(5) $d(\log_a x)=\dfrac{1}{x\ln a}dx$ ($a>0, a\neq 1$); (6) $d(\ln x)=\dfrac{1}{x}dx$;

(7) $d(\sin x)=\cos x\, dx$; (8) $d(\cos x)=-\sin x\, dx$;

(9) $d(\tan x)=\sec 2x\, dx$; (10) $d(\cot x)=-\csc^2 x\, dx$;

(11) $d(\sec x)=\sec x \tan x\, dx$; (12) $d(\csc x)=-\csc x \cot x\, dx$;

(13) $d(\arcsin x)=\dfrac{1}{\sqrt{1-x^2}}dx$ ($-1<x<1$);

(14) $d(\arccos x)=-\dfrac{1}{\sqrt{1-x^2}}dx$ ($-1<x<1$);

(15) $d(\arctan x)=\dfrac{1}{1+x^2}dx$;

(16) $d(\operatorname{arccot} x)=-\dfrac{1}{1+x^2}dx$ ($-\infty<x<+\infty$).

2. 函数的和、差、积、商的微分运算法则

(1) $d(u\pm v)=du\pm dv$;

(2) $d(Cu)=C\, du$;

(3) $d(uv)=u\, dv+v\, du$;

(4) $d\left(\dfrac{u}{v}\right)=\dfrac{v\, du-u\, dv}{v^2}$ ($v\neq 0$).

3. 复合函数的微分法则

设复合函数 $y=f[\varphi(x)]$ 分解为 $y=f(u), u=\varphi(x)$,如果 $u=\varphi(x)$ 可微,则 $y=f(u)$ 在相应点处可微,且

$$dy=y'_x dx=f'_u(u)\varphi'(x)\cdot dx=f'_u(u)d\varphi(x)=f'(u)du.$$

结论:不论 u 是自变量还是中间变量,函数 $y=f(u)$ 的微分与 $y=f(x)$ 的微分在形式上总是保持一致的. 这一性质称为微分形式不变性. 利用这一性质,求复合函数的微分比较方便.

例 2 设 $y=\cos\sqrt{x}$,试用微分定义和微分形式不变性,分别求 dy.

解 解法一.用微分定义求 dy.

由于
$$f'(x)=(\cos\sqrt{x})'=-\frac{1}{2\sqrt{x}}\sin\sqrt{x}.$$

所以
$$dy=f'(x)dx=-\frac{1}{2\sqrt{x}}\sin\sqrt{x}dx.$$

解法二.用微分形式不变性求 dy.

设
$$u=\sqrt{x},$$

则
$$dy=f'(u)du$$
$$=-\sin\sqrt{x}\,d(\sqrt{x})$$
$$=-\frac{1}{2\sqrt{x}}\sin\sqrt{x}dx.$$

例 3 设 $y=\tan x^2$,求 dy.

解:
$$dy=d(\tan x^2)$$
$$=\sec^2 x^2 d(x^2)$$
$$=2x\sec^2 x^2 dx.$$

四、微分在近似计算上的应用

微分概念起源于求函数增量的近似值,因此,有必要介绍微分在近似计算上的应用.

前面已经学过,当函数在点 x_0 处的导数不为零,且 $|\Delta x|$ 很小时,可得近似计算公式
$$\Delta y\approx dy.$$
利用上述公式可以求函数增量的近似值.

例 4 一批半径为 1 cm 的球,为了提高球面的光洁度,要镀一层铜,厚度为 0.01 cm,试估计每只球需用多少克铜?(铜的密度为 8.9 g/cm³)

解:为了求出镀铜的质量,应该先求出镀铜的体积.而镀铜的体积等于镀铜后与镀铜前二者体积之差,即等于球体积 $v=\frac{4\pi}{3}R^3$ 当半径 $R=1$ cm 改变 $\Delta R=0.01$ cm 时的增量.

因为
$$v'=\left(\frac{4\pi}{3}R^3\right)'=4\pi R^2,$$

所以 $\Delta y\approx dv=v'\big|_{\substack{R=1\\\Delta R=0.01}}dR=4\pi R^2\Delta R\big|_{\substack{R=1\\\Delta R=0.01}}\approx 4\times 3.14\times 1\times 0.01\approx 0.13(\text{cm}^3).$

因此镀每个球需用铜约
$$m=0.13\times 8.9=1.16(\text{g}).$$

当 $|\Delta x|$ 很小时,由 $\Delta y=f(x_0+\Delta x)-f(x_0)\approx f'(x_0)dx$,得近似计算公式
$$f(x_0+\Delta x)\approx f(x_0)+f'(x_0)dx.$$

例 5(70 规则) 若一笔钱存入银行的年复利为 $i\%$,则当 $i\%$ 很小时,需要 $70/i$ 年可以翻倍.例如,若年利率为 7%,则 10 年后的本利和就是最初存款的两倍.试证明之.

解:设原有钱 P 元,$r=i\%$,t 年后银行存款的本利和为 B 元,则 $B=P(1+r)^t$.将 $B=2P$ 代入,得

$$2 = (1+r)^t$$

取对数，得 $\ln 2 = t\ln(1+r)$

解方程，并注意到近似公式 $\ln(1+r) \approx r(0 < r < 0.1)$，得

$$t = \frac{\ln 2}{\ln(1+r)} \approx \frac{\ln 2}{r} = \frac{0.693}{i/100} \approx \frac{70}{i}(0 < i < 10).$$

例 6 用于研磨水泥原料的铁球直径为 40 mm，使用一段时间以后其直径缩小了 0.2 mm，试估计铁球体积减少了多少？

解：体积为 $V = \frac{4}{3}\pi R^3$，$\therefore V' = 4\pi R^2$.

$\therefore \Delta V = V'\Delta R = 4\pi R^2 \Delta R$，铁球体积的改变量的近似值为

$$\Delta V \approx 4\pi R^2 \Delta R \approx 4 \times 3.14 \times 20^2 \times (-0.1) = -502.04(\text{mm}^3).$$

例 7 计算 $\arctan 1.05$ 的近似值.

解：不妨设 $f(x) = \arctan x$，

则
$$f'(x) = \frac{1}{1+x^2},$$

此时设
$$x_0 = 1, \Delta x = 0.05,$$

则由
$$f(x_0 + \Delta x) \approx f(x_0) + f'(x_0)\mathrm{d}x,$$

得
$$\arctan 1.05 = \arctan(1+0.05) \approx \arctan 1 + \frac{1}{1+1} \times 0.05 \approx 0.810\,4.$$

特别地，如果 $x_0 = 0$ 时，由于 $\Delta x = x - x_0 = x$，当 $|x|$ 很小时，有

$$f(x) \approx f(0) + f'(0)x.$$

例 8 当 $|x|$ 很小时，证明 $\mathrm{e}^x \approx 1+x$.

证明：设函数 $f(x) = \mathrm{e}^x$

则
$$f'(x) = \mathrm{e}^x,$$

而
$$f(0) = \mathrm{e}^0 = 1 \ f'(0) = \mathrm{e}^0 = 1,$$

由
$$f(x) \approx f(0) + f'(0)x,$$

得
$$\mathrm{e}^x \approx 1+x.$$

类似地，利用上述公式可以推出下列常用的近似计算公式：

(1) $\sin x \approx x$；

(2) $\tan x \approx x$；

(3) $\sqrt[n]{1+x} \approx 1 + \frac{1}{n}x$；

(4) $\ln(1+x) \approx x$.

注意：上述 4 个公式成立的条件为 $|x|$ 很小，且公式(1)、(2)中的单位为弧度.

利用上述公式可以方便地计算出

$$\mathrm{e}^{-0.02} \approx 1 + 0.02 = 1.02,$$

$$\sin 1' = \sin\left(\frac{1}{60} \times \frac{\pi}{180}\right) \approx \frac{\pi}{10\,800} \approx 0.000\,3,$$

$$\sqrt[5]{0.95} = \sqrt[5]{1+(-0.05)} \approx 1 + \frac{1}{5} \times (-0.05) = 0.99.$$

练习题 3.3

1. 填空题

(1) 已知函数 $y=2x+x^2$ 在 $x=1$ 处,当 $\Delta x=0.01$ 时,$\Delta y=$ _____,$dy=$ _____.

(2) $d[\ln(x+\sqrt{1+x^2})] = ($ $)dx$;$d(x+\sqrt{1+x^2})=($ $)dx$;

(3) $d($ $)=\sqrt{x}dx$; (4) $d($ $)=\cos 3x dx$;

(5) $d($ $)=\dfrac{1}{x}dx$; (6) $d($ $)=\dfrac{1}{\sqrt{x}}dx$;

(7) $d($ $)=e^{-2x}dx$; (8) $d($ $)=\sec^2 x dx$.

2. 求下列函数在给定点或任意点处的微分:

(1) $y=x^5+4\sin x, x=0, \Delta x=0.01$;

(2) $y=\dfrac{1}{\sqrt{x}}+\sqrt{x}$; (3) $y=(e^x+e^{-x})^2$;

(4) $y=\arcsin\sqrt{1-x}$; (5) $y=\cos^2(1-2x)$.

3. 利用微分求近似值:

(1) $y=\arctan 1.02$; (2) $y=\sqrt[6]{65}$;

(3) $y=\sin 29.9°$; (4) $y=\ln 1.01$.

4. 水管壁的横截面是一个圆环,设它的内径为 R_0,壁厚为 h,试利用微分来计算这个圆环面积的近似值.

5. 一底半径为 5 cm 的直圆锥体,底半径与高相等,直圆锥体受热膨胀,在膨胀过程中其高和底半径的膨胀率相等,为提高直圆锥体表面的光洁度,要镀一层铜,厚度为 0.01 cm,试估计每只直圆锥体需用多少克铜?(铜的密度为 8.9 g/cm³)

本 章 小 结

通过对本章的学习,要求读者掌握导数和微分的基本概念,熟练掌握求导公式和法则,会求函数的微分,会求二阶导数,了解导数和微分的几何意义和物理意义,会运用导数的几何意义解决相关问题,了解几个常见函数的高阶导数的求法,了解微分在近似计算中的应用.

一、导数与微分的概念

1. 导数的概念

函数是反映变量之间的对应关系,函数的导数是反映函数(因变量)相对于自变量的瞬时变化率.利用极限,可以得到求导的公式与法则,从而求得初等函数的导数.反复求导,可以得到高阶导数.

2. 微分的概念

函数的微分反映了函数值的增量的近似值,又揭示了与导数之间的等价关系.因此,函数的微分既解决了近似计算问题,又解决了求微分的公式与法则问题.

学习完本章,不但要掌握求导数的方法,更重要的是要熟记求导公式与法则.

二、求导方法归类

1. 用导数定义求导.
2. 用求导公式和法则求导.
3. 复合函数求导.
4. 隐函数求导.
5. 对数求导法求导.
6. 还原反函数求导.

三、应用问题

1. 导数的应用

在几何上,利用导数值是相应点处曲线的切线斜率,求切线方程的法线方程.

在物理上,路程对时间的一阶导数是瞬时速度,路程对时间的二阶导数是加速度.

2. 微分的应用

由于函数的微分值 dy 占函数值增量 Δy 值的主要部分,因此,当自变量增量 Δx 很小时,可以用微分 dy 来近似表示函数值增量 Δy. 由此得到一些常用的近似公式,如 $\Delta y \approx dy$, $f(x_0+\Delta x) \approx f(x_0)+f'(x_0)\Delta x$, $e^x \approx 1+x$ 等.

习 题 3

1. 填空题

(1) 函数 $y=f(x)$ 在点 x_0 可导是在点 x_0 连续的_____条件,$y=f(x)$ 在点 x_0 连续是在点 x_0 可导的_____条件;$y=f(x)$ 在点 x_0 的左导数 $f'_-(x_0)$ 及右导数 $f'_+(x_0)$ 都存在且相等是 $y=f(x)$ 在点 x_0 可导的_____条件;函数 $y=f(x)$ 在点 x_0 可导是函数在点 x_0 可微的_____条件.

(2) 按导数的定义,$y'=f'(x_0)=$_____.

(3) 设函数 $y=f(x)$ 在点 x_0 可导,则在几何上 $f'(x_0)$ 表示_____.

(4) 设物体作变速直线运动,其运动方程为 $s=s(t)$,则在运动学上 $s''(t_0)$ 表示_____.

(5) 设函数 $y=f(x)$ 在点 x_0 可导,则曲线过点 $(x_0,f(x_0))$ 的法线方程为_____.

(6) $(x^a)'=$_____,$(a^x)'=$_____.

(7) $d(\arctan\sqrt{\ln x-1})=(\quad)dx$.

(8) $d(\quad)=\dfrac{x}{\sqrt{1+x^2}}dx$.

(9) $d(\sin^2 x)=2\sin x\, d(\quad)=(\quad)dx$.

2. 选择题

(1) 函数 $y=|x|$ 在点 $x=0$ 处( ).

(A) 连续且可导;   (B) 不连续但可导;
(C) 连续但不可导;   (D) 不连续也不可导.

(2) 如果曲线 $y=f(x)$ 在点 x_0 处有垂直于 x 轴的切线,则函数 $y=f(x)$ 点 x_0 处( ).

(A) 导数为 0;   (B) 左导数不等于右导数;
(C) 导数为无穷大;   (D) 左导数等于右导数.

(3) 下列命题正确的是（　　）.

(A) 如果函数 $y=f(x)$ 在点 x_0 处连续，则函数 $y=f(x)$ 在点 x_0 处必可导；

(B) 如果函数 $y=f(x)$ 在点 x_0 处可导，则函数 $y=f(x)$ 在点 x_0 处必连续；

(C) 如果函数 $y=f(x)$ 在点 x_0 处可微，则函数 $y=f(x)$ 在点 x_0 处不一定连续；

(D) 如果函数 $y=f(x)$ 在点 x_0 处不可导，则函数 $y=f(x)$ 在点 x_0 处必不连续.

(4) 下列式子成立的是（　　）.

(A) $\left(\sin\frac{\pi}{3}\right)'=\cos\frac{\pi}{3}$；　　　　(B) $\left(\sin\frac{\pi}{3}\right)'=\frac{1}{3}\cos\frac{\pi}{3}$；

(C) $\left(\sin\frac{\pi}{3}\right)'=0$；　　　　(D) $x^x=xx^{x-1}$.

(5) 半径为 R 的金属圆片，加热后半径伸长了 ΔR，则面积 S 的微分 dS 是（　　）.

(A) πdR；　　　　(B) $\pi R dR$；

(C) $2\pi R dR$；　　　　(D) $2\pi dR$.

(6) 设 $y=f(x)$ 在点 x_0 的某个邻域内有定义，且 $f'(x_0)=a(a\in\mathbf{R})$，则下列表达式等于 a 的是（　　）.

(A) $\lim\limits_{h\to 0}\dfrac{f(x_0-h)-f(x_0)}{h}$；　　　　(B) $\lim\limits_{h\to 0}\dfrac{f(x_0+2h)-f(x_0-h)}{h}$；

(C) $\lim\limits_{h\to 0}\dfrac{f(x_0-h)-f(x_0+h)}{h}$；　　　　(D) $\lim\limits_{h\to +\infty}h\left[f\left(x_0+\dfrac{1}{h}\right)-f(x_0)\right]$.

(7) 曲线 $y=x^3$ 在点 $x=0$ 处的切线为（　　）.

(A) 垂直于 x 轴；　　　　(B) x 轴；

(C) 倾斜角为 $\dfrac{\pi}{4}$；　　　　(D) 不存在.

3. 设函数 $f(x)=\sqrt{2x-1}$，根据导数定义求 $f'(5)$.

4. 求下列函数的导数：

(1) $y=3\sqrt[3]{x^2}-\ln x+\sqrt{\pi}$；　　　　(2) $y=\tan^2 x$；

(3) $y=x^2\ln x$；　　　　(4) $y=\dfrac{\sin x}{1+\cos x}$；

(5) $y=\arccos\sqrt{1+x}$；　　　　(6) $y=\arctan(\ln x)$.

5. 讨论函数 $y=\begin{cases}x\sin\dfrac{1}{x}, & x\neq 0,\\ 0, & x=0\end{cases}$ 在点 $x=0$ 的连续性与可导性.

6. 设函数 $f(x)=\begin{cases}x^2, & x\leqslant 1,\\ ax+b, & x>1,\end{cases}$ 试确定 a,b 的值，使 $f(x)$ 在 $x=1$ 处可导.

7. 求下列各函数在指定点的导数：

(1) $f(x)=\dfrac{x-\sin x}{x+\sin x}$，求 $f'\left(\dfrac{\pi}{2}\right)$；

(2) $f(t)=(1+t^3)\left(3+\dfrac{1}{t^2}\right)$，求 $f'(1)$.

8. 试求垂直于直线 $2x+4y-3=0$ 并与双曲线 $\dfrac{x^2}{2}-\dfrac{y^2}{7}=1$ 相切的直线方程.

9. 求由下列方程所确定的隐函数的导数 y'.

(1) $\arctan\dfrac{y}{x}=\ln\sqrt{x^2+y^2}$；　　　　(2) $e^y+xy=e$.

10. 求由方程 $e^{2x}+y^2=1$ 所确定的隐函数 $y=f(x)$ 在 $x=0$ 的切线与法线方程.

11. 求下列函数的微分：

(1) $y=x^3 \ln x^2$; (2) $y=\ln \sin\left(\dfrac{x}{2}\right)$;

(3) $y=\ln(x+\sqrt{x^2+a^2})$.

12. 利用微分求近似值：

(1) $\sqrt[3]{1001}$; (2) $e^{0.98}$; (3) $\ln 0.99$; (4) $\sin 1'$.

第四章 导数的应用

4.1 洛必达法则

一、未定式 $\dfrac{0}{0}$ 和 $\dfrac{\infty}{\infty}$ 型的极限的求法

在求函数极限时,常会遇到当 $x \to x_0$(或 $x \to \infty$)时,两个函数 $f(x)$ 与 $g(x)$ 都是无穷小或都是无穷大的情况,那么极限 $\lim\limits_{\substack{x \to x_0 \\ (x \to \infty)}} \dfrac{f(x)}{g(x)}$ 可能存在,也可能不存在. 通常把这种极限叫作未定式,并分别简记为 $\dfrac{0}{0}$ 或 $\dfrac{\infty}{\infty}$(注意:$\dfrac{0}{0}$,$\dfrac{\infty}{\infty}$ 只是两个记号,没有运算意义). 对于这类极限的计算有一种简便且重要的方法——洛必达法则.

定理 设函数 $f(x)$ 和 $g(x)$ 满足条件:

(1) $\lim\limits_{x \to x_0} f(x) = \lim\limits_{x \to x_0} g(x) = 0$(或 ∞);

(2) $f(x)$ 及 $g(x)$ 在点 x_0 的某一去心邻域内可导,且 $g'(x) \neq 0$;

(3) $\lim\limits_{x \to x_0} \dfrac{f'(x)}{g'(x)}$ 存在(或为无穷大),

那么
$$\lim_{x \to x_0} \frac{f(x)}{g(x)} = \lim_{x \to x_0} \frac{f'(x)}{g'(x)}.$$

这种在一定条件下,将函数商的极限转换为对分子、分母分别求导再求极限来确定未定式的值的方法称为洛必达法则,它解决 $x \to x_0$ 时未定式 $\dfrac{0}{0}$ 和 $\dfrac{\infty}{\infty}$ 的极限问题.

说明:(1) 上述定理对于 $x \to \infty$ 时的未定式 $\dfrac{0}{0}$ 和 $\dfrac{\infty}{\infty}$ 同样适用.

(2) 满足条件的前提下,洛必达法则在一个题中可以多次使用,即
$$\lim_{x \to x_0} \frac{f(x)}{g(x)} = \lim_{x \to x_0} \frac{f'(x)}{g'(x)} = \lim_{x \to x_0} \frac{f''(x)}{g''(x)},$$
且可以依次类推.

例 1 求 $\lim\limits_{x \to 0} \dfrac{(1+x)^\alpha - 1}{x}$($\alpha$ 为常数).

解:这是 $x \to x_0$ 时的 $\dfrac{0}{0}$ 型未定式,且满足洛必达法则的条件,所以
$$\lim_{x \to 0} \frac{(1+x)^\alpha - 1}{x} = \lim_{x \to 0} \frac{[(1+x)^\alpha - 1]'}{x'} = \lim_{x \to 0} \frac{\alpha(1+x)^{\alpha-1}}{1} = \alpha.$$

例 2 求 $\lim\limits_{x \to +\infty} \dfrac{\dfrac{\pi}{2} - \arctan x}{\dfrac{1}{x}}$.

解：这是 $x \to +\infty$ 时的 $\dfrac{0}{0}$ 型未定式，用洛必达法则得

$$\lim_{x \to +\infty} \dfrac{\dfrac{\pi}{2} - \arctan x}{\dfrac{1}{x}} = \lim_{x \to +\infty} \dfrac{-\dfrac{1}{1+x^2}}{-\dfrac{1}{x^2}} = \lim_{x \to +\infty} \dfrac{x^2}{1+x^2} = 1.$$

例 3 求 $\lim\limits_{x \to 0} \dfrac{x - \sin x}{x^3}$.

解：这是 $x \to x_0$ 时的 $\dfrac{0}{0}$ 型未定式，用洛必达法则得

$$\lim_{x \to 0} \dfrac{x - \sin x}{x^3} = \lim_{x \to 0} \dfrac{1 - \cos x}{3x^2} = \lim_{x \to 0} \dfrac{\sin x}{6x} = \dfrac{1}{6}.$$

例 4 求 $\lim\limits_{x \to +\infty} \dfrac{\ln x}{x^a}$ ($a > 0$).

解：这是 $x \to \infty$ 时的 $\dfrac{\infty}{\infty}$ 型未定式，用洛必达法则得

$$\lim_{x \to +\infty} \dfrac{\ln x}{x^a} = \lim_{x \to +\infty} \dfrac{(\ln x)'}{(x^a)'} = \lim_{x \to +\infty} \dfrac{\dfrac{1}{x}}{a x^{a-1}} = \lim_{x \to +\infty} \dfrac{1}{a x^a} = 0.$$

例 5 求 $\lim\limits_{x \to +\infty} \dfrac{\ln x}{x^2}$.

解：$\lim\limits_{x \to +\infty} \dfrac{\ln x}{x^2} = \lim\limits_{x \to +\infty} \dfrac{\dfrac{1}{x}}{2x} = \lim\limits_{x \to +\infty} \dfrac{1}{2x^2} = 0.$

洛必达法则是求未定式的一种有效方法，但不是"万能工具"。如求 $\lim\limits_{x \to +\infty} \dfrac{\sqrt{1+x^2}}{x}$，若用洛必达法则，得到

$$\lim_{x \to +\infty} \dfrac{\sqrt{1+x^2}}{x} = \lim_{x \to +\infty} \dfrac{(\sqrt{1+x^2})'}{x'} = \lim_{x \to +\infty} \dfrac{x}{\sqrt{1+x^2}} = \lim_{x \to +\infty} \dfrac{x'}{(\sqrt{1+x^2})'} = \lim_{x \to +\infty} \dfrac{\sqrt{1+x^2}}{x}.$$

使用两次洛必达法则后，又还原为原来的问题，得不到结果。上例改用其他方法，得

$$\lim_{x \to +\infty} \dfrac{\sqrt{1+x^2}}{x} = \lim_{x \to +\infty} \sqrt{\dfrac{1}{x^2} + 1} = 1.$$

二、其他类型的未定式极限的求法

除上述 $\dfrac{0}{0}$ 及 $\dfrac{\infty}{\infty}$ 型未定式外，还有 $0 \cdot \infty, \infty - \infty, 0^0, 1^\infty, \infty^0$ 型的未定式。这些未定式可变化为 $\dfrac{0}{0}$ 型或 $\dfrac{\infty}{\infty}$ 型，再用洛必达法则进行计算。

例 6 求 $\lim\limits_{x \to 0^+} x \ln x$.

解：这是 $0 \cdot \infty$ 型未定式.

$$\lim_{x \to 0+0} x \ln x = \lim_{x \to 0+0} \dfrac{\ln x}{\dfrac{1}{x}} = \lim_{x \to 0+0} \dfrac{\dfrac{1}{x}}{-\dfrac{1}{x^2}} = -\lim_{x \to 0+0} x = 0.$$

例 7 求 $\lim\limits_{x\to\frac{\pi}{2}}(\sec x-\tan x)$.

解：这是 $\infty-\infty$ 型未定式.

$$\lim_{x\to\frac{\pi}{2}}(\sec x-\tan x)=\lim_{x\to\frac{\pi}{2}}\frac{1-\sin x}{\cos x}=\lim_{x\to\frac{\pi}{2}}\frac{0-\cos x}{-\sin x}=0$$

练习题 4.1

利用洛必达法则求下列极限：

(1) $\lim\limits_{x\to a}\dfrac{x^m-a^m}{x^n-a^n}$　$(a\neq 0, m, n$ 为常数$)$;

(2) $\lim\limits_{x\to 0}\dfrac{a^x-b^x}{x}$;

(3) $\lim\limits_{x\to 0}\dfrac{\arctan x}{x}$;

(4) $\lim\limits_{x\to \pi}\dfrac{\sin 3x}{\tan 5x}$;

(5) $\lim\limits_{x\to 0}\dfrac{\cos\alpha x-\cos\beta x}{x^2}$　$(\alpha\cdot\beta\neq 0)$;

(6) $\lim\limits_{x\to 0^+}\dfrac{\ln\tan 7x}{\ln\tan 2x}$;

(7) $\lim\limits_{x\to +\infty}\dfrac{\ln x}{x^3}$;

(8) $\lim\limits_{x\to +\infty}\dfrac{x^2}{e^{5x}}$;

(9) $\lim\limits_{x\to 0}x\cot 3x$;

(10) $\lim\limits_{x\to 1}\left(\dfrac{2}{x^2-1}-\dfrac{1}{x-1}\right)$.

4.2　函数单调性与极值

一、函数单调性的判定法

如图 4-1 所示，如果函数 $y=f(x)$ 在 $[a,b]$ 上单调增加，那么它的图形上各点切线的倾斜角都是锐角，因此各点切线斜率都是非负的，即 $f'(x)\geqslant 0$；如图 4-2 所示，如果函数 $y=f(x)$ 在 $[a,b]$ 上单调减少，那么它的图形上各点切线的倾斜角都是钝角，因此各点切线斜率都是非正的，即 $f'(x)\leqslant 0$.

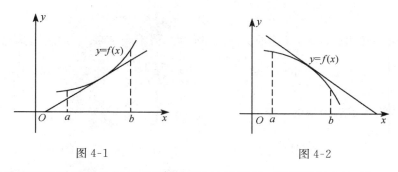

图 4-1　　　　　　　　　　图 4-2

反过来，也可以利用导数的符号来判定函数的单调性，即以下判定定理.

定理 1（函数单调性判定法）　设函数 $y=f(x)$ 在 $[a,b]$ 上连续，在 (a,b) 内可导.

(1) 如果在 (a,b) 内 $f'(x)>0$，那么函数在 $[a,b]$ 上单调增加；

(2) 如果在 (a,b) 内 $f'(x)<0$，那么函数在 $[a,b]$ 上单调减少.

说明：(1) 把定理中的闭区间 $[a,b]$ 换成其他各种区间（包括无穷区间），结论同样成立.

(2) 如果函数的导数仅在个别点处为零，而在其余的点处均满足定理 1 的条件，那么结论仍然成立. 例如，函数 $y=x^3$，在 $x=0$ 处的导数为零，但在 $(-\infty,+\infty)$ 内的其他点处的导数均大于零,因此它在区间$(-\infty,+\infty)$内是递增的.

例1 确定函数 $f(x)=e^x-x+1$ 的单调区间.

解:该函数的定义域为$(-\infty,+\infty)$,$f'(x)=e^x-1$.

令 $f'(x)=0$,解得 $x=0$,它将定义区间划分为两个子区间$(-\infty,0)$和$(0,+\infty)$;

在$(-\infty,0)$内,$f'(x)<0$,所以函数在$(-\infty,0)$上单调减少;

在$(0,+\infty)$内,$f'(x)>0$,所以函数在$(0,+\infty)$上单调增加.

即函数的单调增加区间是$(0,+\infty)$,单调减少区间是$(-\infty,0)$.

例2 讨论函数 $f(x)=(x-1)x^{\frac{2}{3}}$ 的单调性.

解:该函数的定义域为$(-\infty,+\infty)$.

当$x\neq 0$时,$f'(x)=\frac{2}{3}x^{-\frac{1}{3}}(x-1)+x^{\frac{2}{3}}=\frac{5x-2}{3x^{\frac{1}{3}}}$;令 $f'(x)=0$ 得 $x=\frac{2}{5}$.

当$x=0$时,导数不存在.于是$x=0,x=\frac{2}{5}$将函数的定义域划分为三个子区间:$(-\infty,0)$,$\left(0,\frac{2}{5}\right)$,$\left(\frac{2}{5},+\infty\right)$.

为了简明起见,列表表示函数的单调性(见表 4-1).

表 4-1

x	$(-\infty,0)$	$\left(0,\frac{2}{5}\right)$	$\left(\frac{2}{5},+\infty\right)$
$f'(x)$	+	−	+
$f(x)$	↗	↘	↗

所以函数在$(-\infty,0)$和$\left(\frac{2}{5},+\infty\right)$内单调递增,在$\left(0,\frac{2}{5}\right)$内单调递减.

从上面的例子可以看出,有些函数在它的定义区间上不是单调的,但是我们可以用导数等于零的点和导数不存在的点来划分函数的定义区间,就可以得出函数在各个部分区间上的单调性.

利用函数的单调性可以证明不等式.

例3 证明当 $x>0$ 时,$\sin x<x$.

解:设 $f(x)=x-\sin x$,则 $f(x)$在$[0,+\infty)$内连续.

因为 $f'(x)=1-\cos x\geqslant 0$.

当$x>0$时,显然 $f'(x)>0$.又 $f(0)=0$.所以 $f(x)$在区间$[0,+\infty)$内是从 0 开始单调递增的,因此当$x>0$时,恒有 $f(x)>f(0)=0$,即 $\sin x<x$.

本例表明,运用函数的单调性证明不等式的关键,在于构造适当的辅助函数,并研究它在指定区间内的单调性.

例4(石油总量的变化率) 设在时间 t 时地球的石油总蕴藏量(包括未被发现的)为P,并假设没有新的石油产生,问$\frac{dP}{dt}$的符号是正还是负?

解:设石油总蕴藏量P与时间t的函数关系为$P=P(t)$.因为没有新的石油产生,地球的石油是不可再生资源,随着对石油的消耗,其总量会越来越少,所以$P=P(t)$是一单调下降函数. 所以, 有 $\dfrac{dP}{dt}<0$, 即 $\dfrac{dP}{dt}$ 的符号是负.

二、函数的极值及其求法

由图 4-3 可知, 点 x_1, x_2, x_4, x_5 是函数 $y=f(x)$ 单调区间的分界点, 且函数 $y=f(x)$ 在点 x_2, x_5 处的函数值 $f(x_2), f(x_5)$ 比它们左右近旁各点处的函数值都小. 而在点 x_1, x_4 处的函数值 $f(x_1), f(x_4)$ 比它们左右近旁各点处的函数值都大.

对于函数这种在点 x_0 的邻域所表现出来的特性可给出下面的定义.

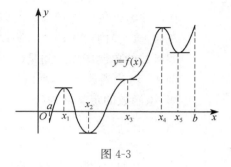

图 4-3

定义 设函数 $y=f(x)$ 在 x_0 的某邻域内有定义, 若对于该邻域内的任何点 $x(x\neq x_0)$, 恒有:

(1) $f(x)<f(x_0)$, 则称 $f(x_0)$ 为函数 $f(x)$ 的一个极大值, x_0 称为 $f(x)$ 的一个极大值点.

(2) $f(x)>f(x_0)$, 则称 $f(x_0)$ 为函数 $f(x)$ 的一个极小值, x_0 称为 $f(x)$ 的一个极小值点.

函数的极大值与极小值统称为极值, 极大值点与极小值点统称为极值点.

函数的极大值和极小值是局部性的概念, 在图 4-3 中, $f(x_5)$ 是函数 $f(x)$ 的一个极小值, 那只是就 x_5 附近的一个局部范围来说的, 如果就 $f(x)$ 的整个定义域来说, $f(x_5)$ 并不是最小值. 关于极大值也类似.

从图 4-3 中还可以看出, 在函数取得极值处, 曲线的切线是水平的, 即在极值点处函数的导数为零, 由此可得到函数取得极值的必要条件.

定理 2(极值存在的必要条件) 设函数 $y=f(x)$ 在 x_0 处可导, 且在 x_0 处取得极值, 那么 $f'(x_0)=0$.

使函数的导数为零的点叫作函数的驻点.

说明:(1) 可导函数的极值点必定是它的驻点, 但定理反过来是不成立的, 即可导函数的驻点不一定是它的极值点. 例如函数 $y=x^3$, 显然 $x=0$ 是函数的驻点但不是极值点.

(2) 定理 2 是就可微函数而言的, 实际上, 连续但不可导的点也可能是极值点. 例如, 函数 $y=|x|$ 在 $x=0$ 处连续但不可导, 在该点处有极小值 $f(0)=0$.

综上所述, 函数可能在驻点或连续但不可导的点处取得极值. 因此, 求函数的极值时, 先求出函数的所有驻点和一阶导数不存在的点, 再判别这些点中哪些是极值点.

下面给出两个判定极值存在的充分条件.

定理 3(第一充分条件) 设函数 $y=f(x)$ 在 x_0 处连续, 在 x_0 的某个去心邻域内可导,

(1) 如果当 x 取 x_0 左侧邻域内的值时, $f'(x)>0$; 当 x 取 x_0 右侧邻域内的值时, $f'(x)<0$, 则函数 $f(x)$ 在 x_0 处取得极大值.

(2) 如果当 x 取 x_0 左侧邻域内的值时, $f'(x)<0$; 当 x 取 x_0 右侧邻域内的值时, $f'(x)>0$, 则函数 $f(x)$ 在 x_0 处取得极小值.

(3) 如果当 x 取 x_0 左右两侧邻域内的值时, $f'(x)$ 不改变符号, 则函数 $f(x)$ 在 x_0 处没有极值.

上述结论可以简记为"左正右负,极大;左负右正,极小".

根据上面定理,可以按下列步骤来求 $f(x)$ 在该区间内的极值点和相应的极值:

(1) 求出函数的定义域;

(2) 求出导数 $f'(x)$,令 $f'(x)=0$,求出 $f(x)$ 的全部驻点与不可导点;

(3) 列表考察 $f'(x)$ 在每个驻点或不可导点的左、右侧邻域的符号是否异号,以确定该点是否为极值点;如果是极值点,进一步确定是极大值点还是极小值点.

例 5　求函数 $f(x)=2x^3+3x^2-12x+1$ 的极值.

解:函数的定义域为 $(-\infty,+\infty)$. $f'(x)=6x^2+6x-12=6(x+2)(x-1)$.

令 $f'(x)=0$,解得驻点 $x_1=-2,x_2=1$.

列表讨论如下(见表 4-2):

表 4-2

x	$(-\infty,-2)$	-2	$(-2,1)$	1	$(1,+\infty)$
$f'(x)$	$+$	0	$-$	0	$+$
$f(x)$	↗	极大值 21	↘	极小值 -6	↗

则函数的极大值为 $f(-2)=21$,极小值为 $f(1)=-6$.

例 6　求函数 $f(x)=(x-1)x^{\frac{2}{3}}$ 的极值.

解:函数的定义域为 $(-\infty,+\infty)$.当 $x\neq 0$ 时,$f'(x)=\frac{2}{3}x^{-\frac{1}{3}}(x-1)+x^{\frac{2}{3}}=\frac{5x-2}{3x^{\frac{1}{3}}}$.

令 $f'(x)=0$,解得驻点 $x=\frac{2}{5}$.当 $x=0$ 时,导数不存在.

列表讨论如下(见表 4-3):

表 4-3

x	$(-\infty,0)$	0	$\left(0,\frac{2}{5}\right)$	$\frac{2}{5}$	$\left(\frac{2}{5},+\infty\right)$
$f'(x)$	$+$	不存在	$-$	0	$+$
$f(x)$	↗	极大值 0	↘	极小值 $-\frac{3}{5}\sqrt[3]{\frac{4}{25}}$	↗

则函数的极大值为 $f(0)=0$,极小值为 $f\left(\frac{2}{5}\right)=-\frac{3}{5}\sqrt[3]{\frac{4}{25}}$.

定理 4(第二充分条件)　设函数 $f(x)$ 在 x_0 处具有二阶导数,且 $f'(x_0)=0,f''(x_0)\neq 0$,那么:

(1) 当 $f''(x_0)<0$ 时,函数 $f(x)$ 在 x_0 处取得极大值;

(2) 当 $f''(x_0)>0$ 时,函数 $f(x)$ 在 x_0 处取得极小值.

定理 4 表明,如果函数 $f(x)$ 在驻点 x_0 处的二阶导数 $f''(x_0)\neq 0$,那么该驻点 x_0 一定是极值点,并且可以按二阶导数的符号来判定 $f(x_0)$ 是极大值还是极小值.

例 7　求函数 $f(x)=x^3+3x^2-24x-20$ 的极值.

解:函数的定义域为 $(-\infty,+\infty)$,

$$f'(x)=3x^2+6x-24=3(x+4)(x-2),\quad f''(x)=6x+6.$$

令 $f'(x)=0$,解得驻点 $x_1=-4, x_2=2$.

因为 $f''(-4)=-18<0, f''(2)=18>0$,所以函数的极大值为 $f(-4)=60$,极小值为 $f(2)=-48$.

注意:当 $f'(x_0)=0$ 或 $f'(x_0)$ 不存在时,定理 4 就不能应用. 这时,仍需用第一充分条件来判定.

三、函数的最大值和最小值

在许多数学和工程技术问题中,常常会遇到求在一定条件下怎样使"用料最省""产量最多""成本最低""效率最高"等问题. 这类问题在数学上有时可归结为求某一函数(通常称为目标函数)的最大值或最小值问题.

假定函数 $f(x)$ 在闭区间 $[a,b]$ 上连续,由性质可知 $f(x)$ 在 $[a,b]$ 上一定存在最大值和最小值. 显然,最大值和最小值可能在区间的端点处和内部的极值点处,以及不可导点处取得. 因此,$f(x)$ 在 $[a,b]$ 上的最大值和最小值可按如下步骤求得:

(1) 求出函数 $f(x)$ 在 (a,b) 内的所有驻点及不可导点;

(2) 计算各驻点、不可导点及区间端点处的函数值;

(3) 比较上述各函数值的大小,其中最大的就是 $f(x)$ 在 $[a,b]$ 上的最大值,最小的就是最小值.

例 8 求函数 $f(x)=2x^3+3x^2-12x+14$ 在区间 $[-3,4]$ 上的最大值和最小值.

解:因为 $f'(x)=6(x+2)(x-1)$,令 $f'(x)=0$,解得驻点 $x_1=-2, x_2=1$.

求出区间端点及各驻点处的函数值,分别是
$$f(-3)=23, f(-2)=34, f(1)=7, f(4)=142.$$
比较上述各值的大小,可知函数在区间 $[-3,4]$ 上的最大值为 $f(4)=142$,最小值为 $f(1)=7$.

说明:在实际问题中,如果函数 $f(x)$ 在一个区间(有限或无限,开或闭)内可导且只有一个驻点 x_0,而从实际问题可知函数必定存在最大值或最小值,那么 $f(x_0)$ 就是 $f(x)$ 在该区间上的最大值或最小值.

四、导数在经济分析中的应用

1. 边际分析

边际概念是经济学中的一个重要概念,一般指经济函数的变化率,利用导数研究经济变量的边际变化的方法,称作边际分析方法.

(1) 边际成本. 在经济学中,边际成本定义为产量增加一个单位时所增加的成本. 设某产品产量为 q 单位时所需的总成本为 $C=C(q)$,由于
$$C(q+1)-C(q)=\Delta C(q)\approx dC(q)$$
$$=C'(q)\Delta q=C'(q),$$
所以边际成本就是总成本函数关于产量 q 的导数.

(2) 边际收入. 在经济学中,边际收入定义为多销售一个单位产品所增加的销售收入. 设某产品的销售量为 q 时的收入函数为 $R=R(q)$,则收入函数关于销售量 q 的导数就是该产品的边际收入 $R'(q)$.

(3) 边际利润. 设某产品的销售量为 q 时的利润函数为 $L=L(q)$, 当 $L(q)$ 可导时, 称 $L'(q)$ 为销售量为 q 时的边际利润, 它近似等于销售量为 q 时再多销售一个单位产品所增加(减少)的利润.

由于利润函数为收入函数与成本函数之差, 即
$$L(q) = R(q) - C(q).$$

由导数运算法则可知
$$L'(q) = R'(q) - C'(q),$$

即边际利润为边际收入与边际成本之差.

例 9 设某产品产量为 q(单位:吨)时的总成本函数(单位:元)为
$$C(q) = 1\,000 + 7q + 50\sqrt{q},$$

求 (1)产量为 100 吨时的总成本;
(2)产量为 100 吨时的平均成本;
(3)产量从 100 吨增加到 225 吨时, 总成本的平均变化率;
(4)产量为 100 吨时, 总成本的变化率(边际成本).

解:(1)产量为 100 吨时的总成本为
$$C(100) = 1\,000 + 7 \times 100 + 50\sqrt{100} = 2\,200(\text{元});$$

(2) 产量为 100 吨时的平均成本为
$$\overline{C}(100) = \frac{C(100)}{100} = 22(\text{元}/\text{吨});$$

(3)产量从 100 吨增加到 225 吨时, 总成本的平均变化率为
$$\frac{\Delta C}{\Delta q} = \frac{C(225) - C(100)}{225 - 100} = \frac{3\,325 - 2\,200}{125} = 9(\text{元}/\text{吨});$$

(4)产量为 100 吨时, 总成本的变化率, 即边际成本为
$$C'(100) = (1\,000 + 7q + 50\sqrt{q})'|_{q=100} = \left(7 + \frac{25}{\sqrt{q}}\right)\Big|_{q=100} = 9.5(\text{元}).$$

例 10 设某种产品的需求函数为 $q = 100 - 5p$, 求边际收入函数, 以及 $q = 20, 50$ 和 70 时的边际收入.

解:收入函数为 $R(q) = pq$, 式中的销售价格 p 需要从需求函数中反解出来, 即 $p = \frac{1}{5}(100 - q)$, 于是收入函数为 $R(q) = \frac{1}{5}(100 - q)q$.

边际收入函数为 $R'(q) = \frac{1}{5}(100 - 2q)$, $R'(20) = 12$, $R'(50) = 0$, $R'(70) = -8$.

由所得结果可知, 当销售量即需求量为 20 个单位时, 再增加销售可使总收入增加, 再多销售一个单位产品, 总收入约增加 12 个单位; 当销售量为 50 个单位时, 再增加销售, 总收入不会增加; 当销售量为 70 个单位时, 再多销售一个单位产品, 反而使总收入大约减少 8 个单位.

例 11(经济批量) 某工厂每年需要某种原料 100 万吨, 且对该种原料的消耗是均匀的. 已知原料每吨的年库存费是 0.05 元, 分期分批均匀进货, 每次进货的费用为 1 000 元. 试求最佳订货批量和年订货总次数.

解:设每次购进 x 万吨,则平均库存量为 $\frac{x}{2}$ 万吨,总库存费用为

$$E_1 = 0.05 \times \frac{x}{2} \times 10\,000 = 250x$$

一年进货总次数为 $\frac{100}{x}$,总进货费用为

$$E_2 = \frac{100}{x} \times 1\,000 = \frac{100\,000}{x}$$

所以,总费用为

$$E = E_1 + E_2 = 250x + \frac{100\,000}{x}$$

于是,问题归结为:求 x 为何值时,函数 E 在区间 $[0, +\infty)$ 内取得最小值

$$E' = 250 - \frac{100\,000}{x^2} = \frac{250}{x^2}(x^2 - 400) = 0$$

解得

$$x_1 = -20 \text{(舍去)}; \quad x_2 = 20$$

所以在该点处必取得最小值.即最佳订货批量为 20 万吨,每年进货次数为 5 次,总费用为 10 000 元.

练习题 4.2

1. 求下列函数的单调区间:
(1) $y = x^3 - 3x$;
(2) $y = 2x^2 - \ln x$.

2. 求下列函数的极值:
(1) $y = 2x^3 - 3x^2$;
(2) $y = x^3 - \frac{9}{2}x^2 + 6x + 11$;
(3) $y = x - \ln(1 + x^2)$;
(4) $y = 3 - 2(x+1)^{\frac{1}{3}}$.

3. 求下列函数在指定区间上的最大值和最小值:
(1) $y = x + 2\sqrt{x} \quad x \in [0, 4]$;
(2) $y = \sin^3 x + \cos^3 x \quad x \in \left[-\frac{\pi}{4}, \frac{3\pi}{4}\right]$.

4. 试证面积为定值的矩形中,正方形的周长最短.

5. 某车间要靠墙盖一间长方形小屋,现有存砖只够砌 20 m 长的墙壁.问应围成怎样的长方形才能使这间小屋的面积最大?

6. 铁路线上 AB 段的距离为 100 km,某公司 C 距离 A 处为 20 km,AC 垂直于 AB,为了运输需要,要在 AB 线上选一点 D,向公司修筑一条专用公路.已知当质量、距离相等时,铁路与公路货运费之比为 3:5,为了使货物从加工点 B 运到公司 C 的总费用最省,问 D 应选在何处?

7. 某产品的需求函数和总成本函数分别为

$$q = 800 - 10p, \quad C(q) = 5\,000 + 20q$$

求边际利润函数,并计算 $q = 150$ 和 $q = 400$ 时的边际利润.

本 章 小 结

通过本章的学习,要求读者了解可导函数的单调性、极值与导数的关系;掌握函数极值的

定义,了解可导函数的极值的判定方法,会用导数判定函数的单调性、求极值;会用洛比达法则求 $\frac{0}{0}$ 型与 $\frac{\infty}{\infty}$ 型未定式的极限;会求一些实际问题的最大值和最小值。

一、定理学习

函数特性的判定定理.

单调性判定、极值判定要注意定理的条件,记住结论,定理之间不能混淆.

二、概念学习

学会从几何角度去了解函数的单调性、极值、最(大、小)值与导数的关系,结合图形理解上述概念.

单调性和极值都是局部性的概念,单调性是函数在定义域内一个部分区间上的特性,极值是在定义域内一点的邻域上的特性.

三、学习要点

单调区间有分界点,这些分界点可能分别在一阶导数和二阶导数为零的点处取得,但必须讨论导数的符号变化情况;极值点是驻点,但驻点不一定是极值点,只有当驻点两侧一阶导数异号时,这个驻点才是极值点;取得极值的点有两类,即驻点和导数不存在的点;取得最值的点有三类,即驻点、导数不存在的点和区间端点.

学会用列表的方法讨论单调性、极值、最(大、小)值.

习 题 4

1. 选择题

(1) 函数 $y=f(x)$ 在 $x=x_0$ 处取得极大值,则必有(　　).

(A) $f'(x_0)=0$;　　　　　　　　(B) $f''(x_0)=0$;

(C) $f'(x_0)=0$ 且 $f''(x_0)<0$;　　(D) $f'(x_0)=0$ 或不存在.

(2) 设 $y=f(x)$ 满足方程 $y''-y'+3y=0$,且 $f(x_0)>0$,$f'(x_0)=0$,则函数 $y=f(x)$ 在点 $x=x_0$ 处(　　).

(A) 取得极大值;　　　　　　　　(B) 取得极小值;

(C) 不可能取得极值;　　　　　　(D) 不能确定是否取得极值.

(3) 函数 $y=ax^2+c$ 在区间 $(-\infty,0)$ 内单调减少,则(　　).

(A) $a<0,c=0$;　　　　　　　　(B) $a>0,c$ 任意;

(C) $a>0,c\neq 0$;　　　　　　　(D) $a<0,c$ 任意.

(4) 下列结论正确的是(　　).

(A) 函数 $f(x)$ 的导数不存在的点,一定不是 $f(x)$ 的极值点;

(B) 若 x_0 为函数 $f(x)$ 的驻点,则 x_0 必为 $f(x)$ 的极值点;

(C) 若函数 $f(x)$ 在点 x_0 处有极值,且 $f'(x_0)$ 存在,则必有 $f'(x_0)=0$;

(D) 函数 $f(x)$ 在点 x_0 处连续,则 $f'(x_0)$ 一定存在.

(5) 如果 $f(x)$ 在 $[a,b]$ 上连续,在 (a,b) 内可导,且当 $x\in(a,b)$ 时,$f'(x)>0$,又 $f(a)<0$,则(　　).

(A) $f(x)$ 在 $[a,b]$ 上单调增加,且 $f(b)<0$;

(B) $f(x)$ 在 $[a,b]$ 上单调增加，且 $f(b)>0$；

(C) $f(x)$ 在 $[a,b]$ 上单调减少，且 $f(b)<0$；

(D) $f(x)$ 在 $[a,b]$ 上单调增加，但 $f(b)$ 的正负号不能确定．

2. 利用洛必达法则求下列极限：

(1) $\lim\limits_{x\to 0}\dfrac{(1+x)^x-1}{x}$；

(2) $\lim\limits_{x\to 1}\dfrac{\cos^2\frac{\pi}{2}x}{(x-1)^2}$；

(3) $\lim\limits_{x\to +\infty}\dfrac{\ln(1+x)}{e^x}$；

(4) $\lim\limits_{x\to 0}\dfrac{e^x+e^{-x}-2}{1-\cos x}$.

3. 求下列函数的单调区间与极值：

(1) $y=e^{-x}\sin x$；

(2) $y=\dfrac{2}{3}x-\sqrt[3]{x}$；

(3) $y=\dfrac{(x-2)(x-3)}{x^2}$；

(4) $y=\sqrt{2x-x^2}$.

4. 求下列函数在指定区间上的最大值与最小值：

(1) $y=2x^3-6x^2-18x-7, x\in[1,4]$

(2) $y=\ln(x^2-1), x\in[2,4]$

(3) $y=\dfrac{x}{x^2+1}, x\geqslant 0$

第五章 不定积分

前面已经学习过已知函数求导数的问题,现在要考虑其反问题:求一个未知函数,使其导数恰好是某一已知函数,即已知导数求其原函数.这种由导数求原来函数的逆运算称为不定积分.事实上,由函数求导数是微积分学的微分学部分,而将要学习的不定积分和定积分是微积分学的积分学部分.

5.1 不定积分的概念

一、原函数的概念

定义1 设 $f(x)$ 在区间 I 上有定义,如果存在可导函数 $F(x)$,使得对 $\forall x \in I$,有
$$F'(x) = f(x) \quad \text{或} \quad dF(x) = f(x)dx,$$
那么,称 $F(x)$ 为 $f(x)$ 在区间 I 上的一个原函数.

按定义可以验证,$\sin x$ 是 $\cos x$ 的一个原函数,x^2 是 $2x$ 的一个原函数,等.注意到,$\sin x + 1$ 和 $\sin x + 2$ 也是 $\cos x$ 的原函数,即形如 $\sin x + C$(C 为任意常数)的函数都是 $\cos x$ 的原函数.同样,形如 $x^2 + C$(C 为任意常数)的函数都是 $2x$ 的原函数.

一般地,若 $F(x)$ 是 $f(x)$ 的一个原函数,即 $F'(x) = f(x)$,由于
$$[F(x) + C]' = F'(x) + (C)' = f(x),$$
所以 $F(x) + C$ 都是 $f(x)$ 的原函数.因为 C 是任意常数,一个函数的原函数有无穷多个.

另外,如果 $F(x)$ 和 $G(x)$ 都是 $f(x)$ 的原函数,即 $F'(x) = G'(x) = f(x)$,由于
$$[F(x) - G(x)]' = F'(x) - G'(x) = f(x) - f(x) = 0,$$
所以 $F(x) - G(x) = C$(C 为任意常数),也就是说,两个原函数之间只相差一个常数.

综上所述,可得如下结论.

一个函数的原函数不是唯一的,其任意两个原函数之间只相差一个常数;若 $F(x)$ 是 $f(x)$ 的一个原函数,那么 $f(x)$ 的原函数的全体就是 $F(x) + C$(C 为任意常数).

二、不定积分的定义

定义2 若 $F(x)$ 是 $f(x)$ 在区间 I 上的一个原函数,则 $f(x)$ 在这个区间上的全体原函数记为 $\int f(x)dx$. 即
$$\int f(x)dx = F(x) + C(C \text{ 为任意常数}),$$
并称它为 $f(x)$ 在区间 I 上的不定积分,其中,$\int$ 称为积分号,$f(x)$ 称为被积函数,x 称为积分变量,$f(x)dx$ 称为被积表达式,C 称为积分常数.

由定义可知,求函数 $f(x)$ 的不定积分,就是求函数 $f(x)$ 的全体原函数;记号 $\int f(x)dx$ 表示的

是对函数 $f(x)$ 实行求全体原函数的运算. 不定积分的运算实质上就是求导数或求微分的逆运算.

例 1 求下列不定积分

(1) $\int x^3 \mathrm{d}x$；　　(2) $\int \mathrm{e}^x \mathrm{d}x$；　　(3) $\int \dfrac{1}{1+x^2} \mathrm{d}x$.

解：(1) 因为 $\left(\dfrac{x^4}{4}\right)' = x^3$，所以 $\dfrac{x^4}{4}$ 是 x^3 的一个原函数，从而

$$\int x^3 \mathrm{d}x = \dfrac{x^4}{4} + C \quad (C \text{ 为任意常数}).$$

(2) 因为 $(\mathrm{e}^x)' = \mathrm{e}^x$，所以 e^x 是 e^x 的一个原函数，从而

$$\int \mathrm{e}^x \mathrm{d}x = \mathrm{e}^x + C \quad (C \text{ 为任意常数}).$$

(3) 因为 $(\arctan x)' = \dfrac{1}{1+x^2}$，所以 $\arctan x$ 是 $\dfrac{1}{1+x^2}$ 的一个原函数，从而

$$\int \dfrac{1}{1+x^2} \mathrm{d}x = \arctan x + C \quad (C \text{ 为任意常数}).$$

三、不定积分的几何意义

由不定积分 $\int f(x) \mathrm{d}x = F(x) + C$ 可以看出，在几何上，不定积分 $\int f(x) \mathrm{d}x$ 表示的是：曲线 $y = F(x)$ 沿着 y 轴由 $-\infty$ 到 $+\infty$ 平行移动的积分曲线族，它们在同一横坐标 x 处的切线彼此平行（相同的斜率）且任意两条曲线之间相差一常数，如图 5-1 所示.

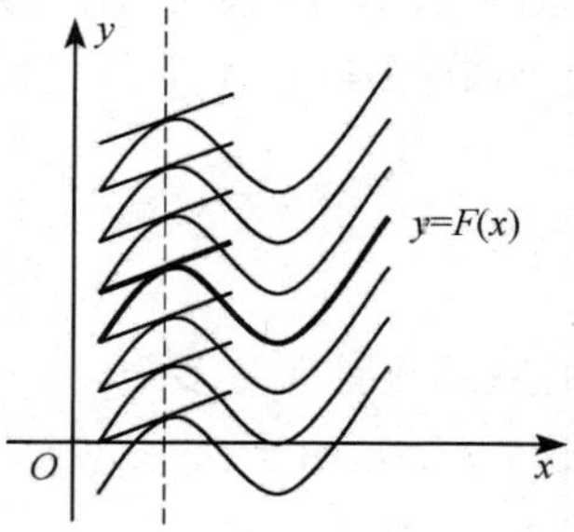

例 2 已知一曲线经过 $(1, 3)$ 点，并且曲线上任一点的切线的斜率等于该点横坐标的两倍，求该曲线的方程.

解：设所求方程为 $y = F(x)$，由已知可得 $F'(x) = 2x$，于是

$$F(x) = \int 2x \mathrm{d}x = x^2 + C,$$

已知 $F(1) = 3$，所以 $C = 2$，$y = x^2 + 2$ 为所求方程.

图 5-1

练习题 5.1

1. 求下列函数的原函数：

(1) $f(x) = x^5$；　　　　　　(2) $f(x) = \mathrm{e}^{2x}$；

(3) $f(x) = \sin 3x$；　　　　(4) $f(x) = \mathrm{e}^x + \cos x$.

2. 用不定积分的定义求下列不定积分：

(1) $\int \dfrac{1}{1+x^2} \mathrm{d}x$；　　　　(2) $\int \sec^2 x \mathrm{d}x$；

(3) $\int x^{-4} \mathrm{d}x$；　　　　　　(4) $\int (\mathrm{e}^{5x} + \cos x) \mathrm{d}x$.

3. 已知某曲线上任意一点 (x, y) 处的切线的斜率为 x^2，且曲线通过点 $A(3, 0)$，求曲线的方程.

5.2 不定积分的基本性质和直接积分法

性质 1 $\left[\int f(x) \mathrm{d}x\right]' = f(x)$ 或 $\mathrm{d} \int f(x) \mathrm{d}x = f(x) \mathrm{d}x$.

这是因为 $\left[\int f(x)\mathrm{d}x\right]' = [F(x)+C]' = F'(x)+C' = f(x)+0 = f(x)$.

性质 2 $\int F'(x)\mathrm{d}x = F(x)+C$ 或 $\int \mathrm{d}F(x) = F(x)+C$.

这是因为 $\int F'(x)\mathrm{d}x = \int f(x)\mathrm{d}x = F(x)+C$.

这再次说明导数(或微分)和不定积分互为逆运算,当两运算符先后作用于一个函数时,其中 $\left(\int\right)'$ 或 $\mathrm{d}\cdot\int$ 可以相抵,但 $\int'$ 或 $\int\cdot\mathrm{d}$ 相抵后差一个常数.

性质 3 求不定积分时,非零常数因子可以提到积分号外面,即
$$\int kf(x)\mathrm{d}x = k\int f(x)\mathrm{d}x \quad (k\neq 0).$$

k 为非零常数的要求在这个等式中是必需的. 因为 $k=0$ 时,左边 $=\int 0\mathrm{d}x = C$,右边 $=0$,等式自然不能成立.

性质 4 两个函数线性组合的不定积分等于两函数不定积分相应的线性组合,即
$$\int(k_1 f(x)\pm k_2 g(x))\mathrm{d}x = k_1\int f(x)\mathrm{d}x \pm k_2\int g(x)\mathrm{d}x \quad (k_1,k_2 \text{ 为常数}).$$
此性质可以推广到有限多个函数的线性组合的情形.

例 1 求不定积分 $\int(2^x - 3\cos x + 4)\mathrm{d}x$.

解: $\int(2^x - 3\cos x + 4)\mathrm{d}x = \int 2^x\mathrm{d}x - \int 3\cos x\mathrm{d}x + \int 4\mathrm{d}x = \dfrac{2^x}{\ln 2} - 3\sin x + 4x + C$.

一、不定积分的基本公式

我们已经知道,不定积分是求导数的逆运算,那么,我们由导数的基本公式即可得到不定积分的基本公式. 它的作用类似于算术运算中"九九表",以后我们在计算不定积分时,最终都是化为基本积分公式表的形式,因此下面的基本公式必须达到熟记的程度. 这些基本公式通常称为基本积分表.

(1) $\int k\mathrm{d}x = kx + C$ (k 为常数);

(2) $\int x^\alpha \mathrm{d}x = \dfrac{1}{1+\alpha}x^{\alpha+1} + C$ ($\alpha \neq -1$);

(3) $\int \dfrac{1}{x}\mathrm{d}x = \ln|x| + C$;

(4) $\int a^x \mathrm{d}x = \dfrac{1}{\ln a}a^x + C$ ($a>0, a\neq 1$);

(5) $\int \mathrm{e}^x \mathrm{d}x = \mathrm{e}^x + C$;

(6) $\int \sin x \mathrm{d}x = -\cos x + C$;

(7) $\int \cos x \mathrm{d}x = \sin x + C$;

(8) $\int \sec^2 x \mathrm{d}x = \tan x + C$;

(9) $\int \csc^2 x \, dx = -\cot x + C$;

(10) $\int \sec x \tan x \, dx = \sec x + C$;

(11) $\int \csc x \cot x \, dx = -\csc x + C$;

(12) $\int \dfrac{1}{\sqrt{1-x^2}} dx = \arcsin x + C = -\arccos x + C$;

(13) $\int \dfrac{1}{1+x^2} dx = \arctan x + C = -\operatorname{arccot} x + C$.

二、直接积分法

从前面的讨论可以体会到,利用不定积分的定义来计算不定积分是不方便的. 当被积函数较为复杂时,我们可以利用不定积分的基本性质和基本公式表,或许还要经过适当的变换,来计算不定积分,这种方法称之为直接积分法. 下面我们通过简单的实例,来说明直接积分的基本方法.

例 2 计算 $\int (\sin x + x^3 - e^x) dx$.

解:利用多个函数线性组合的不定积分等于各函数不定积分相应的线性组合之性质,有
$$\int (\sin x + x^3 - e^x) dx = \int \sin dx + \int x^3 dx - \int e^x dx$$
$$= -\cos x + \frac{1}{4} x^4 - e^x + C.$$

例 3 计算 $\int (5^x + \tan^2 x) dx$.

解:注意到三角函数公式 $1 + \tan^2 x = \sec^2 x$,于是
$$\int (5^x + \tan^2 x) dx = \int 5^x dx + \int (\sec^2 x - 1) dx = \frac{1}{\ln 5} 5^x + \tan x - x + C.$$

例 4 计算 $\int \dfrac{(1+x)^2}{x(1+x^2)} dx$.

解:在基本公式中并没有这个积分,因此需要对被积函数进行适当的变换,
$$\frac{(1+x)^2}{x(1+x^2)} = \frac{2x + (1+x^2)}{x(1+x^2)} = \frac{1}{x} + \frac{2}{1+x^2}.$$
所以 $\int \dfrac{(1+x)^2}{x(1+x^2)} dx = \int \left(\dfrac{1}{x} + \dfrac{2}{1+x^2}\right) dx = \int \dfrac{1}{x} dx + \int \dfrac{2}{1+x^2} dx$
$$= \ln|x| + 2\arctan x + C.$$

例 5 $\int \cos^2 \dfrac{x}{2} dx$.

解:注意到 $\cos^2 \dfrac{x}{2} = \dfrac{1}{2}(1 + \cos x)$,于是
$$\int \cos^2 \frac{x}{2} dx = \int \frac{1+\cos x}{2} dx = \frac{1}{2} \int dx + \frac{1}{2} \int \cos x \, dx = \frac{1}{2} x + \frac{1}{2} \sin x + C.$$

例 6 $\int \dfrac{1}{\sin^2 x \cos^2 x} dx$.

解：如果能注意到 $1 = \sin^2 x + \cos^2 x$ 的变换，那么

$$\frac{1}{\sin^2 x \cos^2 x} = \frac{\sin^2 x + \cos^2 x}{\sin^2 x \cos^2 x} = \frac{1}{\cos^2 x} + \frac{1}{\sin^2 x},$$

即

$$\int \frac{1}{\sin^2 x \cos^2 x} dx = \int \left(\frac{1}{\cos^2 x} + \frac{1}{\sin^2 x}\right) dx = \int \frac{1}{\cos^2 x} dx + \int \frac{1}{\sin^2 x} dx$$
$$= \tan x - \cot x + C.$$

例7（总成本函数） 某工厂生产某种产品，已知产品的边际成本为

$$C'(q) = 2 + \frac{7}{\sqrt[3]{q^2}}$$

固定成本为 $5\,000$ 元，求总成本函数 $C = C(q)$。

解：因为总成本函数是边际成本的原函数，所以

$$C(q) = \int \left(2 + \frac{7}{\sqrt[3]{q^2}}\right) dq = 2q + 21 q^{\frac{1}{3}} + C_0.$$

又固定成本为 $5\,000$ 元，即 $C(0) = 5\,000$。代入上式，得

$$C_0 = 5\,000.$$

故所求成本函数为

$$C(q) = 2q + 21 q^{\frac{1}{3}} + 5\,000.$$

对于不定积分的计算，合理地进行一些恒等变换，有时是必要的. 这些基本变换方法只有通过加强练习才能得以掌握和运用；只有在练习过程中多进行归纳和总结，才能提高自己解决问题的能力，才能寻求出合适的解题方法.

练习题 5.2

1. 写出下列各式的结果：

(1) $\left(\int \frac{\sqrt[3]{1 + \ln x}}{x} dx\right)'$；

(2) $\int [x^3 e^x (\sin 2x + \cos x)]' dx$；

(3) $\int d(e^x \sin x^2)$；

(4) $d\left(\int \frac{\sin^2 x}{1 + \cos x} dx\right)$。

2. 求下列不定积分：

(1) $\int x^6 dx$；

(2) $\int \frac{\sqrt{x}}{x^4} dx$；

(3) $\int x\sqrt{x} dx$；

(4) $\int (x^2 - 2x - 1) dx$；

(5) $\int (2x^2 - x + 1)\sqrt{x} dx$；

(6) $\int 3^x e^x dx$；

(7) $\int \frac{\cos 2t}{\cos t - \sin t} dt$；

(8) $\int \frac{\cos 2x}{\cos^2 x \sin^2 x} dx$；

(9) $\int \frac{1}{\cos^2 \frac{x}{2} \sin^2 \frac{x}{2}} dx$；

(10) $\int \cot^2 t \, dt$；

(11) $\int \sin^2 \frac{x}{2} dx$；

(12) $\int \frac{x^4}{1 + x^2} dx$；

(13) $\int \frac{x - 9}{3 + \sqrt{x}} dx$；

(14) $\int \left(\frac{t - 2}{t}\right)^2 dt$；

(15) $\int \dfrac{6^x - 2^x}{3^x} dx$; (16) $\int \dfrac{(x+1)^2}{x(x^2+1)} dx$.

3. 已知函数 $f(x)$ 的导数 $f'(x)=3-2x$, 且 $f(1)=4$, 求函数 $f(x)$.

5.3 不定积分的换元积分法

能用直接积分法计算的不定积分是简单的, 也是有限的. 本节要学习的换元积分法, 是通过适当的变量替换(换元), 把一些不定积分化为可以利用基本积分公式的形式, 进而求出结果. 换元积分法的依据是复合函数的求导法则.

一、第一换元积分法(凑微分法)

如果不定积分 $\int f(x)dx$ 用直接积分法不易求得, 但被积函数可以分解为
$$f(x) = g(\varphi(x))\varphi'(x),$$
作变量代换 $u=\varphi(x)$, 则可以将关于变量 x 的积分转化为关于变量 u 的积分
$$\int f(x)dx = \int g(\varphi(x))\varphi'(x)dx = \int g(u)du.$$

如果 $\int g(u)du$ 可以求出, 则不定积分 $\int f(x)dx$ 的计算问题就解决了, 这就是第一类换元积分法(凑微分法).

定理1 设 $g(u)$ 具有原函数 $F(u)$, $u=\varphi(x)$ 可导, 则
$$\int g(\varphi(x))\varphi'(x)dx = \int g(\varphi(x))d\varphi(x) = \int g(u)du = F(u) + C = F(\varphi(x)) + C.$$

事实上, 由于 $(F(\varphi(x))+C)' = F'(\varphi(x))\varphi'(x) = g(\varphi(x))\varphi'(x)$, 由不定积分定义, 等式自然成立.

第一换元积分法的积分思路是: 能将 $f(x)dx$ 凑成微分 $g(\varphi(x))d\varphi(x)$, 选择适当的变量代换 $u=\varphi(x)$ 后, 在新的积分变量 u 下, 使积分变得简单. 据此, 第一换元积分法公式就是: 第一个等号是凑成微分, 第二个等号是换元, 第三个等号是在新变量下积分, 第四个等号是变量回代.

下面以具体例子来说明如何具体地应用第一换元积分法.

例1 计算 $\int (3+x)^{100} dx$.

解:
$$\int (3+x)^{100} dx \xrightarrow{凑微分} \int (3+x)^{100} d(3+x)$$
$$\xrightarrow[变量代换]{3+x=u} \int u^{100} du = \dfrac{1}{101} u^{101} + C$$
$$\xrightarrow[回代]{u=3+x} \dfrac{1}{101}(3+x)^{101} + C.$$

例2 计算 $\int e^{3x} dx$.

解:
$$\int e^{3x} dx \xrightarrow{凑微分} \int \dfrac{1}{3} e^{3x} d(3x)$$

$$\xrightarrow[\text{变量代换}]{3x=u} \frac{1}{3}\int e^u du = \frac{1}{3}e^u + C$$

$$\xrightarrow[\text{回代}]{u=3x} \frac{1}{3}e^{3x} + C.$$

例 3 计算 $\int xe^{x^2}dx$.

解：
$$\int xe^{x^2}dx \xrightarrow{\text{凑微分}} \int \frac{1}{2}e^{x^2}dx^2$$

$$\xrightarrow[\text{变量代换}]{x^2=u} \frac{1}{2}\int e^u du = \frac{1}{2}e^u + C$$

$$\xrightarrow[\text{回代}]{u=x^2} \frac{1}{2}e^{x^2} + C.$$

例 4 $\int \tan x dx$.

解：
$$\int \tan x dx = \int \frac{\sin x}{\cos x}dx$$

$$\xrightarrow{\text{凑微分}} \int \frac{-1}{\cos x}d\cos x$$

$$\xrightarrow[\text{变量代换}]{\cos x=u} -\int \frac{1}{u}du = -\ln|u| + C$$

$$\xrightarrow[\text{回代}]{u=\cos x} -\ln|\cos x| + C.$$

用同样的方法可求出：$\int \cot x dx = \int \frac{\cos x}{\sin x}dx = \int \frac{1}{\sin x}d\sin x = \ln|\sin x| + C.$

当我们对凑微分法比较熟练后，可省去书写中间变量的换元和回代过程，如下面的一些例子.

例 5 计算 $\int \frac{1}{a^2-x^2}dx$.

解：
$$\int \frac{1}{a^2-x^2}dx = \frac{1}{2a}\int \left(\frac{1}{a-x} + \frac{1}{a+x}\right)dx$$

$$= \frac{1}{2a}\int \frac{-1}{a-x}d(a-x) + \frac{1}{2a}\int \frac{1}{a+x}d(a+x)$$

$$= \frac{-1}{2a}\ln|a-x| + \frac{1}{2a}\ln|a+x| + C = \frac{1}{2a}\ln\left|\frac{a+x}{a-x}\right| + C.$$

例 6 计算 $\int \frac{1}{a^2+x^2}dx$.

解： $\int \frac{1}{a^2+x^2}dx = \int \frac{1}{a^2}\frac{1}{1+\left(\frac{x}{a}\right)^2}dx = \frac{1}{a}\int \frac{1}{1+\left(\frac{x}{a}\right)^2}d\left(\frac{x}{a}\right) = \frac{1}{a}\arctan\frac{x}{a} + C.$

例 7 计算 $\int \frac{1}{\sqrt{a^2-x^2}}dx$.

解： $\int \frac{1}{\sqrt{a^2-x^2}}dx = \int \frac{1}{a}\frac{1}{\sqrt{1-\left(\frac{x}{a}\right)^2}}dx = \int \frac{1}{\sqrt{1-\left(\frac{x}{a}\right)^2}}d\left(\frac{x}{a}\right) = \arcsin\left(\frac{x}{a}\right) + C.$

例 8 计算 $\int \frac{1}{x\ln x}dx$.

解：
$$\int \frac{1}{x\ln x}dx = \int \frac{1}{\ln x}d\ln x = \ln|\ln x| + C.$$

例 9 计算 $\int \sin^2 x dx; \int \sin^3 x dx; \int \sin^4 x dx.$

解：$\int \sin^2 x dx = \int \frac{1-\cos 2x}{2}dx = \frac{1}{2}x - \frac{1}{4}\int \cos 2x d(2x) = \frac{x}{2} - \frac{1}{4}\sin 2x + C.$

$\int \sin^3 x dx = \int (1-\cos^2 x)d(-\cos x) = \frac{1}{3}\cos^3 x - \cos x + C.$

$\int \sin^4 x dx = \int \left(\frac{1-\cos 2x}{2}\right)^2 dx = \int \frac{1-2\cos 2x + \cos^2 2x}{4}dx$

$= \frac{1}{4}\int dx - \frac{1}{2}\int \cos 2x dx + \frac{1}{4}\int \cos^2 2x dx = \frac{1}{4}x - \frac{1}{4}\sin 2x + \frac{1}{4}\int \cos^2 2x dx.$

而 $\int \cos^2 2x dx = \int \frac{1+\cos 4x}{2}dx = \frac{1}{2}\int dx + \frac{1}{8}\int \cos 4x d(4x) = \frac{1}{2}x + \frac{1}{8}\sin 4x + C,$

所以 $\int \sin^4 x dx = \frac{3}{8}x - \frac{1}{4}\sin 2x + \frac{1}{32}\sin 4x + C.$

上面这个例子说明了三角函数不定积分计算的一种思想方法，它就是：尽可能利用恒等变换，把高次幂三角函数降为低次幂三角函数。如果能办到这一点，我们所采用的方法基本上是属于成功的方法。

例 10 计算 $\int \sec x dx; \int \sec^4 x dx.$

解：$\int \sec x dx = \int \frac{1}{\cos x}dx = \int \frac{\cos x}{\cos^2 x}dx = \int \frac{1}{1-\sin^2 x}d\sin x = \frac{1}{2}\ln\left|\frac{1+\sin x}{1-\sin x}\right| + C$

$= \frac{1}{2}\ln\left|\frac{(1+\sin x)^2}{1-\sin^2 x}\right| + C = \ln\left|\frac{1+\sin x}{\cos x}\right| + C = \ln|\sec x + \tan x| + C.$

同样得出 $\int \csc x dx = -\ln|\csc x + \cot x| + C.$

$$\int \sec^4 x dx = \int \sec^2 x \sec^2 x dx = \int \sec^2 x d\tan x$$
$$= \int (\tan^2 x + 1)d\tan x = \frac{1}{3}\tan^3 x + \tan x + C.$$

例 11 计算 $\int \sin 3x \sin 5x dx.$

解：$\int \sin 3x \sin 5x dx = \frac{1}{2}\int (\cos 2x - \cos 8x)dx = \frac{1}{6}\sin 2x - \frac{1}{18}\sin 8x + C.$

不定积分第一换元积分法是积分计算的一种常用的方法，但是它的技巧性相当强，这不仅需要熟练掌握微分、积分、恒等公式，还要有一定的分析能力。没有普遍遵循的东西，同一个问题，切入点不同，解决途径也就不同，难易程度和计算量也会大不相同。

二、第二换元积分法

首先看积分 $\int \frac{1}{1+\sqrt{1+x}}dx$ 应当如何计算。

在我们所掌握的基本公式中以及所能采用的恒等变换中，很难找到一个很好的变换，凑出简便的积分式. 从问题的分析角度来说，复杂的就是这个根号，如果能把根号消去的话，问题是否会变得简单一点了呢？不妨试试看：

令 $\sqrt{1+x}=t$，于是 $x=t^2-1$，这时 $\mathrm{d}x=2t\mathrm{d}t$，把这些关系式代入原式，得

$$\int \frac{1}{1+\sqrt{1+x}}\mathrm{d}x=\int \frac{1}{1+t}2t\mathrm{d}t=\int\left(2-\frac{2}{1+t}\right)\mathrm{d}t.$$

这就得到了易求的积分形式. 这一解决方法就是下面将要介绍的第二类换元积分法.

定理 2 如果 $x=\varphi(t)$ 单调、可导，且 $\varphi'(t)\neq 0$，$f\{\varphi(t)\}\varphi'(t)$ 存在原函数 $F(t)$，那么

$$\int f(x)\mathrm{d}x=\int f\{\varphi(t)\}\varphi'(t)\mathrm{d}t=F(t)+C=F\{\varphi^{-1}(x)\}+C.$$

第二类换元积分法解题的关键就是：选择适当变量代换 $x=\varphi(t)$，则 $\mathrm{d}x=\varphi'(t)\mathrm{d}t$，将这些关系式代入原式后，应该得到便于求积分的形式.

例 12 求 $\int \frac{1}{1+\sqrt{x}}\mathrm{d}x$.

解：令 $\sqrt{x}=t$，则 $x=t^2$，$\mathrm{d}x=2t\mathrm{d}t$，于是

$$\begin{aligned}\int \frac{1}{1+\sqrt{x}}\mathrm{d}x&=\int \frac{2t}{1+t}\mathrm{d}t=2\int \frac{1+t-1}{1+t}\mathrm{d}t=2\int\left(1-\frac{1}{1+t}\right)\mathrm{d}t\\&=2(t-\ln|1+t|)+C=2[\sqrt{x}-\ln(1+\sqrt{x})]+C.\end{aligned}$$

一般地，被积函数含 $\sqrt[n]{ax+b}$ 时，做代换 $t=\sqrt[n]{ax+b}$，将它转化成有理函数的积分.

例 13 求 $\int \sqrt{a^2-x^2}\mathrm{d}x$.

解：令 $x=a\sin t$，则 $\sqrt{a^2-x^2}=\sqrt{a^2-a^2\sin^2 t}=a\cos t$，$\mathrm{d}x=a\cos t\mathrm{d}t$

所以 $\int \sqrt{a^2-x^2}\mathrm{d}x=\int a^2\cos^2 t\mathrm{d}t=a^2\int \frac{1+\cos 2t}{2}\mathrm{d}t=\frac{a^2}{2}t+\frac{a^2}{4}\sin 2t+C.$

为将变量 t 还原回原来的积分变量 x，可由 $x=a\sin t$ 作辅助直角三角形，如图 5-2 所示，$\sin 2t=2\sin t\cos t=\frac{2}{a^2}x\sqrt{a^2-x^2}$，

所以 $\int \sqrt{a^2-x^2}\mathrm{d}x=\frac{a^2}{2}\arcsin\frac{x}{a}+\frac{x}{2}\sqrt{a^2-x^2}+C.$

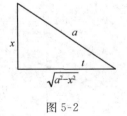

图 5-2

例 14 求 $\int \frac{1}{\sqrt{a^2+x^2}}\mathrm{d}x$.

解：令 $x=a\tan t$，则 $\sqrt{a^2+x^2}=a\sec t$，$\mathrm{d}x=a\sec^2 t\mathrm{d}t$，所以（如图 5-3 所示）

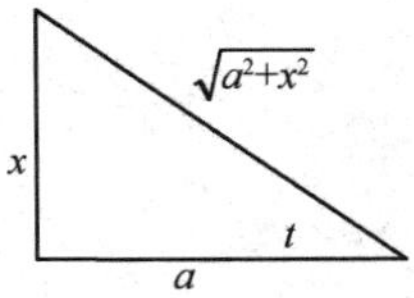

图 5-3

$$\begin{aligned}\int \frac{1}{\sqrt{a^2+x^2}}\mathrm{d}x&=\int \frac{a\sec^2 t}{a\sec t}\mathrm{d}t=\int \sec t\mathrm{d}t=\ln|\sec t+\tan t|+C\\&=\ln\left|\frac{\sqrt{x^2+a^2}}{a}+\frac{x}{a}\right|+C\\&=\ln|\sqrt{a^2+x^2}+x|-\ln a+C\\&=\ln|\sqrt{a^2+x^2}+x|+C_1.\end{aligned}$$

例 15 计算 $\int \frac{1}{\sqrt{x^2-a^2}}\mathrm{d}x$.

解：令 $x=a\sec t$，则 $\sqrt{x^2-a^2}=a\tan t$，$dx=a\sec t\tan t\, dt$，（如图 5-4 所示）

所以 $\int \dfrac{1}{\sqrt{x^2-a^2}}dx = \int \dfrac{1}{a\tan t} a\sec t\tan t\, dt$

$\qquad = \int \sec t\, dt = \ln|\sec t + \tan t| + C$

$\qquad = \ln|x+\sqrt{x^2-a^2}| + C.$

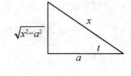

图 5-4

上述几例的计算方法称为三角代换法，其目的就是化掉根式. 三角代换可归纳为如表 5-1 所示.

表 5-1

被积函数形式	变量代换	原根式表达式	微分关系
$f(x,\sqrt{a^2-x^2})$	$x=a\sin t$	$\sqrt{a^2-x^2}=a\cos t$	$dx=a\cos t\, dt$
$f(x,\sqrt{a^2+x^2})$	$x=a\tan t$	$\sqrt{a^2+x^2}=a\sec t$	$dx=a\sec^2 t\, dt$
$f(x,\sqrt{x^2-a^2})$	$x=a\sec t$	$\sqrt{x^2-a^2}=a\tan t$	$dx=a\sec t\tan t\, dt$

由三角代换法能求解以下不定积分，通常作为公式使用，能记住是最好的.

(1) $\int \tan x\, dx = -\ln|\cos x| + C$；

(2) $\int \cot x\, dx = \ln|\sin x| + C$；

(3) $\int \sec x\, dx = \ln|\sec x + \tan x| + C$；

(4) $\int \csc x\, dx = -\ln|\csc x + \cot x| + C$；

(5) $\int \dfrac{1}{a^2-x^2}dx = \dfrac{1}{2a}\ln\left|\dfrac{a+x}{a-x}\right| + C$；

(6) $\int \dfrac{1}{a^2+x^2}dx = \dfrac{1}{a}\arctan\dfrac{x}{a} + C$；

(7) $\int \dfrac{1}{\sqrt{a^2-x^2}}dx = \arcsin\dfrac{x}{a} + C$；

(8) $\int \dfrac{1}{\sqrt{x^2\pm a^2}}dx = \ln|x+\sqrt{x^2\pm a^2}| + C.$

练习题 5.3

1. 在下列等式右边的空格上填入适当的常数，使等式成立：

(1) $dx = \underline{\qquad} d(2x+1)$；　　(2) $x\, dx = \underline{\qquad} d(x^2)$；

(3) $e^{-x}dx = \underline{\qquad} d(e^{-x})$；　　(4) $e^{2x}dx = \underline{\qquad} d(e^{2x})$；

(5) $\sin 2x\, dx = \underline{\qquad} d(\cos 2x)$；　　(6) $\dfrac{1}{x}dx = \underline{\qquad} d(3\ln|x|).$

2. 用第一类换元积分法求下列不定积分：

(1) $\int \cos 4x\, dx$；　　(2) $\int e^{-2x}dx$；　　(3) $\int (3x-1)^4 dx$；

(4) $\int \dfrac{1}{(2x-1)^2}dx$；　　(5) $\int 10^{3x}dx$；　　(6) $\int xe^{-x^2}dx$；

(7) $\int \dfrac{x}{\sqrt{x^2+a^2}}\mathrm{d}x$; (8) $\int \dfrac{\cos x}{a+b\sin x}\mathrm{d}x\ (b\neq 0)$; (9) $\int \dfrac{\ln^3 x}{x}\mathrm{d}x$;

(10) $\int \dfrac{\sin(\sqrt{x}+1)}{\sqrt{x}}\mathrm{d}x$; (11) $\int \dfrac{\mathrm{e}^{2x}}{1+\mathrm{e}^{2x}}\mathrm{d}x$; (12) $\int \dfrac{1}{\mathrm{e}^x+\mathrm{e}^{-x}}\mathrm{d}x$;

(13) $\int \dfrac{(\arctan x)^2}{1+x^2}\mathrm{d}x$; (14) $\int \dfrac{1}{25+9x^2}\mathrm{d}x$; (15) $\int \dfrac{1}{x^2-9}\mathrm{d}x$;

(16) $\int \dfrac{1}{\sqrt{1-4x^2}}\mathrm{d}x$; (17) $\int \cos^3 x\,\mathrm{d}x$; (18) $\int \sin^2 x\,\mathrm{d}x$;

(19) $\int \sec^4 x\,\mathrm{d}x$; (20) $\int \sin^2 x\cos^3 x\,\mathrm{d}x$.

3. 用第二类换元积分法求下列不定积分:

(1) $\int \dfrac{\sqrt{x}}{1+x}\mathrm{d}x$; (2) $\int \dfrac{x+1}{\sqrt[3]{3x+1}}\mathrm{d}x$;

(3) $\int \dfrac{\sqrt{x-1}}{x}\mathrm{d}x$; (4) $\int \dfrac{x^2}{\sqrt{a^2-x^2}}\mathrm{d}x$;

(5) $\int \dfrac{\sqrt{a^2-x^2}}{x^4}\mathrm{d}x$; (6) $\int \sqrt{1+\mathrm{e}^x}\,\mathrm{d}x$.

5.4 分部积分法

前面介绍的积分方法,都是把一种类型的积分转换成另一种便于计算的积分. 鉴于这样一种思想,借助两个函数乘积的求导法则,可实现另一种类型的积分转换,这就是将要介绍的分部积分法.

分部积分法是不定积分中另一个重要的积分法,它对应于两个函数乘积的求导法则. 现在先回忆一下两个函数乘积的求导法则.

设 u,v 可导,那么 $(uv)'=u'v+uv'$. 如果 u',v' 连续,对上式两边积分,有

$$\int(uv)'\mathrm{d}x=\int u'v\,\mathrm{d}x+\int uv'\,\mathrm{d}x, \text{即} \int uv'\,\mathrm{d}x=uv-\int u'v\,\mathrm{d}x.$$

一般写成

$$\int u\,\mathrm{d}v = uv - \int v\,\mathrm{d}u.$$

这就是所谓的分部积分法. 应用分部积分法求积分,就是经过函数换位,达到简化积分的目的.

比如,求不定积分 $\int x\mathrm{e}^x\mathrm{d}x$,没有好办法直接计算;如果选择将 x 放到微分符号里面去,问题不但没解决,反而使得积分式比原来的积分式更复杂了,即

$$\int x\mathrm{e}^x\mathrm{d}x = \int \mathrm{e}^x\mathrm{d}\left(\dfrac{1}{2}x^2\right) = \dfrac{1}{2}x^2\mathrm{e}^x - \dfrac{1}{2}\int x^2\mathrm{d}\mathrm{e}^x = \dfrac{1}{2}x^2\mathrm{e}^x - \dfrac{1}{2}\int x^2\mathrm{e}^x\mathrm{d}x;$$

事实上,应是 $\int x\mathrm{e}^x\mathrm{d}x = \int x\mathrm{d}\mathrm{e}^x = x\mathrm{e}^x - \int \mathrm{e}^x\mathrm{d}x = x\mathrm{e}^x - \mathrm{e}^x + C.$

下面通过具体的实例,说明分部积分法的一般处理原则:

(1) 当被积函数可表示为几个函数的乘积时,一般可应用此法;

(2) 此公式是通过"凑微分"达到简化积分运算的. 应用此公式的关键是合理选择一个函数,在微分意义下放到微分符号里面去,使得第二部分的积分简单;若放对了,将里外互换一

下,积分就可能变得非常简单了.

例 1 计算 $\int x\sin 3x \mathrm{d}x$.

解: $\int x\sin 3x \mathrm{d}x = \int x \mathrm{d}\left(-\frac{1}{3}\cos 3x\right) = -\frac{x}{3}\cos 3x + \frac{1}{3}\int \cos 3x \mathrm{d}x$
$= -\frac{x}{3}\cos 3x + \frac{1}{9}\sin 3x + C.$

一般地,形如 $\int f(x)\sin ax \mathrm{d}x$ 的积分,先把积分化为 $\int f(x) \mathrm{d}\left(-\frac{1}{a}\cos ax\right)$,然后再用分部积分法.

例 2 计算 $\int x^2 \mathrm{e}^x \mathrm{d}x$.

解: $\int x^2 \mathrm{e}^x \mathrm{d}x = \int x^2 \mathrm{d}\mathrm{e}^x = x^2 \mathrm{e}^x - \int \mathrm{e}^x \mathrm{d}x^2 = x^2 \mathrm{e}^x - 2\int x\mathrm{e}^x \mathrm{d}x = x^2 \mathrm{e}^x - 2\int x \mathrm{d}\mathrm{e}^x$
$= x^2 \mathrm{e}^x - 2(x\mathrm{e}^x - \mathrm{e}^x) + C.$

一般地,形如 $\int f(x)\mathrm{e}^{ax} \mathrm{d}x$ 的积分,先把它转换成 $\int f(x) \mathrm{d}\left(\frac{1}{a}\mathrm{e}^{ax}\right)$ 后,再用分部积分法.

例 3 计算 $\int \ln x \mathrm{d}x$.

解: $\int \ln x \mathrm{d}x = x\ln x - \int x \mathrm{d}\ln x = x\ln x - \int x \cdot \frac{1}{x} \mathrm{d}x = x\ln x - \int \mathrm{d}x = x\ln x - x + C.$

例 4 计算 $\int x^2 \ln x \mathrm{d}x$.

解: $\int x^2 \ln x \mathrm{d}x = \int \ln x \mathrm{d}\left(\frac{1}{3}x^3\right) = \frac{x^3}{3}\ln x - \frac{1}{3}\int x^3 \mathrm{d}\ln x$
$= \frac{x^3}{3} - \frac{1}{3}\int x^2 \mathrm{d}x = \frac{x^3}{3}\ln x - \frac{1}{9}x^3 + C.$

一般地,形如 $\int f(x)\ln x \mathrm{d}x$ 的积分,先把它转换成 $\int \ln x \mathrm{d}F(x)$ 后,再考虑用分部积分法.

例 5 计算 $\int \arctan x \mathrm{d}x$.

解: $\int \arctan x \mathrm{d}x = x\arctan x - \int x \mathrm{d}(\arctan x)$
$= x\arctan x - \int \frac{x}{1+x^2} \mathrm{d}x = x\arctan x - \frac{1}{2}\ln(1+x^2) + C.$

例 6 计算 $\int (3x^2 + 2x + 1)\arctan x \mathrm{d}x$.

解: $\int (3x^2 + 2x + 1)\arctan x \mathrm{d}x = \int \arctan x \mathrm{d}(x^3 + x^2 + x + 1)$
$= (x^3 + x^2 + x + 1)\arctan x - \int (x^3 + x^2 + x + 1) \mathrm{d}\arctan x$
$= (x^3 + x^2 + x + 1)\arctan x - \int \frac{x^3 + x^2 + x + 1}{1+x^2} \mathrm{d}x$
$= (x^3 + x^2 + x + 1)\arctan x - \frac{1}{2}x^2 - x + C.$

一般地，形如 $\int f(x)\arctan ax\,\mathrm{d}x$ 或 $\int f(x)\operatorname{arccot} ax\,\mathrm{d}x$ 的积分计算，都是先把积分转换成 $\int \arctan ax\,\mathrm{d}F(x)$ 或 $\int \operatorname{arccot} ax\,\mathrm{d}F(x)$，然后再用分部积分法.

例 7 计算 $\int \mathrm{e}^{ax}\sin bx\,\mathrm{d}x$.

解：
$$\int \mathrm{e}^{ax}\sin bx\,\mathrm{d}x = \int \sin bx\,\mathrm{d}\left(\frac{1}{a}\mathrm{e}^{ax}\right) = \frac{1}{a}\mathrm{e}^{ax}\sin bx - \frac{1}{a}\int \mathrm{e}^{ax}\,\mathrm{d}\sin bx$$
$$= \frac{1}{a}\mathrm{e}^{ax}\sin bx - \frac{b}{a}\int \mathrm{e}^{ax}\cos bx\,\mathrm{d}x = \frac{1}{a}\mathrm{e}^{ax}\sin bx - \frac{b}{a^2}\int \cos bx\,\mathrm{d}(\mathrm{e}^{ax})$$
$$= \frac{1}{a}\mathrm{e}^{ax}\sin bx - \frac{b}{a^2}\mathrm{e}^{ax}\cos bx + \frac{b}{a^2}\int \mathrm{e}^{ax}\,\mathrm{d}\cos bx$$
$$= \frac{1}{a}\mathrm{e}^{ax}\sin bx - \frac{b}{a^2}\mathrm{e}^{ax}\cos bx - \frac{b^2}{a^2}\int \mathrm{e}^{ax}\sin bx\,\mathrm{d}x.$$

所以
$$\int \mathrm{e}^{ax}\sin bx\,\mathrm{d}x = \mathrm{e}^{ax}\left(\frac{a}{a^2+b^2}\sin bx - \frac{b}{a^2+b^2}\cos bx\right) + C.$$

注意：此法是常用的非常有效的方法. 在最后的解中，别忘了加上一个任意常数. 在有些情况下，换元积分方法与分部积分法要结合起来使用.

例 8 计算 $\int \mathrm{e}^{\sqrt{3x+2}}\,\mathrm{d}x$.

解：令 $\sqrt{3x+2}=t$，则 $x=\dfrac{t^2-2}{3}$，所以 $\mathrm{d}x=\dfrac{2}{3}t\,\mathrm{d}t$，代入原式得
$$\int \mathrm{e}^{\sqrt{3x+2}}\,\mathrm{d}x = \frac{2}{3}\int t\mathrm{e}^t\,\mathrm{d}t = \frac{2}{3}\int t\,\mathrm{d}\mathrm{e}^t = \frac{2}{3}t\mathrm{e}^t - \frac{2}{3}\int \mathrm{e}^t\,\mathrm{d}t$$
$$= \frac{2}{3}t\mathrm{e}^t - \frac{2}{3}\mathrm{e}^t + C = \frac{2}{3}(\sqrt{3x+2}-1)\mathrm{e}^{\sqrt{3x+2}} + C.$$

练习题 5.4

求下列不定积分：

(1) $\int x\sin x\,\mathrm{d}x$；

(2) $\int x\ln x\,\mathrm{d}x$；

(3) $\int t\mathrm{e}^{-2t}\,\mathrm{d}t$；

(4) $\int \arcsin x\,\mathrm{d}x$；

(5) $\int x^2\cos x\,\mathrm{d}x$；

(6) $\int x\cos\dfrac{x}{2}\,\mathrm{d}x$；

(7) $\int \dfrac{\ln x}{\sqrt{x}}\,\mathrm{d}x$；

(8) $\int \mathrm{e}^{-x}\cos x\,\mathrm{d}x$；

(9) $\int \ln(1+x^2)\,\mathrm{d}x$；

(10) $\int x\sin x\cos x\,\mathrm{d}x$；

(11) $\int x\tan^2 x\,\mathrm{d}x$；

(12) $\int (x^2+1)\cos 2x\,\mathrm{d}x$；

(13) $\int \sin(\ln x)\,\mathrm{d}x$；

(14) $\int (\ln x)^2\,\mathrm{d}x$；

(15) $\int \sec^3 x\,\mathrm{d}x$.

本 章 小 结

本章要求理解原函数与不定积分的概念，掌握不定积分的性质和运算法则，熟练掌握基本积分公式，掌握第一类换元积分法，熟悉常用的凑微分法，理解第二类换元积分法，掌握分部积分法.

一、知识结构

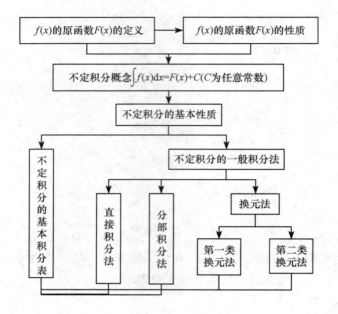

二、学习中应注意的问题

1. 不定积分是微分的逆运算,一般而言,逆向运算都要困难一些,不习惯逆向思维是求原函数的难点,关键在于熟悉微分公式,逆用微分公式.

2. 积分方法是本章的重点,也是难点. 积分方法总体上可分为三大类:

第一类　直接积分法.

第二类　根据被积函数的特点,做适当的改变,使用下列方法.

(1) 恒等变换——仅从形式上改变被积函数;

(2) 换元积分法——引进新的变量,改变被积函数;

(3) 分部积分法——转化为同一量的另一个函数的积分.

第三类　综合法. 综合上述各种方法,包括解方程的方法.

习　题　5

1. 填空题:

(1) 若 $\int f(x)\mathrm{d}x = F(x) + C$,则 $\int \mathrm{e}^x f(\mathrm{e}^x)\mathrm{d}x = $ _____.

(2) 若函数 $f(x)$ 具有一阶连续导数,则 $\int f'(x)\cos f(x)\mathrm{d}x = $ _____.

(3) 已知函数 $f(x) = 2x$ 的某一积分曲线通过原点,则该积分曲线的方程为_____.

(4) 已知函数 $f(x)$ 可导,$F(x)$ 是 $f(x)$ 的一个原函数,则 $\int xf'(x)\mathrm{d}x = $ _____.

2. 求下列不定积分:

(1) $\int \dfrac{\sqrt[3]{1+\ln x}}{x}\mathrm{d}x$;

(2) $\int \dfrac{\sin\sqrt{x}}{\sqrt{x}}\mathrm{d}x$;

(3) $\int \dfrac{1}{\cos^2 x \sqrt{1+\tan x}}\mathrm{d}x$； (4) $\int \dfrac{1}{9+4x^2}\mathrm{d}x$；

(5) $\int x\sqrt{x-1}\,\mathrm{d}x$； (6) $\int \sin^2 x\cos^2 x\,\mathrm{d}x$；

(7) $\int x\sqrt{3x^2+4}\,\mathrm{d}x$； (8) $\int \dfrac{\cos x}{\sin x(1+\sin x)^2}\mathrm{d}x$.

3. 已知某曲线上每一点的切线的斜率 $k=\dfrac{1}{2}(\mathrm{e}^{\frac{x}{a}}-\mathrm{e}^{-\frac{x}{a}})$，又知曲线经过点 $M(0,a)$，求曲线的方程.

第六章 定积分及其应用

积分学中的另一个基本概念就是定积分.定积分是解决许多实际应用问题的一个重要方法,本章将主要介绍定积分的基本概念、基本性质和基本计算方法.

6.1 定积分的概念与性质

一、曲边梯形的面积问题

所谓曲边梯形是由三条直边和一条曲边围成的几何图形.图 6-1 中所示的图形就是由连续曲线 $y=f(x)$ 与三条直线 $x=a, x=b$ 和 $y=0$ 围成的图形.

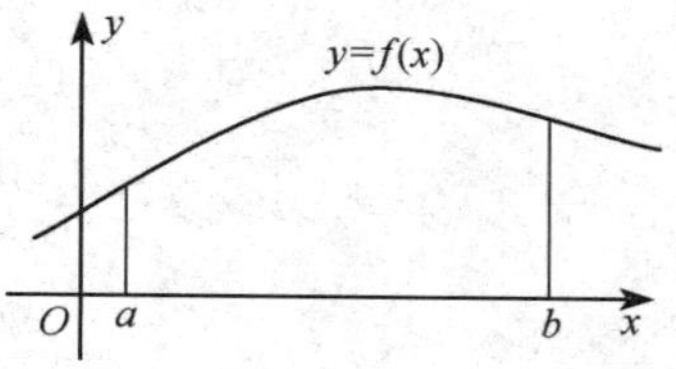

不像矩形,其面积是有定义的,即面积=底×高,曲边梯形的面积无法按此类定义计算.现在来研究一种新的计算办法,具体做法如下.

第一步:分割.

如图 6-2 所示,将区间 $[a,b]$ 任意分割成 n 个小区间,分别记为:$[a=x_0,x_1],[x_1,x_2],[x_2,x_3],\cdots,[x_{n-1},x_n=b]$. 第 i 个小区间的宽度记为 $\Delta x_i = x_i - x_{i-1}(i=1,2,\cdots,n)$. 这样,通过各个分点作垂直于 x 轴的直线,把曲边梯形分成了 n 个小曲边梯形.

图 6-1

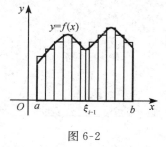

图 6-2

第二步:近似代替.

在第 i 个小区间 $[x_{i-1},x_i]$ 内任取一点 $\xi_i \in [x_{i-1},x_i]$,做乘积 $f(\xi_i)\Delta x_i$,这是以 Δx_i 为底、$f(\xi_i)$ 为高的小矩形面积;由于区间小,可用这个小矩形的面积近似代替相应的小"曲边梯形"面积,即

$$\Delta A_i \approx f(\xi_i)\Delta x_i (i=1,2,\cdots,n).$$

第三步:求和.

把这样得到的几个窄矩形面积之和作为所求曲边梯形面积 A 的近似值,即

$$A \approx \sum_{i=1}^{n} f(\xi_i)\Delta x_i.$$

第四步:取极限.

当分割点个数 n 无限增加,且使小区间长度的最大值 $\lambda = \max(\Delta x_1, \Delta x_2, \cdots, \Delta x_n)$ 趋于 0 时,上面的和式的极限就是曲边梯形的面积.用极限的语言来说,即是

$$A = \lim_{\lambda \to 0} \sum_{i=1}^{n} f(\xi_i)\Delta x_i.$$

把上述实例的计算方法从具体意义中抽象出来,这种求和式的极限问题就是将要介绍的定积分的概念.

二、定积分的定义

设 $f(x)$ 在闭区间 $[a,b]$ 上有界,如果

(1) 用分点 $a=x_0<x_1<\cdots<x_{i-1}<x_i<\cdots<x_{n-1}<x_n=b$ 将区间 $[a,b]$ 分成 n 个小区间,
$$[x_0,x_1],[x_1,x_2],[x_2,x_3],\cdots,[x_{n-1},x_n],$$
第 i 个小区间的宽度记为 $\Delta x_i = x_i - x_{i-1}(i=1,2,\cdots,n)$;

(2) 在第 i 个小区间 $[x_{i-1},x_i]$ 内任取一点 $\xi_i \in [x_{i-1},x_i]$,作乘积 $f(\xi_i)\Delta x_i$,并作出和式
$$\sum_{i=1}^{n} f(\xi_i)\Delta x_i;$$

(3) 令 $\lambda = \max\{\Delta x_1, \Delta x_2, \cdots, \Delta x_n\}$,当 $\lambda \to 0$ 时,和式的极限
$$\lim_{\lambda \to 0} \sum_{i=1}^{n} f(\xi_i)\Delta x_i$$
存在,并且此极限值与区间 $[a,b]$ 的分割无关,还与点 ξ_i 在区间 $[x_{i-1},x_i]$ 上的选取无关,那么就称这个极限值为 $f(x)$ 在区间 $[a,b]$ 上的定积分,记为:$\int_a^b f(x)\mathrm{d}x$,即
$$\int_a^b f(x)\mathrm{d}x = \lim_{\lambda \to 0} \sum_{i=1}^{n} f(\xi_i)\Delta x_i,$$
其中,$f(x)$ 称为被积函数,$f(x)\mathrm{d}x$ 称为被积表达式,x 称为积分变量,a 称为积分下限,b 称为积分上限,$[a,b]$ 称为积分区间.

现在,上述曲边梯形的面积就可表示为 $A = \int_a^b f(x)\mathrm{d}x$.

下面给出积分存在定理,本教材不再作其他深入讨论.

(1) 若 $f(x)$ 在区间 $[a,b]$ 上连续,则 $f(x)$ 在区间 $[a,b]$ 上可积;

(2) 若 $f(x)$ 在区间 $[a,b]$ 上有界,并且至多只有有限个间断点,则 $f(x)$ 在区间 $[a,b]$ 上可积.

例1 用定积分的定义求 $\int_0^1 x^2 \mathrm{d}x$.

解:(1) 将 $[0,1]$ 区间进行 n 等分,得到 n 个等宽小区间,每一区间的宽度 $\Delta x_i = \dfrac{1}{n}$;

(2) 在第 i 个小区间 $\left[\dfrac{i-1}{n}, \dfrac{i}{n}\right]$ 上取右端点 $\dfrac{i}{n}$,作乘积 $\left(\dfrac{i}{n}\right)^2 \dfrac{1}{n}$;

(3) 积分和式 $\sum_{i=1}^{n} \left(\dfrac{i}{n}\right)^2 \dfrac{1}{n} = \dfrac{1}{n^3} \sum_{i=1}^{n} i^2 = \dfrac{n(n-1)(2n-1)}{6n^3}$;

(4) 因为是 n 等分区间,最长的区间长度为 $\dfrac{1}{n}$,而 $\dfrac{1}{n} \to 0 \Leftrightarrow n \to \infty$,所以,

$$\int_0^1 x^2 \mathrm{d}x = \lim_{n \to \infty} \dfrac{(n-1)n(2n-1)}{6n^3} = \dfrac{1}{3}.$$

三、定积分的几何意义

(1) 当 $f(x) \geqslant 0$ 时,曲线 $y = f(x)$ 位于上半平面,$\int_a^b f(x)\mathrm{d}x \geqslant 0$,它所表示的是 x 轴上

方的面积,我们称之为正面积,如图 6-3(a) 所示;

(2) 当 $f(x)\leqslant 0$ 时,曲线 $y=f(x)$ 位于下半平面,$\int_a^b f(x)\mathrm{d}x\leqslant 0$,它所表示的是 x 轴下方的面积,我们称之为负面积,如图 6-3(b) 所示;

更一般地,如果 $f(x)$ 在 $[a,b]$ 上连续,且有时取正值有时取负值,则 $\int_a^b f(x)\mathrm{d}x$ 在几何上表示的就是:上半平面围成的图形面积与下半平面围成的图形面积之差,如图 6-3(c) 所示.

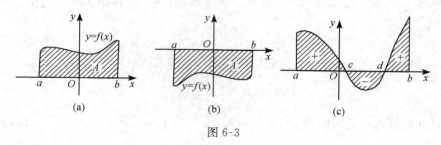

图 6-3

四、定积分的简单性质

首先,为计算和应用方便,有以下约定:

(1) $\int_a^b f(x)\mathrm{d}x = -\int_b^a f(x)\mathrm{d}x$ 和 $\int_a^a f(x)\mathrm{d}x = 0$;

(2) 定积分 $\int_a^b f(x)\mathrm{d}x$ 的值与积分变量选择无关,即,

$$\int_a^b f(x)\mathrm{d}x = \int_a^b f(t)\mathrm{d}t = \int_a^b f(u)\mathrm{d}u.$$

以下是定积分的一些简单性质,证明是简单的(可参见相关教材的证明).

性质 1 若 $f(x),g(x)$ 在 $[a,b]$ 上可积,则 $f(x)\pm g(x)$ 在 $[a,b]$ 上仍可积,且

$$\int_a^b [f(x)\pm g(x)]\mathrm{d}x = \int_a^b f(x)\mathrm{d}x \pm \int_a^b g(x)\mathrm{d}x.$$

性质 2 若 $f(x)$ 在 $[a,b]$ 上可积,k 是一个常数,则 $kf(x)$ 在 $[a,b]$ 上仍可积,并且

$$\int_a^b kf(x)\mathrm{d}x = k\int_a^b f(x)\mathrm{d}x.$$

性质 1 与性质 2 合起来称为定积分的线性性质,即

$$\int_a^b [Kf(x)\pm Lg(x)]\mathrm{d}x = K\int_a^b f(x)\mathrm{d}x \pm L\int_a^b g(x)\mathrm{d}x.$$

性质 3 (积分区间的可加性)若 $f(x)$ 在 $[a,b]$ 上可积,c 是满足不等式 $a<c<b$ 的任意一个实数,$f(x)$ 在 $[a,c]$ 上可积,在 $[c,b]$ 上也可积,则

$$\int_a^b f(x)\mathrm{d}x = \int_a^c f(x)\mathrm{d}x + \int_c^b f(x)\mathrm{d}x.$$

进一步,当 $a<b<c$ 时,上式仍然成立. 即不论 a,b,c 相对位置如何,积分区间的可加性均成立.

性质 4 (积分估值性)若 $f(x)$ 在区间 $[a,b]$ 上连续,m,M 分别是 $f(x)$ 在区间 $[a,b]$ 上的最小值和最大值,则

$$m(b-a)\leqslant \int_a^b f(x)\mathrm{d}x \leqslant M(b-a).$$

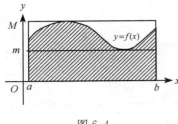

图 6-4

从几何图形上,进一步地说明了积分估值性的正确性. 如图 6-4 所示.

例 2 估计积分值 $\int_{-1}^{1} e^{-x^2} dx$.

解 设 $f(x) = e^{-x^2}$,则 $f'(x) = -2xe^{-x^2}$,并且 $x>0$ 时有 $f'(x)<0$;$x<0$ 时有 $f'(x)>0$,所以,$f(x)$ 在 $x=0$ 处取最大值,在 $x=-1$ 和 $x=1$ 处取最小值,最大值为 $f(0)$,最小值为 $f(1) = f(-1) = e^{-1}$,因此 $2e^{-1} < \int_{-1}^{1} e^{-x^2} dx < 2$.

性质 5 若 $f(x), g(x)$ 在区间 $[a,b]$ 上可积,并且在区间 $[a,b]$ 上有 $f(x) \leqslant g(x)$,则

$$\int_a^b f(x) dx \leqslant \int_a^b g(x) dx.$$

几何解释是十分明显的,同底的曲边梯形,曲边位置高的图形面积值自然较大. 如图 6-5 所示.

例 3 估计积分 $\int_0^1 x dx$ 与 $\int_0^1 \sin x dx$ 的大小.

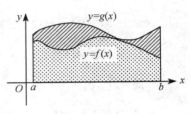

图 6-5

解:由于当 $0 < x < 1$ 时,有不等式 $\sin x < x$,根据性质 5,$\int_0^1 x dx > \int_0^1 \sin x dx$.

性质 6 (保号性) 若 $f(x)$ 在区间 $[a,b]$ 上可积,且有 $f(x) \geqslant 0$,则 $\int_a^b f(x) dx \geqslant 0$.

性质 7 (积分中值定理) 若 $f(x)$ 在区间 $[a,b]$ 上连续,则在 $[a,b]$ 区间上至少存在一点 ξ,使得:

$$\int_a^b f(x) dx = f(\xi)(b-a).$$

它的几何意义可解释成:连续曲线 $y = f(x)$ 与 $x = a$,$x = b$ 和 $y = 0$ 这三条直线所围成的曲面梯形的面积,等于以区间 $[a,b]$ 为底,以该区间上某点处的函数值 $f(\xi)$ 为高的矩形的面积. 如图 6-6 所示.

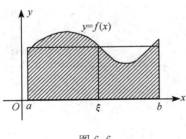

图 6-6

从另一个角度来解释的话,函数 $f(x)$ 在区间 $[a,b]$ 上的平均值就是

$$f(\xi) = \frac{1}{b-a} \int_a^b f(x) dx.$$

练习题 6.1

1. 用定积分的定义求 $\int_0^2 x^2 dx$.

2. 根据定积分的几何意义,求下列各式的值:

   (1) $\int_{-2}^3 4 dx$; (2) $\int_0^4 (x+1) dx$.

3. 已知 $\int_{-1}^0 x^2 dx = \frac{1}{3}$,$\int_{-1}^0 x dx = -\frac{1}{2}$,求 $\int_{-1}^0 (2x^2 - 3x) dx$ 的值.

4. 利用定积分的性质,判断下列积分的值是正的还是负的:

(1) $\int_0^2 e^{-x} dx$; (2) $\int_{\frac{\pi}{2}}^{\pi} \cos x dx$.

5. 不用计算,比较下列积分值的大小:

(1) $\int_0^1 x^2 dx$ 与 $\int_0^1 x^3 dx$; (2) $\int_{-1}^0 e^x dx$ 与 $\int_{-1}^0 e^{-x} dx$.

6.2 微积分学基本公式

前面已看到,根据定义求解定积分是非常烦锁的.上一章学习了许多不定积分的计算方法,既然都叫积分,它们之间是否有某种联系呢? 回答是肯定的.这一节主要就是讨论这两者之间的联系,进而引出微积分基本公式——牛顿—莱布尼茨公式,一个计算定积分简便而有效的工具.

一、变上限函数(积分上限函数)及其导数

1. 变上限函数的定义

定义 设 $f(x)$ 在区间 $[a,b]$ 上连续,那么 $f(x)$ 在区间 $[a,b]$ 上可积,对于 $\forall x \in [a,b]$,$f(x)$ 在子区间 $[a,x]$ 上也连续且可积,并且积分值 $\int_a^x f(x)dx$ 由上限 x 唯一确定,如果令

$$F(x) = \int_a^x f(x)dx \quad (a \leqslant x \leqslant b),$$

那么 $F(x)$ 是定义在 $[a,b]$ 上的函数,我们称它为变上限函数(或积分上限函数).

积分上限和积分变量都是 x,但意义不同,在一块时易混淆.由于定积分的值与积分变量的选择无关,可将积分变量换成 t,那么变上限函数可记为:

$$F(x) = \int_a^x f(t)dt \quad (a \leqslant x \leqslant b).$$

变上限函数 $F(x)$ 的几何意义是:右侧直线可移动的曲边梯形的面积.如图 6-7 所示,曲边梯形的面积 $F(x)$ 随 x 的位置的变动而改变,给定 x 值后,面积 $F(x)$ 就随之确定.

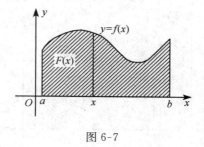

图 6-7

2. 变上限函数的基本性质

定理 1 若 $f(x)$ 在 $[a,b]$ 上连续,则其变上限函数 $F(x)$ 在 $[a,b]$ 上可导,且它的导数:

$$F'(x) = \frac{d}{dx} \int_a^x f(t)dt = f(x) \quad (a \leqslant x \leqslant b).$$

证明:设 $x \in [a,b]$, $\Delta x \neq 0$ 且 $x + \Delta x \in [a,b]$,则有

$$\Delta F(x) = F(x+\Delta x) - F(x) = \int_a^{x+\Delta x} f(t)dt - \int_a^x f(t)dt$$
$$= \int_x^a f(t)dt + \int_a^{x+\Delta x} f(t)dt = \int_x^{x+\Delta x} f(t)dt$$
$$= f(\xi)\Delta x \quad \xi \in [x, x+\Delta x],$$

由于函数 $f(x)$ 在点 x 处连续,所以

$$F'(x) = \lim_{\Delta x \to 0} \frac{\Delta F}{\Delta x} = \lim_{\Delta x \to 0} f(\xi) = f(x),$$

即
$$\frac{\mathrm{d}}{\mathrm{d}x}\int_a^x f(t)\mathrm{d}t = f(x) \quad (a \leqslant x \leqslant b).$$

这个定理说明:连续函数的积分上限函数是可导函数,其导数就等于被积函数;而被积函数的一个原函数就是它的积分上限函数,即

$$F'(x) = f(x), \quad \int_a^x f(t)\mathrm{d}t = F(x) + C.$$

由复合函数的求导法则,便可得到下列结论:

(1) $\dfrac{\mathrm{d}}{\mathrm{d}x}\int_a^{\varphi(x)} f(t)\mathrm{d}t = f[\varphi(x)]\varphi'(x)$;

(2) $\dfrac{\mathrm{d}}{\mathrm{d}x}\int_{a(x)}^{b(x)} f(t)\mathrm{d}t = f[b(x)]b'(x) - f[a(x)]a'(x)$.

有了这个结论,积分上(下)限函数就有了更加广泛的应用.下面我们看几个简单的例子.

例 1 求下列函数的导数:

(1) $F(x) = \int_1^x (1 + t^2\cos t - \mathrm{e}^{-t^2})\mathrm{d}t$;

(2) $F(x) = \int_x^1 \sin^2 t\,\mathrm{d}t$;

(3) $F(x) = \int_0^{\cos x} \dfrac{1}{1+t^4}\mathrm{d}t$.

解:(1) $F'(x) = 1 + x^2\cos x - \mathrm{e}^{-x^2}$;

(2) $F'(x) = -\dfrac{\mathrm{d}}{\mathrm{d}x}\int_1^x \sin^2 t\,\mathrm{d}t = -\sin^2 x$.

(3) $F'(x) = \dfrac{\mathrm{d}}{\mathrm{d}x}\int_0^{\cos x}\dfrac{1}{1+t^4}\mathrm{d}t = \dfrac{1}{1+\cos^4 x}(\cos x)' = \dfrac{-\sin x}{1+\cos^4 x}$.

例 2 求极限 $\lim\limits_{x \to 0}\dfrac{\int_0^x \sin t^2\,\mathrm{d}t}{x^3}$.

解:题设极限是 $\dfrac{0}{0}$ 型未定型,利用洛必达法则,有

$$\lim_{x \to 0}\frac{\int_0^x \sin t^2\,\mathrm{d}t}{x^3} = \lim_{x \to 0}\frac{\sin x^2}{3x^2} = \frac{1}{3}.$$

二、微积分基本公式

由定理 1 知道,被积函数的一个原函数就是它的积分上限函数,这初步揭示了定积分与原函数的联系.因此,就有可能通过原函数来计算定积分.而原函数一般可以通过不定积分求得,这样,求定积分就可借助求不定积分的方法来计算了.现有如下重要定理.

定理 2 若 $f(x)$ 在 $[a,b]$ 上连续,$F(x)$ 是 $f(x)$ 在 $[a,b]$ 上的一个原函数,则:

$$\int_a^b f(x)\mathrm{d}x = F(b) - F(a),\text{记为}:\int_a^b f(x)\mathrm{d}x = [F(x)]_a^b \text{ 或 } F(x)\Big|_a^b,$$

此式称为牛顿—莱布尼茨公式,也叫微积分基本定理.

证明：已知 $F(x)$ 是 $f(x)$ 在 $[a,b]$ 上的一个原函数，其积分上限函数 $G(x)=\int_a^x f(t)\mathrm{d}t$ 也是 $f(x)$ 在 $[a,b]$ 上的一个原函数，则有：
$$G(x)=F(x)+C.$$
令 $x=a$，有 $0=G(a)=F(a)+C$，则 $C=-F(a)$，于是得关系式
$$\int_a^x f(t)\mathrm{d}t=F(x)-F(a),$$
此式中令 $x=b$，则得
$$\int_a^b f(t)\mathrm{d}t=F(b)-F(a).$$

牛顿—莱布尼茨公式为计算定积分提供了非常简洁、实用的方法：先用不定积分方法求出被积函数的一个原函数，然后计算积分上下限的原函数值之差，便得到定积分的值；或者说，定积分的值等于被积函数的一个原函数在积分区间上的增量.

例 3　计算 $\int_0^1 x^2 \mathrm{d}x$.

解：
$$\int_0^1 x^2 \mathrm{d}x=\frac{1}{3}x^3\Big|_0^1=\frac{1}{3}(1^3-0^3)=\frac{1}{3}.$$

例 4　计算 $\int_1^{\sqrt{3}} \frac{1}{1+x^2}\mathrm{d}x$.

解：
$$\int_1^{\sqrt{3}}\frac{1}{1+x^2}\mathrm{d}x=\arctan x\Big|_1^{\sqrt{3}}=\arctan\sqrt{3}-\arctan 1$$
$$=\frac{\pi}{3}-\frac{\pi}{4}=\frac{\pi}{12}.$$

例 5　求由 $y=x^2$ 和 $x=y^2$ 所围的平面图形面积.

解：两函数的图像在点 $[0,0]$ 和 $[1,1]$ 处相交，围成的面积如图 6-8 所示. 所求定积分是
$$S=\int_0^1 \sqrt{x}\mathrm{d}x-\int_0^1 x^2\mathrm{d}x=\frac{2}{3}x^{\frac{3}{2}}\Big|_0^1-\frac{1}{3}x^3\Big|_0^1$$
$$=\frac{2}{3}-\frac{1}{3}=\frac{1}{3}.$$

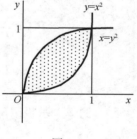

图 6-8

例 6（电力消耗量）　电力的消耗率随经济的增长而增长. 已知某市每年电力消耗率 R（单位：亿度/年）的增长模型为
$$R(t)=161\mathrm{e}^{0.07t}$$
其中 t 表示时间（单位：年），并从 2009 年开始计算，试估计该市从 2009 年到 2029 年间电力消耗的总量 T.

解：依题意，得
$$T=\int_0^{20}161\mathrm{e}^{0.07t}\mathrm{d}t=\frac{161}{0.07}\mathrm{e}^{0.07t}\Big|_0^{20}$$
$$=2\,300(\mathrm{e}^{0.07\times 20}-1)\approx 7\,027$$

即该市从 2009 年到 2029 年间电力消耗的总量约为 7 027 亿度.

练习题 6.2

1. 求下列各函数的导数：

(1) $F(x) = \int_0^x e^{t^2} dt$;　　　　(2) $F(x) = \int_x^0 t\sin^2 2t\, dt$;

(3) $F(x) = \int_0^{x^2} \sqrt{1+t}\, dt$;　　(4) $F(x) = \int_{\sin x}^{\cos x} t\, dt$.

2. 设 $F(x) = \int_0^x e^t(1-t)^2 dt$, 求 $F'(x), F'(1)$.

3. 求下列定积分：

(1) $\int_0^1 (x^3 + 3x - 2) dx$;　　　(2) $\int_0^2 (e^t - t) dt$;

(3) $\int_0^{\frac{\pi}{4}} \tan^2\theta\, d\theta$;　　　　(4) $\int_{-\frac{\pi}{2}}^{\frac{\pi}{4}} \sin^2\frac{x}{2} dx$;

(5) $\int_0^{\pi} |\sin x|\, dx$;　　　　(6) $\int_1^4 |x-2|\, dx$.

4. 设 $f(x) = \begin{cases} x^2 + 2, & x \leqslant 1, \\ 4 - x, & x > 1, \end{cases}$ 求 $\int_0^3 f(x) dx$.

6.3　定积分的基本积分法则

牛顿—莱布尼茨公式把定积分的计算转化为不定积分的计算，因而求不定积分的方法都可以用于求定积分．由于定积分上下限的存在，在变量代换时，又有新的知识，请注意它与不定积分的差异．

一、定积分的换元积分法

定理　设 $f(x)$ 在区间 $[a,b]$ 上连续，令 $x = \varphi(t)$，且满足

(1) $\varphi(\alpha) = a, \varphi(\beta) = b$;

(2) 当 t 从 α 变化到 β 时，$\varphi(t)$ 单调地从 a 变化到 b;

(3) $\varphi'(x)$ 在区间 $[\alpha,\beta]$ 上连续，则有

$$\int_a^b f(x) dx = \int_\alpha^\beta f\{\varphi(t)\}\varphi'(t) dt.$$

证明：设 $F(x)$ 是 $f(x)$ 在区间 $[a,b]$ 上的一个原函数，则 $\int_a^b f(x) dx = F(b) - F(a)$.

另外　　$\dfrac{d}{dt} F\{\varphi(t)\} = F'\{\varphi(t)\}\varphi'(t) = f\{\varphi(t)\}\varphi'(t)$,

因此　　$\int_\alpha^\beta f\{\varphi(t)\}\varphi'(t) dt = F\{\varphi(t)\}\Big|_\alpha^\beta = F\{\varphi(\beta)\} - F\{\varphi(\alpha)\} = F(b) - F(a)$,

所以　　$\int_a^b f(x) dx = \int_\alpha^\beta f\{\varphi(t)\}\varphi'(t) dt$.

在应用该定理时，应注意以下两点：

(1) 用 $x = \varphi(t)$ 把变量 x 换成新变量 t 时，积分上下限也要换成相应于新变量 t 的积分上下限，即"换元必换限"；

(2) 在新变量下求出原函数后，不必像不定积分那样要进行变量回代，而只需将新变量的积分上下限代入原函数即可.

例 1 计算 $\int_3^8 \dfrac{1}{\sqrt{x+1}-1}\mathrm{d}x$.

解：令 $\sqrt{x+1}=t$，则 $x=t^2-1$，$\mathrm{d}x=2t\mathrm{d}t$，且当 $x=3$ 时，$t=2$；当 $x=8$ 时，$t=3$. 于是

$$\int_3^8 \dfrac{1}{\sqrt{x+1}-1}\mathrm{d}x = \int_2^3 \dfrac{1}{t-1}2t\mathrm{d}t = 2\int_2^3 \mathrm{d}t + 2\int_2^3 \dfrac{1}{t-1}\mathrm{d}t = 2t\Big|_2^3 + 2\ln|t-1|\Big|_2^3 = 2+2\ln 2.$$

例 2 计算 $\int_0^{\frac{1}{2}} \dfrac{x^2}{\sqrt{1-x^2}}\mathrm{d}x$.

解：令 $x=\sin t$，则 $\mathrm{d}x=\cos t\mathrm{d}t$，且当 $x=0$ 时，$t=0$；当 $x=\dfrac{1}{2}$ 时，$t=\dfrac{\pi}{6}$. 因此，

$$\int_0^{\frac{1}{2}} \dfrac{x^2}{\sqrt{1-x^2}}\mathrm{d}x = \int_0^{\frac{\pi}{6}} \dfrac{\sin^2 t}{\sqrt{1-\sin^2 t}}\cos t\mathrm{d}t = \int_0^{\frac{\pi}{6}} \sin^2 t\mathrm{d}t = \int_0^{\frac{\pi}{6}} \dfrac{1-\cos 2t}{2}\mathrm{d}t$$

$$= \dfrac{t}{2}\Big|_0^{\frac{\pi}{6}} - \dfrac{1}{4}\int_0^{\frac{\pi}{6}}\cos 2t\mathrm{d}2t = \dfrac{\pi}{12} - \dfrac{1}{4}\sin 2t\Big|_0^{\frac{\pi}{6}} = \dfrac{\pi}{12} - \dfrac{\sqrt{3}}{8}.$$

例 3 计算 $\int_0^1 x\mathrm{e}^{-\frac{x^2}{2}}\mathrm{d}x$.

解：$\int_0^1 x\mathrm{e}^{-\frac{x^2}{2}}\mathrm{d}x = \int_0^1 -\mathrm{e}^{-\frac{x^2}{2}}\mathrm{d}\left(-\dfrac{x^2}{2}\right) = -\mathrm{e}^{-\frac{x^2}{2}}\Big|_0^1 = 1-\mathrm{e}^{-\frac{1}{2}}$.

例 4 若 $f(x)$ 在区间 $[-a,a]$ 上可积，试证明：

(1) 如果 $f(x)$ 是区间 $[-a,a]$ 上的奇函数，则 $\int_{-a}^a f(x)\mathrm{d}x = 0$；

(2) 如果 $f(x)$ 是区间 $[-a,a]$ 上的偶函数，则 $\int_{-a}^a f(x)\mathrm{d}x = 2\int_0^a f(x)\mathrm{d}x$.

证明：由积分区间的可加性可得：$\int_{-a}^a f(x)\mathrm{d}x = \int_{-a}^0 f(x)\mathrm{d}x + \int_0^a f(x)\mathrm{d}x$.

对于 $\int_{-a}^0 f(x)\mathrm{d}x$，令 $x=-t$，则 $\mathrm{d}x=-\mathrm{d}t$，且当 $x=-a$ 时，$t=a$；当 $x=0$ 时，$t=0$.

因此，$\int_{-a}^0 f(x)\mathrm{d}x = \int_a^0 f(-t)(-\mathrm{d}t) = -\int_a^0 f(-t)\mathrm{d}t = \int_0^a f(-x)\mathrm{d}x$，

那么，$\int_{-a}^a f(x)\mathrm{d}x = \int_{-a}^0 f(x)\mathrm{d}x + \int_0^a f(x)\mathrm{d}x = \int_0^a \{f(x)+f(-x)\}\mathrm{d}x$.

(1) 若 $f(x)$ 是区间 $[-a,a]$ 上的奇函数，则有 $f(-x)=-f(x)$，所以 $\int_{-a}^a f(x)\mathrm{d}x = 0$；

(2) 若 $f(x)$ 是区间 $[-a,a]$ 上的偶函数，则有 $f(-x)=f(x)$，所以

$$\int_{-a}^a f(x)\mathrm{d}x = 2\int_0^a f(x)\mathrm{d}x.$$

在几何上这个结果是明显的. 利用奇、偶函数在对称区间上的这个积分性质，可以简化计算.

例 5 计算下列定积分：

(1) $\int_{-4}^4 \dfrac{x\cos x}{3x^4+x^2+1}\mathrm{d}x$； (2) $\int_{-1}^1 \mathrm{e}^{|x|}\mathrm{d}x$.

解：(1) 显然，被积函数是奇函数，且积分区间关于原点对称，由例 4 立刻得知，该积分值

为零.

(2) 被积函数是偶函数,且积分区间关于原点对称,所以
$$\int_{-1}^{1} e^{|x|} dx = 2\int_{0}^{1} e^x dx = 2e^x \Big|_{0}^{1} = 2(e-1).$$

例 6 设 $f(x)$ 在 $[0,1]$ 上连续,证明 $\int_{0}^{\frac{\pi}{2}} f(\sin x) dx = \int_{0}^{\frac{\pi}{2}} f(\cos x) dx$.

证明:令 $x = \frac{\pi}{2} - t$,则 $\sin\left(\frac{\pi}{2} - t\right) = \cos t, dx = -dt$,且当 $x=0$ 时,$t = \frac{\pi}{2}$;当 $x = \frac{\pi}{2}$ 时,$t = 0$. 于是
$$\int_{0}^{\frac{\pi}{2}} f(\sin x) dx = \int_{\frac{\pi}{2}}^{0} f(\cos t)(-dt) = \int_{0}^{\frac{\pi}{2}} f(\cos t) dt = \int_{0}^{\frac{\pi}{2}} f(\cos x) dx.$$

二、定积分的分部积分法

从导数公式 $(uv)' = u'v + uv'$ 来讲,uv 是 $u'v + uv'$ 的一个原函数. 当 u, v 在 $[a,b]$ 上连续可导时,由牛顿—莱布尼茨公式有:$\int_{a}^{b}(u'v + uv')dx = uv\Big|_{a}^{b}$,可以写成
$$\int_{a}^{b} u dv = uv\Big|_{a}^{b} - \int_{a}^{b} v du \text{ 或 } \int_{a}^{b} v du = uv\Big|_{a}^{b} - \int_{a}^{b} u dv,$$

这就是定积分的分部积分公式.

例 7 计算 $\int_{0}^{\frac{\pi}{2}} x \sin x dx$.

解:$\int_{0}^{\frac{\pi}{2}} x \sin x dx = -\int_{0}^{\frac{\pi}{2}} x d\cos x = -x\cos x\Big|_{0}^{\frac{\pi}{2}} + \int_{0}^{\frac{\pi}{2}} \cos x dx = \sin x\Big|_{0}^{\frac{\pi}{2}} = 1.$

例 8 计算 $\int_{0}^{1} x^2 e^x dx$.

解:$\int_{0}^{1} x^2 e^x dx = \int_{0}^{1} x^2 de^x = x^2 e^x\Big|_{0}^{1} - \int_{0}^{1} e^x dx^2 = e - \int_{0}^{1} 2xe^x dx = e - 2\int_{0}^{1} x de^x$
$= e - 2xe^x\Big|_{0}^{1} + 2\int_{0}^{1} e^x dx = e - 2e + 2e^x\Big|_{0}^{1} = e - 2.$

例 9 计算 $\int_{0}^{1} x \arctan x dx$.

解:$\int_{0}^{1} x \arctan x dx = \int_{0}^{1} \arctan x d\frac{x^2}{2} = \frac{x^2}{2}\arctan x\Big|_{0}^{1} - \frac{1}{2}\int_{0}^{1} x^2 d\arctan x$
$= \frac{\pi}{8} - \frac{1}{2}\int_{0}^{1} \frac{x^2}{1+x^2} dx = \frac{\pi}{8} - \frac{1}{2}\left(\int_{0}^{1} dx - \int_{0}^{1} \frac{1}{1+x^2} dx\right)$
$= \frac{\pi}{8} - \frac{1}{2} + \frac{1}{2}\arctan x\Big|_{0}^{1}$
$= \frac{\pi}{4} - \frac{1}{2}.$

练习题 6.3

1. 用换元法计算下列定积分:

(1) $\int_{1}^{4} \frac{1}{1+\sqrt{x}} dx$;

(2) $\int_{3}^{8} \frac{x-1}{\sqrt{1+x}} dx$;

(3) $\int_0^4 \dfrac{\sqrt{x}}{\sqrt{x}+1}\mathrm{d}x$;

(4) $\int_0^2 \sqrt{4-x^2}\,\mathrm{d}x$;

(5) $\int_0^{\frac{\pi}{2}} \cos^4 x \sin x\,\mathrm{d}x$;

(6) $\int_0^1 \mathrm{e}^{2x+3}\,\mathrm{d}x$;

(7) $\int_0^1 \dfrac{\mathrm{e}^x}{1+\mathrm{e}^x}\mathrm{d}x$;

(8) $\int_\mathrm{e}^{\mathrm{e}^2} \dfrac{1}{x\ln x}\mathrm{d}x$.

2. 用分部积分法计算下列定积分：

(1) $\int_0^1 x\mathrm{e}^{-x}\,\mathrm{d}x$;

(2) $\int_0^{\frac{\pi}{2}} x\sin x\,\mathrm{d}x$;

(3) $\int_{\frac{\pi}{4}}^{\frac{\pi}{3}} \dfrac{x}{\sin^2 x}\mathrm{d}x$;

(4) $\int_0^1 x\arctan x\,\mathrm{d}x$;

(5) $\int_0^{2\pi} \mathrm{e}^x \cos x\,\mathrm{d}x$;

(6) $\int_0^{\pi} x^2 \cos x\,\mathrm{d}x$;

(7) $\int_0^{\frac{1}{2}} \arcsin x\,\mathrm{d}x$;

(8) $\int_1^{\mathrm{e}} \ln x\,\mathrm{d}x$.

3. 利用函数的奇偶性计算下列定积分：

(1) $\int_{-3}^3 \dfrac{x^3}{1+x^2}\mathrm{d}x$;

(2) $\int_{-\frac{1}{2}}^{\frac{1}{2}} \ln \dfrac{1-x}{1+x}\mathrm{d}x$;

(3) $\int_{-a}^{a} \dfrac{x^2 \sin x}{x^4+6}\mathrm{d}x$;

(4) $\int_{-\frac{\pi}{2}}^{\frac{\pi}{2}} x^4 \sin^5 x\,\mathrm{d}x$;

(5) $\int_{-2}^{2} x\mathrm{e}^{|x|}\,\mathrm{d}x$;

(6) $\int_{-\frac{1}{2}}^{\frac{1}{2}} \dfrac{(\arcsin x)^2}{\sqrt{1-x^2}}\mathrm{d}x$.

6.4 定积分的应用

一、平面图形的面积

在学习定积分几何意义的时候，我们已经知道，对于非负的连续函数 $f(x)$，定积分 $\int_a^b f(x)\mathrm{d}x$ 表示由曲线 $y=f(x)$ 与三条直线 $x=a, x=b$ 和 $y=0$（x 轴）围成的曲边梯形的面积，见图 6-3(a)。

若 $f(x)$ 是负的函数，如图 6-3(b) 所示，则围成的面积应为

$$-\int_a^b f(x)\mathrm{d}x \text{ 或} \int_a^b |f(x)|\,\mathrm{d}x;$$

若 $f(x)$ 时正时负，如图 6-3(c) 所示，则图形围成的面积应为

$$\int_a^c f(x)\mathrm{d}x - \int_c^d f(x)\mathrm{d}x + \int_d^b f(x)\mathrm{d}x,$$

其中，c,d 是 $f(x)$ 与 x 轴的交点，也是正负面积在区间 $[a,b]$ 上的分割点。

一般地，由两条连续曲线 $y=f(x), y=g(x)$ 与直线 $x=a, x=b$ 围成的平面图形，如图 6-9(a) 所示，其面积是两曲边梯形面积之差，即

$$\int_a^b f(x)\mathrm{d}x - \int_a^b g(x)\mathrm{d}x = \int_a^b [f(x)-g(x)]\mathrm{d}x.$$

这样的图形具有"上下是曲边、左右是直线"的特点，把它们称为 X－型平面图形；如果它们是"上下是直线、左右是曲边"的图形，如图 6-9(b) 所示，把它们称为 Y－型平面图形，显然，

这样的图形是由曲线 $x=\varphi(y),x=\psi(y)$ 与直线 $y=c,y=d$ 所围成的.

像 X—型的讨论一样，Y—型平面图形也有多种情形，其公式形式是一样的：一般只需将式中的 x 换成 y，将积分区间 $[a,b]$ 换成 $[c,d]$ 即可；Y—型平面图形面积计算公式一般形式是

$$A = \int_c^d |\varphi(y) - \psi(y)| \, dy.$$

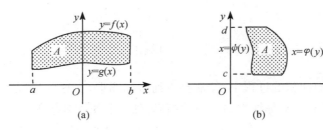

图 6-9

例 1 求抛物线 $y=x^2$ 与 $y=2-x^2$ 围成的图形面积（见图 6-10）.

解：由两曲线方程解得它们的交点坐标是 $(-1,1)$ 和 $(1,1)$. 两曲线围成的图形就在这两交点之间，即所求面积的积分区间是 $[-1,1]$，且其上 $y=2-x^2 \geqslant y=x^2 \geqslant 0$，故面积

$$A = \int_{-1}^1 [(2-x^2) - x^2] dx = \int_{-1}^1 (2-2x^2) dx = \left[2x - \frac{2}{3}x^3\right]_{-1}^1 = \frac{8}{3}.$$

例 2 求由曲线 $y=x^3-2x$ 以及 $y=x^2$ 所围的平面图形的面积.

解：由两曲线方程解得它们的交点坐标是：$(-1,1),(0,0),(2,4)$. 由草图知，由于在积分区间 $(-1,0)$ 上 $y=x^3-2x > y=x^2$；在积分区间 $(0,2)$ 上 $y=x^3-2x > y=x^2$. 从而，所求面积

$$S = \int_{-1}^0 [(x^3-2x) - x^2] dx + \int_0^2 [x^2 - (x^3-2x)] dx$$

$$= \left(\frac{1}{4}x^4 - x^2 - \frac{1}{3}x^3\right)\bigg|_{-1}^0 + \left(\frac{1}{3}x^3 - \frac{1}{4}x^4 + x^2\right)\bigg|_0^2 = \frac{5}{12} + \frac{8}{3} = \frac{37}{12}.$$

例 3 求椭圆 $9x^2+16y^2=144$ 的面积.

解：根据椭圆的对称性，所求椭圆的面积 $S=4S_1$，见图 6-11，于是

$$S = 4\int_0^4 \frac{3}{4}\sqrt{16-x^2} dx.$$

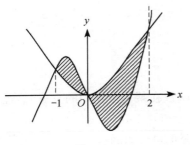

图 6-10

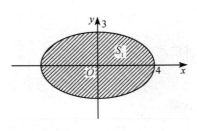

图 6-11

令 $x=4\sin t$，x 从 0 单调递增变到 4，相当于 t 从 0 单调递增变到 $\frac{\pi}{2}$，于是

$$S=4\int_0^4 \frac{3}{4}\sqrt{16-x^2}dx=4\int_0^{\frac{\pi}{2}}\frac{3}{4}\sqrt{16-16\sin^2 t}\,4\cos t\,dt$$

$$=48\int_0^{\frac{\pi}{2}}\cos^2 t\,dt=24\int_0^{\frac{\pi}{2}}(1+\cos 2t)dt$$

$$=24\left(t+\frac{1}{2}\sin 2t\right)\Big|_0^{\frac{\pi}{2}}=12\pi.$$

在计算平面图形面积的过程中，经常会遇到对称图形，在这种情况下，可以只求其中某一部分图形的面积，再利用对称性得出最终的结果，这样会使计算简单一些.

例 4 求由曲线 $y^2=x$ 以及直线 $y=x-2$ 所围的平面图形的面积.

解：由 $\begin{cases}x=y^2,\\ y=x-2,\end{cases}$ 解得它们的交点坐标是：$(1,-1)$，$(4,2)$（见图 6-12）. 因此所求的平面图形的面积为

$$A=\int_{-1}^2 [(y+2)-y^2]dy$$

$$=\left(\frac{1}{2}y^2+2y-\frac{1}{3}y^3\right)\Big|_{-1}^2=\frac{10}{3}+\frac{7}{6}=\frac{9}{2}.$$

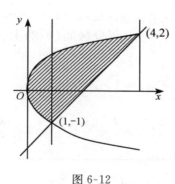

图 6-12

本例用 X—型面积公式求面积，得

$$A=\int_0^1 [\sqrt{x}-(-\sqrt{x})]dx+\int_1^4 [\sqrt{x}-(x-2)]dx$$

$$=\frac{4}{3}\sqrt{x^3}\Big|_0^1+\left(\frac{2}{3}\sqrt{x^3}-\frac{1}{2}x^2+2x\right)\Big|_1^4=\frac{4}{3}+\frac{19}{6}=\frac{9}{2}.$$

二、经济应用问题举例

当已知边际函数或变化率，求总量函数或总量函数在某个范围内的总量时，经常应用定积分进行计算.

例 5 设某产品的生产是连续进行的，总量 Q 是时间 t 的函数. 如果总产量的变化率为

$$Q'(t) = \frac{324}{t^2} e^{-\frac{9}{t}} (\text{吨}/\text{日}),$$

求投产后从 $t=3$ 天到 $t=30$ 天这 27 天的总产量.

解： $Q = \int_3^{30} Q'(t) dt = \int_3^{30} \frac{324}{t^2} e^{-\frac{9}{t}} dt$

$= 36 \int_3^{30} e^{-\frac{9}{t}} d\left(-\frac{9}{t}\right) = 36 e^{-\frac{9}{t}} \Big|_3^{30} = 36(e^{-\frac{3}{10}} - e^{-3}) = 24.9 (\text{吨}).$

例 6 设某产品的边际收入函数为

$$R'(q) = 10(10-q) e^{-\frac{q}{10}},$$

其中 q 为销售量，$R = R(q)$ 为总收入，求该产品的总收入函数.

解： 总收入函数

$$R(q) = \int_0^q R'(t) dt = \int_0^q 10(10-q) e^{-\frac{q}{10}} dt = 100q e^{-\frac{q}{10}}.$$

例 7 已知某工厂生产某产品的边际成本为 $C'(x) = 3$(元/件)，固定成本为 1 000 元，边际收入为 $R'(x) = 31 - 0.04x$(元/件). 求

(1) 当产量为多少时利润最大？

(2) 在最大利润的基础上再生产 20 件时，利润的增量.

解 (1) 由已知条件可知

$$L'(x) = R'(x) - C'(x) = 31 - 0.04x - 3 = 28 - 0.04x.$$

令 $L'(x) = 0$，解得 $x = 700$. 因为在区间 $(0, +\infty)$ 内只有唯一驻点，所以，$x = 700$ 为 $L(x)$ 所求的最大值点. 于是，当产量为 700 件时，所获利润最大.

(2) 产量由 700 件增加到 720 件时，利润的增量为

$$\Delta L = \int_{700}^{720} (28 - 0.04x) dx = (28x - 0.02x^2) \Big|_{700}^{720} = -8.$$

即此时利润将减少 8 元.

练习题 6.4

1. 求由下列曲线所围成的图形的面积：

(1) $y = \sin x (0 \leqslant x \leqslant 2\pi), y = 0$；

(2) $y = 1 - x^2, y = 0$；

(3) $y = x^3, y = x$；

(4) $y = e^x, y = e^{-x}, x = 1$；

(5) $y = \ln x, y = \ln 2, y = \ln 7, x = 0$.

2. 已知某产品总产量的变化率是时间 t(年)的函数 $f(t) = 2t + 5, t \geqslant 0$，分别求第一个五年和第二个五年的总产量.

3. 已知某工厂生产某产品的边际成本为

$$C'(x) = 50 + 6x - 1.2x^2 (\text{百元}/\text{吨}),$$

试求产量从 1 吨增加到 5 吨时总成本的增量.

4. 已知某产品的边际成本为 $C'(x)=4+\dfrac{x}{4}$（万元/百台），边际收入为 $R'(x)=8-x$，求

（1）产量从 1 百台增加到 5 百台时，总成本与总收入的增量.

（2）产量为多少时，总利润为最大？

（3）若固定成本为 1 万元，分别求总成本函数与总利润函数.

（4）求总利润最大时的总成本、总收入与总利润.

本 章 小 结

本章要求能理解定积分的概念和性质，理解积分上限函数，掌握其求导方法，熟练掌握牛顿—莱布尼茨公式及定积分的换元积分法及分部积分法，了解反常积分的概念，会计算反常积分，会用定积分求解平面图形的面积，能求解有关应用问题.

一、知识结构

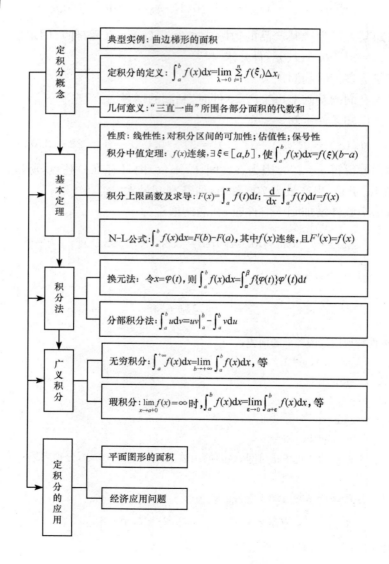

二、学习中应注意的问题

定积分概念是来源于实际应用模型,借助于极限工具,以结构性的形式而严格定义的,它研究的是分布在某区间上的非均匀量的求和问题,必须通过"分割、近似、求和、取极限"四个步骤完成,它表示了一个与积分变量无关的常量.

学习这部分应注意正确使用定积分性质的条件与结论. 这些性质在定积分的计算和理论研究上都具有重大作用. 前四条性质主要用于计算,例如对于分段函数,则要用到可加性. 后几条性质,如比较定理、积分中值定理等主要用于理论证明,且这几条性质只有定积分才具备.

换元法的目的是将复杂的或者抽象的被积函数变量代换为常见的积分形式,所以基本的积分公式一定要熟记,另外,要掌握换元法所遵循的几个原则,以便正确地应用换元法.

运用分部积分公式的关键是正确地选取 $u(x)$ 和 $v(x)$,熟练掌握运用分部积分法的几种常用类型可帮助读者对 $u(x)$ 和 $v(x)$ 进行选取.

习 题 6

1. 填空题:

(1) 若 $f(x)$ 在 $[a,b]$ 上连续,则 $\int_a^b f(x)\mathrm{d}x + \int_b^a f(t)\mathrm{d}t = $ _____ .

(2) $\dfrac{\mathrm{d}}{\mathrm{d}x}\int_a^b f(t)\mathrm{d}t = $ _____ , $\dfrac{\mathrm{d}}{\mathrm{d}x}\int_0^x \sin t^2 \mathrm{d}t = $ _____ .

(3) 设 $k \neq 0$,且 $\int_0^k (2x - x^2)\mathrm{d}x = 0$,则 $k = $ _____ .

(4) $\int_{-1}^1 x^4 \sin^3 x \mathrm{d}x = $ _____ .

(5) $\int_{\frac{1}{2}}^{+\infty} \dfrac{1}{1+x^2}\mathrm{d}x = $ _____ .

2. 求下列定积分:

(1) $\int_0^{\frac{\pi}{2}} \cos^3 x \sin 2x \mathrm{d}x$;

(2) $\int_0^5 |2-x|\mathrm{d}x$;

(3) $\int_0^{\pi} (1 - \sin^3 x)\mathrm{d}x$;

(4) $\int_1^2 \dfrac{\sqrt{x^2-1}}{x}\mathrm{d}x$;

(5) $\int_{-1}^1 \dfrac{x}{\sqrt{5-4x}}\mathrm{d}x$;

(6) $\int_1^e x \ln^2 x \mathrm{d}x$;

(7) $\int_1^e \dfrac{1+\ln x}{x}\mathrm{d}x$;

(8) $\int_0^1 \arctan\sqrt{x}\mathrm{d}x$.

3. 求下列定积分:

(1) $\int_e^{+\infty} \dfrac{\ln x}{x}\mathrm{d}x$;

(2) $\int_3^{+\infty} \dfrac{1}{(1+x)\sqrt{x}}\mathrm{d}x$;

(3) $\int_1^2 \dfrac{x}{\sqrt{x-1}}\mathrm{d}x$;

(4) $\int_a^b \dfrac{1}{(x-a)^k}\mathrm{d}x (0<k<1)$.

4. 设 $f(x)=\begin{cases}2x+1, & |x|\leqslant 2\\ 1+x^2, & 2<x\leqslant 4\end{cases}$，求 k 的值，使 $\int_k^3 f(x)\mathrm{d}x=\dfrac{40}{3}$.

5. 求由抛物线 $y=3-x^2$ 与直线 $y=2x$ 所围成的平面图形的面积.

第七章 常微分方程

微积分研究的对象是函数关系,但在实际问题中,往往很难直接得到所研究的变量之间的函数关系,却比较容易建立起某些变量与它们的导数或微分之间的联系,从而得到一个关于未知函数的导数或微分的方程,即微分方程.通过求解这种方程,同样可以找到指定未知量之间的函数关系.因此,微分方程是数学联系实际并应用于实际的重要途径和桥梁,是各个学科进行科学研究的强有力的工具.

微分方程是一门独立的数学学科,有完整的理论体系.本章重点介绍微分方程的一些基本概念以及常用的微分方程的解法.

7.1 微分方程的基本概念

一、微分方程的定义

我们通过下面的问题来给出微分方程的基本概念.

例1 一条曲线通过原点,且在该曲线上任一点 $M(x,y)$ 处的切线的斜率为 $2x$,求这条曲线的方程.

解:设所求曲线方程为 $y=f(x)$,根据导数的几何意义,得

$$\frac{dy}{dx}=2x.$$

两端积分,得

$$y=\int 2x dx=x^2+C \quad (\text{其中 } C \text{ 是任意常数}).$$

由于曲线经过原点,因此有 $y|_{x=0}=0$.将其代入上式,得 $C=0$.

所以,所求曲线方程为 $y=x^2$.

本例中,建立了含有未知函数的导数的方程,对于这样的方程我们有下面的定义.

定义 含有未知函数的导数(或微分)的方程称为微分方程.

如果微分方程中的未知函数是一元函数,则称为常微分方程;如果未知函数是多元函数,则称为偏微分方程.在本书中只研究常微分方程,以后简称为微分方程.

注:微分方程中不一定含未知函数及其自变量,但必须含有未知函数的导数,如方程 $y'''+y''=0$.

二、微分方程的阶

微分方程中所出现的未知函数导数的最高阶数,叫作微分方程的阶.例如,方程 $\frac{dy}{dx}=2x$ 是一阶微分方程;方程 $y'''-2y'+y=e^x$ 是三阶微分方程.

一般地,方程

$$F(x,y,y',\cdots,y^{(n)})=0$$

叫作 n 阶微分方程.

三、微分方程的解

如果把一个函数 $y=f(x)$ 代入微分方程后能使方程成为恒等式,这个函数就称为该微分方程的解. 例如,函数 $y=x^2+1$ 和 $y=x^2+C$ 都是微分方程 $\dfrac{dy}{dx}=2x$ 的解.

如果微分方程的解中含有任意常数,且独立的任意常数(指两任意常数不能合并而使得任意常数的个数减少)的个数与微分方程的阶数相同,这样的解叫作微分方程的通解. 例如,函数 $y=x^2+C$ 是微分方程 $\dfrac{dy}{dx}=2x$ 的解,它含有一个任意常数,而方程是一阶微分方程,所以它是方程的通解.

由于通解中含有任意常数,所以它还不能完全确定地反映某一客观事物的规律,为此,要根据问题的实际情况提出能确定这些常数的条件. 确定了通解中的任意常数后,所得到的微分方程的解称为微分方程的特解.

用于确定通解中的任意常数而得到特解的条件,称为微分方程的初始条件. 例如,$y|_{x=0}=0$ 就是微分方程 $\dfrac{dy}{dx}=2x$ 的初始条件.

求微分方程的解的过程称为解微分方程.

例 2 验证函数 $x=C_1\cos kt+C_2\sin kt$ 是微分方程 $\dfrac{d^2x}{dt^2}+k^2x=0$ 的解.

解:求出所给函数的导数

$$\frac{dx}{dt}=-kC_1\sin kt+kC_2\cos kt,$$

$$\frac{d^2x}{dt^2}=-k^2C_1\cos kt-k^2C_2\sin kt=-k^2(C_1\cos kt+C_2\sin kt),$$

把 $\dfrac{d^2x}{dt^2}$ 及 x 的表达式代入微分方程,得

$$-k^2(C_1\cos kt+C_2\sin kt)+k^2(C_1\cos kt+C_2\sin kt)\equiv 0.$$

所以,函数 $x=C_1\cos kt+C_2\sin kt$ 是微分方程的解.

7.2 一阶微分方程

可分离变量的微分方程

一阶微分方程的一般形式为

$$F(x,y,y')=0.$$

下面来研究几种常用的一阶微分方程的解法.

形如:

$$\frac{dy}{dx}=f(x)f(y) \tag{7.1}$$

的方程称为可分离变量的微分方程.

设 $g(y)\neq 0$,用 $g(y)$ 除以方程的两端,用 dx 乘以方程的两端,使得方程一端只含 y 的函数和 dy,另一端只含 x 的函数和 dx,得到

$$\frac{1}{g(y)}dy = f(x)dx,$$

再在上述等式的两端积分,得

$$\int \frac{1}{g(y)}dy = \int f(x)dx,$$

即为所求微分方程(7.1)的解.

注:若 $g(y_0)=0$,则 $y=y_0$ 也是(7.1)的解,称此解为奇解. 上述求解可分离变量的方程的方法称为分离变量法.

例 1 求微分方程 $\dfrac{dy}{dx}=\dfrac{y}{x}$ 的通解.

解:显然,$y=0$ 为方程的解. 当 $y\neq 0$ 时,将方程分离变量,得

$$\frac{dy}{y} = \frac{dx}{x},$$

两端积分,得

$$\ln|y| = \ln|x| + \ln|C_1|,$$

即

$$|y| = |C_1 x|, \quad y = \pm C_1 x,$$

又因为 $\pm C_1$ 仍是任意常数,把它记作 C. 所以,方程的通解为

$$y = Cx.$$

例 2 求微分方程 $y^2 \sin x dx - dy = 0$ 满足初始条件 $y|_{x=0}=1$ 的特解.

解:方程分离变量,得

$$\frac{1}{y^2}dy = \sin x dx,$$

两端积分,得

$$-\frac{1}{y} = -\cos x + C,$$

即

$$y = \frac{1}{\cos x - C}.$$

将初始条件 $y|_{x=0}=1$ 代入上式,得 $C=0$.

所以,原方程的特解为

$$y = \sec x.$$

例 3 已知在电阻为 R,电容为 C 的串联电路中,外接直流电源,其电势为 E,则当合上开关 K 以后,电容 C 两端的电压 u_c 逐渐升高(如图 7-1 所示). 求电压 u_c 随时间 t 的变化规律 $u_c(t)$.

解:电容 C 上的电压降 u_c 和电阻 R 上的电压降 R_i 之和就是电池的端电压 E,即

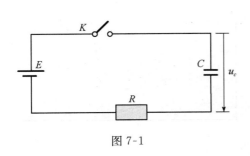

图 7-1

$$u_c + R_i = E.$$

对电池充电时,电容上的电量 Q 逐渐增多,按电容的性质有

$$Q = Cu_c.$$

因而电路中的充电电流

$$i = \frac{dQ}{dt} = \frac{d}{dt}(Cu_c) = C\frac{du_c}{dt}$$

把此式代入

$$u_c + R_i = E,$$

得到 $u_c(t)$ 满足的微分方程

$$RC\frac{du_c}{dt} + u_c = E.$$

由于充电开始时,电容 C 两端的电压为零,所以初始条件为 $t=0$ 时,$u_c=0$,为了求出 $u_c(t)$,解这个微分方程,这里的 R,C 和 E 都是常数,方程属于可分离变量的类型. 先把方程改写为

$$RC du_c + (u_c - E)dt = 0,$$

分离变量后得

$$\frac{du_c}{u_c - E} = -\frac{dt}{RC},$$

两边积分得

$$\ln(u_c - E) = -\frac{1}{RC}t + c_1,$$

即

$$u_c - E = e^{-\frac{1}{RC}t + c_1} = e^{c_1} \cdot e^{-\frac{1}{RC}t},$$

其中 c_1 是任意常数,e^{c_1} 仍为任意常数,记为 $A = e^{c_1}$,

于是

$$u_c = E + Ae^{-\frac{1}{RC}t},$$

把初始条件 $u_c|_{t=0} = 0$ 代入得

$$A = -E,$$

所以

$$u_c = E - E e^{-\frac{1}{RC}t} = E\left(1 - e^{-\frac{1}{RC}t}\right).$$

练习题 7.2

1. 指出下列微分方程的阶数:

 (1) $(y')^2 - 3yy' + x = 0$; (2) $xy''' + 2y' + x^3 y = 0$;

 (3) $y dx - x dy = 0$; (4) $L\frac{d^2Q}{dt^2} + R\frac{dQ}{dt} + \frac{Q}{C} = 0.$

2. 验证下列函数是否是所给方程的解,若是解,指出是通解还是特解:

 (1) $xy' = 3y, y = x^2$;

 (2) $y'' - y' - 2y = 0, y = C_1 e^{-x} + C_2 e^{2x}$;

 (3) $y' + y = 0, y = 3\sin x - 4\cos x$;

 (4) $y'' - (\lambda_1 + \lambda_2)y' + \lambda_1 \lambda_2 y = 0; y = C_1 e^{\lambda_1 x} + C_2 e^{\lambda_2 x}.$

3. 解微分方程:

 (1) $\frac{dy}{dx} = \cos x$;

 (2) $y'' = 1, y|_{x=0} = 0, y'|_{x=0} = 1$;

 (3) $xy' - y\ln y = 0$; (4) $\sqrt{1-x^2}\, y' = \sqrt{1-y^2}$;

 (5) $\frac{dy}{dx} = x^2 y^2$; (6) $\frac{dy}{dx} = 10^{x+y}.$

7.3 一阶线性微分方程

微分方程中,关于未知函数及其各阶导数都是一次的方程称为线性微分方程.下面介绍在工程技术中常见的一阶线性微分方程.

一、一阶线性微分方程

形如
$$\frac{\mathrm{d}y}{\mathrm{d}x} + P(x)y = Q(x) \tag{7.2}$$

的微分方程称为一阶线性微分方程.其中 $P(x)$,$Q(x)$ 是连续函数.它的特点是未知函数 y 及其导数 y' 都是一次的.

若 $Q(x) \not\equiv 0$,则方程(7.2)称为一阶非齐次线性微分方程.若 $Q(x) \equiv 0$,即
$$\frac{\mathrm{d}y}{\mathrm{d}x} + P(x)y = 0, \tag{7.3}$$

则方程(7.3)称为一阶齐次线性微分方程.

例如,方程 $y' - 2xy = x$ 是一阶非齐次线性微分方程,它对应的一阶齐次线性微分方程是 $y' - 2xy = 0$.

二、一阶齐次线性微分方程的解法

一阶齐次线性微分方程 $\frac{\mathrm{d}y}{\mathrm{d}x} + P(x)y = 0$ 是可分离变量的微分方程,分离变量得

$$\frac{\mathrm{d}y}{y} = -P(x)\mathrm{d}x,$$

两端积分得

$$\ln y = -\int P(x)\mathrm{d}x + \ln C,$$

化简,得一阶齐次线性微分方程的通解公式

$$y = C\mathrm{e}^{-\int P(x)\mathrm{d}x}. \tag{7.4}$$

三、一阶非齐次线性微分方程的解法

对于一阶非齐次线性微分方程(7.2),用"常数变易法"来求它的通解.这种方法就是在非齐次微分方程(7.2)所对应的齐次线性方程(7.3)的通解

$$y = C\mathrm{e}^{-\int P(x)\mathrm{d}x}$$

中,将任意常数 C 换成 x 的函数 $C(x)$($C(x)$ 是待定函数),即设 $y = C(x)\mathrm{e}^{-\int P(x)\mathrm{d}x}$ 是非齐次线性微分方程(7.2)的解,为了确定 $C(x)$,把 $y = C(x)\mathrm{e}^{-\int P(x)\mathrm{d}x}$ 及其导数

$$y' = C'(x)\mathrm{e}^{-\int P(x)\mathrm{d}x} + C(x)\mathrm{e}^{-\int P(x)\mathrm{d}x}[-P(x)]$$

代入(7.2),化简得
$$C'(x)e^{-\int P(x)dx} = Q(x),$$
即
$$C'(x) = Q(x)e^{\int P(x)dx},$$
两端积分得
$$C(x) = \int Q(x)e^{\int P(x)dx}dx + C.$$
所以,一阶线性非齐次微分方程(7.2)的通解公式为
$$y = e^{-\int P(x)dx}\left[\int Q(x)e^{\int P(x)dx}dx + C\right]. \tag{7.5}$$

例1 求微分方程 $y' - \dfrac{y}{x} = x^2$ 的通解.

解法一 用分离变量法求出原方程对应的齐次线性微分方程 $y' - \dfrac{y}{x} = 0$ 的通解为
$$y = Cx.$$
再用常数变易法,设 $y = C(x)x$ 是微分方程 $y' - \dfrac{y}{x} = x^2$ 的解,因为
$$y' = C'(x)x + C(x),$$
将 y、y' 代入原方程,得
$$C'(x)x + C(x) - \dfrac{C(x)x}{x} = x^2,$$
化简,得
$$C'(x) = x,$$
积分,得
$$C(x) = \dfrac{1}{2}x^2 + C,$$
所以,所求微分方程的通解为
$$y = x\left(\dfrac{1}{2}x^2 + C\right).$$

解法二 因为,$P(x) = -\dfrac{1}{x}$,$Q(x) = x^2$,代入通解公式(7.5),得原方程通解为
$$y = e^{-\int\left(-\frac{1}{x}\right)dx}\left[\int x^2 e^{\int\left(-\frac{1}{x}\right)dx}dx + C\right] = x\left(\dfrac{1}{2}x^2 + C\right).$$

例2 求微分方程 $y' - \dfrac{2y}{x+1} = (x+1)^{\frac{5}{2}}$ 满足初始条件 $y|_{x=0} = 1$ 的特解.

解:用分离变量法求出对应的齐次方程 $y' - \dfrac{2y}{x+1} = 0$ 的通解为
$$y = C(x+1)^2.$$
用常数变易法,设 $y = C(x)(x+1)^2$ 是所求微分方程的解,因为
$$y' = C'(x)(x+1)^2 + 2C(x)(x+1),$$
将 y 和 y' 代入原方程,得

$$C'(x) = (x+1)^{\frac{1}{2}},$$

两端积分,得
$$C(x) = \frac{2}{3}(x+1)^{\frac{3}{2}} + C.$$

所以,所求微分方程通解为
$$y = (x+1)^2 \left[\frac{2}{3}(x+1)^{\frac{3}{2}} + C \right].$$

代入初始条件 $y|_{x=0} = 1$,得 $C = \frac{1}{3}$.

所以,所求的特解为
$$y = \frac{1}{3}(x+1)^2 \left[2(x+1)^{\frac{3}{2}} + 1 \right].$$

例3 有一个由电阻 $R = 10\Omega$,电感 $L = 0.2\text{H}$ 和电源电压 $E = 20\sin 50t$ V 串联组成的电路,如图 7-2 所示,开关 K 闭合后,电路中有电流通过,求电流 i 与时间 t 之间的函数关系.

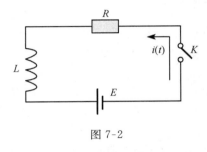

图 7-2

解 首先列出方程,从电学的知识可知:当电流 i 变化时,电感 L 有感应电压 $u_L = L \dfrac{\mathrm{d}i}{\mathrm{d}t}$,电阻 R 上的电压 $u_R = iR$.

根据回路电压定律
$$u_L + u_R = E,$$

有
$$L \frac{\mathrm{d}i}{\mathrm{d}t} + iR = E,$$

即
$$\frac{\mathrm{d}i}{\mathrm{d}t} + \frac{R}{L} i = \frac{E}{L}.$$

将题目所给的数据代入上式得
$$\frac{\mathrm{d}i}{\mathrm{d}t} + 50i = 100 \sin 50t.$$

设开关 K 闭合的时候 $t = 0$,则 $i(t)$ 应满足条件 $i|_{t=0} = 0$. 也就是说,现在所要求的是方程 $\dfrac{\mathrm{d}i}{\mathrm{d}t} + 50i = 100\sin 50t$ 满足初始条件 $i|_{t=0} = 0$ 的特解.

$\dfrac{\mathrm{d}i}{\mathrm{d}t} + 50i = 100 \sin 50t$ 是一阶线性方程且
$$P(t) = 50, \quad Q(t) = 100\sin 50t.$$

由通解公式得
$$i = \mathrm{e}^{-\int 50 \mathrm{d}t} \left(\int 100\sin 50t \mathrm{e}^{\int 50 \mathrm{d}t} \mathrm{d}t + C \right)$$
$$= \mathrm{e}^{-50t} \left(\int 100\sin 50t \mathrm{e}^{50t} \mathrm{d}t + C \right)$$
$$= \mathrm{e}^{-50t} \left[(\sin 50t - \cos 50t) \mathrm{e}^{50t} + C \right]$$
$$= \sin 50t - \cos 50t + C\mathrm{e}^{-50t}.$$

将 $i|_{t=0} = 0$ 代入上式,解得 $C = 1$. 因此所求 i 与 t 之间的函数关系为
$$i = \sin 50t - \cos 50t + \mathrm{e}^{-50t}.$$

练习题 7.3

1. 解下列微分方程：

   (1) $\sec^2 x \tan y \, dx + \sec^2 y \tan x \, dy = 0$；

   (2) $\dfrac{dy}{dx} + y = e^{-x}$；

   (3) $y' + y\cos x = e^{-\sin x}$；

   (4) $y' + y\tan x = \sin 2x$；

   (5) $\dfrac{d\rho}{d\theta} + 3\rho = 2$；

   (6) $\dfrac{dy}{dx} + 2xy = 4x$.

2. 求下列微分方程满足所给初始条件的特解：

   (1) $y' = e^{2x-y}, y|_{x=0} = 0$；

   (2) $\cos x \sin y \, dy = \cos y \sin x \, dx, y|_{x=0} = \dfrac{\pi}{4}$；

   (3) $x\,dy + 2y\,dx = 0, y|_{x=0} = 1$；

   (4) $\dfrac{dy}{dx} - y\tan x = \sec x, y|_{x=0} = 0$；

   (5) $\dfrac{dy}{dx} + \dfrac{y}{x} = \dfrac{\sin x}{x}, y|_{x=\pi} = 1$；

   (6) $\dfrac{dy}{dx} + 3y = 8, y|_{x=0} = 2$.

3. 一曲线通过点 $(2, 3)$，它在两坐标轴间的任一切线线段均被切点所平分，求这条曲线的方程.

4. 求一曲线的方程，该曲线通过原点，并且它在点 (x, y) 处的切线斜率等于 $2x + y$.

5. 设有一质量为 m 的质点作直线运动，从速度等于零的时刻起，有一个与运动方向一致、大小与时间成正比（比例系数为 k_1）的力作用于它，此外还受一个与速度成正比（比例系数为 k_2）的阻力作用. 求质点的运动速度与时间的函数关系.

7.4 二阶常系数线性微分方程

形如

$$y'' + py' + qy = f(x) \tag{7.6}$$

的方程（其中 p, q 为常数），称为二阶常系数非齐次线性微分方程.

当 $f(x) = 0$ 时，

$$y'' + py' + qy = 0 \tag{7.7}$$

称为二阶常系数齐次线性微分方程.

为了学习二阶常系数齐次线性微分方程的解法，先来了解其解的结构.

一、二阶常系数线性微分方程解的结构

1. 二阶常系数齐次线性微分方程解的结构

定理 1 如果函数 y_1 与 y_2 是方程 (7.7) 的两个解，那么 $y = C_1 y_1 + C_2 y_2$ 也是方程 (7.7) 的解，其中 C_1, C_2 是任意常数.

证明：将 $y=C_1y_1+C_2y_2$ 代入方程(7.7)的左边，得

$$(C_1y_1+C_2y_2)''+p(C_1y_1+C_2y_2)'+q(C_1y_1+C_2y_2)$$
$$=C_1[y_1''+py_1'+qy_1]+C_2[y_2''+py_2'+qy_2].$$

由于 y_1 与 y_2 是方程(7.7)的两个解，即

$$y_1''+py_1'+qy_1=0,$$
$$y_2''+py_2'+qy_2=0.$$

因此 $(C_1y_1+C_2y_2)''+p(C_1y_1+C_2y_2)'+q(C_1y_1+C_2y_2)=0$，

所以 $y=C_1y_1+C_2y_2$ 是方程(7.7)的解.

这个定理表明常系数齐次线性微分方程的解具有叠加性.

由此定理可知，如果能找到方程(7.7)的两个解 $y_1(x)$ 与 $y_2(x)$，且 $\dfrac{y_1(x)}{y_2(x)}\neq$ 常数，那么 $y=C_1y_1(x)+C_2y_2(x)$ 就是含有两个任意常数的解，因而就是方程(7.7)的通解.

注意：如果 $\dfrac{y_1(x)}{y_2(x)}\equiv C$，即 $y_1(x)\equiv Cy_2(x)$，那么

$$C_1y_1(x)+C_2y_2(x)=C_1Cy_2(x)+C_2y_2(x)=(C_1C+C_2)y_2(x)=C_3y_2(x).$$

此时这个解实际上只含有一个任意常数，因而就不是方程(7.7)的通解.

2. 二阶常系数非齐次线性微分方程解的结构

定理 2 设 Y 是方程(7.7)的通解，$\bar{y}$ 是方程(7.6)的一个特解，则

$$y=Y+\bar{y}$$

就是方程(7.6)的通解.

二、二阶常系数齐次线性微分方程的解法

受一阶常系数齐次线性微分方程 $y'+py=0$ 有解 $y=e^{-px}$ 的启发，我们分析方程 $y''+py'+qy=0$ 可能有 $y=e^{rx}$ 形式的解. 这是因为，从方程的形式来看，它们的特点是 y''，y' 与 y 各乘以常数因子后相加等于零. 因此，如果能找到一个函数 y，且 y''，y' 与 y 之间只相差一个常数，这样的函数就可能是方程(7.7)的特解. 易知，在初等函数中，指数函数 $y=e^{rx}$ 符合上述要求.

设方程(7.7)的特解为 $y=e^{rx}$（其中 r 是待定常数），此时

$$y'=re^{rx},\quad y''=r^2e^{rx},$$

将 y''，y'，y 代入方程(7.7)，整理得

$$(r^2+pr+q)e^{rx}=0,$$

因为 $e^{rx}\neq 0$，所以要使上式成立，必须

$$r^2+pr+q=0 \tag{7.8}$$

只要 r 满足方程(7.8)，函数 $y=e^{rx}$ 就是微分方程(7.7)的解. 于是，微分方程(7.7)的求解问题，就转化为求代数方程(7.8)的根的问题.

方程(7.8)称为微分方程(7.7)的特征方程. 特征方程的根 r 称为微分方程的特征根.

下面将根据特征根的三种情形,分别进行讨论.

(1) 特征方程有两个不相等的实数根 r_1 及 r_2.

于是 $y_1 = e^{r_1 x}$ 及 $y_2 = e^{r_2 x}$ 是方程(7.7)的两个特解,且 $\dfrac{y_1}{y_2} = e^{(r_1-r_2)x} \neq$ 常数. 所以方程(7.7)的通解为

$$y = C_1 e^{r_1 x} + C_2 e^{r_2 x}. \tag{7.9}$$

例 1 求微分方程 $y'' + 5y' - 6y = 0$ 的通解.

解:所给微分方程的特征方程为 $r^2 + 5r - 6 = 0$,

即 $(r+6)(r-1) = 0$,

特征根为 $r_1 = -6$, $r_2 = 1$.

因此,所求微分方程的通解为

$$y = C_1 e^{-6x} + C_2 e^x.$$

(2) 特征方程有两个相等的实数根 $r_1 = r_2 = r$.

于是只得到方程(7.7)的一个特解 $y_1 = e^{rx}$. 要求方程(7.7)的另一个与 y_1 线性无关的特解 y_2,它必须使 $\dfrac{y_2}{y_1} = u(x)$($u(x)$ 是 x 的特定函数). 所以 $y_2 = u(x) e^{rx}$. 对 y_2 求导,得

$$y_2' = e^{rx}[u'(x) + ru(x)],$$
$$y_2'' = e^{rx}[u''(x) + 2ru'(x) + r^2 u(x)].$$

将 y_2, y_2', y_2'' 代入方程(7.7),得

$$e^{rx}\{[u''(x) + 2ru'(x) + r^2 u(x)] + p[u'(x) + ru(x)] + qu(x)\} = 0,$$

即 $e^{rx}[u''(x) + (2r+p)u'(x) + (r^2 + pr + q)u(x)] = 0.$

因为 $e^{rx} \neq 0$,

所以 $u''(x) + (2r+p)u'(x) + (r^2 + pr + q)u(x) = 0.$

r 是特征方程的二重根,因此有 $r^2 + pr + q = 0$,且 $2r + p = 0$,于是,得 $u''(x) = 0$. 所以,只要选取能使 $u''(x) = 0$ 的函数 $u(x)$ 就可以了. 不妨取 $u(x) = x$,得 $y_2 = xe^{rx}$,且 $\dfrac{y_2}{y_1} = x \neq$ 常数. 所以方程(7.7)的通解为

$$y = (C_1 + C_2 x) e^{rx}. \tag{7.10}$$

例 2 求微分方程 $y'' - 8y' + 16y = 0$ 的通解.

解:所给微分方程的特征方程为

$$r^2 - 8r + 16 = 0,$$

它有两个相同的实根

$$r_1 = r_2 = 4,$$

所以,所求微分方程的通解为

$$y = (C_1 + C_2 x) e^{4x}.$$

(3) 特征方程有一对共轭复数根 $r_1 = \alpha + i\beta, r_2 = \alpha - i\beta$.

于是 $y_1 = e^{(\alpha+i\beta)x}$ 和 $y_2 = e^{(\alpha-i\beta)x}$ 是方程(7.7)的两个特解,为得出实数解,利用欧拉公式

$$e^{i\theta} = \cos\theta + i\sin\theta,$$

可得 $y_1 = e^{(\alpha+i\beta)x} = e^{\alpha x} \cdot e^{i\beta x} = e^{\alpha x}(\cos\beta x + i\sin\beta x),$

$$y_2 = e^{(a-i\beta)x} = e^{ax} \cdot e^{-i\beta x} = e^{ax}(\cos\beta x - i\sin\beta x).$$

由解的结构定理,可知

$$\bar{y}_1 = \frac{1}{2}(y_1 + y_2) = e^{ax}\cos\beta x,$$

$$\bar{y}_2 = \frac{1}{2i}(y_1 - y_2) = e^{ax}\sin\beta x$$

仍然是方程(7.7)的解,且 $\dfrac{\bar{y}_1}{\bar{y}_2} = \cot\beta x \neq$ 常数,所以方程(7.7)的通解为

$$y = e^{ax}(C_1\cos\beta x + C_2\sin\beta x). \tag{7.11}$$

例3 求方程 $y'' - 2y' + 3y = 0$ 的通解.

解:所给微分方程的特征方程为

$$r^2 - 2r + 3 = 0,$$

它有一对共轭复根

$$r_1 = 1 + \sqrt{2}i, \quad r_2 = 1 - \sqrt{2}i.$$

所以,所求微分方程的通解为

$$y = e^x(C_1\cos\sqrt{2}x + C_2\sin\sqrt{2}x).$$

例4 求方程 $\dfrac{d^2s}{dt^2} + 4\dfrac{ds}{dt} + 4s = 0$ 满足初始条件 $s|_{t=0} = 4, s'|_{t=0} = -2$ 的特解.

解:特征方程为

$$r^2 + 4r + 4 = 0,$$

特征根为

$$r_1 = r_2 = -2,$$

所以,方程的通解为

$$s = (C_1 + C_2 t)e^{-2t}.$$

因为

$$s' = (C_2 - 2C_2 t - 2C_1)e^{-2t},$$

将初始条件代入以上两式,得

$$C_1 = 4, \quad C_2 = 6.$$

所以,原方程的特解为

$$s = (4 + 6t)e^{-2t}.$$

练习题7.4

1. 求下列微分方程的通解:
(1) $y'' + 5y' + 6y = 0$;　　(2) $y'' - 3y' = 0$;
(3) $y'' + 4y = 0$;　　(4) $y'' + 2y' + 5y = 0$;
(5) $y'' - 4y' + 5y = 0$;　　(6) $y'' + 25y = 0$.

2. 求下列微分方程满足所给初始条件的特解:
(1) $y'' - 4y' + 3y = 0, y|_{x=0} = 6, y'|_{x=0} = 10$;
(2) $4y'' + 4y' + y = 0, y|_{x=0} = 2, y'|_{x=0} = 0$;
(3) $y'' + 4y' + 29y = 0, y|_{x=0} = 0, y'|_{x=0} = 15$.

本 章 小 结

学习本章,要求读者掌握微分方程的基本概念,熟练掌握可分离变量的微分方程与一阶线性微分方程的求解方法,会求二阶常系数齐次线性微分方程的解,了解二阶常系数非齐次线性微分方程求解方法,会运用微分方程解决相关实际问题.

知识结构

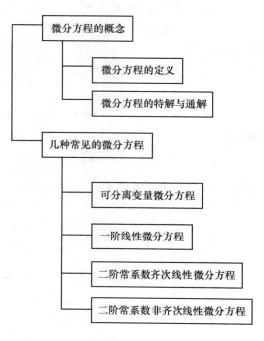

习 题 7

1. 填空题

(1) n 阶微分方程的通解中含有_____个独立的任意常数.

(2) 一阶齐次线性微分方程的一般形式为_____,其通解是_____.

(3) 一曲线过点 $(1,2)$,其上任意点 $P(x,y)$ 处的切线的纵截距等于 P 点的横坐标,则此曲线方程是_____.

(4) 方程 $y''-5y=0$ 的通解是_____.

(5) 方程 $y''+y=2\cos x$ 的一个特解可设为 $\bar{y}=$_____.

2. 选择题

(1) 下列方程中,为线性微分方程的是(　　).

(A) $xy'-2yy'+x=0$； (B) $2x^2y''+3x^3y'+x=0$；

(C) $(x^2-y^2)dx+(x^2+y^2)dy=0$； (D) $(y'')^2+5y'+3y-x=0$.

(2) 一曲线在其上任意一点处切线斜率为 $-\dfrac{2x}{y}$,则曲线是(　　).

(A) 直线；　　　(B) 椭圆；　　　(C) 双曲线；　　　(D) 抛物线.

(3) 下列函数中,线性相关的是(　　).

(A) $2x$ 与 $x+1$； (B) x^2 与 $-x^2$；
(C) $\sin x$ 与 $\cos x$； (D) $\sin x$ 与 $e^x \sin x$.

(4) 特征方程 $r^2-3r+2=0$ 所对应的齐次线性微分方程是（　　）.
(A) $y''-3y'+2=0$； (B) $y''-3y'-2=0$；
(C) $y''-3y'+2y=0$； (D) $y''+3y'+2y=0$.

3. 求方程 $xy'+y=y^2$ 满足初始条件 $y(1)=\dfrac{1}{2}$ 的特解.

4. 解微分方程 $y''-6y'+9y=0$.

5. 方程 $y''+9y=0$ 的一条积分曲线过点 $(\pi,-1)$，且在该点与直线 $y+1=\pi-x$ 相切，求此曲线方程.

6. 镭的衰变有如下的规律：镭的衰变速度与它的现存量 R 成正比. 由经验材料得知，镭经过 1600 年后，只剩余原始量 R_0 的一半. 试求镭的现有量 R 与时间 t 的函数关系.

7. 设有一个由电阻 $R=10\ \Omega$、电感 $L=2\ H$ 和电源电压 $E=20\sin 5t\ V$ 串联组成的电路. 开关 K 合上后，电路中有电源通过. 求电流 i 与时间 t 的函数关系.

第八章 行 列 式

行列式是一种常用的数学工具,行列式的定义是人们从解线性方程组的需要中建立起来的.本章将在讨论二元线性方程组的基础上,引入二阶和三阶行列式的定义.然后通过分析二阶和三阶行列式的关系,给出高阶行列式的定义、计算及克莱姆法则.

8.1 二元线性方程组与二阶行列式

n 元线性方程组的一般形式为

$$\begin{cases} a_{11}x_1 + a_{12}x_2 + \cdots + a_{1n}x_n = b_1, \\ a_{21}x_1 + a_{22}x_2 + \cdots + a_{2n}x_n = b_2, \\ \vdots \\ a_{m1}x_1 + a_{m2}x_2 + \cdots + a_{mn}x_n = b_m, \end{cases}$$

它含有 m 个方程,n 个未知数,m 与 n 可以相等,也可以不相等,其中 $x_1, x_2, \cdots, x_n$ 是未知数;$b_1, b_2, \cdots, b_n$ 是常数;$a_{11}, a_{12}, \cdots, a_{21}, a_{22}, \cdots$ 是方程中未知数的系数.

一般地,把方程组中第 i 个方程的未知数 x_j 的系数记为 $a_{ij}(i=1,2,\cdots,m;j=1,2,\cdots,n)$. 下面先讨论 $m=n=2$ 时的二元线性方程组的情形.

一、二阶行列式

设二元线性方程组为

$$\begin{cases} a_{11}x_1 + a_{12}x_2 = b_1, \\ a_{21}x_1 + a_{22}x_2 = b_2, \end{cases} \tag{8.1}$$

现在用消元法来求解.

将方程组中第一个方程的两边同乘以 a_{22},第二个方程的两边同乘以 a_{12},然后相减,消去 x_2,可得到

$$(a_{11}a_{22} - a_{12}a_{21})x_1 = b_1 a_{22} - a_{12} b_2,$$

用类似的方法消去 x_1,可得

$$(a_{11}a_{22} - a_{12}a_{21})x_2 = a_{11} b_2 - b_1 a_{21}.$$

当 $a_{11}a_{22} - a_{12}a_{21} \neq 0$ 时,就可得到方程组的解为

$$\begin{cases} x_1 = \dfrac{b_1 a_{22} - a_{12} b_2}{a_{11}a_{22} - a_{12}a_{21}}, \\ x_2 = \dfrac{a_{11} b_2 - b_1 a_{21}}{a_{11}a_{22} - a_{12}a_{21}}. \end{cases} \tag{8.2}$$

为了便于记忆,用记号 $\begin{vmatrix} a_{11} & a_{12} \\ a_{21} & a_{22} \end{vmatrix}$ 表示代数和 $a_{11}a_{22} - a_{12}a_{21}$,它称为二阶行列式,即

$$\begin{vmatrix} a_{11} & a_{12} \\ a_{21} & a_{22} \end{vmatrix} = a_{11}a_{22} - a_{12}a_{21}. \tag{8.3}$$

公式(8.3)的左端称为二阶行列式,右端称为二阶行列式的展开式.其中 $a_{ij}(i=1,2;j=1,2)$ 称为行列式的元素,横排称为行列式的行,竖排称为行列式的列. a_{ij} 的下标 i 表示它位于自上而下的第 i 行,第二个下标 j 表示它位于从左到右的第 j 列.即 a_{ij} 是位于行列式第 i 行第 j 列相交处的一个元素.把 a_{11} 到 a_{22} (即左上角到右下角)的对角线称为主对角线, a_{12} 到 a_{21} (即右上角到左下角)的对角线称为次对角线.由上述定义可知:二阶行列式的值等于主对角线上两元素之积减去次对角线上两元素之积.

由上述定义,表达式(8.2)的分子部分可分别表示为

$$b_1 a_{22} - a_{12} b_2 = \begin{vmatrix} b_1 & a_{12} \\ b_2 & a_{22} \end{vmatrix},$$

$$a_{11} b_2 - b_1 a_{21} = \begin{vmatrix} a_{11} & b_1 \\ a_{21} & b_2 \end{vmatrix}.$$

用 D, D_1, D_2 分别表示上述各行列式,即

$$D = \begin{vmatrix} a_{11} & a_{12} \\ a_{21} & a_{22} \end{vmatrix}, \quad D_1 = \begin{vmatrix} b_1 & a_{12} \\ b_2 & a_{22} \end{vmatrix}, \quad D_2 = \begin{vmatrix} a_{11} & b_1 \\ a_{21} & b_2 \end{vmatrix}.$$

于是,当 $D \neq 0$ 时,线性方程组(8.1)的解可表示为

$$x_1 = \frac{D_1}{D}, \quad x_2 = \frac{D_2}{D},$$

其中 D 称为方程组(8.1)的系数行列式; D_1, D_2 是用方程组(8.1)右端的常数列 b_1, b_2 分别替代系数行列式 D 中的第一列,第二列的元素所得到的两个二阶行列式. D_j 的下标 j 有两个含义: j 表示第 j 个未知量的分子; j 表示用方程组右端的常数列来替代系数行列式中第 j 列的元素.利用行列式解二元线性方程组的方法,称为二元线性方程组的克莱姆法则.

例1 计算下列各行列式.

(1) $\begin{vmatrix} -3 & 5 \\ -2 & 4 \end{vmatrix}$; (2) $\begin{vmatrix} \sin x & \cos x \\ -\cos x & \sin x \end{vmatrix}$.

解:(1) $\begin{vmatrix} -3 & 5 \\ -2 & 4 \end{vmatrix} = (-3) \times 4 - 5 \times (-2) = -2$;

(2) $\begin{vmatrix} \sin x & \cos x \\ -\cos x & \sin x \end{vmatrix} = \sin^2 x + \cos^2 x = 1.$

例2 用行列式解线性方程组

$$\begin{cases} 2x_1 + 3x_2 = 4, \\ 5x_1 + 6x_2 = 7. \end{cases}$$

解:方程组的系数行列式为

$$D = \begin{vmatrix} 2 & 3 \\ 5 & 6 \end{vmatrix} = -3 \neq 0,$$

用方程组右端的常数项替代系数行列式的第一列,

$$D_1 = \begin{vmatrix} 4 & 3 \\ 7 & 6 \end{vmatrix} = 3,$$

用方程组右端的常数项替代系数行列式的第二列，

$$D_2 = \begin{vmatrix} 2 & 4 \\ 5 & 7 \end{vmatrix} = -6.$$

所以方程组的解为

$$x_1 = \frac{D_1}{D} = \frac{3}{-3} = -1, \quad x_2 = \frac{D_2}{D} = \frac{-6}{-3} = 2.$$

二、二阶行列式的性质

将一个二阶行列式 D 的行与列依次互换所得到的行列式称为行列式 D 的转置行列式，记为 D^{T}. 即

$$D = \begin{vmatrix} a_{11} & a_{12} \\ a_{21} & a_{22} \end{vmatrix}, \quad \text{则 } D^{\mathrm{T}} = \begin{vmatrix} a_{11} & a_{21} \\ a_{12} & a_{22} \end{vmatrix}.$$

性质 1　行列式 D 与它的转置行列式 D^{T} 的值相等，即 $D = D^{\mathrm{T}}$.

由性质 1 可知，凡是对行列式的行成立的性质对列也成立. 反之亦然.

性质 2　如果行列式某一列(行)的每一个元素都是二项式，则此行列式等于把这些二项式各取一项作为相应的列(行)，而其余的列(行)不变的两个行列式的和.

例如

$$\begin{vmatrix} a_{11}+b_{11} & a_{12} \\ a_{21}+b_{21} & a_{22} \end{vmatrix} = \begin{vmatrix} a_{11} & a_{12} \\ a_{21} & a_{22} \end{vmatrix} + \begin{vmatrix} b_{11} & a_{12} \\ b_{21} & a_{22} \end{vmatrix}.$$

证：左边 $= \begin{vmatrix} a_{11}+b_{11} & a_{12} \\ a_{21}+b_{21} & a_{22} \end{vmatrix} = (a_{11}+b_{11})a_{22} - (a_{21}+b_{21})a_{12}.$

右边 $= \begin{vmatrix} a_{11} & a_{12} \\ a_{21} & a_{22} \end{vmatrix} + \begin{vmatrix} b_{11} & a_{12} \\ b_{21} & a_{22} \end{vmatrix}$

$= a_{11}a_{22} - a_{12}a_{21} + b_{11}a_{22} - b_{21}a_{12}$

$= (a_{11}+b_{11})a_{22} - (a_{21}+b_{21})a_{12}.$

因为左边＝右边，所以等式成立.

性质 3　如果行列式 D 的某一列(行)的每一个元素同乘以一个常数 k，则行列式的值等于 kD.

例如

$$\begin{vmatrix} ka_{11} & a_{12} \\ ka_{21} & a_{22} \end{vmatrix} = k \begin{vmatrix} a_{11} & a_{12} \\ a_{21} & a_{22} \end{vmatrix}.$$

推论　行列式中某一行(列)所有元素的公因子可以提到行列式的记号外面.

性质 4　互换行列式的两列(行)，行列式的值改变符号，即

$$\begin{vmatrix} a_{11} & a_{12} \\ a_{21} & a_{22} \end{vmatrix} = - \begin{vmatrix} a_{12} & a_{11} \\ a_{22} & a_{21} \end{vmatrix}.$$

性质 1、3、4 都可以仿照性质 2 进行证明.

例 3　利用行列式的性质计算下列行列式.

(1) $\begin{vmatrix} a+b & a \\ b+a & b \end{vmatrix}$;　　(2) $\begin{vmatrix} 339 & 125 \\ 113 & 50 \end{vmatrix}$.

解:(1)
$$\begin{vmatrix} a+b & a \\ b+a & b \end{vmatrix} = \begin{vmatrix} a & a \\ b & b \end{vmatrix} + \begin{vmatrix} b & a \\ a & b \end{vmatrix} = ab - ab + b^2 - a^2 = b^2 - a^2;$$

(2)
$$\begin{vmatrix} 339 & 125 \\ 113 & 50 \end{vmatrix} = 113 \times 25 \begin{vmatrix} 3 & 5 \\ 1 & 2 \end{vmatrix} = 113 \times 25 \times 1 = 2\,825.$$

练习题 8.1

1. 求下列各行列式的值:

(1) $\begin{vmatrix} 3 & 5 \\ 1 & 5 \end{vmatrix}$;　　　　(2) $\begin{vmatrix} -3 & 5 \\ 2 & -5 \end{vmatrix}$;

(3) $\begin{vmatrix} \sin\alpha & \cos\alpha \\ \sin\beta & \cos\beta \end{vmatrix}$;　　(4) $\begin{vmatrix} 0 & 0 \\ 3 & 5 \end{vmatrix}$.

2. 利用行列式解下列方程组:

(1) $\begin{cases} 4x+3y=5, \\ 3x+4y=6; \end{cases}$　　(2) $\begin{cases} 60I_1 - 20I_2 - 120 = 0, \\ -20I_1 + 80I_2 + 60 = 0. \end{cases}$

8.2　三阶行列式

为了方便地表达三元线性方程组

$$\begin{cases} a_{11}x_1 + a_{12}x_2 + a_{13}x_3 = b_1, \\ a_{21}x_1 + a_{22}x_2 + a_{23}x_3 = b_2, \\ a_{31}x_1 + a_{32}x_2 + a_{33}x_3 = b_3 \end{cases} \tag{8.4}$$

的求解公式,类似于二阶行列式,给出三阶行列式的定义.

一、三阶行列式

定义

$$\begin{vmatrix} a_{11} & a_{12} & a_{13} \\ a_{21} & a_{22} & a_{23} \\ a_{31} & a_{32} & a_{33} \end{vmatrix} = a_{11}a_{22}a_{33} + a_{12}a_{23}a_{31} + a_{13}a_{21}a_{32} - a_{13}a_{22}a_{31} - a_{12}a_{21}a_{33} - a_{11}a_{23}a_{32}. \tag{8.5}$$

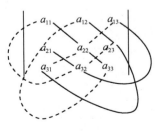

图 8-1

上式左端称为三阶行列式,右端称为三阶行列式的展开式. 三阶行列式的展开方法如图 8-1 所示. 三阶行列式中共有三行三列 9 个元素,如图 8-1 所示,把图中实线部分的元素称为主对角线元素,虚线部分的元素称为次对角线元素,将它按照对角线展开,其展开式共有 6 项,每项都是不同行不同列的三个元素的乘积,主对角线上的元素之积取正,次对角线上的元素之积取负,这种展开三阶行列式的方法称为对角线法则.

有了三阶行列式的定义,可以证明,对方程组(8.4)有三元线性方程组的克莱姆法则.

当系数行列式

$$D = \begin{vmatrix} a_{11} & a_{12} & a_{13} \\ a_{21} & a_{22} & a_{23} \\ a_{31} & a_{32} & a_{33} \end{vmatrix} \neq 0 \text{ 时,方程组有唯一的解}$$

$$x_1 = \frac{D_1}{D}, \quad x_2 = \frac{D_2}{D}, \quad x_3 = \frac{D_3}{D},$$

其中,$D_j(j=1,2,3)$是用方程组(8.4)右端的常数项 b_1, b_2, b_3 依次替换系数行列式 D 中的第 j 列元素所得到的三阶行列式.

例1 验证下列两式.

(1) $\begin{vmatrix} 0 & a & b \\ -a & 0 & c \\ -b & -c & 0 \end{vmatrix} = 0$; (2) $\begin{vmatrix} a & x & y \\ 0 & b & z \\ 0 & 0 & c \end{vmatrix} = abc.$

解:利用对角线法则验证如下:

(1) $\begin{vmatrix} 0 & a & b \\ -a & 0 & c \\ -b & -c & 0 \end{vmatrix} = 0 - abc + abc - 0 - 0 - 0 = 0;$

(2) $\begin{vmatrix} a & x & y \\ 0 & b & z \\ 0 & 0 & c \end{vmatrix} = abc + 0 + 0 - 0 - 0 - 0 = abc.$

主对角线一侧的元素都为零的行列式叫作三角形行列式,由本例可知,三角形行列式的值等于主对角线上元素之积.

例2 解线性方程组 $\begin{cases} 2x - y + z = 0, \\ 3x + 2y - 5z = 1, \\ x + 3y - 2z = 4. \end{cases}$

解:用对角线法则,可求出

$$D = \begin{vmatrix} 2 & -1 & 1 \\ 3 & 2 & -5 \\ 1 & 3 & -2 \end{vmatrix} = 28 \neq 0, \quad D_1 = \begin{vmatrix} 0 & -1 & 1 \\ 1 & 2 & -5 \\ 4 & 3 & -2 \end{vmatrix} = 13,$$

$$D_2 = \begin{vmatrix} 2 & 0 & 1 \\ 3 & 1 & -5 \\ 1 & 4 & -2 \end{vmatrix} = 47, \quad D_3 = \begin{vmatrix} 2 & -1 & 0 \\ 3 & 2 & 1 \\ 1 & 3 & 4 \end{vmatrix} = 21.$$

于是,方程组的解为:

$$x = \frac{13}{28}, \quad y = \frac{47}{28}, \quad z = \frac{3}{4}.$$

可见,只要方程组的系数行列式不为零,方程组就有唯一解.

在三阶行列式

$$D = \begin{vmatrix} a_{11} & a_{12} & a_{13} \\ a_{21} & a_{22} & a_{23} \\ a_{31} & a_{32} & a_{33} \end{vmatrix} \tag{8.6}$$

中,划去元素 a_{ij} 所在的行和列的元素,剩下的元素按原来的次序构成一个二阶行列式,叫作元

素 a_{ij} 的余子式，记为 D_{ij}. 例如，在行列式(8.6)中，元素 a_{21} 的余子式为

$$D_{21} = \begin{vmatrix} a_{12} & a_{13} \\ a_{32} & a_{33} \end{vmatrix},$$

把 $(-1)^{i+j}D_{ij}$ 叫作元素 a_{ij} 的代数余子式，记为 A_{ij}，即 $A_{ij} = (-1)^{i+j}D_{ij}$.

例如，在行列式(8.6)中，元素 a_{21} 的代数余子式为

$$A_{21} = (-1)^{2+1}D_{21} = -\begin{vmatrix} a_{12} & a_{13} \\ a_{32} & a_{33} \end{vmatrix}.$$

由三阶行列式的定义式(8.5)知

$$D = \begin{vmatrix} a_{11} & a_{12} & a_{13} \\ a_{21} & a_{22} & a_{23} \\ a_{31} & a_{32} & a_{33} \end{vmatrix} = a_{11}a_{22}a_{33} + a_{12}a_{23}a_{31} + a_{13}a_{21}a_{32} - a_{13}a_{22}a_{31} - a_{12}a_{21}a_{33} - a_{11}a_{23}a_{32}.$$

将其按第一行元素 a_{11}, a_{12}, a_{13} 来整理，得

$$D = a_{11}(a_{22}a_{33} - a_{23}a_{32}) - a_{12}(a_{21}a_{33} - a_{23}a_{31}) + a_{13}(a_{21}a_{32} - a_{22}a_{31})$$

$$= (-1)^{1+1}a_{11}\begin{vmatrix} a_{22} & a_{23} \\ a_{32} & a_{33} \end{vmatrix} + (-1)^{1+2}a_{12}\begin{vmatrix} a_{21} & a_{23} \\ a_{31} & a_{33} \end{vmatrix} + (-1)^{1+3}a_{13}\begin{vmatrix} a_{21} & a_{22} \\ a_{31} & a_{32} \end{vmatrix}$$

$$= a_{11}A_{11} + a_{12}A_{12} + a_{13}A_{13}.$$

同理，按第二、三行的元素来整理，可得

$$D = a_{21}A_{21} + a_{22}A_{22} + a_{23}A_{23};$$

$$D = a_{31}A_{31} + a_{32}A_{32} + a_{33}A_{33}.$$

定理 行列式等于它任一行(列)上所有元素与其对应的代数余子式乘积的代数和.

例3(三阶行列式的应用)

有甲、乙、丙三种品牌的零食套盒，甲种品牌零食套盒每千克含鸭脖 100 克、草莓干 100 克、腰果 100 克；乙种品牌零食套盒每千克含鸭脖 200 克、草莓干 200 克、腰果 200 克；丙种品牌零食套盒每千克含鸭脖 200 克、草莓干 100 克、腰果 0 克. 若把此三种品牌零食套盒混合，要求混合后零食含鸭脖 3 千克、草莓干 4 千克、腰果 3 千克，问三种品牌零食各需多少千克？

解：设甲、乙、丙三种品牌零食各需 x, y, z 千克，根据题意建立线性方程组

$$\begin{cases} 0.1x + 0.2z = 3 \\ 0.1x + 0.2y + 0.1z = 4 \\ 0.1x + 0.2y = 3 \end{cases}$$

则有 $x = 10, y = 10, z = 10$.

二、三阶行列式的性质

可以证明三阶行列式具有与二阶行列式相应的四条性质.

性质 5 具有下面三种情况之一的行列式，其值必等于零.

(1) 某一行(列)的元素都为零.

例如 $\begin{vmatrix} 0 & b_1 & c_1 \\ 0 & b_2 & c_2 \\ 0 & b_3 & c_3 \end{vmatrix} = 0.$

(2) 某两行(列)的对应元素相等.

例如 $\begin{vmatrix} a_1 & a_1 & b_1 \\ a_2 & a_2 & b_2 \\ a_3 & a_3 & b_3 \end{vmatrix} = 0$,按第三列展开,得

$$\text{左端} = b_1 \begin{vmatrix} a_2 & a_2 \\ a_3 & a_3 \end{vmatrix} - b_2 \begin{vmatrix} a_1 & a_1 \\ a_3 & a_3 \end{vmatrix} + b_3 \begin{vmatrix} a_1 & a_1 \\ a_2 & a_2 \end{vmatrix} = 0.$$

(3) 某两行(列)的对应元素成比例.

例如 $\begin{vmatrix} kb_1 & b_1 & c_1 \\ kb_2 & b_2 & c_2 \\ kb_3 & b_3 & c_3 \end{vmatrix} = 0$,

证明:利用性质 3,得

$$\text{左端} = k \begin{vmatrix} b_1 & b_1 & c_1 \\ b_2 & b_2 & c_2 \\ b_3 & b_3 & c_3 \end{vmatrix} = k \cdot 0 = 0.$$

性质 6 把行列式某一行(列)的各元素都乘以同一常数 k 后,再加到另一行(列)的对应元素上,行列式的值不变.

例如 $\begin{vmatrix} a_1+kb_1 & b_1 & c_1 \\ a_2+kb_2 & b_2 & c_2 \\ a_3+kb_3 & b_3 & c_3 \end{vmatrix} = \begin{vmatrix} a_1 & b_1 & c_1 \\ a_2 & b_2 & c_2 \\ a_3 & b_3 & c_3 \end{vmatrix}.$

证明:利用性质 2 和性质 5(3),得

$$\text{左端} = \begin{vmatrix} a_1 & b_1 & c_1 \\ a_2 & b_2 & c_2 \\ a_3 & b_3 & c_3 \end{vmatrix} + \begin{vmatrix} kb_1 & b_1 & c_1 \\ kb_2 & b_2 & c_2 \\ kb_3 & b_3 & c_3 \end{vmatrix} = \begin{vmatrix} a_1 & b_1 & c_1 \\ a_2 & b_2 & c_2 \\ a_3 & b_3 & c_3 \end{vmatrix} + 0 = \text{右端}.$$

注:k 可取正值、负值或零.

性质 7 行列式某一行(列)的各元素与另一行(列)的对应元素的代数余子式乘积的和等于零.

例 4 计算三阶行列式 $\begin{vmatrix} 1 & -2 & 1 \\ 2 & 1 & -3 \\ -1 & 1 & -1 \end{vmatrix}$.

解:方法一:利用对角线法则,得

$$\begin{vmatrix} 1 & -2 & 1 \\ 2 & 1 & -3 \\ -1 & 1 & -1 \end{vmatrix} = -1-6+2+1-4+3 = -5.$$

方法二:按第一行展开

$$\begin{vmatrix} 1 & -2 & 1 \\ 2 & 1 & -3 \\ -1 & 1 & -1 \end{vmatrix} = 1 \begin{vmatrix} 1 & -3 \\ 1 & -1 \end{vmatrix} - (-2) \begin{vmatrix} 2 & -3 \\ -1 & -1 \end{vmatrix} + 1 \begin{vmatrix} 2 & 1 \\ -1 & 1 \end{vmatrix}$$

$$= 2-10+3 = -5.$$

方法三：利用性质 6，得

$$\begin{vmatrix} 1 & -2 & 1 \\ 2 & 1 & -3 \\ -1 & 1 & -1 \end{vmatrix} \xrightarrow[\text{把第一行的}+1\text{倍加到第三行上}]{\text{把第一行的}-2\text{倍加到第二行上}} \begin{vmatrix} 1 & -2 & 1 \\ 0 & 5 & -5 \\ 0 & -1 & 0 \end{vmatrix}.$$

按第一列展开 $= \begin{vmatrix} 5 & -5 \\ -1 & 0 \end{vmatrix} = -5.$

由于行列式的整个计算过程方法灵活，变化较多，为了便于求解和复查，在计算过程中约定采用下列标记方法：

(1) 以 r 代表行，c 代表列；
(2) 把第 i 行(列)的每个元素加上第 j 行(列)对应元素的 k 倍，记作 r_i+kr_j [或 c_i+kc_j]；
(3) 互换第 i 行(列)和第 j 行(列)，记作 $r_i \leftrightarrow r_j$ (或 $c_i \leftrightarrow c_j$).

例 5 计算下列行列式的值

(1) $D_1 = \begin{vmatrix} 3 & 1 & 2 \\ 290 & 106 & 196 \\ 5 & -3 & 2 \end{vmatrix}$； (2) $D_2 = \begin{vmatrix} a-b & a & b \\ -a & b-a & a \\ b & -b & -a-b \end{vmatrix}$ $(a,b \neq 0).$

解：(1) 把 D_1 的第二行的元素分别看成 $300-10, 100+6, 200-4$，由性质4，得

$$D_1 = \begin{vmatrix} 3 & 1 & 2 \\ 300-10 & 100+6 & 200-4 \\ 5 & -3 & 2 \end{vmatrix} = \begin{vmatrix} 3 & 1 & 2 \\ 300 & 100 & 200 \\ 5 & -3 & 2 \end{vmatrix} + \begin{vmatrix} 3 & 1 & 2 \\ -10 & 6 & -4 \\ 5 & -3 & 2 \end{vmatrix}.$$

由性质 5(3)，得 $D_1 = 0.$

(2) $D_2 = \begin{vmatrix} a-b & a & b \\ -a & b-a & a \\ b & -b & -a-b \end{vmatrix} \xrightarrow{r_1+r_2} \begin{vmatrix} -b & b & a+b \\ -a & b-a & a \\ b & -b & -a-b \end{vmatrix} = 0.$

练习题 8.2

1. 计算下列行列式：

(1) $\begin{vmatrix} 3 & 4 & -5 \\ 11 & 6 & -1 \\ 2 & 3 & 6 \end{vmatrix}$； (2) $\begin{vmatrix} 3 & 2 & 1 \\ 2 & 3 & 2 \\ 1 & 2 & 3 \end{vmatrix}$；

(3) $\begin{vmatrix} 4 & 2 & 3 \\ 2 & 3 & 0 \\ 3 & 0 & 0 \end{vmatrix}$； (4) $\begin{vmatrix} a & b & 0 \\ c & 0 & b \\ 0 & c & a \end{vmatrix}.$

2. 用行列式解下列线性方程组：

(1) $\begin{cases} 2x-y+3z=3, \\ 3x+y-5z=0, \\ 4x-y+z=3; \end{cases}$ (2) $\begin{cases} x_1+2x_2-3x_3=0, \\ 2x_1-x_2+4x_3=0, \\ x_1+x_2+x_3=0; \end{cases}$

(3) $\begin{cases} x+y-z=3 \\ 2x+y+z=6 \\ 2x-y+z=0 \end{cases}$

3. 解方程：

(1) $\begin{vmatrix} x^2 & 4 & -9 \\ x & 2 & 3 \\ 1 & 1 & 1 \end{vmatrix}=0$;   (2) $\begin{vmatrix} x-1 & -2 & -3 \\ -2 & x-1 & -3 \\ -3 & -3 & x-6 \end{vmatrix}=0$.

8.3 高阶行列式

二阶及三级行列式的概念,可类似地推广至四阶或更高阶的行列式. 称四阶和四阶以上的行列式为高阶行列式. 前面我们所讨论的行列式的性质和展开法,对任意阶行列式都完全成立. 但是,必须注意,对于高阶行列式,前面所讲述的对角线法则不适用. 下面将讨论高阶行列式的计算方法.

例 1 证明 $\begin{vmatrix} a_{11} & a_{12} & \cdots & a_{1n} \\ 0 & a_{22} & \cdots & a_{2n} \\ \vdots & \vdots & & \vdots \\ 0 & 0 & \cdots & a_{nn} \end{vmatrix}=a_{11}a_{22}\cdots a_{nn}$.

证:依次按第一列展开可得

$\begin{vmatrix} a_{11} & a_{12} & \cdots & a_{1n} \\ 0 & a_{22} & \cdots & a_{2n} \\ \vdots & \vdots & & \vdots \\ 0 & 0 & \cdots & a_{nn} \end{vmatrix}=a_{11}\begin{vmatrix} a_{22} & a_{23} & \cdots & a_{2n} \\ 0 & a_{33} & \cdots & a_{3n} \\ \vdots & \vdots & & \vdots \\ 0 & 0 & \cdots & a_{nn} \end{vmatrix}=\cdots=a_{11}a_{22}\cdots a_{nn}$.

同理,可得 $\begin{vmatrix} a_{11} & 0 & \cdots & 0 \\ a_{21} & a_{22} & \cdots & 0 \\ \vdots & \vdots & & \vdots \\ a_{n1} & a_{n2} & \cdots & a_{nn} \end{vmatrix}=a_{11}a_{22}\cdots a_{nn}$.

非零元素只出现在主对角线(包括主对角线)一侧的行列式,称为三角形行列式,由上例可知,三角形行列式的值等于主对角线上的元素之积.

一、行列式的计算

1. "化三角形法"把数字元素的行列式化为三角形行列式的一般步骤

(1) 将元素 a_{11} 变换为 1(有时也可以将第一行乘 $1/a_{11}$ 来实现,但要注意尽量避免将元素化为分数,否则将给后面的计算增加困难);

(2) 将第一列 a_{11} 以下的元素全部化为零,即将第一行乘以 $-a_{21},-a_{31},\cdots,-a_{n1}$ 并分别加到第 $2,3,\cdots,n$ 行对应元素上;

(3) 从第二行依次用类似的方法把主对角线 $a_{22},a_{33},\cdots a_{n-1,n-1}$ 以下的元素全部化为零,即可得上三角形行列式.

注意,在上述变换过程中,主对角线上元素 $a_{ii}(i=1,2,\cdots,n-1)$ 不能为零,若出现零,可通过行变换或列变换使得主对角线上的元素不为零.

例 2 计算行列式 $\begin{vmatrix} 1 & 2 & 0 & 1 \\ 1 & 3 & 5 & 0 \\ 0 & 1 & 5 & 6 \\ 1 & 2 & 3 & 4 \end{vmatrix}$.

解：

$\begin{vmatrix} 1 & 2 & 0 & 1 \\ 1 & 3 & 5 & 0 \\ 0 & 1 & 5 & 6 \\ 1 & 2 & 3 & 4 \end{vmatrix} \xrightarrow[r_4+(-1)r_1]{r_2+(-1)r_1} \begin{vmatrix} 1 & 2 & 0 & 1 \\ 0 & 1 & 5 & -1 \\ 0 & 1 & 5 & 6 \\ 0 & 0 & 3 & 3 \end{vmatrix} \xrightarrow{r_3+(-1)r_2} \begin{vmatrix} 1 & 2 & 0 & 1 \\ 0 & 1 & 5 & -1 \\ 0 & 0 & 0 & 7 \\ 0 & 0 & 3 & 3 \end{vmatrix}$

$\xrightarrow{r_3 \leftrightarrow r_4} - \begin{vmatrix} 1 & 2 & 0 & 1 \\ 0 & 1 & 5 & -1 \\ 0 & 0 & 3 & 3 \\ 0 & 0 & 0 & 7 \end{vmatrix} = -21.$

2. "降阶法"

计算矩阵行列式的另一种基本方法是选择零元素较多的行（或列），按这一行（或列）展开，将行列式转化成几个低一阶的行列式的代数和；如果原行列式没有一行（或列）多数元素为零，则可以利用性质，使某一行（或列）化成只有一两个非零元素，其他均为零元素的情形，然后按这一行（或列）展开．按此方法逐步降阶，直至计算出结果．这种方法一般称为"降阶法"．

例 3 计算行列式 $\begin{vmatrix} 2 & 7 & 8 & 9 \\ -5 & 3 & 1 & -8 \\ 1 & 7 & 8 & 9 \\ 6 & 4 & 2 & -16 \end{vmatrix}$.

解： 注意到行列式第一行与第三行元素的特点，利用性质 6，先将第一行的元素尽量化为 0，然后由上一节定理，将其变成三阶行列式，再逐步降阶，直至求出结果．即

$\begin{vmatrix} 2 & 7 & 8 & 9 \\ -5 & 3 & 1 & -8 \\ 1 & 7 & 8 & 9 \\ 6 & 4 & 2 & -16 \end{vmatrix} \xrightarrow{r_1+(-1)r_3} \begin{vmatrix} 1 & 0 & 0 & 0 \\ -5 & 3 & 1 & -8 \\ 1 & 7 & 8 & 9 \\ 6 & 4 & 2 & -16 \end{vmatrix} = \begin{vmatrix} 3 & 1 & -8 \\ 7 & 8 & 9 \\ 4 & 2 & -16 \end{vmatrix}$

$\xrightarrow{r_1+\left(-\frac{1}{2}\right)r_3} \begin{vmatrix} 1 & 0 & 0 \\ 7 & 8 & 9 \\ 4 & 2 & -16 \end{vmatrix} = \begin{vmatrix} 8 & 9 \\ 2 & -16 \end{vmatrix} = -146.$

二、克莱姆法则

定理 克莱姆法则：

设含有 n 个方程，n 个未知元的线性方程组

$$\begin{cases} a_{11}x_1 + a_{12}x_2 + \cdots + a_{1n}x_n = b_1, \\ a_{21}x_1 + a_{22}x_2 + \cdots + a_{2n}x_n = b_2, \\ \quad\quad\quad\quad\quad\quad \vdots \\ a_{n1}x_1 + a_{n2}x_2 + \cdots + a_{nn}x_n = b_n \end{cases} \quad (8.7)$$

的系数行列式 $D=\begin{vmatrix} a_{11} & a_{12} & \cdots & a_{1n} \\ a_{21} & a_{22} & \cdots & a_{2n} \\ \vdots & \vdots & & \vdots \\ a_{n1} & a_{n2} & \cdots & a_{nn} \end{vmatrix} \neq 0$,

则该方程组有唯一解,其解为

$$x_j = \frac{D_j}{D} \quad (j=1,2,\cdots,n),$$

其中,$D_j(j=1,2,\cdots,n)$ 是把 D 中第 j 列元素 $a_{1j},a_{2j},\cdots,a_{nj}$ 对应地换成常数项 $b_1,b_2,\cdots,b_n$,而其余各列保持不变所得到的行列式.

注意:用克莱姆法则解线性方程组时有两个前提条件:

(1) 方程的个数与未知量的个数相等;

(2) 方程组的系数行列式 $D \neq 0$.

例 4 用克莱姆法则解方程组

$$\begin{cases} x_1 - x_2 + 2x_4 = -5, \\ 3x_1 + 2x_2 - x_3 - 2x_4 = 6, \\ 4x_1 + 3x_2 - x_3 - x_4 = 0, \\ 2x_1 - x_3 = 0. \end{cases}$$

解:

$$D = \begin{vmatrix} 1 & -1 & 0 & 2 \\ 3 & 2 & -1 & -2 \\ 4 & 3 & -1 & -1 \\ 2 & 0 & -1 & 0 \end{vmatrix} = 5 \neq 0.$$

根据克莱姆法则,它有唯一解,计算 $D_j, j=1,2,3,4$,得

$$D_1 = \begin{vmatrix} -5 & -1 & 0 & 2 \\ 6 & 2 & -1 & -2 \\ 0 & 3 & -1 & -1 \\ 0 & 0 & -1 & 0 \end{vmatrix} = 10; \quad D_2 = \begin{vmatrix} 1 & -5 & 0 & 2 \\ 3 & 5 & -1 & -2 \\ 4 & 0 & -1 & -1 \\ 2 & 0 & -1 & 0 \end{vmatrix} = -15;$$

$$D_3 = \begin{vmatrix} 1 & -1 & -5 & 2 \\ 3 & 2 & 6 & -2 \\ 4 & 3 & 0 & -1 \\ 2 & 0 & 0 & 0 \end{vmatrix} = 20; \quad D_4 = \begin{vmatrix} 1 & -1 & 0 & -5 \\ 3 & 2 & -1 & 6 \\ 4 & 3 & -1 & 0 \\ 2 & 0 & -1 & 0 \end{vmatrix} = -25.$$

把 D 和 D_j 的值代入公式 $x_j = \frac{D_j}{D}(j=1,2,\cdots,n)$,即得方程组的解

$$x_1 = \frac{10}{5} = 2, \quad x_2 = \frac{-15}{5} = -3, \quad x_3 = \frac{20}{5} = 4, \quad x_4 = \frac{-25}{5} = -5.$$

当线性方程组(8.7)的常数项均为零时,

$$\begin{cases} a_{11}x_1 + a_{12}x_2 + \cdots + a_{1n}x_n = 0, \\ a_{21}x_1 + a_{22}x_2 + \cdots + a_{2n}x_n = 0, \\ \vdots \\ a_{n1}x_1 + a_{n2}x_2 + \cdots + a_{nn}x_n = 0 \end{cases} \tag{8.8}$$

称(8.8)为齐次线性方程组,这时行列式 D_j 的第 j 列元素都是零,所以 $D_j=0(j=1,2,\cdots,n)$,因此,当方程组(8.8)的系数行列式 $D\neq 0$ 时,由克莱姆法则知道它有唯一的解

$$x_j = 0 \quad (j=1,2,\cdots,n).$$

全部由零组成的解称为零解.于是我们得到下面的推论.

推论 1 若齐次线性方程组(8.8)的系数行列式 $D\neq 0$,则方程组只有零解.

由推论 1 又可得到推论 2.

推论 2 齐次线性方程组(8.8)有非零解的充分必要条件是系数行列式 $D=0$.

练习题 8.3

1. 利用行列式性质计算下列各行列式:

(1) $\begin{vmatrix} 1 & 1 & 2 \\ 2 & 1 & 1 \\ 1 & 2 & 1 \end{vmatrix}$;

(2) $\begin{vmatrix} 1 & 1 & 1 \\ a & b & c \\ b+c & c+a & a+b \end{vmatrix}$;

(3) $\begin{vmatrix} 1+\cos x & 1+\sin x & 1 \\ 1-\sin x & 1+\cos x & 1 \\ 1 & 1 & 1 \end{vmatrix}$;

(4) $\begin{vmatrix} 1 & 1 & 1 & 1 \\ 1 & -1 & 1 & 1 \\ 1 & 1 & -1 & 1 \\ 1 & 1 & 1 & -1 \end{vmatrix}$;

(5) $\begin{vmatrix} 0 & 1 & 1 & 1 \\ 1 & 0 & 1 & 1 \\ 1 & 1 & 0 & 1 \\ 1 & 1 & 1 & 0 \end{vmatrix}$;

(6) $\begin{vmatrix} -1 & 2 & -2 & 1 \\ 2 & 3 & 1 & -1 \\ 2 & 0 & 0 & 3 \\ 4 & 1 & 0 & 1 \end{vmatrix}$;

(7) $\begin{vmatrix} a_{11} & a_{12} & a_{13} & a_{14} \\ a_{21} & a_{22} & a_{23} & 0 \\ a_{31} & a_{32} & 0 & 0 \\ a_{41} & 0 & 0 & 0 \end{vmatrix}$.

2. 利用行列式性质证明:

(1) $\begin{vmatrix} 1 & a & a^2-bc \\ 1 & b & b^2-ca \\ 1 & c & c^2-ab \end{vmatrix} = 0$;

(2) $\begin{vmatrix} 1 & a & a^2 \\ 1 & b & b^2 \\ 1 & c & c^2 \end{vmatrix} = (a-b)(b-c)(c-a).$

本 章 小 结

一、内容提要

本章主要内容有行列式的概念,行列式的性质,行列式的计算和克莱姆法则.

二、基本要求

1. 理解二阶、三阶行列式的概念，了解高阶行列式的概念.
2. 了解行列式的代数余子式概念，理解行列式的性质.
3. 掌握行列式的常用计算法（对角线法、三角形法及降阶法）.
4. 理解克莱姆法则，并能用其求解简单的线性方程组.

三、例题选讲

例 1 计算行列式 $\begin{vmatrix} 1 & 0 & -2 \\ 3 & 2 & -4 \\ 2 & 1 & 3 \end{vmatrix}$.

解法一（对角线法） 利用三阶行列式的展开式将所求行列式展开，得

$$\begin{vmatrix} 1 & 0 & -2 \\ 3 & 2 & -4 \\ 2 & 1 & 3 \end{vmatrix} = 1 \times 2 \times 3 + 3 \times 1 \times (-2) + 2 \times 0 \times (-4) - 2 \times 2 \times (-2)$$

$$- 0 \times 3 \times 3 - 1 \times 1 \times (-4) = 12.$$

解法二（三角法） 利用行列式的性质将行列式化为三角形，然后将对角线元素相乘，求得行列式的值，即

$$\begin{vmatrix} 1 & 0 & -2 \\ 3 & 2 & -4 \\ 2 & 1 & 3 \end{vmatrix} \xrightarrow[r_3 - 2r_1]{r_2 - 3r_1} \begin{vmatrix} 1 & 0 & -2 \\ 0 & 2 & 2 \\ 0 & 1 & 7 \end{vmatrix} \xrightarrow{r_3 - \frac{1}{2}r_2} \begin{vmatrix} 1 & 0 & -2 \\ 0 & 2 & 2 \\ 0 & 0 & 6 \end{vmatrix} = 12.$$

解法三（降阶法） 将所求行列式按第一行展开，于是三阶行列式就化为二阶行列式（降阶），从而可计算出行列式的值. 计算过程如下：

$$\begin{vmatrix} 1 & 0 & -2 \\ 3 & 2 & -4 \\ 2 & 1 & 3 \end{vmatrix} = 1 \times (-1)^{1+1} \begin{vmatrix} 2 & -4 \\ 1 & 3 \end{vmatrix} + 0 \times (-1)^{1+2} \begin{vmatrix} 3 & -4 \\ 2 & 3 \end{vmatrix} + (-2) \times (-1)^{1+3} \begin{vmatrix} 3 & 2 \\ 2 & 1 \end{vmatrix} = 12.$$

注意 上述三种方法是计算行列式的三种基本方法，解题应根据实际情况灵活选取.

例 2 计算行列式 $\begin{vmatrix} x & a & a & a \\ a & x & a & a \\ a & a & x & a \\ a & a & a & x \end{vmatrix}$.

解：$\begin{vmatrix} x & a & a & a \\ a & x & a & a \\ a & a & x & a \\ a & a & a & x \end{vmatrix} \xrightarrow{\text{将第 2,3,4 列都加到第 1 列}} \begin{vmatrix} x+3a & a & a & a \\ x+3a & x & a & a \\ x+3a & a & x & a \\ x+3a & a & a & x \end{vmatrix}$

$= (x+3a) \begin{vmatrix} 1 & a & a & a \\ 1 & x & a & a \\ 1 & a & x & a \\ 1 & a & a & x \end{vmatrix}$

$$\xrightarrow{\text{将第 1 行乘以}(-1)\text{分别加到第 2,3,4 行}} (x+3a) \begin{vmatrix} 1 & a & a & a \\ 0 & x-a & 0 & 0 \\ 0 & 0 & x-a & 0 \\ 0 & 0 & 0 & x-a \end{vmatrix}$$

$$= (x+3a)(x-a)^3$$

注意：上题中，列元素和相等，将其他列都加到第 1 列，提取公因式，再化为三角行列式，这种方法是计算这类行列式的常用方法．

习 题 8

1. 计算行列式：

(1) $\begin{vmatrix} 1 & 4 & 9 & 16 \\ 4 & 9 & 16 & 25 \\ 9 & 16 & 25 & 36 \\ 16 & 25 & 36 & 49 \end{vmatrix}$；

(2) $\begin{vmatrix} 1 & 2 & 3 & 4 & 5 \\ -1 & 0 & 3 & 4 & 5 \\ -1 & -2 & 0 & 4 & 5 \\ -1 & -2 & -3 & 0 & 5 \\ -1 & -2 & -3 & -4 & 0 \end{vmatrix}$；

(3) $\begin{vmatrix} 2 & 0 & 2\cos\alpha & 0 \\ 0 & 2 & 0 & 2\cos\alpha \\ 2\cos\alpha & 0 & 2 & 0 \\ 0 & 2\cos\alpha & 0 & 2 \end{vmatrix}$；

(4) $\begin{vmatrix} 1 & 1 & 1 & 1 \\ a & a & b & b \\ b & b & a & c \\ c & c & c & a \end{vmatrix}$；

(5) $\begin{vmatrix} 1 & i & 1+i \\ -i & 1 & 0 \\ 1-i & 0 & 1 \end{vmatrix}$．

2. 解下列各线性方程组：

(1) $\begin{cases} x+3y+z=5, \\ x+y+5z=-7, \\ 2x+3y-3z=14; \end{cases}$

(2) $\begin{cases} 2x_1+x_2-5x_3+x_4=8 \\ x_1-3x_2-6x_4=9 \\ 2x_2-x_3+2x_4=-5 \\ x_1+4x_2-7x_3+6x_4=0 \end{cases}$

(3) $\begin{cases} 3x_1+2x_2=1, \\ x_1+3x_2+2x_3=0, \\ x_2+3x_3+2x_4=0, \\ x_3+3x_4=-2. \end{cases}$

第九章 矩 阵

矩阵是处理线性问题的重要工具,被广泛地应用在经济研究领域. 本节介绍矩阵的基本概念,及矩阵的基本运算.

9.1 矩阵的基本概念与基本运算

一、矩阵的基本概念

矩阵是数(或函数)的矩形阵表. 在工程技术、生产活动和日常生活中,人们常常用数表示一些量或关系. 如工厂中的产量统计表、市场上的价目表等.

例如,在物资调运中,某类物资有三个产地、四个销地,它的调运情况如表 9-1 所示.

表 9-1

	I	II	III	IV
A	0	3	4	7
B	8	2	3	0
C	5	4	0	6

把表中数据取出并且不改变数据的相对位置,则可用一个三行四列或 3×4 的数表表示该调运方案,简记作

$$\begin{bmatrix} 0 & 3 & 4 & 7 \\ 8 & 2 & 3 & 0 \\ 5 & 4 & 0 & 6 \end{bmatrix},$$

其中每一行表示一个产地调往四个销售地的调运量,每一列表示三个产地调到该销地的调运量. 在数学上将这种矩形数表称为矩阵.

定义 1 由 $m\times n$ 个数 $a_{ij}(i=1,2,\cdots,m;j=1,2,\cdots,n)$ 排成 m 行 n 列的矩形数表

$$\begin{bmatrix} a_{11} & a_{12} & \cdots & a_{1n} \\ a_{21} & a_{22} & \cdots & a_{2n} \\ \vdots & \vdots & & \vdots \\ a_{m1} & a_{m2} & \cdots & a_{mn} \end{bmatrix} \tag{9.1}$$

称为 m 行 n 列矩阵,简称 $m\times n$ 矩阵. 这 $m\times n$ 个数叫作矩阵的元素. a_{ij} 为该矩阵的第 i 行第 j 列位置上的元素(横排称为行,竖排称为列).

通常用大写字母 $\boldsymbol{A},\boldsymbol{B},\boldsymbol{C},\cdots$ 来表示矩阵. 例如上述矩阵可记作 $\boldsymbol{A},\boldsymbol{A}_{m\times n}$ 或 $\boldsymbol{A}=(a_{ij})$. 当 $m=n$ 时,矩阵 $\boldsymbol{A}$ 叫作 n 阶方阵. 在 n 阶方阵中,从左上角到右下角的对角线称为主对角线,从右上角到左下角的对角线称为次对角线.

当 $n=1$ 时,$\boldsymbol{A}=\begin{bmatrix}a_{11}\\a_{21}\\\vdots\\a_{m1}\end{bmatrix}$. 矩阵 $\boldsymbol{A}$ 叫作列矩阵. 当 $m=1$ 时,$\boldsymbol{A}=[a_{11},a_{12},\cdots,a_{1n}]$. 矩阵 $\boldsymbol{A}$ 叫作行矩阵. 元素都是零的矩阵,叫作零矩阵,记作 $\boldsymbol{0}_{m\times n}$ 或 $\boldsymbol{0}$.

除主对角线上的元素外,其余的元素都为零的 n 阶方阵,叫作对角矩阵,其形式为

$$\boldsymbol{A}=\begin{bmatrix}a_{11} & 0 & \cdots & 0\\ 0 & a_{22} & \cdots & 0\\ \vdots & \vdots & & \vdots\\ 0 & 0 & \cdots & a_{nn}\end{bmatrix}.$$

主对角线上的元素都为 1 的对角矩阵,叫作单位矩阵,记作 $\boldsymbol{E}$,即

$$\boldsymbol{E}=\begin{bmatrix}1 & 0 & \cdots & 0\\ 0 & 1 & \cdots & 0\\ \vdots & \vdots & & \vdots\\ 0 & 0 & \cdots & 1\end{bmatrix}.$$

主对角线一侧所有元素都为零的方阵,叫作三角矩阵. 三角矩阵分为上三角矩阵与下三角矩阵:

$$\boldsymbol{L}_{\text{上}}=\begin{bmatrix}a_{11} & a_{12} & \cdots & a_{1n}\\ 0 & a_{22} & \cdots & a_{2n}\\ \vdots & \vdots & & \vdots\\ 0 & 0 & \cdots & a_{nn}\end{bmatrix},$$

$$\boldsymbol{L}_{\text{下}}=\begin{bmatrix}a_{11} & 0 & \cdots & 0\\ a_{21} & a_{22} & \cdots & 0\\ \vdots & \vdots & & \vdots\\ a_{n1} & a_{n2} & \cdots & a_{nn}\end{bmatrix}.$$

把矩阵 $\boldsymbol{A}$ 的行换成列所得到的矩阵叫作 $\boldsymbol{A}$ 的转置矩阵,记作 $\boldsymbol{A}^{\mathrm{T}}$. 例如,当

$$\boldsymbol{A}=\begin{bmatrix}1 & 3 & 1\\ -2 & 0 & -1\end{bmatrix}$$

时,$\boldsymbol{A}$ 的转置矩阵为

$$\boldsymbol{A}^{\mathrm{T}}=\begin{bmatrix}1 & -2\\ 3 & 0\\ 1 & -1\end{bmatrix}.$$

显然,对任何矩阵 $\boldsymbol{A}$ 都有 $(\boldsymbol{A}^{\mathrm{T}})^{\mathrm{T}}=\boldsymbol{A}$.

列矩阵的转置矩阵为行矩阵. 例如

$$\boldsymbol{B}=\begin{bmatrix}b_1\\b_2\\b_3\end{bmatrix},\quad \boldsymbol{B}^{\mathrm{T}}=[b_1,b_2,b_3].$$

关于主对角线对称(即 $a_{ij}=a_{ji}$,$i,j=1,2,\cdots,n$)的方阵叫作对称阵. 例如

$$A = \begin{bmatrix} 1 & 2 & 3 \\ 2 & 5 & 6 \\ 3 & 6 & 4 \end{bmatrix}$$ 是对称阵. 显然, 对于任何一个对称阵 A, 有 $A^T = A$.

如果 $A = (a_{ij})$ 与 $B = (b_{ij})$ 都是 m 行 n 列矩阵, 并且它们的对应元素相等, 即

$$a_{ij} = b_{ij} \quad (i = 1, 2, \cdots, m; j = 1, 2, \cdots, n),$$

那么就称矩阵 A 与矩阵 B 相等, 记为 $A = B$.

例如, $\begin{bmatrix} 1 & 2 \\ 3 & 4 \end{bmatrix} \neq \begin{bmatrix} 1 & 3 \\ 2 & 4 \end{bmatrix}$, 又如, 若 $\begin{bmatrix} 1 & x \\ 3 & 4 \end{bmatrix} = \begin{bmatrix} 1 & 2 \\ 3 & 4 \end{bmatrix}$, 则必有 $x = 2$.

应当注意, 从外形上看, 矩阵 (特别是方阵) 的记号与行列式的记号很相似, 但矩阵与行列式是两个不同概念. 行列式是一个算式或一个数, 而矩阵是某些数构成的一个数表; 行列式相等是表示两个行列式的运算结果一样, 而矩阵相等是表示两个矩阵中对应的元素都相等.

通常把由方阵 A 的元素按原来次序排列所构成的行列式, 叫作方阵 A 的行列式, 记作 $|A|$.

二、矩阵的加减及数与矩阵相乘

设有两个 m 行 n 列矩阵 $A = (a_{ij}), B = (b_{ij})$, 规定矩阵 A 与 B 的和 (差) 为

$$A \pm B = (a_{ij} \pm b_{ij}).$$

例如, 设 $A = \begin{bmatrix} 5 & 6 & -7 \\ 4 & 3 & 1 \end{bmatrix}, B = \begin{bmatrix} 6 & 8 & -4 \\ 9 & -1 & 3 \end{bmatrix}$ 则

$$A + B = \begin{bmatrix} 5 & 6 & -7 \\ 4 & 3 & 1 \end{bmatrix} + \begin{bmatrix} 6 & 8 & -4 \\ 9 & -1 & 3 \end{bmatrix}$$

$$= \begin{bmatrix} 5+6 & 6+8 & -7+(-4) \\ 4+9 & 3+(-1) & 1+3 \end{bmatrix}$$

$$= \begin{bmatrix} 11 & 14 & -11 \\ 13 & 2 & 4 \end{bmatrix},$$

$$A - B = \begin{bmatrix} 5 & 6 & -7 \\ 4 & 3 & 1 \end{bmatrix} - \begin{bmatrix} 6 & 8 & -4 \\ 9 & -1 & 3 \end{bmatrix}$$

$$= \begin{bmatrix} -1 & -2 & -3 \\ -5 & 4 & -2 \end{bmatrix}.$$

注意: 两个矩阵只有当它们的行数相同, 列数也相同时, 才可以进行加、减运算; 矩阵的加、减运算归结为对应元素的加、减运算.

矩阵的加法满足以下规律:

(1) 交换律: $A + B = B + A$;

(2) 结合律: $(A + B) + C = A + (B + C)$,

其中 A, B, C 都是 m 行 n 列矩阵.

例 1 已知

$$A = \begin{bmatrix} 0 & 2 & 3 \\ -2 & 0 & 4 \\ -3 & -4 & 0 \end{bmatrix},$$

求 $\boldsymbol{A}^{\mathrm{T}}+\boldsymbol{A}$.

解：
$$\boldsymbol{A}^{\mathrm{T}}+\boldsymbol{A}=\begin{bmatrix} 0 & -2 & -3 \\ 2 & 0 & -4 \\ 3 & 4 & 0 \end{bmatrix}+\begin{bmatrix} 0 & 2 & 3 \\ -2 & 0 & 4 \\ -3 & -4 & 0 \end{bmatrix}$$
$$=\begin{bmatrix} 0 & 0 & 0 \\ 0 & 0 & 0 \\ 0 & 0 & 0 \end{bmatrix}=0.$$

例 2 设
$$\boldsymbol{A}=\begin{bmatrix} 1 & 5 & 1 \\ 1 & 2 & -3 \\ 9 & -5 & 3 \end{bmatrix}, \quad \boldsymbol{B}=\begin{bmatrix} 1 & x_1 & x_2 \\ x_1 & 2 & x_3 \\ x_2 & x_3 & 3 \end{bmatrix}, \quad \boldsymbol{C}=\begin{bmatrix} 0 & y_1 & y_2 \\ -y_1 & 0 & y_3 \\ -y_2 & -y_3 & 0 \end{bmatrix},$$

并且，$\boldsymbol{A}=\boldsymbol{B}+\boldsymbol{C}$，求矩阵 $\boldsymbol{B}$ 和 $\boldsymbol{C}$.

解： 由 $\boldsymbol{A}=\boldsymbol{B}+\boldsymbol{C}$，得
$$\begin{bmatrix} 1 & 5 & 1 \\ 1 & 2 & -3 \\ 9 & -5 & 3 \end{bmatrix}=\begin{bmatrix} 1 & x_1 & x_2 \\ x_1 & 2 & x_3 \\ x_2 & x_3 & 3 \end{bmatrix}+\begin{bmatrix} 0 & y_1 & y_2 \\ -y_1 & 0 & y_3 \\ -y_2 & -y_3 & 0 \end{bmatrix}$$
$$=\begin{bmatrix} 1 & x_1+y_1 & x_2+y_2 \\ x_1-y_1 & 2 & x_3+y_3 \\ x_2-y_2 & x_3-y_3 & 3 \end{bmatrix}.$$

根据矩阵相等的规定，可得下面三个方程组：
$$\begin{cases} x_1+y_1=5, \\ x_1-y_1=1, \end{cases} \begin{cases} x_2+y_2=1, \\ x_2-y_2=9, \end{cases} \begin{cases} x_3+y_3=-3, \\ x_3-y_3=-5, \end{cases}$$

解得
$$\begin{cases} x_1=3, \\ y_1=2, \end{cases} \begin{cases} x_2=5, \\ y_2=-4, \end{cases} \begin{cases} x_3=-4, \\ y_3=1, \end{cases}$$

于是，所求的矩阵为
$$\boldsymbol{B}=\begin{bmatrix} 1 & 3 & 5 \\ 3 & 2 & -4 \\ 5 & -4 & 3 \end{bmatrix}, \quad \boldsymbol{C}=\begin{bmatrix} 0 & 2 & -4 \\ -2 & 0 & 1 \\ 4 & -1 & 0 \end{bmatrix}.$$

数 k 与矩阵 $\boldsymbol{A}=(a_{ij})$ 的乘积规定为
$$k\boldsymbol{A}=k\begin{bmatrix} a_{11} & a_{12} & \cdots & a_{1n} \\ a_{21} & a_{22} & \cdots & a_{2n} \\ \vdots & \vdots & & \vdots \\ a_{m1} & a_{m2} & \cdots & a_{mn} \end{bmatrix}=\begin{bmatrix} ka_{11} & ka_{12} & \cdots & ka_{1n} \\ ka_{21} & ka_{22} & \cdots & ka_{2n} \\ \vdots & \vdots & & \vdots \\ ka_{m1} & ka_{m2} & \cdots & ka_{mn} \end{bmatrix},$$

并且 $\boldsymbol{A}k=k\boldsymbol{A}$.

数与矩阵的乘法满足以下规律：

(1) 分配律:$k(\boldsymbol{A}+\boldsymbol{B})=k\boldsymbol{A}+k\boldsymbol{B}$,$(k+l)\boldsymbol{A}=k\boldsymbol{A}+l\boldsymbol{A}$;

(2) 结合律:$k(l\boldsymbol{A})=(kl)\boldsymbol{A}$,

其中 $\boldsymbol{A},\boldsymbol{B}$ 都是 m 行 n 列矩阵,k,l 为任意的数.

例3 已知

$$\boldsymbol{A}=\begin{bmatrix} 3 & 4 & -6 \\ 2 & 5 & 7 \end{bmatrix}, \quad \boldsymbol{B}=\begin{bmatrix} 5 & 2 & 3 \\ 1 & -4 & -2 \end{bmatrix},$$

求 $\frac{1}{2}(\boldsymbol{A}+\boldsymbol{B})$.

解:

$$\frac{1}{2}(\boldsymbol{A}+\boldsymbol{B})=\frac{1}{2}\boldsymbol{A}+\frac{1}{2}\boldsymbol{B}$$

$$=\frac{1}{2}\begin{bmatrix} 3 & 4 & -6 \\ 2 & 5 & 7 \end{bmatrix}+\frac{1}{2}\begin{bmatrix} 5 & 2 & 3 \\ 1 & -4 & -2 \end{bmatrix}$$

$$=\begin{bmatrix} \frac{3}{2} & 2 & -3 \\ 1 & \frac{5}{2} & \frac{7}{2} \end{bmatrix}+\begin{bmatrix} \frac{5}{2} & 1 & \frac{3}{2} \\ \frac{1}{2} & -2 & -1 \end{bmatrix}$$

$$=\begin{bmatrix} 4 & 3 & -\frac{3}{2} \\ \frac{3}{2} & \frac{1}{2} & \frac{5}{2} \end{bmatrix}.$$

或

$$\frac{1}{2}(\boldsymbol{A}+\boldsymbol{B})=\frac{1}{2}\left\{\begin{bmatrix} 3 & 4 & -6 \\ 2 & 5 & 7 \end{bmatrix}+\begin{bmatrix} 5 & 2 & 3 \\ 1 & -4 & -2 \end{bmatrix}\right\}$$

$$=\frac{1}{2}\begin{bmatrix} 8 & 6 & -3 \\ 3 & 1 & 5 \end{bmatrix}$$

$$=\begin{bmatrix} 4 & 3 & -\frac{3}{2} \\ \frac{3}{2} & \frac{1}{2} & \frac{5}{2} \end{bmatrix}.$$

三、矩阵的乘法

设某鞋业加工厂生产甲乙丙三种品牌鞋子,第一季度和第二季度的产量用矩阵 $\boldsymbol{A}$ 表示,其成本单价和销售单价用矩阵 $\boldsymbol{B}$ 表示.试求该加工厂第一季度和第二季度的成本总额和销售总额.

$$\boldsymbol{A}=\begin{array}{c} \phantom{\begin{bmatrix}} \text{甲} \quad \text{乙} \quad \text{丙} \phantom{\end{bmatrix}} \\ \begin{bmatrix} a_{11} & a_{12} & a_{13} \\ a_{21} & a_{22} & a_{23} \end{bmatrix} \end{array}\begin{array}{l} \text{第一季度} \\ \text{第二季度} \end{array}, \quad \boldsymbol{B}=\begin{array}{c} \text{成本价} \quad \text{销售价} \\ \begin{bmatrix} b_{11} & b_{12} \\ b_{21} & b_{22} \\ b_{31} & b_{32} \end{bmatrix} \end{array}\begin{array}{l} \text{甲} \\ \text{乙} \\ \text{丙} \end{array}$$

解: 若用矩阵

$$\boldsymbol{C} = \begin{matrix} \text{成本总额} & \text{销售总额} \\ \begin{bmatrix} c_{11} & c_{12} \\ c_{21} & c_{22} \end{bmatrix} \begin{matrix} \text{第一季度} \\ \text{第二季度} \end{matrix} \end{matrix}$$

来表示该厂第一、二季度的成本总额和销售总额. 则有第一季度的成本总额和销售总额分别为

$$c_{11} = a_{11}b_{11} + a_{12}b_{21} + a_{13}b_{31},$$
$$c_{12} = a_{11}b_{12} + a_{12}b_{22} + a_{13}b_{32}.$$

第二季度的成本总额和销售总额分别为

$$c_{21} = a_{21}b_{11} + a_{22}b_{21} + a_{23}b_{31},$$
$$c_{22} = a_{21}b_{12} + a_{22}b_{22} + a_{23}b_{32}.$$

由上例可以看出,矩阵 $\boldsymbol{C}$ 的元素 $c_{ij}(i=1,2,\cdots;j=1,2,\cdots)$ 是由矩阵 $\boldsymbol{A}$ 的第 i 行元素与矩阵 $\boldsymbol{B}$ 第 j 列的对应元素的乘积之和求得. 类似于上述矩阵 $\boldsymbol{A},\boldsymbol{B},\boldsymbol{C}$ 之间的关系,下面给出矩阵的乘法定义.

定义 2 设矩阵 $\boldsymbol{A}=(a_{ij})_{m \times s}$,矩阵 $\boldsymbol{B}=(b_{ij})_{s \times n}$,则 $\boldsymbol{A}$ 与 $\boldsymbol{B}$ 的乘积 $\boldsymbol{AB}$ 为矩阵 $\boldsymbol{C}=\boldsymbol{AB}$,其中

$$c_{ij} = a_{i1}b_{1j} + a_{i2}b_{2j} + \cdots + a_{is}b_{sj} = \sum_{k=1}^{s} a_{ik}b_{kj} \quad (i=1,2,\cdots,m;j=1,2,\cdots,n). \quad (9.2)$$

由上述定义可知:

(1) 只有当左矩阵 $\boldsymbol{A}$ 的列数等于右矩阵 $\boldsymbol{B}$ 的行数时,$\boldsymbol{A},\boldsymbol{B}$ 才能作乘法运算 $\boldsymbol{C}=\boldsymbol{AB}$;

(2) 两个矩阵的乘积 $\boldsymbol{C}=\boldsymbol{AB}$ 也是矩阵,它的行数等于左矩阵 $\boldsymbol{A}$ 的行数,它的列数等于右矩阵 $\boldsymbol{B}$ 的列数;

(3) 乘积矩阵 $\boldsymbol{C}=\boldsymbol{AB}$ 中的第 i 行第 j 列的元素等于矩阵 $\boldsymbol{A}$ 的第 i 行元素与矩阵 $\boldsymbol{B}$ 第 j 列的对应元素的乘积之和,故简称行乘列法则.

例 4 设 $\boldsymbol{A}=[-2,1,3]$, $\boldsymbol{B}=\begin{bmatrix} 1 \\ 0 \\ -3 \end{bmatrix}$,求 $\boldsymbol{AB}$ 与 $\boldsymbol{BA}$.

解:$\boldsymbol{AB}=[-2,1,3]\begin{bmatrix} 1 \\ 0 \\ -3 \end{bmatrix}=[-2 \times 1 + 1 \times 0 + 3 \times (-3)]=[-11]$;

$$\boldsymbol{BA}=\begin{bmatrix} 1 \\ 0 \\ -3 \end{bmatrix}[-2,1,3]=\begin{bmatrix} 1 \times (-2) & 1 \times 1 & 1 \times 3 \\ 0 \times (-2) & 0 \times 1 & 0 \times 3 \\ -3 \times (-2) & (-3) \times 1 & (-3) \times 3 \end{bmatrix}=\begin{bmatrix} -2 & 1 & 3 \\ 0 & 0 & 0 \\ 6 & -3 & -9 \end{bmatrix}.$$

由上例可知,一般情况下,$\boldsymbol{AB} \neq \boldsymbol{BA}$,即矩阵的乘法不满足交换律.

例 5 设矩阵 $\boldsymbol{A}=\begin{bmatrix} 2 & -1 \\ -4 & 0 \\ 3 & 5 \end{bmatrix}$, $\boldsymbol{B}=\begin{bmatrix} 9 & -8 \\ -7 & 10 \end{bmatrix}$,求 $\boldsymbol{AB}$ 与 $\boldsymbol{BA}$.

解:

$$\boldsymbol{AB}=\begin{bmatrix} 2 & -1 \\ -4 & 0 \\ 3 & 5 \end{bmatrix}\begin{bmatrix} 9 & -8 \\ -7 & 10 \end{bmatrix}=\begin{bmatrix} 2 \times 9 + (-1) \times (-7) & 2 \times (-8) + (-1) \times 10 \\ -4 \times 9 + 0 \times (-7) & -4 \times (-8) + 0 \times 10 \\ 3 \times 9 + 5 \times (-7) & 3 \times (-8) + 5 \times 10 \end{bmatrix}$$

$$= \begin{bmatrix} 25 & -26 \\ -36 & 32 \\ -8 & 26 \end{bmatrix}.$$

矩阵 B 的列数 $\neq$ 矩阵 A 的行数，BA 无意义.

例 6 已知 $A = \begin{bmatrix} a_1 & b_1 & c_1 \\ a_2 & b_2 & c_2 \\ a_3 & b_3 & c_3 \end{bmatrix}$，$E = \begin{bmatrix} 1 & 0 & 0 \\ 0 & 1 & 0 \\ 0 & 0 & 1 \end{bmatrix}$，求 AE 和 EA.

解：$AE = \begin{bmatrix} a_1 & b_1 & c_1 \\ a_2 & b_2 & c_2 \\ a_3 & b_3 & c_3 \end{bmatrix} \begin{bmatrix} 1 & 0 & 0 \\ 0 & 1 & 0 \\ 0 & 0 & 1 \end{bmatrix} = \begin{bmatrix} a_1 & b_1 & c_1 \\ a_2 & b_2 & c_2 \\ a_3 & b_3 & c_3 \end{bmatrix} = A;$

$EA = \begin{bmatrix} 1 & 0 & 0 \\ 0 & 1 & 0 \\ 0 & 0 & 1 \end{bmatrix} \begin{bmatrix} a_1 & b_1 & c_1 \\ a_2 & b_2 & c_2 \\ a_3 & b_3 & c_3 \end{bmatrix} = \begin{bmatrix} a_1 & b_1 & c_1 \\ a_2 & b_2 & c_2 \\ a_3 & b_3 & c_3 \end{bmatrix} = A.$

结论：在矩阵乘法中，单位矩阵 E 所起的作用与普通代数中 1 所起的作用类似.

例 7 设矩阵 $A = \begin{bmatrix} 1 & 2 & 3 \\ 2 & 4 & 6 \\ 3 & 5 & 7 \end{bmatrix}$，$B = \begin{bmatrix} 1 & -2 \\ -2 & 4 \\ 1 & -2 \end{bmatrix}$，求 AB.

解：$AB = \begin{bmatrix} 1 & 2 & 3 \\ 2 & 4 & 6 \\ 3 & 5 & 7 \end{bmatrix} \begin{bmatrix} 1 & -2 \\ -2 & 4 \\ 1 & -2 \end{bmatrix} = \begin{bmatrix} 0 & 0 \\ 0 & 0 \\ 0 & 0 \end{bmatrix} = 0.$

例 8 设矩阵

$$A = \begin{bmatrix} 2 & 3 & 0 \\ 1 & 2 & 0 \end{bmatrix}, \quad B = \begin{bmatrix} 1 & 0 \\ 0 & 2 \\ 3 & 0 \end{bmatrix}, \quad C = \begin{bmatrix} 1 & 0 \\ 0 & 2 \\ 4 & 5 \end{bmatrix}, 求 AB 和 AC.$$

解：

$$AB = \begin{bmatrix} 2 & 3 & 0 \\ 1 & 2 & 0 \end{bmatrix} \begin{bmatrix} 1 & 0 \\ 0 & 2 \\ 3 & 0 \end{bmatrix} = \begin{bmatrix} 2 & 6 \\ 1 & 4 \end{bmatrix};$$

$$AC = \begin{bmatrix} 2 & 3 & 0 \\ 1 & 2 & 0 \end{bmatrix} \begin{bmatrix} 1 & 0 \\ 0 & 2 \\ 4 & 5 \end{bmatrix} = \begin{bmatrix} 2 & 6 \\ 1 & 4 \end{bmatrix}.$$

由上两例可知

(1) 当 $AB = 0$ 时，不能保证 A 和 B 中至少有一个是零矩阵；

(2) 当 $AB = AC$，且 $A \neq 0$ 时，不能消去矩阵 A，而得 $B = C$.

矩阵的乘法不满足交换律、消去律，两个非零矩阵的乘积有可能是零矩阵. 这些都是矩阵乘法与数的乘法不同之处. 但矩阵的乘法与数的乘法也有相似的地方，或者说有相似的运算规则，即矩阵的乘法满足下列运算规律.

(1) 结合律 $\qquad (AB)C = A(BC),$

$$k(AB)=(kA)B=A(kB);$$

(2) 分配律
$$A(B+C)=AB+AC,$$
$$(B+C)A=BA+CA;$$

(3) $$(AB)^T=B^T A^T.$$

例 9 设矩阵 $A=\begin{bmatrix} 4 & -1 \\ 0 & 2 \\ -3 & 2 \end{bmatrix}, B=\begin{bmatrix} 2 & 1 \\ 3 & 4 \end{bmatrix}$,求 $(AB)^T$ 和 $B^T A^T$.

解:$AB=\begin{bmatrix} 4 & -1 \\ 0 & 2 \\ -3 & 2 \end{bmatrix}\begin{bmatrix} 2 & 1 \\ 3 & 4 \end{bmatrix}=\begin{bmatrix} 5 & 0 \\ 6 & 8 \\ 0 & 5 \end{bmatrix}$,

$$(AB)^T=\begin{bmatrix} 5 & 6 & 0 \\ 0 & 8 & 5 \end{bmatrix},$$

$$A^T=\begin{bmatrix} 4 & 0 & -3 \\ -1 & 2 & 2 \end{bmatrix}, \quad B^T=\begin{bmatrix} 2 & 3 \\ 1 & 4 \end{bmatrix},$$

$$B^T A^T=\begin{bmatrix} 2 & 3 \\ 1 & 4 \end{bmatrix}\begin{bmatrix} 4 & 0 & -3 \\ -1 & 2 & 2 \end{bmatrix}=\begin{bmatrix} 5 & 6 & 0 \\ 0 & 8 & 5 \end{bmatrix}.$$

即 $(AB)^T=B^T A^T.$

定理 设 A 与 B 是两个 n 阶方阵,那么乘积矩阵 AB 的行列式等于矩阵 A 与 B 的行列式的乘积. 即

$$|AB|=|A||B|.$$

例 10 设矩阵 $A=\begin{bmatrix} 1 & 2 \\ 4 & 3 \end{bmatrix}, B=\begin{bmatrix} -2 & 0 \\ 3 & 4 \end{bmatrix}$,求 $|AB|$ 与 $|A||B|$.

解:$AB=\begin{bmatrix} 1 & 2 \\ 4 & 3 \end{bmatrix}\begin{bmatrix} -2 & 0 \\ 3 & 4 \end{bmatrix}=\begin{bmatrix} 4 & 8 \\ 1 & 12 \end{bmatrix},$

$$|AB|=\begin{vmatrix} 4 & 8 \\ 1 & 12 \end{vmatrix}=40,$$

$$|A|=\begin{vmatrix} 1 & 2 \\ 4 & 3 \end{vmatrix}=-5, \quad |B|=\begin{vmatrix} -2 & 0 \\ 3 & 4 \end{vmatrix}=-8,$$

$$|A||B|=-5\times(-8)=40,$$

即 $|AB|=|A||B|.$

此定理可作如下推广:

设 A 是 n 阶方阵,k 是任意常数,m 是正整数,则

(1) $|kA|=k^n|A|$;

(2) $|A^m|=|A|^m$;

(3) $|A^T A|=|A A^T|=|A|^2.$

例 11(矩阵乘法的应用) 某工厂某年销售到三个地区的两种货物的数量及两种货物的单位价格、重量、体积如表 9-2 及表 9-3 所示.

表 9-2

货物\数量\地区	湖南	湖北	广东
甲	2 000	1 000	1 000
乙	1 500	2 000	3 000

表 9-3

	单位价格（万元）	单位重量（吨）	单位体积（m³）
甲	0.5	0.02	0.2
乙	0.6	0.05	1

利用矩阵乘法计算该工厂销售到三个地区的货物总销售额、总重量、总体积各为多少？

解：设矩阵

$$A = \begin{pmatrix} 2\,000 & 1\,500 \\ 1\,000 & 2\,000 \\ 1\,000 & 3\,000 \end{pmatrix}, B = \begin{pmatrix} 0.5 & 0.02 & 0.2 \\ 0.6 & 0.05 & 1 \end{pmatrix}$$

则矩阵

$$C = AB = \begin{pmatrix} 1\,900 \\ 1\,700 \\ 2\,300 \end{pmatrix}.$$

练习题 9.1

1. 已知 $A = \begin{bmatrix} 3 & 6 & 2 \\ 2 & 4 & 7 \\ -1 & 2 & 5 \end{bmatrix}$，求 $A + A^T$ 及 $A - A^T$.

2. 设 $A = \begin{bmatrix} 3 & 7 & 4 \\ -3 & 4 & 4 \\ -2 & 0 & 3 \end{bmatrix}, B = \begin{bmatrix} 3 & x_1 & x_2 \\ x_1 & 4 & x_3 \\ x_2 & x_3 & 3 \end{bmatrix}, C = \begin{bmatrix} 0 & y_1 & y_2 \\ -y_1 & 0 & y_3 \\ -y_2 & -y_3 & 3 \end{bmatrix}$，且 $A = B + C$，求 B 和 C 中的未知数 x_1, x_2, x_3 和 y_1, y_2, y_3.

3. 对 n 阶方阵 A，求证 $|kA| = k^n |A|$（k 为常数）.

4. 计算：

(1) $\begin{bmatrix} 1 & 0 \\ 0 & 1 \end{bmatrix} \begin{bmatrix} 3 & 2 \\ 5 & 6 \end{bmatrix}$；

(2) $\begin{bmatrix} 1 & 0 \end{bmatrix} \begin{bmatrix} 0 \\ 1 \end{bmatrix}$；

(3) $\begin{bmatrix} 2 \\ 1 \\ -1 \\ 2 \end{bmatrix} \begin{bmatrix} -2 & 1 & 0 \end{bmatrix}$；

(4) $\begin{bmatrix} x & y \end{bmatrix} \begin{bmatrix} 9 & -12 \\ -12 & 16 \end{bmatrix} \begin{bmatrix} x \\ y \end{bmatrix}$；

(5) $\begin{bmatrix} \lambda & 1 & 0 \\ 0 & \lambda & 1 \\ 0 & 0 & \lambda \end{bmatrix}^3$；

(6) $\begin{bmatrix} 9 & 9 & 2 & -12 \\ 0 & 1 & 0 & 0 \\ 0 & 0 & 1 & 0 \\ 0 & 0 & 0 & 1 \end{bmatrix} \begin{bmatrix} -1 & 0 & 1 & 2 \\ 9 & 9 & 2 & -12 \\ 0 & 1 & 0 & 0 \\ 0 & 0 & 1 & 0 \end{bmatrix} \begin{bmatrix} \frac{1}{9} & -1 & -\frac{2}{9} & \frac{12}{9} \\ 0 & 1 & 0 & 0 \\ 0 & 0 & 1 & 0 \\ 0 & 0 & 0 & 1 \end{bmatrix}.$

5. 对于下列各组矩阵 A 和 B，验证 $AB=BA=E$.

(1) $A=\begin{bmatrix} 1 & 2 & -3 \\ 0 & 1 & 2 \\ 0 & 0 & 1 \end{bmatrix}, B=\begin{bmatrix} 1 & -2 & 7 \\ 0 & 1 & -2 \\ 0 & 0 & 1 \end{bmatrix};$ (2) $A=\begin{bmatrix} \cos\theta & \sin\theta \\ -\sin\theta & \cos\theta \end{bmatrix}, B=A^{\mathrm{T}}.$

9.2 逆 矩 阵

一、逆矩阵的概念

利用矩阵的乘法及矩阵相等的概念，可把线性方程组写成矩阵形式.

例如，对于线性方程组

$$\begin{cases} x_1+2x_2+3x_3=-7, \\ 2x_1-x_2+2x_3=-8, \\ x_1+3x_2=7, \end{cases} \tag{9.3}$$

如果令 $A=\begin{bmatrix} 1 & 2 & 3 \\ 2 & -1 & 2 \\ 1 & 3 & 0 \end{bmatrix}, X=\begin{bmatrix} x_1 \\ x_2 \\ x_3 \end{bmatrix}, B=\begin{bmatrix} -7 \\ -8 \\ 7 \end{bmatrix},$

则 A 叫作方程组(9.3)的系数矩阵，X 叫作未知矩阵，B 叫作方程组(9.3)的常数项矩阵，于是方程组(9.3)可简写成

$$AX=B. \tag{9.4}$$

(9.4)叫作矩阵方程，于是解线性方程组(9.3)的问题，就变成求矩阵方程(9.4)中未知矩阵 X 的问题.

我们知道，代数方程 $ax=b$ 的解为 $x=\dfrac{b}{a}=a^{-1}b(a\neq 0)$ 那么，形式与 $ax=b$ 类似的矩阵方程(9.4)的解是否也可以写成 $X=A^{-1}B$ 呢？

在代数中，当 $a=0$ 时，a 的倒数不存在，而当 $a\neq 0$ 时，a 的倒数存在，$\dfrac{1}{a}=a^{-1}$ 也称为 a 的逆，这时 $a\times a^{-1}=a^{-1}\times a=1$. 那么在矩阵中是否存在一个矩阵 A^{-1}，使得 $AA^{-1}=A^{-1}A=E$. 如果存在，那么矩阵 A 必须满足什么条件，如何求 A^{-1}. 这就是下面所要讨论的问题.

定义 1 对于一个 n 阶方阵 A，如果存在一个 n 阶方阵 C，满足 $AC=CA=E$，则称 A 为可逆矩阵，简称 A 可逆，称 C 为 A 的逆矩阵，记作 A^{-1}，即 $C=A^{-1}$.

由定义可知：

(1) 因为矩阵 A 与 C 可交换，所以 A 与 C 是同阶方阵.

(2) 若矩阵 A 可逆，则 A 的逆矩阵是唯一的. 这是由于，如果设矩阵 C_1, C_2 都是 A 的逆矩阵，则 $C_1A=E, AC_2=E,$ 且

$$C_1=C_1E=C_1(AC_2)=(C_1A)C_2=EC_2=C_2.$$

例1 设矩阵 $A=\begin{bmatrix} 4 & 3 & 2 \\ 3 & 2 & 1 \\ 2 & 1 & 1 \end{bmatrix}, C=\begin{bmatrix} -1 & 1 & 1 \\ 1 & 0 & -2 \\ 1 & -2 & 1 \end{bmatrix},$

因为 $AC=\begin{bmatrix} 4 & 3 & 2 \\ 3 & 2 & 1 \\ 2 & 1 & 1 \end{bmatrix}\begin{bmatrix} -1 & 1 & 1 \\ 1 & 0 & -2 \\ 1 & -2 & 1 \end{bmatrix}=\begin{bmatrix} 1 & 0 & 0 \\ 0 & 1 & 0 \\ 0 & 0 & 1 \end{bmatrix}=E,$

$CA=\begin{bmatrix} -1 & 1 & 1 \\ 1 & 0 & -2 \\ 1 & -2 & 1 \end{bmatrix}\begin{bmatrix} 4 & 3 & 2 \\ 3 & 2 & 1 \\ 2 & 1 & 1 \end{bmatrix}=\begin{bmatrix} 1 & 0 & 0 \\ 0 & 1 & 0 \\ 0 & 0 & 1 \end{bmatrix}=E.$

即 A, C 满足 $AC=CA=E$,所以矩阵 A 可逆,其逆矩阵 $A^{-1}=C$.

二、逆矩阵的求法

定理1 若 n 阶方阵 A 是可逆矩阵,则 $|A|\ne 0$.

证明:因为矩阵 A 可逆,即存在逆矩阵 A^{-1},使 $AA^{-1}=E$.

从而有 $|A||A^{-1}|=|AA^{-1}|=|E|=1$,所以 $|A|\ne 0$. 证毕.

若矩阵 A 满足 $|A|\ne 0$,则称 A 是非奇异方阵,否则称 A 是奇异方阵.

例如 $$A=\begin{bmatrix} 1 & 2 & 3 \\ -3 & 0 & 5 \\ -2 & -4 & -6 \end{bmatrix}$$

是不可逆的,这是因为 A 中第三行是第一行的 -2 倍,故 $|A|=0$.

定义2 设 $A=(a_{ij})_{n\times n}$ 是 n 阶方阵,则称

$$\begin{bmatrix} A_{11} & A_{21} & \cdots & A_{n1} \\ A_{12} & A_{22} & \cdots & A_{n2} \\ \vdots & \vdots & & \vdots \\ A_{1n} & A_{2n} & \cdots & A_{nn} \end{bmatrix}$$

为矩阵 A 的伴随矩阵,记作 A^*,其中 A_{ij} 是行列式 $|A|$ 中元素 a_{ij} 的代数余子式.

定理2 n 阶方阵 A 可逆的充分必要条件是 $|A|\ne 0$,且有

$$A^{-1}=\frac{1}{|A|}A^*.$$

例2 设矩阵 $A=\begin{bmatrix} a & b \\ c & d \end{bmatrix}$,求 A^{-1}.

解:因为 $\begin{vmatrix} a & b \\ c & d \end{vmatrix}=ad-bc$,所以当 $ad-bc=0$ 时,矩阵 A 不可逆.

当 $ad-bc\ne 0$ 时,矩阵 A 可逆;且 $A_{11}=d, A_{12}=-c, A_{21}=-b, A_{22}=a$,

于是,$A^{-1}=\frac{1}{|A|}A^*=\frac{1}{ad-bc}\begin{bmatrix} d & -b \\ -c & a \end{bmatrix}.$

根据逆矩阵的定义,还可推得以下性质:

(1) $(A^{-1})^{-1}=A$;

(2) 若两个同阶方阵 A 和 B 都可逆,则 A 与 B 的积也是可逆的,且

$$(\boldsymbol{AB})^{-1} = \boldsymbol{B}^{-1}\boldsymbol{A}^{-1}.$$

例 3 求方阵 $\boldsymbol{A} = \begin{bmatrix} 1 & 2 & 3 \\ 2 & -1 & 2 \\ 1 & 3 & 0 \end{bmatrix}$ 的逆矩阵.

解：因为 $|\boldsymbol{A}| = \begin{vmatrix} 1 & 2 & 3 \\ 2 & -1 & 2 \\ 1 & 3 & 0 \end{vmatrix} = 19 \neq 0,$

所以 $\boldsymbol{A}^{-1}$ 存在，计算 $|\boldsymbol{A}|$ 中各元素的代数余子式：

$$A_{11} = \begin{vmatrix} -1 & 2 \\ 3 & 0 \end{vmatrix} = -6, \quad A_{21} = -\begin{vmatrix} 2 & 3 \\ 3 & 0 \end{vmatrix} = 9, \quad A_{31} = \begin{vmatrix} 2 & 3 \\ -1 & 2 \end{vmatrix} = 7,$$

$$A_{12} = -\begin{vmatrix} 2 & 2 \\ 1 & 0 \end{vmatrix} = 2, \quad A_{22} = \begin{vmatrix} 1 & 3 \\ 1 & 0 \end{vmatrix} = -3, \quad A_{32} = -\begin{vmatrix} 1 & 3 \\ 2 & 2 \end{vmatrix} = 4,$$

$$A_{13} = \begin{vmatrix} 2 & -1 \\ 1 & 3 \end{vmatrix} = 7, \quad A_{23} = -\begin{vmatrix} 1 & 2 \\ 1 & 3 \end{vmatrix} = -1, \quad A_{33} = \begin{vmatrix} 1 & 2 \\ 2 & -1 \end{vmatrix} = -5.$$

所以 $\boldsymbol{A}^{-1} = \dfrac{1}{19} \begin{bmatrix} -6 & 9 & 7 \\ 2 & -3 & 4 \\ 7 & -1 & -5 \end{bmatrix}.$

例 4 用逆阵解线性方程组(9.3).

解：设 $\boldsymbol{A} = \begin{bmatrix} 1 & 2 & 3 \\ 2 & -1 & 2 \\ 1 & 3 & 0 \end{bmatrix}, \boldsymbol{X} = \begin{bmatrix} x_1 \\ x_2 \\ x_3 \end{bmatrix}, \boldsymbol{B} = \begin{bmatrix} -7 \\ -8 \\ 7 \end{bmatrix},$

方程组(9.3)可写成 $\boldsymbol{AX} = \boldsymbol{B}.$

它的解为(上式两端左乘 $\boldsymbol{A}^{-1}$)

$$\boldsymbol{X} = \boldsymbol{A}^{-1}\boldsymbol{B}.$$

由例 3 知 $\boldsymbol{A}^{-1} = \dfrac{1}{19} \begin{bmatrix} -6 & 9 & 7 \\ 2 & -3 & 4 \\ 7 & -1 & -5 \end{bmatrix},$

于是 $\begin{bmatrix} x_1 \\ x_2 \\ x_3 \end{bmatrix} = \boldsymbol{X} = \boldsymbol{A}^{-1}\boldsymbol{B} = \dfrac{1}{19} \begin{bmatrix} -6 & 9 & 7 \\ 2 & -3 & 4 \\ 7 & -1 & -5 \end{bmatrix} \begin{bmatrix} -7 \\ -8 \\ 7 \end{bmatrix} = \begin{bmatrix} 1 \\ 2 \\ -4 \end{bmatrix},$

即 $x_1 = 1, x_2 = 2, x_3 = -4.$

练习题 9.2

1. 求下列矩阵的逆矩阵：

(1) $\begin{bmatrix} 1 & 2 \\ 2 & 5 \end{bmatrix};$ (2) $\begin{bmatrix} 1 & 0 & 0 \\ 0 & 1 & 0 \\ 0 & 0 & 1 \end{bmatrix};$

(3) $\begin{bmatrix} 1 & 2 & -3 \\ 0 & 1 & 2 \\ 0 & 0 & 1 \end{bmatrix};$ (4) $\begin{bmatrix} 3 & 2 & 1 \\ 6 & 4 & 2 \\ 1 & 2 & 5 \end{bmatrix};$

(5) $\begin{bmatrix} 2 & 1 & 0 & 0 \\ 0 & 2 & 1 & 0 \\ 0 & 0 & 2 & 1 \\ 0 & 0 & 0 & 2 \end{bmatrix}.$

2. 用逆矩阵解下列线性方程组：

(1) $\begin{cases} 2x+2y+z=5, \\ 3x+y+5z=0, \\ 3x+2y+3z=0; \end{cases}$

(2) $\begin{cases} \dfrac{5}{8}x-2y+\dfrac{1}{8}z=0, \\ -\dfrac{1}{2}x+y-\dfrac{1}{2}z=0, \\ \dfrac{1}{8}x-\dfrac{1}{2}y+\dfrac{5}{8}z=1. \end{cases}$

3. 求下列各矩阵中的未知矩阵：

(1) $\begin{bmatrix} 2 & 5 \\ 1 & 3 \end{bmatrix} X = \begin{bmatrix} 4 & -6 \\ 2 & 1 \end{bmatrix};$ (2) $X \begin{bmatrix} 1 & 1 & -1 \\ 2 & 1 & 0 \\ 1 & -1 & 1 \end{bmatrix} = \begin{bmatrix} 1 & -1 & 3 \\ 4 & 3 & 2 \\ 1 & -2 & 5 \end{bmatrix};$

(3) $\begin{bmatrix} 1 & 2 & 3 \\ 2 & 2 & 1 \\ 3 & 4 & 3 \end{bmatrix} X \begin{bmatrix} 2 & 1 \\ 5 & 3 \end{bmatrix} = \begin{bmatrix} 1 & 3 \\ 2 & 0 \\ 3 & 1 \end{bmatrix}.$

9.3 矩阵的秩与初等变换

一、矩阵的秩的定义

我们已经知道对于系数行列式 $|A| \neq 0$ 的线性方程组，可以用克莱姆法则或矩阵来求解. 从这一节开始，我们将利用矩阵这一工具对线性方程组的解进行讨论，先考察下面的例子.

设三元线性方程组为

$$\begin{cases} x_1 + 2x_2 - x_3 = 2, \\ 2x_1 - x_2 + 3x_3 = -1, \\ 4x_1 + 3x_2 + x_3 = 3. \end{cases} \tag{9.5}$$

因为它的系数行列式

$$|A| = \begin{vmatrix} 1 & 2 & -1 \\ 2 & -1 & 3 \\ 4 & 3 & 1 \end{vmatrix} = 0,$$

所以不能用以前的方法来求解. 经过计算可以发现：第一个方程两边同乘以 2，再与第二个方程两边分别相加，其结果与第三个方程相同，因此可知由前两个方程求得的解，一定会满足第三个方程. 在前两个方程中，x_1 与 x_2 的系数构成的行列式为

$$\begin{vmatrix} 1 & 2 \\ 2 & -1 \end{vmatrix} = -5 \neq 0.$$

因此对于 x_3 任意取定的值，都可求得 x_1, x_2 相应的解，例如，若取 $x_3 = c$，则可由前两个方

程得到
$$\begin{cases} x_1 + 2x_2 = 2+c, \\ 2x_1 - x_2 = -1-3c. \end{cases}$$
从而解得
$$x_1 = -c; x_2 = c+1,$$
即
$$\begin{cases} x_1 = -c, \\ x_2 = c+1, \\ x_3 = c \end{cases}$$
是方程组(9.5)的一组解. 对于 x_3 的不同的值, 就有相应的不同的解, 因此方程组(9.5)有无穷多组解. 由上面的讨论可知, 方程组(9.5)的第三个方程可以由前两个方程代替. 这时就称第三个方程在方程组中是不独立的. 对于一般的方程组, 找出它的所有这种不独立的方程, 在讨论方程组的解时有重要作用.

例如, 在以下的三元一次方程组
$$\begin{cases} a_{11}x_1 + a_{12}x_2 + a_{13}x_3 = b_1, \\ a_{21}x_1 + a_{22}x_2 + a_{23}x_3 = b_2, \\ a_{31}x_1 + a_{32}x_2 + a_{33}x_3 = b_3 \end{cases} \tag{9.6}$$

中, 如果存在常数 c_1 和 c_2, 使
$$\begin{cases} a_{31} = c_1 a_{11} + c_2 a_{21}, \\ a_{32} = c_1 a_{12} + c_2 a_{22}, \\ a_{33} = c_1 a_{13} + c_2 a_{23}, \\ b_3 = c_1 b_1 + c_2 b_2 \end{cases}$$
成立, 即方程组(9.6)中第三个方程在方程组中是不独立的, 这时根据行列式的性质容易证明, 方程组(9.6)的系数行列式
$$|\boldsymbol{A}| = \begin{vmatrix} a_{11} & a_{12} & a_{13} \\ a_{21} & a_{22} & a_{23} \\ a_{31} & a_{32} & a_{33} \end{vmatrix} = 0.$$

因此可得到结论: 一个三元线性方程组中若有不独立的方程, 那么它的系数行列式必为零; 也就是若一个三元线性方程组的系数行列式不等于零, 那么这个方程组中就没有不独立方程. 这个结论对三元以上的线性方程组也是成立的.

为叙述方便起见, 先介绍矩阵的子式的概念. 如果在一个 m 行 n 列矩阵 $\boldsymbol{A}$ 中任取 k 行和 k 列, 那么位于这些行与列相交位置上的元素所构成的一个 k 阶行列式称为矩阵 $\boldsymbol{A}$ 的 k 阶子式(简称子式). 例如, 矩阵
$$\boldsymbol{A} = \begin{pmatrix} 1 & 2 & -1 & 2 \\ 2 & -1 & 3 & -1 \\ 4 & 3 & 1 & 3 \end{pmatrix}$$
中, 位于第一行, 第二行与第一列, 第三列相交位置上的元素构成的二阶子式是
$$\begin{vmatrix} 1 & -1 \\ 2 & 3 \end{vmatrix}.$$

对于任一 n 元线性方程组

$$\begin{cases} a_{11}x_1 + a_{12}x_2 + \cdots + a_{1n}x_n = b_1, \\ a_{21}x_1 + a_{22}x_2 + \cdots + a_{2n}x_n = b_2, \\ \quad\vdots \\ a_{m1}x_1 + a_{m2}x_2 + \cdots + a_{mn}x_n = b_m \end{cases}$$

如果 D_r 是它的系数矩阵 A 中的一个 r 阶不为零的子式,那么与 D_r 的行对应的 r 个方程中没有不独立的方程. 因此确定一个方程组中,是否有不独立的方程,可以从它的系数矩阵中的子式是否为零出发进行讨论. 对于不为零的矩阵子式,给出下面的定义.

定义 1 矩阵 A 中不为零的子式的最高阶数 r 称为这个矩阵的秩,记为 $R(A) = r$. 即如果矩阵 A 中存在一个 r 阶不为零的子式,而所有阶数超过 r 的子式均为零,那么矩阵 A 的秩就是 r.

求一个矩阵的秩时,对于一个非零矩阵,一般来说可以从二阶子式开始逐一计算. 若它的所有二阶子式都为零,则矩阵的秩为 1;若找到一个不为零的二阶子式,则继续计算它的三阶子式. 若所有三阶子式都为零,则矩阵的秩为 2;若找到了一个不为零的三阶子式,就继续计算它的四阶子式,直到求出矩阵的秩为止.

例 1 求矩阵

$$A = \begin{pmatrix} 1 & 2 & 2 & 11 \\ 1 & -3 & -3 & -14 \\ 3 & 1 & 1 & 8 \end{pmatrix}$$ 的秩.

解:计算它的二阶子式,因为

$$\begin{vmatrix} 1 & 2 \\ 1 & -3 \end{vmatrix} = -5 \neq 0,$$

所以继续计算它的三阶子式,因为它的四个三阶子式均为零,

$$\begin{vmatrix} 1 & 2 & 2 \\ 1 & -3 & -3 \\ 3 & 1 & 1 \end{vmatrix} = 0, \quad \begin{vmatrix} 1 & 2 & 11 \\ 1 & -3 & -14 \\ 3 & 1 & 8 \end{vmatrix} = 0,$$

$$\begin{vmatrix} 1 & 2 & 11 \\ 1 & -3 & -14 \\ 3 & 1 & 8 \end{vmatrix} = 0, \quad \begin{vmatrix} 2 & 2 & 11 \\ -3 & -3 & -14 \\ 1 & 1 & 8 \end{vmatrix} = 0.$$

所以矩阵 A 的秩

$$R(A) = 2.$$

二、矩阵的初等变换

我们知道,用加减消元法求解 n 元线性方程组.

$$\begin{cases} a_{11}x_1 + a_{12}x_2 + \cdots + a_{1n}x_n = b_1, \\ a_{21}x_1 + a_{22}x_2 + \cdots + a_{2n}x_n = b_2, \\ \quad\vdots \\ a_{m1}x_1 + a_{m2}x_2 + \cdots + a_{mn}x_n = b_m \end{cases} \quad (9.7)$$

所用到的变换,只有如下三种变换:

(1) 变换方程组中某两个方程的位置；
(2) 用非零常数乘方程组中某个方程；
(3) 把方程组中某个方程的 k 倍加到另一个方程上去.

由于方程组(9.7)的解完全取决于其系数与常数项,由方程组(9.7)的系数与常数项按原来的位置不变构成的矩阵称为增广矩阵,记作 (A,B). 即

$$(A,B) = \begin{bmatrix} a_{11} & a_{12} & \cdots & a_{1n} & b_1 \\ a_{21} & a_{22} & \cdots & a_{2n} & b_2 \\ \vdots & \vdots & & \vdots & \vdots \\ a_{m1} & a_{m2} & \cdots & a_{mn} & b_m \end{bmatrix}.$$

因此,用加减消元法求解 n 元线性方程组(9.7),实质上就是对其增广矩阵的行实施以下三种变换：
(1) 变换矩阵中某两行的位置；
(2) 用非零常数乘矩阵的某一行的所有元素；
(3) 把矩阵某一行的所有元素的 k 倍加到另一行的对应元素上去.

上述三种变换在线性代数中有着重要应用,为此,我们引入矩阵的初等变换.

定义 2　矩阵的初等行变换是指以下三种变换：
(1) 变换矩阵中两行的位置(第 i 行与第 j 行交换,记作 $r_i \leftrightarrow r_j$)；
(2) 用非零常数乘矩阵的某一行的所有元素(用非零常数 k 乘第 i 行,记作 kr_i)；
(3) 把矩阵某一行的所有元素的 k 倍加到另一行的对应元素上去(第 i 行的 k 倍加到第 j 行上,记作 $r_j + kr_i$).

定义 3　若矩阵 A 经过初等变换后得到新矩阵 B,则 A 与 B 等阶,记作 $A \rightarrow B$.

定理 1　任何非奇异方阵都可以用有限次初等行变换将其化为单位矩阵.

例 2　用矩阵的初等行变换把矩阵

$$A = \begin{bmatrix} 1 & 2 & 0 \\ -2 & 1 & 4 \\ 3 & 5 & 1 \end{bmatrix} 化为单位矩阵.$$

解：

$$A = \begin{bmatrix} 1 & 2 & 0 \\ -2 & 1 & 4 \\ 3 & 5 & 1 \end{bmatrix} \xrightarrow[r_3 - 3r_1]{r_2 + 2r_1} \begin{bmatrix} 1 & 2 & 0 \\ 0 & 5 & 4 \\ 0 & -1 & 1 \end{bmatrix} \xrightarrow{r_2 + 5r_3} \begin{bmatrix} 1 & 2 & 0 \\ 0 & 0 & 9 \\ 0 & -1 & 1 \end{bmatrix} \xrightarrow{\frac{1}{9}r_2} \begin{bmatrix} 1 & 2 & 0 \\ 0 & 0 & 1 \\ 0 & -1 & 1 \end{bmatrix}$$

$$\xrightarrow[r_2 \leftrightarrow r_3]{-1 r_3} \begin{bmatrix} 1 & 2 & 0 \\ 0 & 1 & -1 \\ 0 & 0 & 1 \end{bmatrix} \xrightarrow[r_2 + r_3]{r_1 - 2r_2} \begin{bmatrix} 1 & 0 & 0 \\ 0 & 1 & 0 \\ 0 & 0 & 1 \end{bmatrix}.$$

三、用初等变换求矩阵的秩

按照定义计算矩阵的秩,由于要计算很多行列式,这是非常麻烦的. 但是注意到"秩"只涉及子式是否为零,而并不需要子式的准确值,而初等行变换不会改变行列式是否为零的性质,

所以可以考虑利用初等行变换来求矩阵的秩.

定理 2　矩阵 A 经过初等行变换变换为矩阵 B，它们的秩不变，即 $R(A)=R(B)$.

根据这个定理，可以将一个矩阵 A 经过适当的初等变换，变成一个求秩较为方便的矩阵 B，从而通过求 $R(B)$ 而得到 $R(A)$.

例 3　求矩阵 $A=\begin{bmatrix} 1 & 2 & 2 & 11 \\ 1 & 2 & -3 & -14 \\ 3 & 1 & 1 & 3 \\ 2 & 5 & 5 & 28 \end{bmatrix}$ 的秩.

解：

$$A=\begin{bmatrix} 1 & 2 & 2 & 11 \\ 1 & 2 & -3 & -14 \\ 3 & 1 & 1 & 3 \\ 2 & 5 & 5 & 28 \end{bmatrix} \xrightarrow[\substack{r_3-3r_1 \\ r_4-2r_2}]{r_2-r_1} \begin{bmatrix} 1 & 2 & 2 & 11 \\ 0 & 0 & -5 & -25 \\ 0 & -5 & -5 & -30 \\ 0 & 1 & 1 & 6 \end{bmatrix} \xrightarrow{r_4 \leftrightarrow r_2} \begin{bmatrix} 1 & 2 & 2 & 11 \\ 0 & 1 & 1 & 6 \\ 0 & -5 & -5 & -30 \\ 0 & 0 & -5 & -25 \end{bmatrix}$$

$$\xrightarrow{r_3+5r_2} \begin{bmatrix} 1 & 2 & 2 & 11 \\ 0 & 1 & 1 & 6 \\ 0 & 0 & 0 & 0 \\ 0 & 0 & -5 & -25 \end{bmatrix} \xrightarrow{r_3 \leftrightarrow r_4} \begin{bmatrix} 1 & 2 & 2 & 11 \\ 0 & 1 & 1 & 6 \\ 0 & 0 & -5 & -25 \\ 0 & 0 & 0 & 0 \end{bmatrix} = B.$$

因为 $R(B)=3$，所以 $R(A)=3$.

定义 4　满足下列两个条件的矩阵称为阶梯形矩阵.

(1) 若矩阵有零行（元素全部都为零的行），零行在下方；

(2) 各非零行的第一个非零元素（称为首非零元，亦称主元）的列标随着行标的递增而严格增大.

例如 $\begin{bmatrix} 1 & 0 & -1 \\ 0 & 2 & 1 \\ 0 & 0 & 1 \end{bmatrix}$，$\begin{bmatrix} 1 & 0 & 2 & -1 \\ 0 & 0 & 0 & 1 \\ 0 & 0 & 0 & 0 \end{bmatrix}$，$\begin{bmatrix} 0 & 1 & 3 & 5 \\ 0 & 0 & 4 & 0 \\ 0 & 0 & 0 & 2 \end{bmatrix}$ 都是阶梯形矩阵.

一般地，我们有如下定理.

定理 3　任意一个 $m \times n$ 矩阵经过若干次初等变换可以化成阶梯形矩阵.

定理 4　阶梯形矩阵的秩等于其非零行的个数.

例 4　设矩阵 $A=\begin{bmatrix} 2 & 0 & 5 & 2 \\ -2 & 4 & 1 & 0 \end{bmatrix}$，$B=\begin{bmatrix} -1 & 1 & 4 & 0 \\ 3 & -2 & 5 & -3 \\ 2 & 0 & -6 & 4 \\ 0 & 1 & 1 & 2 \end{bmatrix}$，

求 $R(A),R(B),R(AB)$.

解：因为 $A=\begin{bmatrix} 2 & 0 & 5 & 2 \\ -2 & 4 & 1 & 0 \end{bmatrix} \xrightarrow{r_2+r_1} \begin{bmatrix} 2 & 0 & 5 & 2 \\ 0 & 4 & 6 & 2 \end{bmatrix}$，

所以有 $R(A)=2$.

$$B = \begin{bmatrix} -1 & 1 & 4 & 0 \\ 3 & -2 & 5 & -3 \\ 2 & 0 & -6 & 4 \\ 0 & 1 & 1 & 2 \end{bmatrix} \xrightarrow[r_3+2r_1]{r_2+3r_1} \begin{bmatrix} -1 & 1 & 4 & 0 \\ 0 & 1 & 17 & -3 \\ 0 & 2 & 2 & 4 \\ 0 & 1 & 1 & 2 \end{bmatrix}$$

$$\xrightarrow[r_4-r_2]{r_3-2r_1} \begin{bmatrix} -1 & 1 & 4 & 0 \\ 0 & 1 & 17 & -3 \\ 0 & 0 & -32 & 10 \\ 0 & 0 & -16 & 5 \end{bmatrix} \xrightarrow{r_4-\frac{1}{2}r_3} \begin{bmatrix} -1 & 1 & 4 & 0 \\ 0 & 1 & 17 & -3 \\ 0 & 0 & -32 & 10 \\ 0 & 0 & 0 & 0 \end{bmatrix}.$$

所以 $R(B) = 3$.

$$AB = \begin{bmatrix} 2 & 0 & 5 & 2 \\ -2 & 4 & 1 & 0 \end{bmatrix} \begin{bmatrix} -1 & 1 & 4 & 0 \\ 3 & -2 & 5 & -3 \\ 2 & 0 & -6 & 4 \\ 0 & 1 & 1 & 2 \end{bmatrix}$$

$$= \begin{bmatrix} 8 & 4 & -20 & 24 \\ 16 & -10 & 6 & -8 \end{bmatrix} \xrightarrow{r_2-2r_1} \begin{bmatrix} 8 & 4 & -20 & 24 \\ 0 & -18 & 56 & -56 \end{bmatrix}.$$

所以 $R(AB) = 2$. 由此例可得, 乘积矩阵 AB 的秩不大于两个相乘矩阵 A, B 的秩, 即 $R(AB) \leqslant \min[R(A), R(B)]$.

四、用初等行变换法求逆矩阵

注意到, 用伴随矩阵求 n 阶矩阵的逆矩阵时, 需要计算 n^2 个 $n-1$ 阶行列式, 因此, 当 n 较大时, 它的计算量是很大的. 下面介绍求逆矩阵的另一个方法——初等行变换法, 其具体步骤是: 首先在 n 阶方阵 A 的右侧放置一个同阶的单位方阵 E, 构造成 $n \times 2n$ 矩阵 $(A | E)$, 对这个矩阵施以一系列初等行变换, 将它的左半部分矩阵 A 化为单位矩阵 E, 则右边的单位矩阵 E 就同时化成了 A^{-1}, 即

$$(A | E) \xrightarrow{\text{经一系列初等行变换}} (E | A^{-1}).$$

例 5 设矩阵 $A = \begin{bmatrix} 0 & 1 & 2 \\ 1 & 1 & 4 \\ 2 & -1 & 0 \end{bmatrix}$, 求逆矩阵 A^{-1}.

解:

$$(A | E) = \begin{bmatrix} 0 & 1 & 2 & 1 & 0 & 0 \\ 1 & 1 & 4 & 0 & 1 & 0 \\ 2 & -1 & 0 & 0 & 0 & 1 \end{bmatrix} \xrightarrow{r_1 \leftrightarrow r_2} \begin{bmatrix} 1 & 1 & 4 & 0 & 1 & 0 \\ 0 & 1 & 2 & 1 & 0 & 0 \\ 2 & -1 & 0 & 0 & 0 & 1 \end{bmatrix}$$

$$\xrightarrow{r_3-2r_1} \begin{bmatrix} 1 & 1 & 4 & 0 & 1 & 0 \\ 0 & 1 & 2 & 1 & 0 & 0 \\ 0 & -3 & -8 & 0 & -2 & 1 \end{bmatrix} \xrightarrow[r_1-r_2]{r_3+3r_2} \begin{bmatrix} 1 & 0 & 2 & -1 & 1 & 0 \\ 0 & 1 & 2 & 1 & 0 & 0 \\ 0 & 0 & -2 & 3 & -2 & 1 \end{bmatrix}$$

$$\xrightarrow[r_2+r_3]{r_1+r_3} \begin{bmatrix} 1 & 0 & 0 & 2 & -1 & 1 \\ 0 & 1 & 0 & 4 & -2 & 1 \\ 0 & 0 & -2 & 3 & -2 & 1 \end{bmatrix} \xrightarrow{-\frac{1}{2}r_3} \begin{bmatrix} 1 & 0 & 0 & 2 & -1 & 1 \\ 0 & 1 & 0 & 4 & -2 & 1 \\ 0 & 0 & 1 & -\frac{3}{2} & 1 & -\frac{1}{2} \end{bmatrix} = (E | A^{-1})$$

所以 $A^{-1} = \begin{bmatrix} 2 & -1 & 1 \\ 4 & -2 & 1 \\ -\dfrac{3}{2} & 1 & -\dfrac{1}{2} \end{bmatrix}$.

对给定的 n 阶矩阵 A，不一定需要知道 A 是否可逆，可以一边计算，一边判断，也就是说，可以直接对矩阵 $(A|E)$ 进行初等行变换，若在变换过程中，矩阵 A 中所在的部分出现零行，说明矩阵 A 的行列式 $|A|=0$，即可判断矩阵 A 不可逆.

例 6 设矩阵 $A = \begin{bmatrix} -2 & -1 & 6 \\ 4 & 0 & 5 \\ -6 & -1 & 1 \end{bmatrix}$，求逆矩阵 A^{-1}.

解：

$$(A|E) = \begin{bmatrix} -2 & -1 & 6 & | & 1 & 0 & 0 \\ 4 & 0 & 5 & | & 0 & 1 & 0 \\ -6 & -1 & 1 & | & 0 & 0 & 1 \end{bmatrix} \xrightarrow[r_3 - 3r_1]{r_2 + 2r_1} \begin{bmatrix} -2 & -1 & 6 & | & 1 & 0 & 0 \\ 0 & -2 & 17 & | & 2 & 1 & 0 \\ 0 & 2 & -17 & | & -3 & 0 & 1 \end{bmatrix}$$

$$\xrightarrow{r_3 + r_2} \begin{bmatrix} -2 & -1 & 6 & | & 1 & 0 & 0 \\ 0 & -2 & 17 & | & 2 & 1 & 0 \\ 0 & 0 & 0 & | & -1 & 1 & 1 \end{bmatrix},$$

因为 $(A|E)$ 中的左边矩阵 A 经过初等变换后出现零行，所以矩阵 A 不可逆.

练习题 9.3

1. 求下列各矩阵的秩：

(1) $\begin{bmatrix} 1 & 2 & -3 \\ -1 & -3 & 4 \\ 1 & 1 & -2 \end{bmatrix}$;

(2) $\begin{bmatrix} 2 & 0 & 2 & 2 \\ 0 & 1 & 0 & 0 \\ 2 & 1 & 0 & 1 \\ 0 & 1 & 0 & 0 \end{bmatrix}$;

(3) $\begin{bmatrix} 1 & 0 & 1 & 0 & 0 \\ 1 & 1 & 0 & 0 & 0 \\ 0 & 1 & 1 & 0 & 0 \\ 0 & 0 & 1 & 1 & 0 \\ 0 & 1 & 0 & 1 & 1 \end{bmatrix}$;

(4) $\begin{bmatrix} 1 & 0 & 0 & 1 & 4 \\ 0 & 1 & 0 & 2 & 5 \\ 0 & 0 & 1 & 3 & 6 \\ 1 & 2 & 3 & 14 & 32 \\ 4 & 5 & 6 & 32 & 77 \end{bmatrix}$.

2. 求下列各方程组的系数矩阵和增广矩阵的秩.

(1) $\begin{cases} x_1 - 2x_2 + x_3 + x_4 = 1, \\ x_1 - 2x_2 + x_3 - x_4 = -1, \\ x_1 - 2x_2 + x_3 - 5x_4 = -5; \end{cases}$

(2) $\begin{cases} 2x_1 - x_2 + 3x_3 = 2, \\ 3x_1 + x_2 - 5x_3 = 0, \\ 4x_1 - x_2 + x_3 = 3, \\ x_1 + x_2 - 13x_3 = -6. \end{cases}$

本 章 小 结

一、内容提要

本章主要内容有矩阵的概念及其运算，逆矩阵的概念及其计算方法，矩阵的初等变换等.

二、基本要求

本章的基本要求是：

1. 理解矩阵的概念及其性质，了解几种常见的特殊矩阵.
2. 掌握矩阵的加法、减法、数乘矩阵、矩阵的乘法及转置运算.
3. 熟练掌握可逆矩阵的判别法及求逆矩阵的方法，会用伴随矩阵求二阶、三阶矩阵的逆矩阵.
4. 理解初等变换的概念，了解初等矩阵的概念，会用初等变换求矩阵的逆矩阵.

三、例题选讲

例1 设矩阵 $A=\begin{bmatrix}1&1&3\\2&0&1\\0&2&0\end{bmatrix}, B=\begin{bmatrix}1&2&0\\0&1&1\\3&0&-2\end{bmatrix}.$

求(1) $|3A|$； (2) $|AB|$.

解：(1) 因为 $3A=3\begin{bmatrix}1&1&3\\2&0&1\\0&2&0\end{bmatrix}=\begin{bmatrix}3&3&9\\6&0&3\\0&6&0\end{bmatrix}$，

所以 $|3A|=\begin{vmatrix}3&3&9\\6&0&3\\0&6&0\end{vmatrix}=-6\begin{vmatrix}3&9\\6&3\end{vmatrix}=-6\times(-45)=270$，

或者

$$|3A|=3^3\cdot|A|=27\begin{vmatrix}1&1&3\\2&0&1\\0&2&0\end{vmatrix}=27\times(12-2)=270.$$

(2) 因为 $AB=\begin{bmatrix}1&1&3\\2&0&1\\0&2&0\end{bmatrix}\begin{bmatrix}1&2&0\\0&1&1\\3&0&-2\end{bmatrix}=\begin{bmatrix}10&3&-5\\5&4&-2\\0&2&2\end{bmatrix}$，

所以 $|AB|=\begin{vmatrix}10&3&-5\\5&4&-2\\0&2&2\end{vmatrix}=\begin{vmatrix}10&8&-5\\5&6&-2\\0&0&2\end{vmatrix}=2\begin{vmatrix}10&8\\5&6\end{vmatrix}=40$，

或者 $|AB|=|A||B|\begin{vmatrix}1&1&3\\2&0&1\\0&2&0\end{vmatrix}\begin{vmatrix}1&2&0\\0&1&1\\3&0&-2\end{vmatrix}=10\times4=40.$

注意 (1) 正确使用公式 $|kA|=k^n|A|$，切忌 $|kA|=k|A|$.

(2) 当 AB 为同阶方阵时，有 $|AB|=|BA|$.

例2 已知 $A=\begin{bmatrix}1&3&0\\0&2&1\end{bmatrix}, B=\begin{bmatrix}2&0&5\\-3&2&2\end{bmatrix}$，求 $|(AB^T)^3|$.

解：因为 $\boldsymbol{B}^T = \begin{bmatrix} 2 & -3 \\ 0 & 2 \\ 5 & 2 \end{bmatrix}$, $\boldsymbol{AB}^T = \begin{bmatrix} 1 & 3 & 0 \\ 0 & 2 & 1 \end{bmatrix} \begin{bmatrix} 2 & -3 \\ 0 & 2 \\ 5 & 2 \end{bmatrix} = \begin{bmatrix} 2 & 3 \\ 5 & 6 \end{bmatrix}$,

所以 $|\boldsymbol{AB}^T| = \begin{vmatrix} 2 & 3 \\ 5 & 6 \end{vmatrix} = -3$,

所以 $|(\boldsymbol{AB}^T)^3| = |\boldsymbol{AB}^T|^3 = (-3)^3 = -27.$

注意：本题中 $|(\boldsymbol{AB}^T)^3| = |\boldsymbol{AB}^T|^3$ 成立，但 $|(\boldsymbol{AB}^T)^3| = (|\boldsymbol{A}| \cdot |\boldsymbol{B}^T|)^3$ 不成立，原因是 $\boldsymbol{A},\boldsymbol{B}$ 不是方阵时，$|\boldsymbol{A}||\boldsymbol{B}^T|$ 无意义，因此不能随便使用 $|\boldsymbol{AB}| = |\boldsymbol{A}||\boldsymbol{B}|$.

习 题 9

1. 求下列矩阵的逆矩阵：

(1) $\begin{pmatrix} 1 & 2 & -1 \\ 3 & 5 & 0 \\ -1 & 0 & 5 \end{pmatrix}$;

(2) $\begin{pmatrix} 1 & -1 & 1 & 1 \\ -1 & 0 & -1 & 0 \\ 1 & -1 & 1 & 0 \\ 1 & 0 & 0 & 2 \end{pmatrix}$;

(3) $\begin{pmatrix} 1-m & m & m \\ m & 1-m & m \\ m & m & 1-m \end{pmatrix}$;

(4) $\begin{pmatrix} 1 & 2 & 3 \\ 2 & 2 & 1 \\ 3 & 4 & 3 \end{pmatrix}$.

2. 解矩阵方程：

(1) $\begin{bmatrix} 2 & 1 \\ 3 & 2 \end{bmatrix} \boldsymbol{X} \begin{bmatrix} -3 & 2 \\ 5 & -3 \end{bmatrix} = \begin{bmatrix} -2 & 4 \\ 3 & -1 \end{bmatrix}$;

(2) $\begin{pmatrix} 0 & 1 & 0 \\ 1 & 0 & 0 \\ 0 & 0 & 1 \end{pmatrix} \boldsymbol{X} \begin{pmatrix} 1 & 0 & 0 \\ 0 & 0 & 1 \\ 0 & 1 & 0 \end{pmatrix} = \begin{pmatrix} 1 & -4 & 3 \\ 2 & 0 & -1 \\ 1 & -2 & 0 \end{pmatrix}$.

第十章 线性方程组

自然科学、工程技术和企业管理中的许多问题经常可以归结为解一个线性方程组的问题. 虽然在中学时期,我们已经学过用加减消元法或代入消元法解二元或三元一次方程组,并且从平面解析几何中知道二元一次方程组的解的情况只可能有三种:有唯一解、有无穷解、无解. 但是在许多实际问题中,我们遇到的方程组中未知量的个数常常超过三个,而且方程组中未知量的个数与方程的个数也不一定相同. 那么这样的线性方程组是否有解? 如果有解,是唯一解还是无穷多解? 在有解的情况下,如何求解呢? 这就是本章要讨论的主要问题. 本章主要介绍求解线性方程组的消元法,线性方程组解的情况的判别方法.

10.1 线性方程组的有关概念

下面首先通过例子来说明如何运用消元法来解系数行列式不等于零的线性方程组.

设含有 n 个未知量、m 个方程的线性方程组为

$$\begin{cases} a_{11}x_1 + a_{12}x_2 + \cdots + a_{1n}x_n = b_1, \\ a_{21}x_1 + a_{22}x_2 + \cdots + a_{2n}x_n = b_2, \\ \vdots \\ a_{m1}x_1 + a_{m2}x_2 + \cdots + a_{mn}x_n = b_m, \end{cases} \tag{10.1}$$

其中系数 a_{ij},常数 b_j 都是已知数,x_i 是未知量(也称为未知数). 当右端常数项 $b_1, b_2, \cdots, b_m$ 不全为零时,称式(10.1)为非齐次线性方程组. 由系数与常数组成的矩阵

$$(\boldsymbol{A}, \boldsymbol{B}) = \begin{bmatrix} a_{11} & a_{12} & \cdots & a_{1n} & b_1 \\ a_{21} & a_{22} & \cdots & a_{2n} & b_2 \\ \vdots & \vdots & & \vdots & \vdots \\ a_{m1} & a_{m2} & \cdots & a_{mn} & b_m \end{bmatrix}$$

称为方程组(10.1)的增广矩阵. 方程组(10.1)的矩阵方程为 $\boldsymbol{AX} = \boldsymbol{B}$.

在方程组(10.1)中,当右端常数项 $b_1 = b_2 = \cdots = b_m = 0$,即 $\boldsymbol{B} = \boldsymbol{0}$ 时,式(10.1)为

$$\begin{cases} a_{11}x_1 + a_{12}x_2 + \cdots + a_{1n}x_n = 0, \\ a_{21}x_1 + a_{22}x_2 + \cdots + a_{2n}x_n = 0, \\ \vdots \\ a_{m1}x_1 + a_{m2}x_2 + \cdots + a_{mn}x_n = 0, \end{cases} \tag{10.2}$$

或 $\boldsymbol{AX} = \boldsymbol{0}$. 称式(10.2)为齐次线性方程组.

如果将由 n 个 $k_1, k_2, \cdots, k_n$ 组成的一个有序数组 $(k_1, k_2, \cdots, k_n)$ 依次代入方程组(10.1)中的 $x_1, x_2, \cdots, x_n$ 中,使(10.1)中的每个方程组都变成恒等式,则称这个有序数组 $(k_1, k_2, \cdots, k_n)$ 为方程组(10.1)的解集(合).

显然由 $x_1 = 0, x_2 = 0, \cdots, x_n = 0$ 组成的有序数组 $(0, 0, \cdots, 0)$ 是齐次线性方程组(10.2)的

一个解向量,称为齐次线性方程组(10.2)的零解,而将齐次线性方程组的解向量的分量不全为零的解,称为非零解.

当方程组(10.1)有解时,称它是可解的,或相容的;否则,称方程组(10.1)为不可解的,或不相容的.所谓解线性方程组,就是求它的全部解或解集.

例 写出线性方程组

$$\begin{cases} x_1 + 2x_2 - 2x_3 - x_4 = 1, \\ 2x_1 + x_2 + 2x_3 - 5x_4 = 2, \\ -x_1 + 3x_2 + 7x_3 - 4x_4 = 0 \end{cases}$$

的增广矩阵(A,B)和矩阵方程.

解:只要将方程组中的未知量和等号去掉,再添上矩阵符号,就可得到方程组的增广矩阵(A,B),即

$$(A,B) = \begin{pmatrix} 1 & 2 & -2 & -1 & 1 \\ 2 & 1 & 2 & -5 & 2 \\ -1 & 3 & 7 & -4 & 0 \end{pmatrix}.$$

方程组的矩阵形式是$AX=B$,即

$$\begin{pmatrix} 1 & 2 & -2 & -1 & 1 \\ 2 & 1 & 2 & -5 & 2 \\ -1 & 3 & 7 & -4 & 0 \end{pmatrix} \begin{pmatrix} x_1 \\ x_2 \\ x_3 \end{pmatrix} = \begin{pmatrix} 1 \\ 2 \\ 0 \end{pmatrix}.$$

10.2 消元法

下面通过例子来说明如何运用消元法来解系数行列式不等于零的线性方程组.

例1 用消元法解线性方程组:

$$\begin{cases} x_1 + 2x_2 + 3x_3 = -7, \\ 2x_1 - x_2 + 2x_3 = -8, \\ x_1 + 3x_2 = 7. \end{cases}$$

解:把方程组的消元过程与方程组对应的增广矩阵的初等变换过程对照列成表,见表10-1,表中方程组的消元过程所用的标记方法与矩阵初等变换的标记方法相同.

表 10-1

方程组的消元过程	增广矩阵的变换过程
$\begin{cases} x_1+2x_2+3x_3=-7, \\ 2x_1-x_2+2x_3=-8, \\ x_1+3x_2=7 \end{cases}$	$\begin{bmatrix} 1 & 2 & 3 & -7 \\ 2 & -1 & 2 & -8 \\ 1 & 3 & 0 & 7 \end{bmatrix}$
$\xrightarrow[r_3-r_1]{r_2-2r_1} \begin{cases} x_1+2x_2+3x_3=-7, \\ -5x_2-4x_3=6, \\ x_2-3x_3=14 \end{cases}$	$\xrightarrow[r_3-r_1]{r_2-2r_1} \begin{bmatrix} 1 & 2 & 3 & -7 \\ 0 & -5 & -4 & 6 \\ 0 & 1 & -3 & 14 \end{bmatrix}$
$\xrightarrow{r_2 \leftrightarrow r_3} \begin{cases} x_1+2x_2+3x_3=-7, \\ x_2-3x_3=14, \\ -5x_2-4x_3=6 \end{cases}$	$\xrightarrow{r_2 \leftrightarrow r_3} \begin{bmatrix} 1 & 2 & 3 & -7 \\ 0 & 1 & -3 & 14 \\ 0 & -5 & -4 & 6 \end{bmatrix}$

续表

方程组的消元过程	增广矩阵的变换过程
$\xrightarrow{r_3+5r_2}\begin{cases}x_1+2x_2+3x_3=-7,\\ x_2-3x_3=14,\\ -19x_3=76\end{cases}$	$\xrightarrow{r_3+5r_2}\begin{bmatrix}1 & 2 & 3 & -7\\ 0 & 1 & -3 & 14\\ 0 & 0 & -19 & 76\end{bmatrix}$
$\xrightarrow{-\frac{1}{19}r_3}\begin{cases}x_1+2x_2+3x_3=-7,\\ x_2-3x_3=14,\\ x_3=-4\end{cases}$	$\xrightarrow{-\frac{1}{19}r_3}\begin{bmatrix}1 & 2 & 3 & -7\\ 0 & 1 & -3 & 14\\ 0 & 0 & 1 & -4\end{bmatrix}$
$\xrightarrow[r_2+3r_3]{r_1-3r_3}\begin{cases}x_1+2x_2=5,\\ x_2=2,\\ x_3=-4\end{cases}$	$\xrightarrow[r_2+3r_3]{r_1-3r_3}\begin{bmatrix}1 & 2 & 0 & 5\\ 0 & 1 & 0 & 2\\ 0 & 0 & 1 & -4\end{bmatrix}$
$\xrightarrow{r_1-2r_2}\begin{cases}x_1=1,\\ x_2=2,\\ x_3=-4\end{cases}$	$\xrightarrow{r_1-2r_2}\begin{bmatrix}1 & 0 & 0 & 1\\ 0 & 1 & 0 & 2\\ 0 & 0 & 1 & -4\end{bmatrix}$

由此得到方程组的解为

$$\begin{cases}x_1=1,\\ x_2=2,\\ x_3=-4.\end{cases}$$

由表 10-1 可以看出,方程组的消元顺序与增广矩阵的初等变换顺序完全相同.

由上例可知:对增广矩阵的行施行初等变换不会改变相应线性方程组的解,这是消元法的理论基础.

定义 1 若两个线性方程组

$$\boldsymbol{AX}=\boldsymbol{B} \tag{10.3}$$

$$\boldsymbol{CX}=\boldsymbol{D} \tag{10.4}$$

的解集相等,即式(10.3)的解都是式(10.4)的解,而且式(10.4)的解都是式(10.3)的解,则称这两个方程组为同解方程组.

定理 如果用初等行变换将增广矩阵$(\boldsymbol{A},\boldsymbol{B})$化成$(\boldsymbol{C},\boldsymbol{D})$,则方程组$\boldsymbol{AX}=\boldsymbol{B}$与$\boldsymbol{CX}=\boldsymbol{D}$是同解方程组.

由定义 1 可知,求方程组(10.1)的解,可以利用初等行变换将其增广矩阵$(\boldsymbol{A},\boldsymbol{B})$化简.通过初等行变换,可以将$(\boldsymbol{A},\boldsymbol{B})$化成阶梯形矩阵,再写出该阶梯形矩阵所代表的方程组,逐步回代,求出方程组的解.因为它们为同解方程组,所以也就得到了原方程组(10.1)的解.

上述方法称为高斯消元法,简称消元法.下面举例说明用消元法求一般线性方程组的方法与步骤.

例 2 解线性方程组

$$\begin{cases}x_1+x_2-2x_3-x_4=-1,\\ x_1+5x_2-3x_3-2x_4=0,\\ 3x_1-x_2+x_3+4x_4=2,\\ -2x_1+2x_2+x_3-x_4=1.\end{cases} \tag{10.5}$$

解:先写出增广矩阵$(\boldsymbol{A},\boldsymbol{B})$,再用初等行变换将其逐步化成阶梯形矩阵,即

$$(\boldsymbol{A},\boldsymbol{B}) = \begin{pmatrix} 1 & 1 & -2 & -1 & -1 \\ 1 & 5 & -3 & -2 & 0 \\ 3 & -1 & 1 & 4 & 2 \\ -2 & 2 & 1 & -1 & 1 \end{pmatrix} \xrightarrow[\substack{r_2+(-1)r_1 \\ r_3+(-3)r_1 \\ r_4+2r_1}]{} \begin{pmatrix} 1 & 1 & -2 & -1 & -1 \\ 0 & 4 & -1 & -1 & 1 \\ 0 & -4 & 7 & 7 & 5 \\ 0 & 4 & -3 & -3 & -1 \end{pmatrix}$$

$$\xrightarrow[\substack{r_3+r_2 \\ r_4+(-1)r_2}]{} \begin{pmatrix} 1 & 1 & -2 & -1 & -1 \\ 0 & 4 & -1 & -1 & 1 \\ 0 & 0 & 6 & 6 & 6 \\ 0 & 0 & -2 & -2 & -2 \end{pmatrix} \xrightarrow[\left(\frac{1}{6}\right)r_3]{r_4+\left(\frac{1}{3}\right)r_3} \begin{pmatrix} 1 & 1 & -2 & -1 & -1 \\ 0 & 4 & -1 & -1 & 1 \\ 0 & 0 & 1 & 1 & 1 \\ 0 & 0 & 0 & 0 & 0 \end{pmatrix}.$$

上述四个增广矩阵所表示的四个线性方程组是同解方程组,最后一个增广矩阵表示的线性方程组为

$$\begin{cases} x_1+x_2-2x_3-x_4=-1, \\ 4x_2-x_3-x_4=1, \\ x_3+x_4=1, \end{cases}$$

将最后一个方程中的 x_4 项移至等号右端,得

$$x_3=-x_4+1.$$

将其代入第二个方程,解得

$$x_2=\frac{1}{2}.$$

再将 x_2,x_3 代入第一个方程组,解得

$$x_1=-x_4+\frac{1}{2}.$$

因此,方程组(10.5)的解为

$$\begin{cases} x_1=-x_4+\frac{1}{2}, \\ x_2=\frac{1}{2}, \\ x_3=-x_4+1, \end{cases} \tag{10.6}$$

其中 x_4 可以取任意值.

显然,只要未知量 x_4 任意取定一个值,如 $x_4=1$,代入表达式(10.6),可以得到一组相应的值:$x_1=-\frac{1}{2}, x_2=\frac{1}{2}, x_3=0$,从而得到方程组(10.5)的一个解

$$\begin{cases} x_1=-\frac{1}{2}, \\ x_2=\frac{1}{2}, \\ x_3=0, \\ x_4=1. \end{cases}$$

由于未知量 x_4 的取值是任意实数,故方程组(10.5)的解有无穷多个. 由此可知,表达式(10.6)表示了方程组(10.5)的所有解. 表达式(10.6)中等号右端的未知量 x_4 称为自由未知量,用自由未知量表示其他未知量的表达式(10.6)称为方程组(10.5)的一般解,当表达式

(10.6)中的未知量 x_4 取定一个值时(如 $x_4=1$),得到方程组(10.5)的一个解$\left(\text{如 } x_1=-\frac{1}{2},\right.$ $\left.x_2=\frac{1}{2}, x_3=0, x_4=1\right)$,称之为方程组(10.5)的特解.

注意:自由未知量的选取不是唯一的.如例 2 也可以将 x_3 取作自由未知量,即在

$$\begin{cases} x_1+x_2-2x_3-x_4=-1, \\ 4x_2-x_3-x_4=1, \\ x_3+x_4=1 \end{cases}$$

中将最后一个方程中 x_3 项移至等号的右端,得

$$x_4=-x_3+1.$$

将其代入第二个方程,解出 x_2 后,再将 x_2,x_3 代入第一个方程,解出 x_1. 最后可得方程组(10.5)的一般解为

$$\begin{cases} x_1=x_3-\frac{1}{2}, \\ x_2=\frac{1}{2}, \\ x_4=-x_3+1, \end{cases} \tag{10.7}$$

其中 x_3 是自由未知量.

表达式(10.7)和(10.6)虽然形式上不一样,但是本质上是一样的.它们都表示了方程组(10.5)的所有解.

用消元法解线性方程组的过程中,当增广矩阵经过初等行变换化成阶梯形矩阵后,要写出相应的方程组,然后再用回代的方法求出解.如果用矩阵将回代的过程表示出来,可以发现,这个过程实际上就是对阶梯形矩阵的进一步简化,使其最终化成一个特殊的矩阵,从这个特殊矩阵中,就可以直接解出或"读出"方程组的解.例如,对例 2 中的阶梯形矩阵进一步化简,即

$$\begin{pmatrix} 1 & 1 & -2 & -1 & -1 \\ 0 & 4 & -1 & -1 & 1 \\ 0 & -4 & 7 & 7 & 5 \\ 0 & 4 & -3 & -3 & -1 \end{pmatrix} \xrightarrow[r_2+r_3]{r_1+2r_3} \begin{pmatrix} 1 & 1 & 0 & 1 & 1 \\ 0 & 4 & 0 & 0 & 2 \\ 0 & 0 & 1 & 1 & 1 \\ 0 & 0 & 0 & 0 & 0 \end{pmatrix} \xrightarrow[r_1+\left(-\frac{1}{4}\right)r_2]{\frac{1}{4}r_2} \begin{pmatrix} 1 & 0 & 0 & 1 & \frac{1}{2} \\ 0 & 1 & 0 & 0 & \frac{1}{2} \\ 0 & 0 & 1 & 1 & 1 \\ 0 & 0 & 0 & 0 & 0 \end{pmatrix}.$$

上述矩阵对应的方程组为

$$\begin{cases} x_1+x_4=\frac{1}{2}, \\ x_2=\frac{1}{2}, \\ x_3+x_4=1. \end{cases}$$

将此方程组中含 x_4 的项移到等号的右端,就得到原方程组(10.5)的一般解,即

$$\begin{cases} x_1=-x_4+\frac{1}{2}, \\ x_2=\frac{1}{2}, \\ x_3=-x_4+1, \end{cases}$$

其中 x_4 是自由未知量.

在上述最后一个矩阵中,前三列是未知量 x_1,x_2,x_3 的系数,第四列是自由未知量 x_4 的系数,最后一列是常数项.写方程组的一般解时,x_4 项要移到等号右端,因此,x_4 项系数的符号要改变,常数项不用移项,它的符号不变.掌握上述规律后,从上述最后一个矩阵中就可以直接"读出"方程组的一般解.

定义 2　若阶梯形矩阵进一步满足如下两个条件,则称其为行简化阶梯形矩阵.

(1) 各非零行的首非零元都是 1;

(2) 所有首非零元所在列的其余元素都是 0.

例如
$$\begin{pmatrix} 1 & 0 & -2 & 0 & 1 \\ 0 & 1 & 3 & 0 & \frac{1}{2} \\ 0 & 0 & 0 & 1 & 1 \\ 0 & 0 & 0 & 0 & 0 \end{pmatrix} \text{和} \begin{pmatrix} 1 & -3 & 0 & 5 & 0 & 4 \\ 0 & 0 & 1 & 2 & 0 & 3 \\ 0 & 0 & 0 & 0 & 1 & 0 \end{pmatrix}$$

都是简化阶梯形矩阵.

例 3　解线性方程组
$$\begin{cases} x_1+2x_2-3x_3=4, \\ 2x_1+3x_2-5x_3=7, \\ 4x_1+3x_2-9x_3=9, \\ 2x_1+5x_2-8x_3=8. \end{cases}$$

解:利用初等行变换,将方程组的增广矩阵 (A,B) 化成行简化阶梯形矩阵,再求解.因为

$$(A,B)=\begin{pmatrix} 1 & 2 & -3 & 4 \\ 2 & 3 & -5 & 7 \\ 4 & 3 & -9 & 9 \\ 2 & 5 & -8 & 8 \end{pmatrix} \to \begin{pmatrix} 1 & 2 & -3 & 4 \\ 0 & -1 & 1 & -1 \\ 0 & -5 & 3 & -7 \\ 0 & 1 & -2 & 0 \end{pmatrix} \to \begin{pmatrix} 1 & 2 & -3 & 4 \\ 0 & -1 & 1 & -1 \\ 0 & 0 & -2 & -2 \\ 0 & 0 & -1 & -1 \end{pmatrix}$$

$$\to \begin{pmatrix} 1 & 2 & -3 & 4 \\ 0 & 1 & -1 & 1 \\ 0 & 0 & 1 & 1 \\ 0 & 0 & 0 & 0 \end{pmatrix} \to \begin{pmatrix} 1 & 2 & 0 & 7 \\ 0 & 1 & 0 & 2 \\ 0 & 0 & 1 & 1 \\ 0 & 0 & 0 & 0 \end{pmatrix} \to \begin{pmatrix} 1 & 0 & 0 & 3 \\ 0 & 1 & 0 & 2 \\ 0 & 0 & 1 & 1 \\ 0 & 0 & 0 & 0 \end{pmatrix}.$$

所以,方程组的一般解为
$$\begin{cases} x_1=3, \\ x_2=2, \\ x_3=1. \end{cases}$$

例 3 的解中没有自由未知量,因此,它只有唯一解.

例 4　解线性方程组
$$\begin{cases} x_1+x_2+x_3=1, \\ -x_1+2x_2-4x_3=2, \\ 2x_1+5x_2-x_3=3. \end{cases}$$

解:利用初等行变换,将方程组的增广矩阵 (A,B) 化成行简化阶梯形矩阵,再求解.因为

$$(A,B) = \begin{pmatrix} 1 & 1 & 1 & 1 \\ -1 & 2 & -4 & 2 \\ 2 & 5 & -1 & 3 \end{pmatrix} \to \begin{pmatrix} 1 & 1 & 1 & 1 \\ 0 & 3 & -3 & 3 \\ 0 & 3 & -3 & 1 \end{pmatrix} \to \begin{pmatrix} 1 & 1 & 1 & 1 \\ 0 & 3 & -3 & 3 \\ 0 & 0 & 0 & -2 \end{pmatrix}.$$

阶梯形矩阵的第三行"0,0,0,-2"所表示的方程为 $0x_1+0x_2+0x_3=-2$,由该方程可知,无论 x_1,x_2,x_3 取何值,都不能满足这个方程. 所以,原方程组无解.

例 5 解线性方程组

$$\begin{cases} x_1 - 3x_2 + 2x_3 + x_4 = 0, \\ 2x_1 + 4x_2 - x_3 - 3x_4 = 0, \\ -x_1 - 7x_2 + 3x_3 + 4x_4 = 0, \\ 3x_1 + 2x_2 + x_3 - 2x_4 = 0. \end{cases}$$

解:利用初等行变换,将方程组的增广矩阵 (A,B) 化成行简化阶梯形矩阵,再求解. 因为

$$(A,B) = \begin{pmatrix} 1 & -3 & 2 & 1 & 0 \\ 2 & 4 & -1 & -3 & 0 \\ -1 & -7 & 3 & 4 & 0 \\ 3 & 2 & 1 & -2 & 0 \end{pmatrix} \to \begin{pmatrix} 1 & -3 & 2 & 1 & 0 \\ 0 & 10 & -5 & 5 & 0 \\ 0 & -10 & 5 & 5 & 0 \\ 0 & 10 & -5 & -5 & 0 \end{pmatrix}$$

$$\to \begin{pmatrix} 1 & -3 & 2 & 1 & 0 \\ 0 & 10 & -5 & -5 & 0 \\ 0 & 0 & 0 & 0 & 0 \\ 0 & 0 & 0 & 0 & 0 \end{pmatrix} \to \begin{pmatrix} 1 & 0 & \frac{1}{2} & -\frac{1}{2} & 0 \\ 0 & 1 & -\frac{1}{2} & -\frac{1}{2} & 0 \\ 0 & 0 & 0 & 0 & 0 \\ 0 & 0 & 0 & 0 & 0 \end{pmatrix}$$

所以,方程组的一般解为

$$\begin{cases} x_1 = -\frac{1}{2}x_3 + \frac{1}{2}x_4, \\ x_2 = \frac{1}{2}x_3 + \frac{1}{2}x_4, \end{cases}$$

其中 x_3, x_4 是自由未知量.

由例 5 可知,齐次线性方程组 $AX=0$ 的增广矩阵中,最后一列的元素全部是 0,即 $(A,B)=(A,0)$. 利用初等行变换将 $(A,0)$ 化成行简化阶梯形矩阵所得的一般解,与利用初等行变换将系数矩阵 A 化成行简化阶梯形矩阵所得的一般解一样. 因此,解齐次线性方程组时,只要将系数矩阵 A 化成行简化阶梯形矩阵,即可得到一般解.

综上所述,用消元法解线性方程组 $AX=B$(或 $AX=0$)的具体步骤为:

(1) 写出增广矩阵 (A,B)(或系数矩阵 A),并用初等行变换将其化成阶梯形矩阵;

(2) 判断方程组是否有解;

(3) 在有解的情况下,写出阶梯形矩阵对应的方程组,并用回代的方法求解. 或者继续用初等行变换将阶梯形方程组化成行简化阶梯形矩阵,写出方程组的一般解.

例 6 某城市某路口交通图如图 10-1 所示,已知图中每条道路都是单行道,图中数字表示某一个时段的机动车流

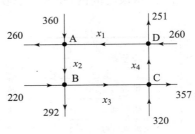

图 10-1

量.并且针对每一个十字路口,进入和离开的车辆数相等.请计算每两个相邻十字路口间路段上的交通流量 $x_i(i=1,2,3,4)$.

解:根据已知条件,得到各节点的流通方程

$$A: \quad x_1+360=x_2+260$$
$$B: \quad x_2+220=x_3+292$$
$$C: \quad x_3+320=x_4+357$$
$$D: \quad x_4+260=x_1+251$$

整理后得到如下的方程组

$$\begin{cases} x_1-x_2 = -100 \\ x_2-x_3 = 72 \\ x_3-x_4 = 37 \\ -x_1 + x_4 = -9 \end{cases}$$

经过化简,解得

$$\begin{cases} x_1=x_4+9 \\ x_2=x_4+109 \\ x_3=x_4+37 \end{cases}$$

其中 x_4 为自由未知量.

练习题 10.2

1. 用消元法解下列各方程组:

(1) $\begin{cases} 3x_1+4x_2-4x_3+2x_4=-3, \\ 6x_1+5x_2-2x_3+3x_4=-1, \\ 9x_1+3x_2+8x_3+5x_4=9, \\ -3x_1-7x_2-10x_3+x_4=2; \end{cases}$

(2) $\begin{cases} x_1+2x_2+3x_3+4x_4=0, \\ x_1+x_2+2x_3+3x_4=0, \\ x_1+5x_2+8x_3+2x_4=0, \\ x_1+5x_2+5x_3+2x_4=0. \end{cases}$

2. 一个销售员、一个摄影师、一个后期修图师组成一个摄影工作小组.假设在一段时间内,每个人收入1元人民币需要支付给其他两人的服务费用以及每个人的实际收入如表10-2所示,问这段时间内,每人的总收入是多少?(总收入=实际收入+服务费)

表 10-2

服务者	被服务者			实际收入(元)
	销售员	摄影师	后期修图师	
销售员	0.4	0.4	0.2	56 000
摄影师	0.2	0.5	0.3	68 000
后期修图师	0.2	0.3	0.5	56 000

10.3 线性方程组解的情况判定

前面介绍了用消元法解线性方程组的方法,通过例题可知,线性方程组的解的情况有三种:无穷解、唯一解和无解.对于一般的由 m 个方程组成的 n 元线性方程组,亦有类似的结论.

定理 线性方程组(10.1)有解的充分必要条件是其系数矩阵与增广矩阵的秩相等.即

$$R(\boldsymbol{A}) = R(\boldsymbol{A},\boldsymbol{B}).$$

该定理也称为线性方程组的有解判别定理.

证明:设系数矩阵 $\boldsymbol{A}$ 的秩为 r,即 $R(\boldsymbol{A})=r$.利用初等行变换,可将增广矩阵 $(\boldsymbol{A},\boldsymbol{B})$ 化成阶梯形矩阵:

$$(\boldsymbol{A},\boldsymbol{B}) \xrightarrow{\text{初等行变换}} \begin{pmatrix} c_{11} & \cdots & * & * & \cdots & * & c_{1s} & \cdots & c_{1n} & d_1 \\ 0 & \cdots & 0 & c_{2k} & \cdots & * & c_{2s} & \cdots & c_{2n} & d_2 \\ \vdots & & \vdots & \vdots & & \vdots & \vdots & & \vdots & \vdots \\ 0 & \cdots & 0 & 0 & \cdots & 0 & c_{rs} & \cdots & c_{rn} & d_r \\ 0 & \cdots & 0 & 0 & \cdots & 0 & 0 & \cdots & 0 & d_{r+1} \\ \vdots & & \vdots & \vdots & & \vdots & \vdots & & \vdots & \vdots \\ 0 & \cdots & 0 & 0 & \cdots & 0 & 0 & \cdots & 0 & 0 \end{pmatrix} = (\boldsymbol{C},\boldsymbol{D})$$

因此,$\boldsymbol{AX}=\boldsymbol{B}$ 与 $\boldsymbol{CX}=\boldsymbol{D}$ 是同解方程组,因此

$$\boldsymbol{AX} = \boldsymbol{B} \text{ 有解} \Leftrightarrow d_{r+1} = 0 \Leftrightarrow R(\boldsymbol{C},\boldsymbol{D}) = R(\boldsymbol{C}) = r,$$

即 $R(\boldsymbol{A},\boldsymbol{B})=R(\boldsymbol{A})=r$.

推论 1 线性方程组(10.1)有唯一解的充分必要条件是 $R(\boldsymbol{A})=R(\boldsymbol{A},\boldsymbol{B})=n$.

推论 2 线性方程组(10.1)有无穷多解的充分必要条件是 $R(\boldsymbol{A})=R(\boldsymbol{A},\boldsymbol{B})<n$.

将上述结论应用到齐次线性方程组(10.2)上,则有 $R(\boldsymbol{A})=R(\boldsymbol{A},\boldsymbol{B})$,因此齐次线性方程组一定有解.并且有:

推论 3 齐次线性方程组(10.2)只有零解的充分必要条件是 $R(\boldsymbol{A})=n$.

推论 4 齐次线性方程组(10.2)有非零解的充分必要条件是 $R(\boldsymbol{A})<n$.

特别地,当齐次线性方程组(10.2)中,方程个数小于未知量个数(即 $m<n$)时,必有 $R(\boldsymbol{A})<n$.这时方程组(10.2)一定有非零解.

例 1 判别下列方程组是否有解.若有解,是有唯一解还是无穷多解?

(1) $\begin{cases} x_1+2x_2-3x_3=-11, \\ -x_1-x_2+x_3=7, \\ 2x_1-3x_2+x_3=6, \\ -3x_1+x_2+2x_3=4; \end{cases}$ (2) $\begin{cases} x_1+2x_2-3x_3=-11, \\ -x_1-x_2+2x_3=7, \\ 2x_1-3x_2+x_3=6, \\ -3x_1+x_2+2x_3=5; \end{cases}$

(3) $\begin{cases} x_1+2x_2-3x_3=-11, \\ -x_1-x_2+x_3=7, \\ 2x_1-3x_2+x_3=6, \\ -3x_1+x_2+2x_3=5. \end{cases}$

解：(1) 用初等行变换将其增广矩阵化成阶梯形矩阵，即

$$(\boldsymbol{A},\boldsymbol{B})=\begin{pmatrix} 1 & 2 & -3 & -11 \\ -1 & -1 & 1 & 7 \\ 2 & -3 & 1 & 6 \\ -3 & 1 & 2 & 4 \end{pmatrix} \rightarrow \begin{pmatrix} 1 & 2 & -3 & -11 \\ 0 & 1 & -2 & -4 \\ 0 & -7 & 7 & 28 \\ 0 & 7 & -7 & -29 \end{pmatrix}$$

$$\rightarrow \begin{pmatrix} 1 & 2 & -3 & -11 \\ 0 & 1 & -2 & -4 \\ 0 & 0 & -7 & 0 \\ 0 & 0 & 7 & -1 \end{pmatrix} \rightarrow \begin{pmatrix} 1 & 2 & -3 & -11 \\ 0 & 1 & -2 & -4 \\ 0 & 0 & -7 & 0 \\ 0 & 0 & 0 & -1 \end{pmatrix}.$$

因为 $R(\boldsymbol{A},\boldsymbol{B})=4$，$R(\boldsymbol{A})=3$，两者不等，所以方程组无解.

(2) 用初等行变换将其增广矩阵化成阶梯形矩阵，即

$$(\boldsymbol{A},\boldsymbol{B})=\begin{pmatrix} 1 & 2 & -3 & -11 \\ -1 & -1 & 2 & 7 \\ 2 & -3 & 1 & 6 \\ -3 & 1 & 2 & 5 \end{pmatrix} \rightarrow \cdots \rightarrow \begin{pmatrix} 1 & 2 & -3 & -11 \\ 0 & 1 & -1 & -4 \\ 0 & 0 & 0 & 0 \\ 0 & 0 & 0 & 0 \end{pmatrix}.$$

因为 $R(\boldsymbol{A},\boldsymbol{B})=R(\boldsymbol{A})=2<n(n=3)$，所以方程组有无穷多解.

(3) 用初等行变换将其增广矩阵化成阶梯形矩阵，即

$$(\boldsymbol{A},\boldsymbol{B})=\begin{pmatrix} 1 & 2 & -3 & -11 \\ -1 & -1 & 1 & 7 \\ 2 & -3 & 1 & 6 \\ -3 & 1 & 2 & 5 \end{pmatrix} \rightarrow \cdots \rightarrow \begin{pmatrix} 1 & 2 & -3 & -11 \\ 0 & 1 & -2 & -4 \\ 0 & 0 & -7 & 0 \\ 0 & 0 & 0 & 0 \end{pmatrix}.$$

因为 $R(\boldsymbol{A},\boldsymbol{B})=R(\boldsymbol{A})=3=n$ $(n=3)$，所以方程组有唯一解.

例 2 判别下列齐次方程组是否有非零解.

$$\begin{cases} x_1+3x_2-7x_3-8x_4=0, \\ 2x_1+5x_2+4x_3+4x_4=0, \\ -3x_1-7x_2-2x_3-3x_4=0, \\ x_1+4x_2-12x_3-16x_4=0. \end{cases}$$

解：用初等行变换将其增广矩阵化成阶梯形矩阵，即

$$\boldsymbol{A}=\begin{pmatrix} 1 & 3 & -7 & -8 \\ 2 & 5 & 4 & 4 \\ -3 & -7 & -2 & -3 \\ 1 & 4 & -12 & -16 \end{pmatrix} \rightarrow \begin{pmatrix} 1 & 3 & -7 & -8 \\ 0 & -1 & 18 & 20 \\ 0 & 2 & -23 & -27 \\ 0 & 1 & -5 & -8 \end{pmatrix}$$

$$\rightarrow \begin{pmatrix} 1 & 3 & -7 & -8 \\ 0 & -1 & 18 & 20 \\ 0 & 0 & 13 & 13 \\ 0 & 0 & 13 & 12 \end{pmatrix} \rightarrow \begin{pmatrix} 1 & 3 & -7 & -8 \\ 0 & -1 & 18 & 20 \\ 0 & 0 & 13 & 13 \\ 0 & 0 & 0 & -1 \end{pmatrix}.$$

因为 $R(\boldsymbol{A})=4=n$，所以齐次方程组只有零解.

例3 问 a,b 取何值时，下列方程组无解，有唯一解，有无穷多解？

$$\begin{cases} x_1 + 2x_3 = -1, \\ -x_1 + x_2 - 3x_3 = 2, \\ 2x_1 - x_2 + ax_3 = b. \end{cases}$$

解：由

$$(\boldsymbol{A},\boldsymbol{B}) = \begin{pmatrix} 1 & 0 & 2 & -1 \\ -1 & 1 & -3 & 2 \\ 2 & -1 & a & b \end{pmatrix} \rightarrow \begin{pmatrix} 1 & 0 & 2 & -1 \\ 0 & 1 & -1 & 1 \\ 0 & -1 & a-4 & b+2 \end{pmatrix}$$

$$\rightarrow \begin{pmatrix} 1 & 0 & 2 & -1 \\ 0 & 1 & -1 & 1 \\ 0 & 0 & a-5 & b+3 \end{pmatrix},$$

可知，当 $a=5$ 而 $b\neq -3$ 时，有 $R(\boldsymbol{A})=2, R(\boldsymbol{A},\boldsymbol{B})=3$，故方程组无解.

当 $a\neq 5$ 时，有 $R(\boldsymbol{A})=R(\boldsymbol{A},\boldsymbol{B})=3$，故方程组有唯一解.

当 $a=5$ 而 $b=-3$ 时，有 $R(\boldsymbol{A})=R(\boldsymbol{A},\boldsymbol{B})=2$，故方程组有无穷多解.

例4 已知总成本 y 是产量 x 的二次函数 $y=a+bx+cx^2$，根据统计资料，产量与总成本之间有如表10-3所示的数据，试求总成本函数中的 a,b,c.

表 10-3

时 期	第一期	第二期	第三期
产量 x/千件	6	10	20
总成本 y/万元	104	160	370

解：将 $(x_1,y_1), (x_2,y_2), (x_3,y_3)$ 代入已知二次函数模型中，得方程组

$$\begin{cases} a + 6b + 36c = 104, \\ a + 10b + 100c = 160, \\ a + 20b + 400c = 370. \end{cases}$$

利用初等行变换将其增广矩阵化成行简化阶梯形矩阵，再求解. 即

$$(\boldsymbol{A},\boldsymbol{B}) = \begin{pmatrix} 1 & 6 & 36 & 104 \\ 1 & 10 & 100 & 160 \\ 1 & 20 & 400 & 370 \end{pmatrix} \rightarrow \begin{pmatrix} 1 & 6 & 36 & 104 \\ 0 & 4 & 64 & 56 \\ 0 & 14 & 364 & 266 \end{pmatrix}$$

$$\rightarrow \begin{pmatrix} 1 & 6 & 36 & 104 \\ 0 & 1 & 16 & 14 \\ 0 & 0 & 140 & 70 \end{pmatrix} \rightarrow \begin{pmatrix} 1 & 6 & 0 & 86 \\ 0 & 1 & 0 & 6 \\ 0 & 0 & 1 & 0.5 \end{pmatrix} \rightarrow \begin{pmatrix} 1 & 0 & 0 & 50 \\ 0 & 1 & 0 & 6 \\ 0 & 0 & 1 & 0.5 \end{pmatrix}.$$

因此方程组的解为 $a=50, b=6, c=0.5$，总成本函数为 $y=50+6x+0.5x^2$.

练习题 10.3

1. 确定 m 的值，使方程组
$$\begin{cases} 2x_1 - x_2 + x_3 + x_4 = 1, \\ x_1 + 2x_2 - x_3 + 4x_4 = 2, \\ x_1 + 7x_2 - 4x_3 + 11x_4 = m \end{cases}$$
有解，并求出它的解.

2. 解方程组：

(1) $\begin{cases} x_1 + 2x_2 + 3x_3 = 0, \\ 2x_1 + 3x_2 + x_3 = 0, \\ x_1 + x_2 - 2x_3 = 0, \\ 3x_1 + 5x_2 + 4x_3 = 0; \end{cases}$

(2) $\begin{cases} x_1 - 2x_2 + 3x_3 - x_4 = 1 \\ 3x_1 - x_2 + 5x_3 - 3x_4 = 2 \\ 2x_1 + x_2 + 2x_3 - 2x_4 = 3 \end{cases}$

(3) $\begin{cases} x_1 - x_2 - x_3 + x_4 = 0 \\ x_1 - x_2 + x_3 - 3x_4 = 1 \\ x_1 - x_2 - 2x_3 + 3x_4 = -\dfrac{1}{2} \end{cases}$

3. 设下列各齐次方程组有非零解，求 m 的值.

(1) $\begin{cases} (m-2)x + y = 0, \\ x + (m-2)y + z = 0, \\ y + (m-2)z = 0; \end{cases}$

(2) $\begin{cases} 4x + 3y + z = mx, \\ 3x - 4y + 7z = my, \\ x + 7y - 6z = mz. \end{cases}$

本 章 小 结

本章主要介绍了求解线性方程组的消元法，线性方程组解的情况判定.

一、基本概念

基本概念主要有：两种线性方程组以及它们的矩阵形式，方程组的系数矩阵、增广矩阵、行简化阶梯形矩阵等概念，方程组的一般解、特解.

二、求解线性方程组的消元法

首先写出增广矩阵 (A, B)（或系数矩阵 A），并用初等行变换将其化成阶梯形矩阵，然后判定方程组是否有解，在有解的情况下，写出阶梯形矩阵对应的方程组，并用回代的方法求解，或者继续用初等变换将阶梯形矩阵化成行简化阶梯形矩阵，再写出方程组的一般解.

三、线性方程组的解的判定方法

设方程组 $AX = B$，则 $AX = B$ 有解 $\Leftrightarrow R(A) = R(A, B)$. 且当 $R(A) = n$ 时，$AX = B$ 有唯一

解；当 $R(\boldsymbol{A})<n$ 时，$\boldsymbol{AX}=\boldsymbol{B}$ 有无穷多解.

$\boldsymbol{AX}=\boldsymbol{0}$ 只有零解 $\Leftrightarrow R(\boldsymbol{A})=n$；$\boldsymbol{AX}=\boldsymbol{0}$ 有非零解 $\Leftrightarrow R(\boldsymbol{A})<n$.

若齐次线性方程组 $\boldsymbol{AX}=\boldsymbol{0}$ 的未知量个数大于方程个数（即 $n>m$），则其一定有非零解.

习 题 10

1. λ, a, b 应取什么值时，才能使下列各方程组有解，并求出它们的解：

(1) $\begin{cases} \lambda x_1 + x_2 + x_3 = 1, \\ x_1 + \lambda x_2 + x_3 = \lambda, \\ x_1 + x_2 + \lambda x_3 = \lambda^2; \end{cases}$

(2) $\begin{cases} ax_1 + x_2 + x_3 = 4, \\ x_1 + bx_2 + x_3 = 3, \\ x_1 + 2bx_2 + x_3 = 4; \end{cases}$

(3) $\begin{cases} x_1 + 2x_2 + 3x_3 = 6, \\ 2x_1 + 3x_2 + x_3 = -1, \\ x_1 + x_2 + ax_3 = -7, \\ 3x_1 + 5x_2 + 4x_3 = b. \end{cases}$

第十一章 线 性 规 划

线性规划是运筹学的一个重要分支,是辅助我们进行科学管理的一种数学方法.在工农业生产、交通运输、财贸、军事等部门的管理、决策分析方面都有极广泛的应用.

线性规划主要研究以下两类经济问题.其一是,一项任务确定之后,如何统筹安排,尽量做到用最少的人力、物力资源,去完成这项任务,从而使成本最低;其二是,在人力、物力和资源一定的条件下,如何合理地使用它们,使得完成的任务最多,或获得的利润最大.显然,这是一个问题的两个方面,其实质上是极值问题,因此,属于最优化的范畴.

本节首先通过一些例子,讨论如何建立线性规划的数学模型.然后,讲述用图解法求解两个变量的线性规划问题,并借助于几何图形来说明线性规划问题的性质,最后简单介绍求解一般线性规划问题的单纯形法.

11.1 线性规划问题及其数学模型

一、问题的提出

在生产管理和经营活动中,经常会遇到这样两类问题:一类是如何合理地使用有限的劳动力、设备、资金等资源,以得到最大的效益(如生产经营利润);另一类是为了达到一定的目标(生产指标或其他指标),应如何组织生产,或合理安排工艺流程,或调整产品的成分以使消耗的资源(人力、设备、资金、原材料等)最少.

例1 某制药厂生产甲、乙两种药品,生产这两种药品要消耗某种维生素.生产每吨药品所需要的维生素量及所占设备时间见表 11-1.该厂每周所能得到的维生素量为 160 kg、每周设备最多能开 15 个台班.且根据市场需求,甲种产品每周产量不应超过 4 000 kg.已知该厂生产每吨甲、乙两种产品的利润分别为 5 万元及 2 万元.问该厂应如何安排两种产品的产量才能使每周获得的利润最大?

表 11-1

项 目	每吨产品的消耗		每周资源总量
	甲	乙	
维生素/kg	30	20	160
设备/台班	5	1	15

解:设该厂每周安排生产甲种药品的产量为 $x_1(t)$,乙种药品的产量为 $x_2(t)$,则每周所能获得的利润总额为 $S=5x_1+2x_2$(万元).但生产量的大小要受到维生素量及设备的限制及市场最大需求量的制约.即 x_1,x_2 要满足以下这组不等式条件:

$$30x_1+20x_2 \leqslant 160,$$
$$5x_1+x_2 \leqslant 15,$$

$$x_1 \leqslant 4. \tag{11.1}$$

此外，x_1, x_2 还应是非负数，即

$$x_1 \geqslant 0, \quad x_2 \geqslant 0. \tag{11.2}$$

因此从数学角度看，x_1, x_2 应在满足资源约束(11.1)及非负约束(11.2)的条件下，使利润 S 取得最大值：

$$\max S = 5x_1 + 2x_2.$$

经过以上分析，可将一个生产安排问题抽象为在满足一组约束条件下，寻求变量 x_1, x_2 使目标函数达到最大值的一个数学规划问题.

例 2 某铁器加工厂要制作 100 套钢架，每套要用长为 2.9 m，2.1 m，1.5 m 的圆钢各一根.已知原料长为 7.4 m，问应如何下料，可使所用材料最省？

解：首先设想，若在每一根原料上截取长为 2.9 m，2.1 m 和 1.5 m 的圆钢各一根，则每根原料剩下料头为 0.9 m.制作 100 套钢架，就需要原材料 100 根，而总共剩余料头为 90 m.显然这不是最好的下料方式.若改变每根的下料方案，每根原料截成两根 2.9 m，一根 1.5 m 的圆钢，则此时剩余料头为 0.1 m；如果每根原料截成两根 2.1 m 和两根 1.5 m 长的圆钢，此时剩余料头为 0.2 m.显然这两种方案都比前述的下料方式好.通过简单的计算，可预先设计出若干种较好的下料方案，如表 11-2 所示的五种方案.而问题就变为如何混合使用这五种下料方案，来制造 100 套钢架，且要使剩余的料头总长最短.

表 11-2

下料数/根 长度/m	方案 I	II	III	IV	V
2.9	1	2	0	1	0
2.1	0	0	2	2	1
1.5	3	1	2	0	3
料头/m	0	0.1	0.2	0.3	0.8

假设按方案 I 下料的原料根数为 x_1，方案 II 为 x_2，方案 III 为 x_3，方案 IV 为 x_4，方案 V 为 x_5，则要求

$$\min S = 0x_1 + 0.1x_2 + 0.2x_3 + 0.3x_4 + 0.8x_5 \tag{11.3}$$

且满足约束条件：

$$\begin{cases} x_1 + 2x_2 + x_4 = 100 \\ 2x_3 + 2x_4 + x_5 = 100 \\ 3x_1 + x_2 + 2x_3 + 3x_5 = 100 \end{cases} \tag{11.4}$$

同时要求：

$$x_1, x_2, x_3, x_4, x_5 \geqslant 0 \quad \text{且为整数}. \tag{11.5}$$

这样就建立了一个数学模型，即要求一组变量 x_1, x_2, x_3, x_4, x_5 的值（整数），满足约束条件式(11.4)及非负条件(11.5)，同时使目标函数式(11.3)取得最小值.通常将这样的极值问题称为规划问题.

二、线性规划问题的数学模型

下面从数学的角度来归纳上述两个例子的共同点：

(1) 每一个问题都有一组变量——决策变量,一般记为 $x_1, x_2, \cdots, x_n$,决策变量的每一组值代表了一种决策方案.通常要求决策变量取值非负,即 $x_j \geqslant 0 (j=1,2,\cdots,n)$.

(2) 每个问题中都有决策变量需要满足的一组约束条件——线性的等式或不等式.

(3) 每个问题中都有一个关于决策变量的线性函数——目标函数.要求这个目标函数在满足约束条件的情况下实现最大值或最小值.

将约束条件及目标函数都是决策变量的线性函数的规划问题称为线性规划.其一般数学模型为:

$$\max(\min) S = c_1 x_1 + c_2 x_2 + \cdots + c_n x_n; \tag{11.6}$$

$$\text{s. t.} \begin{cases} a_{11} x_1 + a_{12} x_2 + \cdots + a_{1n} x_n \leqslant, =, \geqslant b_1 \\ a_{21} x_1 + a_{22} x_2 + \cdots + a_{2n} x_n \leqslant, =, \geqslant b_2 \\ \vdots \\ a_{m1} x_1 + a_{m2} x_2 + \cdots + a_{mn} x_n \leqslant, =, \geqslant b_m \end{cases} \tag{11.7}$$

$$x_1, x_2, \cdots, x_n \geqslant 0 \tag{11.8}$$

在上述线性规划的数学模型中,式(11.6)称为目标函数,或实现最大值,或实现最小值. s. t. 是 subject to 的英文缩写,它表示"以…为条件""假定""满足"之意.式(11.7)称为约束条件,它可以是 $\geqslant$ 或 $\leqslant$ 的不等式,也可以是严格的等式.式(11.8)称为非负约束条件,它既是通常实际问题中对决策变量的要求,又是用单纯形法求解的需要.

11.2 两个变量问题的图解法

对于只有两个决策变量的线性规划问题,可以用图解法来求解.图解法不仅直观,而且可从中得到有关线性规划问题的许多重要结论,有助于我们理解线性规划问题求解方法的基本原理.

例 1 以 11.1 节中的例 1 为例说明图解法的主要步骤.由式(11.1)和(11.2)知,来自实际问题的数学模型如下:

$$\max S = 5x_1 + 2x_2, \tag{11.9}$$

$$\text{s. t.} \begin{cases} 30 x_1 + 20 x_2 \leqslant 160, \\ 5 x_1 + x_2 \leqslant 15, \\ x_1 \leqslant 4, \end{cases} \tag{11.10}$$

$$x_1 \geqslant 0, x_2 \geqslant 0. \tag{11.11}$$

解:首先作一个以 x_1, x_2 为坐标轴的直角坐标系(见图 11-1).约束条件(11.10)中有三个不等式.暂且将第一个不等式 $30 x_1 + 20 x_2 \leqslant 160$ 变为等式 $30 x_1 + 20 x_2 = 160$,它在坐标系中应是一条直线,记为 L_1.显然在 L_1 上的点的坐标 (x_1, x_2) 都满足 $30 x_1 + 20 x_2 = 160$.则坐标 (x_1, x_2) 满足 $30 x_1 + 20 x_2 < 160$ 的点都在直线 L_1 的左下方(显然坐标满足 $30 x_1 + 20 x_2 > 160$ 的点都在直线 L_1 的右上方).即直线 L_1 将平面 $x_1 O x_2$ 上的点分为两半.因此通常也称不等式 $30 x_1 + 20 x_2 \leqslant 160$ 为半

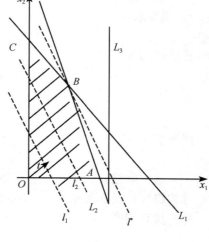

图 11-1

平面(含直线 L_1). 同理, 设直线 $5x_1+x_2=15$ 为 L_2, 则 $5x_1+x_2 \leqslant 15$ 为 L_2 的左下半平面. 满足 $x_1 \leqslant 4$ 的点位于直线 $L_3: x_1=4$ 的左半平面. 满足非负约束条件 $x_1 \geqslant 0$ 及 $x_2 \geqslant 0$ 的点分别为坐标平面上的上半平面及右半平面. 因此满足约束条件(11.10)及(11.11)的点, 应是上述 5 个半平面的交集, 即图 11-1 中的四边形 $OABC$ 区域(含边界), 称为可行域. 满足约束条件及非负条件的解 $(x_1, x_2)^T$ 称为可行解.

本题即变为要在可行域 $OABC$ 中找出一个点(解) $X^* = (x_1, x_2)^T$, 它的目标函数(11.9)中 S 的值为所有可行解中达到最大的值. 目标函数 $S = 5x_1 + 2x_2$ 在坐标平面 $x_1 O x_2$ 中, 可视为以 x_1, x_2 为变量、S 为参数的一族直线. 如 $5x_1 + 2x_2 = 5$ 为图 11-1 中的直线 l_1; $5x_1 + 2x_2 = 10$ 为 $l_2, \cdots$. 因此 $5x_1 + 2x_2 = S$ 是以 S 为参数的一族互相平行的直线. 在同一条直线 $5x_1 + 2x_2 = S_0$ 上的点 (x_1, x_2), 它们的目标函数值都相等, 因此称为等值线族. 在这族等值线中越往右上方的直线, 对应的目标函数值越大, 在可行域中代表目标函数最大值的等值线与可行域的交点, 既满足约束条件, 又使目标函数取最大值, 这样的交点坐标就是最优解. 因此, 图中 B 点就是最优解. 因为 B 点是直线 $L_1: 30x_1 + 20x_2 = 160$ 与直线 $L_2: 5x_1 + x_2 = 15$ 的交点.

联立方程
$$\begin{cases} 30x_1 + 20x_2 = 160, \\ 5x_1 + x_2 = 15, \end{cases}$$

得交点的坐标为 $B(2, 5)$. 因此, 本题的最优解 $X^* = (2, 5)^T$, 最优值 $S^* = 5 \times 2 + 2 \times 5 = 20$.

即该厂每周安排生产甲种药品生产量为 2 000 kg, 乙种为 5 000 kg, 每周可获最大利润为 20 万元.

例 2 用图解法求解下列线性规划问题:
$$\max S = x_1 + 2x_2.$$
$$\text{s. t.} \begin{cases} x_1 + 2x_2 \leqslant 6, \\ x_1 \leqslant 4, \\ x_2 \leqslant 2, \\ x_1 \geqslant 0, x_2 \geqslant 0. \end{cases}$$

解: 画出直线 $x_1 + 2x_2 = 6, x_1 = 4, x_2 = 2$, 并确定五个半平面 $x_1 + 2x_2 \leqslant 6, x_1 \leqslant 4, x_2 \leqslant 2, x_1 \geqslant 0, x_2 \geqslant 0$ 的重叠部分, 记作 $OABCD$ (见图 11-2), 则多边形 $OABCD$ 是该问题的可行域.

令 $S = 0, 4, 8, 12, \cdots$, 在可行域 $OABCD$ 上作目标函数等值线(图 11-2 中的虚线). 可以看出, 当等值线在可行域中向上平移时, 目标函数值增大, 使 S 取得最大值的目标函数等值线与线段 BC 重合. 所以, BC 边上每一点的坐标都是该问题的最优解, 故本例有无穷多个最

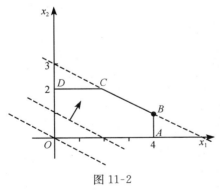

图 11-2

优解. 因为 B 点的坐标为 $(4, 1)$, 所以该问题的一个最优解为 $x_1 = 4, x_2 = 1$, 对应的最优值为
$$S = 4 + 2 \times 1 = 6.$$

例 3 用图解法求解下列线性规划问题:
$$\min S = 3x_1 + 2x_2,$$

$$\text{s. t.} \begin{cases} x_1 + 2x_2 \geqslant 4, \\ x_1 - x_2 \leqslant 1, \\ x_1 \geqslant 0, x_2 \geqslant 0. \end{cases}$$

解：画出直线 $x_1+2x_2=4, x_1-x_2=1$，并确定四个半平面 $x_1+2x_2\geqslant 4, x_1-x_2\leqslant 1, x_1\geqslant 0, x_2\geqslant 0$ 的重叠部分，记作 $ABCD$（见图 11-3），则多边形 $ABCD$ 是该问题的可行域，它是一个无界区域.

令 $S=0,6,8,12,\cdots$，在可行域 $ABCD$ 上作目标函数等值线（图 11-3 中的虚线）. 可以看出，当等值线在可行域中向下平移时，目标函数值减少，且在可行域内的 C 点处取得最小值. 因为 C 点的坐标为 $(2,1)$，所以该问题的一个最优解为 $x_1=2, x_2=1$，对应的最优值为：

$$S = 3\times 2 + 2 = 8.$$

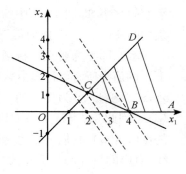

图 11-3

在例 3 中，若将目标函数改为 $\max S=3x_1+2x_2$，则该线性规划问题无最优解. 这是因为可行域无上界，在可行域中，等值线沿目标函数增大方向可以平移至无穷远，所以目标函数值 S 无上界，因而不存在最大值.

例 4 用图解法求解下列线性规划问题：

$$\min S = 3x_1 + 2x_2$$

$$\text{s. t.} \begin{cases} -x_1 + x_2 \geqslant 1, \\ x_1 + x_2 \leqslant -1, \\ x_1 \geqslant 0, x_2 \geqslant 0. \end{cases}$$

解：在平面直角坐标系中画出四个半平面 $-x_1+x_2\geqslant 1, x_1+x_2\leqslant -1, x_1\geqslant 0, x_2\geqslant 0$. 可以看出，这四个半平面无公共部分，并无可行域（见图 11-4）. 所以，该线性规划问题无可行解，即无最优解.

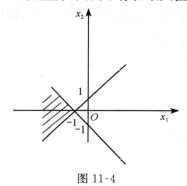

图 11-4

练习题 11.2

用图解法解下列线性规划问题.

(1)
$$\min S = -2x_1 - 4x_2,$$

$$\text{s. t.} \begin{cases} x_1 + 2x_2 \leqslant 8, \\ x_1 \leqslant 4, \\ x_2 \leqslant 3, \\ x_1, x_2 \geqslant 0; \end{cases}$$

(2)
$$\max S = x_1 + x_2,$$

$$\text{s. t.} \begin{cases} -2x_1 + x_2 \leqslant 4, \\ x_1 - x_2 \leqslant 2, \\ x_1, x_2 \geqslant 0; \end{cases}$$

(3)
$$\min S = 2x_1 + 4x_2,$$
$$\text{s. t.} \begin{cases} x_1 + x_2 \geqslant 7, \\ x_1 + 2x_2 \leqslant 8, \\ x_1 \leqslant 4, \\ x_2 \leqslant 3, \\ x_1 \geqslant 0, x_2 \geqslant 0. \end{cases}$$

11.3 线性规划数学模型的标准形式及解的概念

一、标准形式

图解法对于两个变量的线性规划问题很有效,但是对于三个以上变量的线性规划问题就无能为力了.为了得到一种普遍适用的求解线性规划问题的方法,首先要将一般线性规划问题的数学模型化成统一的标准形式,以利于讨论.在标准形式中,目标函数一律改为最大值,约束条件(非负约束条件除外)一律化成等式.且要求其右端项大于等于零.

标准形式的数学表示方式有以下四种。

(1) 一般表达式:
$$\max S = c_1x_1 + c_2x_2 + \cdots + c_nx_n,$$
$$\text{s. t.} \begin{cases} a_{11}x_1 + a_{12}x_2 + \cdots + a_{1n}x_n = b_1, \\ a_{21}x_1 + a_{22}x_2 + \cdots + a_{2n}x_n = b_2, \\ \quad\quad\quad\quad\quad \vdots \\ a_{m1}x_1 + a_{m2}x_2 + \cdots + a_{mn}x_n = b_m, \\ x_1, x_2, \cdots, x_n \geqslant 0. \end{cases}$$

(2) 用 $\sum$ 记号简写为:
$$\max S = \sum_{j=1}^{n} c_j x_j,$$
$$\text{s. t.} \begin{cases} \sum_{j=1}^{n} a_{ij} x_j = b_i \quad (i = 1, 2, \cdots, m), \\ x_j \geqslant 0 \quad (j = 1, 2, \cdots, n). \end{cases}$$

(3) 矩阵形式:
$$\max S = \boldsymbol{CX}$$
$$\text{s. t.} \begin{cases} \boldsymbol{AX} = \boldsymbol{b}, \\ \boldsymbol{X} \geqslant \boldsymbol{0}, \end{cases}$$

式中 $\boldsymbol{C} = (c_1, c_2, \cdots, c_n)$, $\boldsymbol{X} = (x_1, x_2, \cdots, x_n)^{\text{T}}$,

$$\boldsymbol{A} = \begin{bmatrix} a_{11} & a_{12} & \cdots & a_{1n} \\ a_{21} & a_{22} & \cdots & a_{2n} \\ \vdots & \vdots & & \vdots \\ a_{m1} & a_{m2} & \cdots & a_{mn} \end{bmatrix}, \quad \boldsymbol{b} = \begin{bmatrix} b_1 \\ b_2 \\ \vdots \\ b_m \end{bmatrix}, \quad \boldsymbol{0} = \begin{bmatrix} 0 \\ 0 \\ \vdots \\ 0 \end{bmatrix}.$$

（4）向量形式：

$$\max S = CX,$$
$$\text{s. t.} \begin{cases} \sum_{j=1}^{n} x_j \boldsymbol{p}_j = \boldsymbol{b}, \\ \boldsymbol{X} \geqslant \boldsymbol{0}. \end{cases}$$

式中 $C, X, b, 0$ 的含义同矩阵形式，而

$$\boldsymbol{p}_j = \begin{bmatrix} a_{1j} \\ a_{2j} \\ \vdots \\ a_{mj} \end{bmatrix} (j = 1, 2, \cdots, n),$$

即
$$A = (\boldsymbol{p}_1, \boldsymbol{p}_2, \cdots, \boldsymbol{p}_n).$$

以上四种形式在本书中都会用到，请读者熟练掌握这四种形式之间的转换．

二、将非标准形式化为标准形式

本小节将介绍如何将从实际问题中得到的线性规划非标准形式的数学模型化成标准形式的数学模型．

（1）若目标函数为求最小值：$\min S = CX$；则作函数 $f(X) = CX$，并设 $S' = -CX$，对 S' 实现最大化，即 $\max S' = -CX$．从图 11-5 中可以清楚地看到，若 $f(X)$ 在 X^* 处达到最小值，则 $-f(X)$ 在 X^* 处达到最大值．因此对 $\min S = CX$ 及 $\max S' = -CX$ 来说，最优解 X^* 是不变的，但最优值 $S^* = -S'^*$．

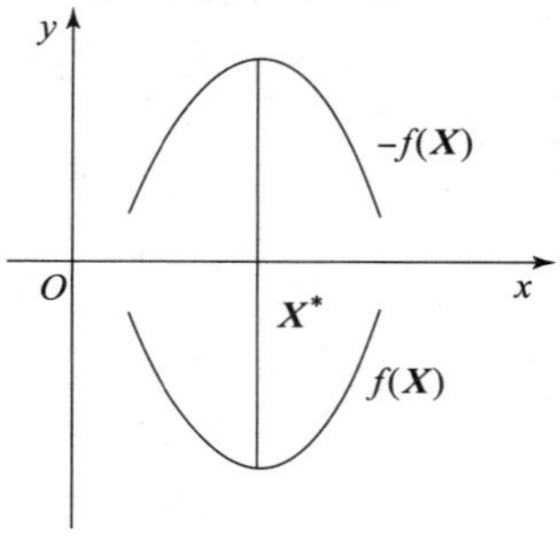

（2）若约束条件是小于等于型，则在该约束条件不等式左边加上一个新变量——松弛变量，将不等式改为等式．

如 $x_1 - 2x_2 + 3x_3 \leqslant 8 \Rightarrow x_1 - 2x_2 + 3x_3 + x_4 = 8$．

图 11-5

一般地：$a_{i1}x_1 + a_{i2}x_2 + \cdots + a_{in}x_n \leqslant b_i \Rightarrow a_{i1}x_1 + a_{i2}x_2 + \cdots + a_{in}x_n + x_{n+i} = b_i$，这里 $x_{n+i} \geqslant 0$．

（3）若约束条件是大于等于型，则在该约束条件不等式左边减去一个新变量——剩余变量，将不等式改为等式：

如 $2x_1 - 3x_2 - 4x_3 \geqslant 5 \Rightarrow 2x_1 - 3x_2 - 4x_3 - x_4 = 5$．

一般地：$a_{i1}x_1 + a_{i2}x_2 + \cdots + a_{in}x_n \geqslant b_i \Rightarrow a_{i1}x_1 + a_{i2}x_2 + \cdots + a_{in}x_n - x_{n+i} = b_i$，这里 $x_{n+i} \geqslant 0$．

（4）若某个约束方程右端的 $b_i \leqslant 0$，则在约束方程两端乘以 -1，不等号改变方向．

一般地：$a_{i1}x_1 + a_{i2}x_2 + \cdots + a_{in}x_n \geqslant b_i$，其中 $b_i < 0$．

则改变为：$-a_{i1}x_1 - a_{i2}x_2 - \cdots - a_{in}x_n \leqslant -b_i$，然后再将不等式转化为等式（加上松弛变量或减去剩余变量）．

（5）若决策变量 x_k 无非负要求，即 x_k 可正可负，则可令两个新变量：$x_k' \geqslant 0, x_k'' \geqslant 0$．作 $x_k = x_k' - x_k''$．在原有数学模型中，x_k 均用（$x_k' - x_k''$）来替代，而在非负约束中增加 $x_k' \geqslant 0, x_k'' \geqslant 0$．

用以上几种方法，一般都可将由实际问题得到的数学模型化为标准形式．

例 1 将下列线性规划模型化为标准形式：

$$\min S = x_1 - 2x_2 + 3x_3,$$

$$\text{s. t.} \begin{cases} x_1 + x_2 + x_3 \leqslant 7, \\ x_1 - x_2 + x_3 \geqslant 2, \\ -3x_1 + x_2 + 2x_3 = -5, \\ x_1, x_2 \geqslant 0, x_3 \text{ 无约束}. \end{cases}$$

解:首先令 $\widetilde{S} = -S = -x_1 + 2x_2 - 3x_3$,其次令 $x_3 = x_4 - x_5$,代入目标函数及约束条件中. 然后,将第一个约束条件加上松弛变量 x_6 后改为等式,第二个约束条件左边减去剩余变量 x_7 后改为等式,第三个约束等式两边乘上 -1,则得到标准形式:

$$\max \widetilde{S} = -x_1 + 2x_2 - 3(x_4 - x_5) + 0 \cdot x_6 + 0 \cdot x_7,$$

$$\text{s. t.} \begin{cases} x_1 + x_2 + x_4 - x_5 + x_6 = 7, \\ x_1 - x_2 + x_4 - x_5 - x_7 = 2, \\ 3x_1 - x_2 - 2x_4 + 2x_5 = 5, \\ x_1, x_2, x_4, x_5, x_6, x_7 \geqslant 0. \end{cases}$$

三、有关解的概念

在讨论线性规划模型的一般解法前,先介绍几个有关解的概念.

若数学模型为

$$\max S = \boldsymbol{CX}, \tag{11.12}$$

$$\text{s. t.} \begin{cases} \boldsymbol{AX} = \boldsymbol{b} & (11.13) \\ \boldsymbol{X} \geqslant \boldsymbol{0} & (11.14) \end{cases}$$

式中: $\boldsymbol{A} = (a_{ij})_{m \times n}, n > m$,且 $R(\boldsymbol{A}) = m, \boldsymbol{X} \in \mathbf{R}^n, \boldsymbol{b} \in \mathbf{R}^m, \boldsymbol{b} \geqslant \boldsymbol{0}, \boldsymbol{C} = (c_1, c_2, \cdots, c_n)$,这些条件一般都能得到满足.

定义 1 凡是满足(11.13)及(11.14)的解 $\boldsymbol{X} = \begin{bmatrix} x_1 \\ x_2 \\ \vdots \\ x_n \end{bmatrix}$ 称为线性规划问题的可行解,同时满足(11.12)的可行解称为最优解.

定义 2 设线性规划约束方程组中的系数矩阵 $\boldsymbol{A}_{m \times n}$ 的秩为 $m(n > m)$,则 $\boldsymbol{A}$ 中任一个 m 阶可逆阵 $\boldsymbol{B}$ 称为线性规划问题的一个基矩阵,简称为一个基. 若记 $\boldsymbol{B} = (\boldsymbol{p}_1, \boldsymbol{p}_2, \cdots, \boldsymbol{p}_m)$,则称 $\boldsymbol{p}_j (j = 1, 2, \cdots, m)$ 为基 $\boldsymbol{B}$ 中的一个基向量. 而 $\boldsymbol{A}$ 中其余 $n - m$ 个列向量称为非基向量.

定义 3 将(11.13)改写成向量形式: $\sum_{j=1}^{n} x_j \boldsymbol{p}_j = \boldsymbol{b}$. 则当(11.13)中 $\boldsymbol{A}$ 确定了一个基 $\boldsymbol{B}$ 后,与基向量 $\boldsymbol{p}_j$ 相对应的决策变量 x_j 称为关于基 $\boldsymbol{B}$ 的一个基变量,而与非基向量所对应的决策变量称为非基变量. 显然关于基 $\boldsymbol{B}$ 的决策变量有 m 个,非基变量有 $n - m$ 个.

定义 4 取 $\boldsymbol{A}$ 中一个基 $\boldsymbol{B} = (\boldsymbol{p}_{j_1}, \boldsymbol{p}_{j_2}, \cdots, \boldsymbol{p}_{j_m})$,对应的基变量为 $x_{j_1}, x_{j_2}, \cdots, x_{j_m}$. 非基变量取值均为零且满足约束条件(11.13)的一个解 $\boldsymbol{X}$,称为关于基 $\boldsymbol{B}$ 的一个基本解.

为了便于书写,设基 $\boldsymbol{B} = (\boldsymbol{p}_1, \boldsymbol{p}_2, \cdots, \boldsymbol{p}_m)$,则 $x_1, x_2, \cdots, x_m$ 为基变量, $x_{m+1}, x_{m+2}, \cdots, x_n$ 为非基变量. 若约束条件为 $\sum_{j=1}^{n} x_j \boldsymbol{p}_j = \boldsymbol{b}$,即 $\sum_{j=1}^{n} x_j \boldsymbol{p}_j + \sum_{j=m+1}^{n} x_j \boldsymbol{p}_j = \boldsymbol{b}$,或 $\sum_{j=1}^{n} x_j \boldsymbol{p}_j = \boldsymbol{b} - \sum_{j=m+1}^{n} x_j \boldsymbol{p}_j$. 即

$$(\boldsymbol{p}_1, \boldsymbol{p}_2, \cdots, \boldsymbol{p}_m) \begin{bmatrix} x_1 \\ x_2 \\ \vdots \\ x_m \end{bmatrix} = \boldsymbol{b} - (\boldsymbol{p}_{m+1}, \boldsymbol{p}_{m+2}, \cdots, \boldsymbol{p}_n) \begin{bmatrix} x_{m+1} \\ x_{m+2} \\ \vdots \\ x_n \end{bmatrix} \qquad (11.15)$$

若记 $\boldsymbol{X}_B = \begin{bmatrix} x_1 \\ x_2 \\ \vdots \\ x_m \end{bmatrix}$, $\boldsymbol{X}_N = \begin{bmatrix} x_{m+1} \\ x_{m+2} \\ \vdots \\ x_n \end{bmatrix}$, $\boldsymbol{B} = (\boldsymbol{p}_1, \boldsymbol{p}_2, \cdots, \boldsymbol{p}_m)$, $\boldsymbol{N} = (\boldsymbol{p}_{m+1}, \boldsymbol{p}_{m+2}, \cdots, \boldsymbol{p}_n)$, 代入(11.15)

就有
$$\boldsymbol{B} \boldsymbol{X}_B = \boldsymbol{b} - \boldsymbol{N} \boldsymbol{X}_N,$$
或
$$\boldsymbol{X}_B = \boldsymbol{B}^{-1} \boldsymbol{b} - \boldsymbol{B}^{-1} \boldsymbol{N} \boldsymbol{X}_N. \qquad (11.16)$$

令非基变量 $\boldsymbol{X}_N = (0, 0, \cdots, 0)^T$,则基变量 $\boldsymbol{X}_B = (x_1, x_2, \cdots, x_m)^T = \boldsymbol{B}^{-1} \boldsymbol{b}$,若记 $\boldsymbol{B}^{-1} \boldsymbol{b} = (\bar{b}_1, \bar{b}_2, \cdots, \bar{b}_m)^T$,则 $\boldsymbol{X} = (\bar{b}_1, \bar{b}_2, \cdots, \bar{b}_m, 0, \cdots, 0)^T$ 就是关于基 $\boldsymbol{B}$ 的一个基本解.

综上所述,对应于 $\boldsymbol{A}$ 中每一个基 $\boldsymbol{B}$,可找出一个基本解 $\boldsymbol{X}$,而 $\boldsymbol{A}$ 中最多有 C_n^m 个基.因此线性规划问题最多有 C_n^m 个基本解.

定义 5 若一个基本解 $\boldsymbol{X}$ 同时满足非负约束条件(11.14),则称 $\boldsymbol{X}$ 为基本可行解.显然基本可行解的个数也小于等于 C_n^m 个.

各种解之间的关系可以用文式图来表示,如图 11-6 所示.

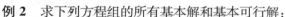

图 11-6 满足约束条件(11.13)的解集

例 2 求下列方程组的所有基本解和基本可行解:
$$\begin{cases} x_1 + 2x_2 \leqslant 8, \\ x_2 \leqslant 2, \end{cases}$$

解:化为标准形式:
$$\begin{cases} x_1 + 2x_2 + x_3 = 8, \\ x_2 + x_4 = 2, \end{cases}$$

有 $\boldsymbol{A} = \begin{bmatrix} 1 & 2 & 1 & 0 \\ 0 & 1 & 0 & 1 \end{bmatrix} = (\boldsymbol{p}_1, \boldsymbol{p}_2, \boldsymbol{p}_3, \boldsymbol{p}_4)$, $m = 2, n = 4, R(\boldsymbol{A}) = 2$. 设 $\boldsymbol{B}_1 = (\boldsymbol{p}_1, \boldsymbol{p}_2) = \begin{bmatrix} 1 & 2 \\ 0 & 1 \end{bmatrix}$,则 $\boldsymbol{B}_1$ 是一个基,x_1, x_2 是基变量,x_3, x_4 为非基变量.故 $\begin{cases} x_1 + 2x_2 = 8 - x_3, \\ x_2 = 2 - x_4. \end{cases}$ 令 $x_3 = x_4 = 0$,求得 $x_1 = 4, x_2 = 2$. 所以基本解 $\boldsymbol{X}_1 = (4, 2, 0, 0)^T$,$\boldsymbol{X}_1 \geqslant 0$,故 $\boldsymbol{X}_1$ 也是一个基本可行解.

设 $\boldsymbol{B}_2 = (\boldsymbol{p}_1, \boldsymbol{p}_3) = \begin{bmatrix} 1 & 1 \\ 0 & 0 \end{bmatrix}$,$R(\boldsymbol{B}_2) = 1 < 2$,不可逆,因此不能构成一个基.

设 $\boldsymbol{B}_3 = (\boldsymbol{p}_1, \boldsymbol{p}_4) = \begin{bmatrix} 1 & 0 \\ 0 & 1 \end{bmatrix}$ 是一个基,x_1, x_4 是基变量,x_2, x_3 是非基变量.故 $\begin{cases} x_1 = 8 - 2x_2 - x_3, \\ x_4 = 2 - x_2. \end{cases}$ 令 $x_2 = x_3 = 0$,解得 $x_1 = 8, x_4 = 2$. 故基本解 $\boldsymbol{X}_3 = (8, 0, 0, 2)^T$ 也是一个基本可行解.

设 $B_4=(p_2,p_3)=\begin{bmatrix}2&1\\1&0\end{bmatrix}$ 是一个基,故 x_2,x_3 是基变量,x_1,x_4 是非基变量. 则有 $\begin{cases}2x_2+x_3=8-x_1,\\x_2=2-x_4.\end{cases}$ 令 $x_1=x_4=0$,解之得 $x_2=2,x_3=4$. 故基本解 $X_4=(0,2,4,0)^T$ 也是一个基本可行解.

设 $B_5=(p_2,p_4)=\begin{bmatrix}2&0\\1&1\end{bmatrix}$,而 $|B_5|\neq 0$,故 B_5 是一个基,x_2,x_4 是基变量,x_1,x_3 是非基变量. 因此有 $\begin{cases}2x_2=8-x_1-x_3,\\x_2+x_4=2.\end{cases}$ 令 $x_1=x_3=0$,求之得 $x_2=4,x_4=-2$. 故基本解 $X_5=(0,4,0,-2)^T$,但它不是基本可行解.

设 $B_6=(p_3,p_4)=\begin{bmatrix}1&0\\0&1\end{bmatrix}$,基变量为 x_3,x_4,非基变量为 x_1,x_2,有 $\begin{cases}x_3=8-x_1-2x_2\\x_4=2-x_2\end{cases}$. 令 $x_1=x_2=0$,解之得 $x_3=8,x_4=2$. 故基本解 $X_6=(0,0,8,2)^T$ 也是一个基本可行解.

练习题 11.3

将下列线性规划问题标准化.

(1)
$$\min S=3x_1+4x_2,$$
$$\text{s.t.}\begin{cases}x_1+x_2\leqslant 6,\\x_1+2x_2\leqslant 6,\\x_2\leqslant 3,\\x_1\geqslant 0, x_2\geqslant 0;\end{cases}$$

(2)
$$\min S=6x_1+3x_2-4x_3,$$
$$\text{s.t.}\begin{cases}x_1+x_2+5x_3\leqslant 20,\\x_1+3x_2-2x_3\geqslant 30,\\5x_1+2x_2=10,\\x_1\geqslant 0, x_2\geqslant 0.\end{cases}$$

11.4 单纯形法

由 11.3 节中有关解的概念可知,$A=(a_{ij})_{m\times n}$,$n>m$,且 $R(A)=m$ 时,A 中任一个 m 阶可逆矩阵 B 都是线性规划问题的一个基矩阵. 因为其基本可行解的个数 $\leqslant C_n^m$,而 C_n^m 这个数随 m 及 n 的增大而迅速增大,如当 $m=20,n=40$ 时,$C_n^m=C_{40}^{20}\approx 1.3\times 10^{11}$. 要计算这么多个基本可行解显然是行不通的.

换一种思路:若从某一个基本可行解(称之为初始基本可行解)出发,每次总是寻求比上一个更"好"的基本可行解,而不比上一个"好"的基本可行解不去计算. 这样就可以大大减少计算量,这种逐步改善的求解方法要解决以下三个问题:

(1) 如何判别当前的基本可行解是否已达到了最优解;

(2) 若当前解不是最优解,如何去寻找一个改善了的基本可行解;

(3) 如何得到一个初始的基本可行解.

美国数学家丹齐格(G. B. Dantzig)提出的单纯形法解决了以上三个问题,单纯形法是求解线性规划问题的一种普遍而有效的方法.

例1 仍以 11.1 节中的例 1 为例来说明单纯形法的基本思路. 本题中数学模型为

$$\max S = 5x_1 + 2x_2,$$

$$\text{s.t.} \begin{cases} 30x_1 + 20x_2 \leqslant 160, \\ 5x_1 + x_2 \leqslant 15, \\ x_1 \leqslant 4, \\ x_1 \geqslant 0, x_2 \geqslant 0. \end{cases}$$

化为标准形式:

$$\max S = 5x_1 + 2x_2 + 0x_3 + 0x_4 + 0x_5, \tag{11.17}$$

$$\text{s.t.} \begin{cases} 30x_1 + 20x_2 + x_3 = 160, \\ 5x_1 + x_2 + x_4 = 15, \\ x_1 + x_5 = 4, \\ x_1, x_2, x_3, x_4, x_5 \geqslant 0. \end{cases} \tag{11.18}$$

因为线性规划问题的一个基本可行解就是关于某个基矩阵的且满足非负条件的基本解. 因此要求基本可行解首先要从约束矩阵 A 中找出一个基矩阵. 从式(11.18)中可以看到, 由 p_3, p_4, p_5 向量构成一个三阶单位阵, 必是可逆阵, 因此令

$$\boldsymbol{B}^{(0)} = (\boldsymbol{p}_3, \boldsymbol{p}_4, \boldsymbol{p}_5) = \begin{bmatrix} 1 & 0 & 0 \\ 0 & 1 & 0 \\ 0 & 0 & 1 \end{bmatrix}$$

为基矩阵, 相应地 x_3, x_4, x_5 是基变量; x_1, x_2 为非基变量.

将基变量用非基变量表示, 则式(11.18)变为

$$\begin{cases} x_3 = 160 - 30x_1 - 20x_2, \\ x_4 = 15 - 5x_1 - x_2, \\ x_5 = 4 - x_1. \end{cases} \tag{11.19}$$

将式(11.19)代入目标函数式(11.17), 得到目标函数的非基变量表示式:

$$S = 0 + 5x_1 + 2x_2. \tag{11.20}$$

若令非基变量 $x_1 = 0, x_2 = 0$, 代入式(11.19), 得到一个基本可行解 $\boldsymbol{X}^{(0)}$:

$$\boldsymbol{X}^{(0)} = (0, 0, 160, 15, 4)^{\mathrm{T}}.$$

这个基本可行解显然不是最优解. 因为从经济意义上讲, $x_1 = 0, x_2 = 0$, 表示该厂不安排生产, 因此就没有利润. 相应地, 将 $x_1 = 0, x_2 = 0$ 代入式(11.20)得到 $S(\boldsymbol{X}^{(0)}) = 0$. 从数学角度看, 式(11.20)中非基变量 x_1, x_2 前的系数为正数. 故若让非基变量 x_1(或 x_2)的取值从零增加, 相应的目标函数值 S 也将随之增加. 因此就有可能找到一个新的基本可行解, 使目标函数值比 $\boldsymbol{X}^{(0)}$ 的更"好", 或者说得到了改善. 显然在式(11.20)中, x_1 前的系数比 x_2 前的系数大, 即 x_1 每增加一个单位对 S 值的贡献比 x_2 的大. 故让 x_1 的取值从零变为一个正值. 这表明 x_1 应从非基变量转为基变量, 称之为进基变量. 但对于本例, 任一个基本可行解中只能有三个基变量,

因此必须从原有基变量 x_3, x_4, x_5 中选一个离开基,转为非基变量,称之为离基变量. 下面分析进基变量 x_1 应取多大的正值及选哪个基变量作离基变量. 在式(11.19)中,因为 x_2 仍留作非基变量,故 x_2 仍取零值. 式(11.19)变为

$$\begin{cases} x_3 = 160 - 30x_1, \\ x_4 = 15 - 5x_1, \\ x_5 = 4 - x_1. \end{cases} \tag{11.21}$$

让 x_1 从零值开始增加,则由式(11.21)可知 x_3, x_4, x_5 的值都要逐步减小. 但为了满足非负条件,必须有 $x_3, x_4, x_5 \geq 0$. 故当 x_1 从零值开始增加到使 x_3, x_4, x_5 取值第一个减少到零时停止. 这时 x_1 的取值既能满足非负条件,又使原有基变量中的一个转为非基变量. 即此时 x_1 的取值应为

$$x_1 = \min\left\{\frac{160}{30}, \frac{15}{5}, \frac{4}{1}\right\} = \frac{15}{5} = 3.$$

此时 $x_3 = 160 - 30 \times 3 = 70$, $x_5 = 4 - 1 \times 3 = 1$, 而 $x_4 = 15 - 5 \times 3 = 0$. 这样就得到了一个新的基本可行解:

$$\boldsymbol{X}^{(1)} = (3, 0, 70, 0, 1)^T,$$

相应的基矩阵为 $\boldsymbol{B}^{(1)} = (\boldsymbol{p}_1, \boldsymbol{p}_3, \boldsymbol{p}_5)$. 基变量是 x_1, x_3, x_5,非基变量为 x_2, x_4. 对应的目标函数值 $S(\boldsymbol{X}^{(1)}) = 15 > S(\boldsymbol{X}^{(0)}) = 0$. 因此 $\boldsymbol{X}^{(1)}$ 是比 $\boldsymbol{X}^{(0)}$ 改善了的基本可行解. 为了分析 $\boldsymbol{X}^{(1)}$ 是否为最优解,仍要用非基变量来表示基变量及目标函数. 由式(11.19)可得到

$$\begin{cases} 30x_1 + x_3 = 160 - 20x_2, \\ 5x_1 = 15 - x_2 - x_4, \\ x_1 + x_5 = 4. \end{cases} \tag{11.22}$$

式(11.19)中 x_4 的位置在式(11.22)中由 x_1 来替代. 为了进一步分析问题及找出规律,可用消元法将式(11.22)中 x_1 的系数列向量 $\boldsymbol{p}_1 = (30, 5, 1)^T$ 化成式(11.19)中 x_4 的系数列向量 $\boldsymbol{p}_4 = (0, 1, 0)^T$ 的形式. 得到

$$\begin{cases} x_3 = 70 - 14x_2 + 6x_4, \\ x_1 = 3 - \frac{1}{5}x_2 - \frac{1}{5}x_4, \\ x_5 = 1 + \frac{1}{5}x_2 + \frac{1}{5}x_4. \end{cases} \tag{11.23}$$

再将式(11.23)代入目标函数式(11.20),得到用非基变量 x_2, x_4 表示的目标函数值的表达式:

$$S = 15 + x_2 - x_4. \tag{11.24}$$

在式(11.23)中,令 $x_2 = 0, x_4 = 0$,即可得到当前基变量的取值: $x_3 = 70, x_1 = 3, x_5 = 1$. 在式(11.24)中由 $x_2 = 0, x_4 = 0$ 即可得到当前基本可行解 $\boldsymbol{X}^{(1)}$ 的目标函数值 $S(\boldsymbol{X}^{(1)}) = 15$.

在式(11.24)中,非基变量 x_2 前的系数仍为正数. 因此若让 x_2 作为进基变量,迭代到另一个新基本可行解 $\boldsymbol{X}^{(2)}$,就有可能使目标函数值再增加. 因此当前解 $\boldsymbol{X}^{(1)}$ 仍不是最优解. 为了从 $\boldsymbol{X}^{(1)}$ 迭代到 $\boldsymbol{X}^{(2)}$,选 x_2 作为进基变量,仍让 x_4 作为非基变量. 因此在式(11.23)中 $x_4 = 0$,得到

$$\begin{cases} x_3 = 70 - 14x_2, \\ x_1 = 3 - \frac{1}{5}x_2, \\ x_5 = 1 + \frac{1}{5}x_2. \end{cases} \tag{11.25}$$

当 x_2 取值从零开始增加时,显然 x_5 总满足可行性.因此取
$$x_2 = \min\left\{\frac{70}{14}, \frac{3}{1/5}\right\} = \frac{70}{14} = 5.$$

则 $x_3=0, x_1=2>0, x_5=2>0$,即 x_2 作进基变量,x_3 为离基变量,得到新的基本可行解
$$\boldsymbol{X}^{(2)} = (2,5,0,0,2)^\mathrm{T}.$$

为了进一步的分析,将式(11.23)写成用非基变量 x_3, x_4 表示 x_1, x_2, x_5 的式子:
$$\begin{cases} 14x_2 = 70 - x_3 + 6x_4, \\ \frac{1}{5}x_2 + x_1 = 3 - \frac{1}{5}x_4, \\ -\frac{1}{5}x_2 + x_5 = 1 + \frac{1}{5}x_4. \end{cases} \tag{11.26}$$

再用高斯消元法将式(11.26)中 x_2 的系数化成单位列向量 $(1,0,0)^\mathrm{T}$(即为 x_3 的系数列向量在式(11.23)中的形式),得到
$$\begin{cases} x_2 = 5 - \frac{1}{14}x_3 + \frac{3}{7}x_4, \\ x_1 = 2 + \frac{1}{70}x_3 - \frac{2}{7}x_4, \\ x_5 = 2 - \frac{1}{70}x_3 + \frac{2}{7}x_4. \end{cases} \tag{11.27}$$

再将式(11.27)代入目标函数式(11.24)中,得到用非基变量 x_3, x_4 表示的目标函数的式子:
$$S = 20 - \frac{1}{14}x_3 - \frac{4}{7}x_4. \tag{11.28}$$

在式(11.28)中,若非基变量 x_3 或 x_4 由零值增加,只能使 S 值下降.因此当前的基本可行解 $\boldsymbol{X}^{(2)}$ 就是最优解:
$$\boldsymbol{X}^* = \boldsymbol{X}^{(2)} = (2,5,0,0,2)^\mathrm{T},$$
最优值
$$S^* = S(\boldsymbol{X}^{(2)}) = 20.$$

结果与图解法相同.现将上述解法归纳如下:

第 1 步:构造一个初始基本可行解.

对已经标准化的线性规划模型,设法在约束矩阵 $(a_{m\times n})$ 中构造出一个 m 阶单位阵作为初始可行基,相应就有一个初始基本可行解.

第 2 步:判断当前基本可行解是否为最优解.

求出用非基变量表示基变量及目标函数的表示式,称为线性规划问题的典式.在目标函数的典式中,若至少有一个非基变量前的系数为正数,则当前解就不是最优解;若所有的非基变量前的系数均为非正数,则当前解就是最优解(指最大化问题).将目标函数的典式中非基变量前的系数称为检验数.故对最大化问题,当所有的检验数 $\leqslant 0$ 时,当前解即为最优解.

第 3 步:若当前解不是最优解,则要进行基变换迭代,得到下一个基本可行解.

首先从当前解的非基变量中选一个作为进基变量.选择的原则一般是:目标函数的典式中,最大的正检验数所属的非基变量作进基变量.再从当前解的基变量中选一个作离基变量.选择的方法是:在用非基变量表示基变量的典式中,除了进基变量外,让其余非基变量取值为零,再按最小比值准则确定离基变量.这样就得到一组新的基变量与非基变量.即从上一个基

本可行解迭代到下一个基本可行解(两个基本可行解之间只有一对决策变量进行了基变量与非基变量之间的交换). 然后求出关于新基矩阵的线性规划问题的典式. 这就完成了基变换的全过程. 在新的典式中可求出新基本可行解的取值及目标函数的取值.

再回到第 2 步判断当前新基本可行解是否已达到最优. 若已达到最优则停止迭代. 若没有达到最优,再进行第 3 步,作新的基变换,再次进行迭代. 如此往复,直到求得最优解或判断无(有界)最优解时停止.

以下将对上述三步作出一般性叙述,同时对有些问题作出理论上的证明,且对可能出现的多种情况进行更为完善的描述.

为了便于计算及寻找计算方法上的规律性,我们希望在化线性规划模型为标准形式时,约束矩阵 $A_{m\times n}$ 中都含有一个 m 阶单位矩阵作为初始可行基. 有以下几种情形:

(1) 若在化标准形式前,m 个约束方程都是"$\leqslant$"的形式. 则在化标准形式时,每一个约束方程左边都加上一个松弛变量 x_{n+i},该松弛变量所对应的系数列向量就是单位向量 e_i(e_i 是指第 i 个分量为 1 其余分量为 0 的单位向量)且这 m 个松弛变量所对应的系数列向量恰好组成了一个 m 阶单位矩阵.

(2) 若在化标准形式前,约束方程中有"$\geqslant$"的不等式. 则在该约束方程左端减去剩余变量化成标准形式后,再加上一个非负的新变量——人工变量. 显然该人工变量系数列向量也为 e_i。

(3) 若在化标准形式前,约束方程中有等式方程,则直接在该等式左端添加人工变量.

因此对于线性规划问题,在标准化过程中总是可以设法得到一个单位矩阵作为初始可行基.

例 2 某线性规划问题的约束方程为:
$$3x_1 + 2x_2 - 4x_3 \leqslant 50,$$
$$2x_1 - x_2 + 3x_3 \geqslant 30,$$
$$x_1 + x_2 + x_3 = 20,$$
$$x_1, x_2, x_3 \geqslant 0.$$

则在第一个约束方程左端添加松弛变量 x_4;在第二个约束方程左端减去剩余变量 x_5 后,再加上人工变量 x_6;在第三个约束方程左端添加人工变量 x_7,得到:
$$3x_1 + 2x_2 - 4x_3 + x_4 = 50,$$
$$2x_1 - x_2 + 3x_3 - x_5 + x_6 = 30,$$
$$x_1 + x_2 + x_3 + x_7 = 20.$$
$$x_j \geqslant 0 (j=1,2,\cdots,7).$$

故由 p_4, p_6, p_7 构成的单位矩阵即可作为初始可行基.

练习题 11.4

用单纯形法解下述线性规划问题.
$$\min S = 3x_1 + 4x_2,$$
$$\text{s. t.} \begin{cases} x_1 + x_2 + x_3 = 6, \\ x_1 + 2x_2 + x_4 = 8, \\ x_2 + x_5 = 3, \\ x_j \geqslant 0 (j=1,2,3,4,5). \end{cases}$$

本 章 小 结

一、内容提要

本章的主要内容为线性规划模型及其在经济中的应用.

二、基本要求

1. 知道线性规划问题的数学模型,知道线性规划问题的基本概念,知道线性规划问题的基本解之间的关系以及解的几种情况.

2. 会建立线性规划问题的数学模型,掌握将线性规划问题化为标准形式的方法,会用图解法求解两个变量的线性规划问题.

3. 了解单纯形表的结构,知道线性规划问题的最优解判别法,能用单纯形方法求解简单的线性规划问题.

习 题 11

1. 某工厂主要生产 A,B,C 三种产品,每种产品需要的加工、检验包装时数,可以获取的利润,以及可供使用的加工、检验包装时数如下表.试问如何安排生产才能使工厂获利最多? 试写出数学模型.

加工情况＼产品	A	B	C	可供使用的时数
加工时数 检验包装时数	15 8	10 4	3 2	500 200
利润	30	20	5	

2. 将下列线性规划问题化为标准形式.

$$\min S = -2x_1 - 3x_2 + 4x_3 + 5x_4$$

$$\text{s. t.} \begin{cases} -2x_1 - x_2 + 4x_3 - x_4 = -8 \\ 3x_1 + x_2 - x_3 - x_4 \leqslant 14 \\ -x_1 + 2x_2 - x_3 + 2x_4 \geqslant 3 \\ x_1 \geqslant 0, x_2 \geqslant 0, x_3 \leqslant 0, x_4 \text{ 无限制} \end{cases}$$

3. 用图解法求解下列线性规划问题.

$$\max S = x_1 + 2x_2$$

$$\text{s. t.} \begin{cases} 3x_1 + 6x_2 \geqslant 6, \\ 4x_1 + 4x_2 \leqslant 16 \\ 0 \leqslant x_1 \leqslant 3, 0 \leqslant x_2 \leqslant 3 \end{cases}$$

4. 用单纯形法求解下列线性规划问题的最优解.

$$\max S = 30x_1 + 20x_2 + 5x_3,$$

$$\text{s. t.} \begin{cases} 16x_1 + 10x_2 + 3x_3 \leqslant 500 \\ 8x_1 + 4x_2 + 2x_3 \leqslant 200 \\ x_j \geqslant 0 (j=1,2,3) \end{cases}$$

第十二章 随机事件与概率

12.1 随机事件

概率论是研究随机现象规律性的一门数学学科,是近代数学的一个重要组成部分. 它在工农业生产、企业管理和科学技术研究上有着广泛的应用,同时也是数理统计的基础. 下面先了解基本概念.

一、基本概念

1. 统计规律性:在大量重复试验下,其结果所呈现出的固有规律性,称为统计规律性.

在现实生活中,常常遇到两种不同类型的现象. 一类现象是,在一定条件下,重复进行某种试验或观察,其结果总是确定的.

例如,从高处抛重物,一定会落向地面;掷一枚骰子,其点数不会超出 6 点,这类现象称为确定性现象,而另一种为随机现象.

2. 随机现象:在个别试验中呈现出不确定性,在大量重复试验中,具有统计规律性的现象称为随机现象.

例如,在地上掷一枚质地均匀的硬币,可能正面向上,也可能反面向上,但通过大量重复的试验,我们发现正面向上和反面向上的次数几乎是一样的;购买一张彩票,可能中奖也可能不中奖,等等. 这些现象都是随机现象.

3. 随机试验(简称试验):对随机现象的一次试验或观察称为一次试验. 如果试验具有以下条件:

(1) 在相同的条件下可重复进行;

(2) 全部可能结果是已知的;

(3) 每次试验的具体结果在试验前是无法预知的,

则称这种试验为随机试验,简称为试验. 一般记为 E.

4. 随机事件(简称事件):试验下的每一个可能的结果称为随机事件,用大写英文字母 A、B、$C\cdots$ 表示,可分为基本事件和复合事件.

5. 基本事件:不可再分解的事件称为基本事件.

6. 复合事件:可以分解的事件称为复合事件.

例如,掷一枚骰子,观察其出现的点数. "出现 3 点"是基本事件,"出现小于 4 点的点数"是复合事件,其可分解为"出现 1 点""出现 2 点""出现 3 点"等基本事件.

7. 必然事件:必然发生的结果称为必然事件,记为 U.

8. 不可能事件:不可能发生的结果称为不可能事件,记为 $\varnothing$.

例如,掷一枚骰子,"出现不大于 6 点的点数"是必然事件;"出现小于 1 点的点数"是不可能事件.

例如,盒子中有红、黄、白3个球,随机抽取2个,其结果为:
如果不放回地抽取两次,每次抽1个,其结果为(1),

(1) {红,白}、{白,红}、{红,黄}、{黄,红}、{黄,白}、{白,黄};

如果一次抽取2个,其结果为(2),

(2) {红,白}、{红,黄}、{白,黄};

如果有放回地抽取两次,每次抽1个,其结果为(3),

(3) {红,白}、{白,红}、{红,黄}、{黄,红}、{黄,白}、{白,黄}、{红,红}、{黄,黄}、{白,白}.

这些都是随机事件.可见试验不同,所产生的随机事件不同,分析试验产生的全部结果,对今后我们讨论概率问题是至关重要的.

二、事件间的关系和运算

1. 事件的包含与相等:如果事件 A 发生,必然导致事件 B 发生,则称 B 包含 A 或 A 包含于 B,记为 $A \subset B$ 或 $B \supset A$(见图 12-1).显然:$A \subset U, \emptyset \subset A$. 当 $A \subset B$ 且 $B \subset A$ 时,称 A 与 B 相等,记为 $A = B$.

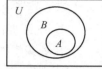

图 12-1

例如,10 件产品中有 7 件正品,3 件次品,从中任取 3 件,事件 $A=\{$恰有一件次品$\}$,事件 $B=\{$至少有一件次品$\}$,则事件 A 发生,事件 B 一定发生,即 $A \subset B$.

为直观起见,常用图示法表示事件之间的关系,必然事件 U 画成一个矩形,事件 A,B 画成矩形内的圆,每次实验的结果可看成是向矩形内随机地投入一点,如果此点落在 A 中,表示 A 发生,落在 B 中,表示 B 发生.

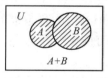

图 12-2

2. 事件的和:事件 A 与事件 B 至少一个发生,是一个事件,称为 A 与 B 的和,记为 $A+B$(见图 12-2).

即 $A+B=\{A$ 与 B 至少发生一个$\}$,显然 $A+U=U, A+\emptyset=A$.

例 1 10 件产品中,有 8 件正品,2 件次品,从中取 2 件,设 $A_1=\{$恰有 1 件次品$\}, A_2=\{$恰有 2 件次品$\}, B=\{$至少有 1 件次品$\}$,则

$$A_1 + A_2 = B.$$

3. 事件的积:事件 A 与事件 B 同时发生,是一个事件,称为 A 与 B 的积,记为 AB. $AB=\{A$ 与 B 同时发生$\}$(见图 12-3).

例 2 设 $A=\{$甲厂产品$\}, B=\{$合格品$\}, C=\{$甲厂的合格品$\}$,则有 $C=AB$. 显然 $AU=A, A\emptyset=\emptyset$.

4. 事件的差:A 发生而 B 不发生,是一个事件,称为 A 与 B 的差,记为 $A-B$(见图 12-4).

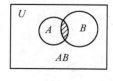

图 12-3

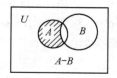

图 12-4

$A-B=\{A$ 发生且 B 不发生$\}$. 同理,$B-A=\{B$ 发生且 A 不发生$\}$.

例3 设 $A=\{甲工厂生产的产品\}$,$B=\{不合格品\}$,

则 $A-B=\{甲工厂生产的合格品\}$.

5. 互斥事件:事件 A 与 B 满足 $AB=\varnothing$,称 A 与 B 互斥或互不相容. 即 A 与 B 不同时发生,同一试验中的各个基本事件是互斥的.

例4 在工厂的产品中任取一件进行检测,$A=\{不合格品\}$,$B=\{合格品\}$,则 A 与 B 互斥.

6. 互逆事件:事件 A 与 B 必有一个事件且仅有一个事件发生,即 $A+B=U$,$AB=\varnothing$,则事件 A 与 B 互逆,称 A 是 B 的逆事件,记为 $A=\overline{B}$(见图 12-5).同时 B 也是 A 的逆事件,即 $B=\overline{A}$.

注:互逆 $\Longrightarrow$ 互斥,互斥 $\not\Longrightarrow$ 互逆.

两事件互逆可判定它们互斥,而两事件互斥,不能判定它们互逆.

对于任意两事件,如下结论:

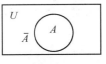

图 12-5

① $A-B=A\overline{B}$;② $\overline{(\overline{A})}=A$,$A+\overline{A}=U$,$A\overline{A}=\varnothing$.

7. 事件间的运算法则:事件间的关系及运算与集合间的关系及运算相似,其运算法则也是相似的.

(1) 交换律:
$$A+B=B+A,\quad AB=BA;$$

(2) 结合律:
$$A+(B+C)=(A+B)+C,$$
$$A(BC)=(AB)C;$$

(3) 分配律:
$$A(B+C)=AB+AC;$$

(4) 摩根公式:
$$\overline{A+B}=\overline{A}\,\overline{B},\overline{AB}=\overline{A}+\overline{B}.$$

例5 以直径和长度作为衡量一种零件是否合格的指标,规定两项指标中有一个不合格,则零件不合格,并设

$$A=\{直径合格\},B=\{长度合格\},C=\{零件合格\}.$$

则 $\overline{A}=\{直径不合格\}$, $\overline{B}=\{长度不合格\}$, $\overline{C}=\{零件不合格\}$.

从而 $\overline{C}=\overline{A}+\overline{B},\quad C=AB.$

即有 $\overline{AB}=\overline{A}+\overline{B}.$

练习题 12.1

1. 判断下列事件是不是随机事件:

(1) 掷一枚均匀的骰子,"出现 5 点";

(2) 对某一目标进行射击,"命中 7 环";

(3) "十字路口汽车的流量";

(4) "电话总机在一秒内接到分机的呼叫次数为 8 次";

(5) "在长沙将水加热到 100℃,则水会沸腾".

2. 盒子中有 5 个形状相同的球,其中 2 个红色,1 个白色,2 个黄色,现随机抽出 2 个,写出所有可能的结果.

3. 盒子中装有编号为 1,2,3,…,10 的几个球,从中任取 2 个球,观察 2 个球的编号之和,求 $A=\{编号之$

和为 7},$B=${编号之和不超过 8 但大于 6}所含的基本事件.

4. 在 50 个产品中,有 46 个正品,4 个次品.从中任意抽取 3 个检测其次品数,求该实验的基本事件的个数,并求 $A=${恰有 2 个次品},$B=${最多有 1 个次品}所含的基本事件的个数.

5. 设 A、B、C 是三个随机事件,用 A、B、C 表示下列各事件:
(1) A 和 B 都发生;　　　(2) A 和 B 都发生但 C 不发生;
(3) 三个事件都发生;　　　(4) 恰有两个事件发生;
(5) 至少有两个事件发生.

6. 掷一枚骰子,设事件 $A=${出现 3 点},$B=${出现点数大于 4 点},$C=${出现点数小于 6 点},$D=${出现奇数点},用基本事件表示 A、B、C、D,并求 (1) $A+B$;(2) BC;(3) D 与 $A+C$ 的关系.

7. 一批产品有正品和次品,无放回地从中抽取 3 次,每次 1 件,设 $A_i=${抽出的第 i 件是次品}$(i=1,2,3)$,试用 A_i 表示下列事件:
(1) "第 3 件是次品,其余的为正品";　　(2) "恰有 2 件次品";
(3) "至少有 1 件次品";　　(4) "至少有 2 件次品";
(5) "次品不多于 1 件".

12.2　随机事件的概率

随机事件在一次试验中可能发生,也可能不发生,具有随机性,但如果做大量的重复实验,我们发现有的事件发生的可能性大,有的事件发生的可能性小.概率可以用来描述随机事件发生的可能性大小,它是事件本身固有的属性.

一、概率的统计定义

1. 事件的频率:事件 A 在 n 次重复试验中发生了 m 次,称 $\dfrac{m}{n}$ 为事件 A 的频率,m 称为事件 A 的频数.

2. 概率的统计定义:在不变的条件下,重复进行 n 次试验,如果事件 A 出现的频率 $\dfrac{m}{n}$ 在某个常数 p 附近摆动,则定义事件 A 的概率为 p,记 $P(A)=p$.

例如,有人做过掷硬币的试验,投掷一次算做一次试验,观察其"正面向上".试验结果如表 12-1 所示.

表 12-1

投掷次数(n)	正面向上次数(m)	频　率
2 048	1 061	0.518
12 000	6 019	0.501 6
24 000	12 012	0.500 5

在大量的重复试验中,"正面向上"出现的频率在 0.5 附近摆动.

容易验证,频率有如下性质.

3. 频率性质:① $0 \leqslant P(A) \leqslant 1$;
② $P(U)=1$,$P(\varnothing)=0$;

③ 两个互斥的事件，$P(A+B)=P(A)+P(B)$．

二、古典概型

由概率的统计定义直接确定某个事件的概率比较困难，但对于某些随机事件，可以不通过重复试验，只需通过对一次试验中可能出现的结果进行分析，就可以计算出它的概率．

例如，掷一枚均匀的硬币，基本事件只有两个，即正面向上和反面向上，这两个事件发生的可能性相等，都是 $\frac{1}{2}$．通过对此试验的分析，可以发现其具有某些特点，我们把这类试验的模型称为古典概型．

1. 古典概型：是一种试验的模型，满足如下三个条件．
(1) 有限性：试验结果的个数是有限的，即基本事件个数有限．
(2) 等可能性：每个结果出现的可能性相等，即基本事件发生的可能性相同．
(3) 互斥性：任一试验中只出现一个结果，即基本事件两两互斥．

2. 古典概率：如果古典概型中的所有基本事件的个数是 n，事件 A 包含的基本事件的个数是 m，则事件 A 的概率

$$P(A)=\frac{m}{n}=\frac{A\text{包含的基本事件数}}{\text{基本事件总数}}.$$

上式给出了计算古典概型中事件概率的方法．

3. 容易验证，概率有如下性质：
(1) $0 \leqslant P(A) \leqslant 1$；
(2) $P(U)=1$；$P(\varnothing)=0$；
(3) A、B 互斥，$P(A+B)=P(A)+P(B)$；
(4) 若 $A \subset B$，$P(A) \leqslant P(B)$．

例如，掷一枚硬币，因为其结果有两种：{正，反}．所以 $P(\text{正面向上})=\frac{1}{2}$．掷两枚硬币，因为其结果有四种：{正、反}、{反、正}、{正、正}、{反、反}，所以 $P(\text{正面都向上})=\frac{1}{4}$．

例 1 设盒中有 8 个球，其中红球 5 个，白球 3 个，求：
(1) 从中任取一球，设 $A=\{\text{红球}\}$，$B=\{\text{白球}\}$，求 $P(A)$、$P(B)$；
(2) 任取两球，设 $C=\{\text{白},\text{白}\}$，$D=\{\text{一红},\text{一白}\}$，求 $P(C)$、$P(D)$；
(3) 任取 5 个球，设 $E=\{\text{恰有 3 个白球}\}$，求 $P(E)$．

解：(1) $n=C_8^1$　$m_A=C_5^1$　$m_B=C_3^1$，

$$P(A)=\frac{C_5^1}{C_8^1}=\frac{5}{8}, \quad P(B)=\frac{C_3^1}{C_8^1}=\frac{3}{8};$$

(2) $n=C_8^2$　$m_C=C_3^2$　$m_D=C_5^1 C_3^1$，

$$P(C)=\frac{C_3^2}{C_8^2}=\frac{3}{28}, \quad P(D)=\frac{C_5^1 C_3^1}{C_8^2}=\frac{15}{28};$$

(3) $n=C_8^5$　$m_E=C_3^3 C_5^2$，

$$P(E)=\frac{C_3^3 C_5^2}{C_8^5}=\frac{5}{28}.$$

三、加法公式

在计算比较复杂的事件的概率时,需要用到概率的运算法则,下面我们讨论概率的加法公式.

1. 若 A、B 互斥,即 $AB=\varnothing$,则 $P(A+B)=P(A)+P(B)$,即两个互斥事件之和的概率等于两事件概率之和.

例 2 掷一枚骰子,求{出现 2 点或 3 点}的概率.

解:设 $A=\{出现2点\}$,$B=\{出现3点\}$,$A+B=\{出现2点或3点\}$.

则 $P(A)=P(B)=\dfrac{1}{6}$.

由于 A 与 B 互斥,因此,
$$P(A+B)=P(A)+P(B)=\dfrac{1}{6}+\dfrac{1}{6}=\dfrac{1}{3}.$$

2. 推论 1 若 $a_1,a_2,\cdots,a_n$ 两两互斥,

则 $P(a_1+a_2+\cdots+a_n)=P(a_1)+P(a_2)+\cdots+P(a_n)$.

3. 推论 2 设 A 为任一随机事件,则
$$P(\overline{A})=1-P(A).$$

证:因为 $A+\overline{A}=U$,$A\overline{A}=\varnothing$.

则 $P(A+\overline{A})=P(U)=1=P(A)+P(\overline{A})$.

从而 $P(\overline{A})=1-P(A)$.

例 3 某集体有 6 人是 1989 年 9 月出生的,求其中至少有 2 人同一天出生的概率.

解:设 $A_0=\{6\text{人中没有}2\text{人同一天出生}\}$,$A=\{6\text{人中至少有}2\text{人同一天出生}\}$.
$$n=30^6,\quad m=A_{30}^6.$$

则 $P(A_0)=\dfrac{A_{30}^6}{30^6}=\dfrac{30\times29\times28\times27\times26\times25}{30^6}=0.5864$.

从而 $P(A)=1-P(A_0)=1-0.5864=0.4136$.

4. 推论 3 若事件 $B\subset A$,则 $P(A-B)=P(A)-P(B)$.

5. 加法公式:对任意两个事件,
$$P(A+B)=P(A)+P(B)-P(AB).$$

6. 推广:任意事件 A、B、C,
$$P(A+B+C)=P(A)+P(B)+P(C)-P(AB)-P(BC)-P(AC)+P(ABC).$$

例 4 某设备由甲、乙两个部件组成,各自出故障的概率是 0.84、0.76,同时出故障的概率是 0.64,求至少一个部件出故障的概率.

解:设 $A=\{甲出故障\}$,$B=\{乙出故障\}$,则
$$\begin{aligned}P(A+B)&=P(A)+P(B)-P(AB)\\&=0.84+0.76-0.64\\&=0.96.\end{aligned}$$

例 5 射击手甲、乙进行射击,甲击中目标的概率是 0.9,乙击中目标的概率是 0.87,甲、乙两人同时击中目标的概率为 0.81,求至少有一人击中目标的概率.

解：设 $A=\{$甲击中目标$\}$，$B=\{$乙击中目标$\}$，$C=\{$至少有一人击中目标$\}$.
显然 $C=A+B$.

因为 $P(A)=0.9, P(B)=0.87, P(AB)=0.81$,

所以
$$P(C)=P(A+B)=P(A)+P(B)-P(AB)$$
$$=0.9+0.87-0.81$$
$$=0.96.$$

例6 从装有 4 个白球和 2 个黑球的袋中任取一球，观察颜色后放回袋中，再任取一球. 求

（1）取到的两球颜色相同的概率；

（2）取到的两球中至少有一个白球的概率.

解：设 $A=\{$两个球都是白球$\}$，$B=\{$两个球都是黑球$\}$，

$A+B=\{$两个颜色相同的球$\}$，$C=\{$两个球中至少有一个白球$\}$.

则，$P(A)=\dfrac{4\times 4}{6\times 6}=\dfrac{4}{9}$；

$P(B)=\dfrac{2\times 2}{6\times 6}=\dfrac{1}{9}$；

$P(A+B)=P(A)+P(B)=\dfrac{4}{9}+\dfrac{1}{9}=\dfrac{5}{9}$；

$P(C)=1-P(B)=1-\dfrac{1}{9}=\dfrac{8}{9}$.

练习题 12.2

1. 甲乙两炮同时向一架敌机射击，已知甲炮的命中率是 0.7，乙炮的命中率为 0.8，甲乙两炮都击中的概率是 0.6，求飞机被击中的概率.

2. 一盒子中装有 7 个红球，2 个白球，3 个蓝球，从中任取 3 个球，求 3 个球恰好是三种不同颜色的概率.

3. 掷一枚骰子，求出现 3 点或 5 点的概率.

4. 20 件产品中有 3 件次品，从中连续抽 2 次，每次抽取一件

（1）若无放回地抽样，求第一次取得次品，第二次取得正品的概率；

（2）若有放回地抽样，求两次都取到正品的概率.

5. 60 件产品中含有 5 件次品，从中任取 4 件进行检测，求 4 件中至少有 1 件次品的概率.

6. 某班有 5 人是 2004 年 6 月出生的，求其中至少有两人是同一天出生的概率.

12.3 条件概率和全概率公式

一、条件概率

前面对 $P(A)$ 的讨论都没有提出附加条件，但有时还要求在附加条件的限制下，也就是要求"在某事件 B 已发生的前提条件下"事件 A 发生的概率，这就是本节要讨论的条件概率.

定义 如果事件 A、B 是同一试验下的两个随机事件，且 $P(B)\neq 0$，则在事件 B 发生的前提下，事件 A 发生的概率叫作事件 A 的条件概率，记作 $P(A\mid B)$.

先来看下面的实例.

甲、乙两车间生产同一种产品 100 件，具体产品如表 12-2 所示.

表 12-2

	合格产品数	次品数	总 计
甲	45	15	60
乙	30	10	40
合计	75	25	100

从 100 件中间任抽一件,设 $A=\{合格品\}$,$B=\{甲车间生产的产品\}$,则 $P(A)=\frac{75}{100}$,$P(B)=\frac{60}{100}$,$P(AB)=\frac{45}{100}$.

在已知抽的是甲车间产品的前提下,求抽得合格品的概率 $P(A|B)$.

$$P(A|B)=\frac{45}{60}\neq P(A);$$

$$P(A|B)=\frac{45}{60}=\frac{\frac{45}{100}}{\frac{60}{100}}=\frac{P(AB)}{P(B)}.$$

由此可得如下公式.

定理 1 设 A、B 是随机事件,$P(B)\neq 0$,称 $\frac{P(AB)}{P(B)}$ 为已知 B 发生的条件下 A 发生的概率,称为 A 关于 B 的条件概率,即

$$P(A|B)=\frac{P(AB)}{P(B)} \quad (P(B)\neq 0),$$

同样有
$$P(B|A)=\frac{P(AB)}{P(A)} \quad (P(A)\neq 0).$$

例 1 某元件用满 8 000 小时未坏的概率为 $\frac{2}{3}$,用满 10 000 小时未坏的概率为 $\frac{1}{2}$,求已用过 8 000 小时后,能用到 10 000 小时的概率.

解:设 $A=\{用满 10 000 小时未坏\}$,$B=\{用满 8 000 小时未坏\}$.

由于 $A\subset B$,因此 $AB=A$,

从而,$P(A|B)=\frac{P(AB)}{P(B)}=\frac{P(A)}{P(B)}=\frac{1/2}{2/3}=\frac{3}{4}$.

二、乘法公式

由条件概率的计算公式可得

$$P(AB)=P(A)P(B|A) \quad (P(A)\neq 0);$$

或
$$P(AB)=P(B)P(A|B) \quad (P(B)\neq 0).$$

两事件积的概率等于其中一事件的概率与另一事件在前一事件已发生的条件下的条件概率之积.

此公式可推广到有限多个事件,如,$P(A_1A_2A_3)=P(A_1)P(A_2|A_1)P(A_3|A_1A_2)$.

例 2 已知一盒中装有 10 只元件,其中 6 只正品,从中不放回地任取两次,每次取 1 只,问两次都取到正品的概率.

解:方法一:用古典概率来计算,设 $A=\{第一次正品\}$,$B=\{第二次正品\}$.

$$P(AB)=\frac{C_6^2}{C_{10}^2}=\frac{6\times 5}{10\times 9}=\frac{1}{3}.$$

方法二：用条件概率的方法计算，
$$P(AB) = P(A)P(B\mid A) = \frac{6}{10} \times \frac{5}{9} = \frac{1}{3}.$$

例 3 七个人依次从七张彩票中抽一张，只有一张彩头，求第 i 个人抽到彩头的概率（$i=1,2,\cdots,7$）

解：设 $A_i =$ {第 i 个人抽到彩头}（$i=1,2,\cdots,7$）

$P(A_1) = \dfrac{1}{7}$；

$P(A_2) = P(\overline{A_1}A_2) = P(\overline{A_1})P(A_2\mid \overline{A_1}) = \dfrac{6}{7} \times \dfrac{1}{6} = \dfrac{1}{7}$；

$P(A_3) = P(\overline{A_1}\,\overline{A_2}A_3) = P(\overline{A_1})P(\overline{A_2}\mid \overline{A_1})P(A_3\mid \overline{A_1}\,\overline{A_2}) = \dfrac{6}{7} \times \dfrac{5}{6} \times \dfrac{1}{5} = \dfrac{1}{7}.$

类似地有
$$P(A_4) = P(A_5) = P(A_6) = P(A_7) = \frac{1}{7}.$$

可见，抽签中彩的概率与先后次序无关，各人机会均等.

三、全概率公式

计算某些比较复杂事件的概率时，往往需要联合使用概率的加法公式和乘法公式，为此下面引出全概率公式.

定理 2 设 $A_1, A_2, \cdots, A_n$ 是两两互斥事件，且 $A_1 + A_2 + \cdots + A_n = U$. $P(A_i) > 0$，则对任意事件 B，有
$$P(B) = \sum_{i=1}^{n} P(A_i)P(B\mid A_i).$$

证：$P(B) = P[B(A_1 + A_2 + \cdots + A_n)]$
$= P(BA_1 + BA_2 + \cdots + BA_n)$
$= P(BA_1) + P(BA_2) + \cdots + P(BA_n)$
$= P(A_1)P(B\mid A_1) + P(A_2)P(B\mid A_2) + \cdots + P(A_n)P(B\mid A_n)$
$= \sum_{i=1}^{n} P(A_i)P(B\mid A_i).$

$A_1, A_2, \cdots, A_n$ 称为完备事件组. 运用全概率公式的关键是找出完备事件组.

例 4 设袋中共有 10 个球，其中 2 个带中奖标志，两人分别从袋中任取一球. 问第二个人中奖的概率.

解：设 $A=$ {第一人中奖}，$B=$ {第二人中奖}.

则 $P(A) = \dfrac{2}{10}, P(\overline{A}) = \dfrac{8}{10},$
$$P(B\mid A) = \frac{1}{9}, P(B\mid \overline{A}) = \frac{2}{9},$$
$$P(B) = P(BA + B\overline{A}) = P(BA) + P(B\overline{A})$$
$$= P(A)P(B\mid A) + P(\overline{A})P(B\mid \overline{A})$$

$$=\frac{2}{10}\times\frac{1}{9}+\frac{8}{10}\times\frac{2}{9}=\frac{1}{5}.$$

例 5 播种时用的一等小麦种子中混有 2% 的二等小麦种子、1.5% 的三等种子、1% 的四等种子,用一、二、三、四等种子长出的麦穗含 100 颗以上麦粒的概率分为 0.5、0.15、0.1、0.05,试求这批种子所结麦穗含 100 颗以上麦粒的概率.

解:设 $A_i=\{$任选一颗是 i 等小麦种子$\}(i=1,2,3,4)$,

$B=\{$任选一颗所结麦穗含 100 颗以上麦粒$\}.$

则 $P(A_1)=0.955, P(A_2)=0.02, P(A_3)=0.015, P(A_4)=0.01.$

从而 $P(B|A_1)=0.5, P(B|A_2)=0.15, P(B|A_3)=0.1, P(B|A_4)=0.05.$

$$P(B)=\sum_{i=1}^{4}P(A_i)P(B|A_i)$$
$$=0.955\times0.5+0.02\times0.15+0.015\times0.1+0.01\times0.05$$
$$=0.4775+0.003+0.0015+0.0005$$
$$=0.4825.$$

练习题 12.3

1. 盒子中装有 100 只电子元件,其中 8 只是次品,从中不放回地任取 2 次,每次取 1 只,问两次都取到正品的概率是多少.

2. 已知狗能活到 6 岁的概率是 $\frac{3}{4}$,能活到 8 岁的概率是 $\frac{2}{3}$,求一只狗已经活到 6 岁还能继续活到 8 岁的概率.

3. 已知 $P(A)=0.9, P(B)=0.7, P(AB)=0.6$,求 $P(B|A)$ 和 $P(A|B)$.

4. 甲盒子中有 3 只黑球 4 只白球,乙盒子中有 3 只黑球 7 只白球,现从甲盒中任取一球放入乙盒,再从乙盒中任取一球,试求取出的这一球是黑球的概率.

5. 某电信公司下属三条电话机生产线,全部产品的 40%,45%,15% 分别由一、二、三条生产线生产,而一、二、三条生产线的合格率为 99%,98%,97%,求从该公司产品中任取一件产品为不合格品的概率.

6. 10 件产品中有 4 件次品,进行抽样检测,求一次任取一件,取两次,恰有一件次品的概率.

7. 已知随机事件 $A,B,P(A)=\frac{1}{3},P(B)=\frac{1}{2},P(A|B)=\frac{1}{4}$,求 $P(AB),P(A+B),P(B|A)$.

12.4 事件的独立性

由条件概率的定义可知,一般 $P(A)\neq P(A|B)$,但在某些特殊条件下,事件 B 发生与否并不影响事件 A 发生. 例如,两人考大学,是否考上互不影响;两人在同一条件下打靶,中靶与否互不影响. 这就是说,事件 B 发生的概率与事件 A 是否发生无关,即事件 B 对于 A 是独立的.

一、事件的独立性

定义 1 如果两个事件 A、B 中任一事件的发生不影响另一事件的概率,即
$$P(A|B)=P(A) \text{ 或 } P(B|A)=P(B),$$
则称 A 与 B 相互独立.

例如,从 5 个红球和 2 个白球中,有放回地抽两次,每次抽一个,第二次抽取白球与第一次

抽取白球是相互独立的事件.

定理 1 两个事件 A、B 相互独立的充要条件是:
$$P(AB) = P(A)P(B).$$

证:充分性 因为 $P(AB) = P(A)P(B)$,

所以 $P(A|B) = \dfrac{P(AB)}{P(B)} = \dfrac{P(A)P(B)}{P(B)} = P(A)$,

因此 A 与 B 相互独立.

必要性 因为 A 与 B 相互独立,则有 $P(A|B) = P(A)$,

因此 $P(AB) = P(B)P(A|B) = P(A)P(B).$

例 1 一个骰子掷两次,求两次都出现 4 点的概率.

解: 设 $A_i = \{$第 i 次出现 4 点$\}$ $(i=1,2)$,显然 A_1 与 A_2 相互独立.

从而 $P(A_1 A_2) = P(A_1)P(A_2)$
$$= \dfrac{1}{6} \times \dfrac{1}{6} = \dfrac{1}{36}.$$

例 2 甲、乙两人考大学,甲考上的概率为 0.9,乙考上的概率为 0.85,问(1)甲、乙两人都考上的概率;(2)至少一人考上的概率.

解: $A = \{$甲考上大学$\}$,$B = \{$乙考上大学$\}$.

$AB = \{$甲,乙都考上大学$\}$,$A + B = \{$至少一人考上大学$\}$.
$$P(AB) = P(A)P(B) = 0.765,$$
$$P(A+B) = P(A) + P(B) - P(AB)$$
$$= 0.9 + 0.85 - 0.765$$
$$= 0.985.$$

1. 两个相互独立的事件,有如下重要性质

若事件 A、B 相互独立,则事件 $\overline{A}$ 与 $\overline{B}$、A 与 $\overline{B}$、$\overline{A}$ 与 B 也相互独立.

证: 由 $P(AB) = P(A)P(B)$ 知,
$$P(\overline{A}\,\overline{B}) = P(\overline{A+B}) = 1 - P(A+B)$$
$$= 1 - P(A) - P(B) + P(AB)$$
$$= P(\overline{A}) - P(B) + P(A)P(B)$$
$$= P(\overline{A}) - P(B)[1 - P(A)]$$
$$= P(\overline{A})[1 - P(B)]$$
$$= P(\overline{A})P(\overline{B}).$$

因此 $\overline{A}$ 与 $\overline{B}$ 相互独立,同理可证 $\overline{A}$ 与 B、A 与 $\overline{B}$ 也相互独立.

例 3(摸球模型) 设盒子中装有 6 只球,其中 4 只黄球及 2 只黑球.从盒子中任取球两次,每次取一球,考虑放回、不放回两种情况,求:

(1) 两只球都是黄球的概率;

(2) 两只颜色相同的球的概率;

(3) 至少一只是黄球的概率.

解:设 $A_i=\{$第 i 次取黄球$\}$,$\overline{A_i}=\{$第 i 次取黑球$\}$ $(i=1,2)$,
$A_1A_2=\{$两次都是黄球$\}$,$A_1+A_2=\{$至少有一只黄球$\}$,
$A_1A_2+\overline{A_1}\,\overline{A_2}=\{$两只相同颜色的球$\}$.

(1) 放回抽样情形:

$$P(A_1A_2)=P(A_1)P(A_2)=\frac{2}{3}\times\frac{2}{3}=\frac{4}{9};$$

$$P(\overline{A_1}\,\overline{A_2})=\frac{2}{6}\times\frac{2}{6}=\frac{1}{9};$$

$$\begin{aligned}P(A_1A_2+\overline{A_1}\,\overline{A_2})&=P(A_1A_2)+P(\overline{A_1}\,\overline{A_2})\\&=P(A_1)P(A_2)+P(\overline{A_1})P(\overline{A_2})\\&=\frac{2}{3}\times\frac{2}{3}+\frac{1}{3}\times\frac{1}{3}\\&=\frac{5}{9};\end{aligned}$$

$$\begin{aligned}P(A_1+A_2)&=P(A_1)+P(A_2)-P(A_1A_2)\\&=\frac{2}{3}+\frac{2}{3}-P(A_1)P(A_2)\\&=\frac{2}{3}+\frac{2}{3}-\frac{2}{3}\times\frac{2}{3}\\&=\frac{8}{9}.\end{aligned}$$

(2) 不放回抽样情形:

$$P(A_1)=\frac{2}{3},\quad P(A_2\mid A_1)=\frac{3}{5},$$

$$P(\overline{A_1})=\frac{1}{3},\quad P(\overline{A_2}\mid\overline{A_1})=\frac{1}{5},$$

$$P(A_1A_2)=P(A_1)P(A_2\mid A_1)=\frac{2}{3}\times\frac{3}{5}=\frac{2}{5};$$

$$P(\overline{A_1}\,\overline{A_2})=P(\overline{A_1})P(\overline{A_2}\mid\overline{A_1})=\frac{1}{3}\times\frac{1}{5}=\frac{1}{15};$$

$$\begin{aligned}P(A_1A_2+\overline{A_1}\,\overline{A_2})&=P(A_1A_2)+P(\overline{A_1}\,\overline{A_2})\\&=P(A_1)P(A_2\mid A_1)+P(\overline{A_1})P(\overline{A_2}\mid\overline{A_1})\\&=\frac{2}{3}\times\frac{3}{5}+\frac{1}{3}\times\frac{1}{5}=\frac{7}{15};\end{aligned}$$

$$\begin{aligned}P(A_1+A_2)&=1-P(\overline{A_1+A_2})\\&=1-P(\overline{A_1}\,\overline{A_2})\\&=1-P(\overline{A_1})P(\overline{A_2}\mid\overline{A_1})\\&=1-\frac{1}{3}\times\frac{1}{5}\\&=\frac{14}{15}.\end{aligned}$$

或 $P(A_1+A_2) = P(A_1) + P(A_2) - P(A_1A_2)$
$= \frac{2}{3} + P(A_2) - P(A_1)P(A_2 \mid A_1)$
$= \frac{2}{3} + P(A_2) - \frac{2}{3} \times \frac{3}{5}$
$= \frac{4}{15} + P[A_1(A_2 + \overline{A_1})]$
$= \frac{4}{15} + P(A_1A_2 + \overline{A_1}A_2)$
$= \frac{4}{15} + P(A_1)P(A_2 \mid A_1) + P(\overline{A_1})P(A_2 \mid \overline{A_1})$
$= \frac{4}{15} + \frac{2}{3} \times \frac{3}{5} + \frac{1}{3} \times \frac{4}{5}$
$= \frac{14}{15}.$

2. 独立性推广

设 $A_1, A_2, \cdots, A_n$ 为 n 个事件,如果对于所有可能组合

$$\begin{cases} P(A_iA_j) = P(A_i)P(A_j), \\ P(A_iA_jA_k) = P(A_i)P(A_j)P(A_k), \\ P(A_1A_2\cdots A_n) = P(A_1)P(A_2)\cdots P(A_n), \end{cases}$$

称 $A_1, A_2, \cdots, A_n$ 相互独立.

二、伯努利概型

定义 2 若试验 E 单次试验的结果只有 A 和 $\overline{A}$ 两个,且 $P(A) = p(0 < p < 1)$ 保持不变,将试验 E 在相同条件下独立地重复做 n 次,称这 n 次试验为 n 重伯努利概型,简称伯努利概型.

定理 2 若单次试验中事件 A 发生的概率为 $p(0 < p < 1)$, $P(\overline{A}) = q, q = 1 - p$,则在 n 次重复试验中,

$P(A \text{ 发生 } k \text{ 次}) = C_n^k p^k q^{n-k}$ $(q = 1 - p, k = 0, 1, 2, \cdots)$ (二项概率公式).

例 4 某射手每次击中目标的概率是 0.6,如果射击 5 次,试求至少击中两次的概率.

解: $P(至少击中两次) = C_5^2 0.6^2 0.4^3 + C_5^3 0.6^3 0.4^2 + C_5^4 0.6^4 0.4 + C_5^5 0.6^5 0.4^0$
$= 1 - P(击中 0 次) - P(击中一次)$
$= 1 - C_5^0 0.6^0 0.4^5 - C_5^1 0.6^1 0.4^4$
$= 1 - 0.01024 - 0.0768 = 0.9129$

例 5 某种产品的次品率为 5%,现从一大批产品中抽出 20 个进行检验,问 20 个该产品中恰有 2 个次品的概率是多少?

解: $P(恰有 2 个次品) = C_{20}^2 (0.05)^2 (0.95)^{18} = 190 \times 0.0025 \times 0.3972 \approx 0.19.$

练习题 12.4

1. 将一枚骰子掷两次,求两次都出现 5 点的概率.

2. 甲乙两炮同时向一架敌机射击,甲炮的命中率是 0.7,乙炮的命中率是 0.4,求飞机被击中的概率.

3. 一个人管理两台电话设备,设在任一时刻,设备不需要人管理而能正常工作的概率分别是 0.8,0.6,求任一时刻:(1)两台设备都正常工作的概率;(2)至少有一台正常工作的概率.

4. 一批产品中有 20% 的次品,进行重复抽样检查,共抽得 5 件样品,求这 5 件样品中恰有 3 件次品和至多有 3 件次品的概率.

5. 某射手的命中率为 0.8,射击 10 次,求命中 5 次、6 次和至少命中 9 次的概率.

6. 三人独立地解一道方程,他们能单独解答出来的概率分别是 $\frac{1}{5}, \frac{1}{3}, \frac{1}{4}$,求此方程被解出来的概率.

本 章 小 结

一、基本知识

了解随机事件、古典概型、伯努利概型、条件概率等概念,注意条件概率 $P(A|B)$ 和 $P(AB)$ 之间的区别.

二、了解事件之间的关系与基本运算

事件间的关系:(1) 包含:A 发生必导致 B 发生,说 B 包含 A;

(2) 和:$A+B=\{A$ 与 B 至少有一个发生$\}$;

(3) 积:$AB=\{A$ 与 B 都发生$\}$;

(4) 差:$A-B=\{A$ 发生而 B 不发生$\}$;

(5) 互斥(互不相容):$AB=\varnothing$;

(6) 互逆(对立事件):A 与 B 有且只有一个发生,

即 $A+B=U, \quad AB=\varnothing.$

三、掌握加法公式、乘法公式、全概率公式并进行概率计算

1. 加法公式

对任意两个事件 A、B,$P(A+B)=P(A)+P(B)-P(AB)$.
若 $AB=\varnothing$(互斥),$P(A+B)=P(A)+P(B)$.

2. 乘法公式

对任意两个事件 A、B,$P(AB)=P(A)P(B|A)=P(B)P(A|B)$,
若 A、B 相互独立,$P(AB)=P(A)P(B)$.

3. 全概率公式

若 $A_1, A_2, \cdots, A_n$ 两两互斥,$P(A_i)>0$,且 $A_1+A_2+\cdots+A_n=U$.

对于任意事件 B,$P(B) = \sum_{i=1}^{n} P(A_i)P(B|A_i)$

四、理解事件独立性的概念，掌握二项概率公式并会计算

1. A、B 相互独立的充要条件是 $P(AB)=P(A)P(B)$.
2. 在单次试验中事件 A 发生的概率为 $p(0<p<1)$，则在 n 次重复试验中，

$$P(A \text{ 发生 } k \text{ 次}) = C_n^k p^k q^{n-k}(q=1-p, k=0,1,2,\cdots,n).$$

五、本章知识结构图

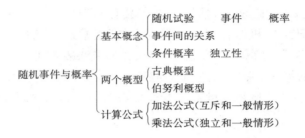

习 题 12

一、填空题

1. 随机事件是指_____事件.
2. 事件的概率是指随机事件在一定的条件下_____.
3. 若两事件 A、B 互逆，则 $\overline{A} \cup \overline{B} =$ _____.
4. 若 A、B 相互独立，且 $P(A)=0.6, P(B)=0.3$，则 $P(A+B)=$ _____.
5. 某射手的射击命中率为 p，独立射击 5 次，则：
   (1) 恰好射中 4 次的概率为_____.
   (2) 至多射中 4 次的概率为_____.
6. 设 A、B 为两个事件，$P(A)=0.7, P(B)=0.6, P(B|\overline{A})=0.4$，则 $P(A+B)=$ _____.
7. 设 A、B 为两个事件，$P(B)=0.7, P(\overline{A}B)=0.3$，则 $P(\overline{A}+\overline{B})=$ _____.

二、解答题

1. 若 $P(A)=0.4$，$P(A+B)=0.7$，(1) 当 A、B 互不相容时；(2) 当 A、B 相互独立时，求 $P(B)$.

2. 甲、乙两炮同时向一架敌机射击，已知甲炮击中率是 0.6，乙炮击中率是 0.7，甲、乙两炮都射中的概率是 0.4，求飞机被击中的概率.

3. 从一批由 45 件正品和 5 件次品组成的产品中任取 3 件产品，求下列事件的概率：
(1) 恰有一件次品；(2) 至少有一件次品；(3) 最多有两件次品.

4. 设有三条生产线生产电话机，其产品所占市场份额为 50%、30%、20%，又知其正品率分别为 96%、80%、75%. 现从市场上任意购买一台电话机，求此电话机是正品的概率.

5. 设某电子元件使用时数在 1 000 小时以上仍完好的概率为 $\frac{1}{3}$，使用时数在 600 小时以上仍完好的概率为 $\frac{3}{4}$，求一只在使用 600 小时后仍完好的电子元件能继续用到 1 000 小时的概率.

6. 一工人看管 3 台电话交换机，在一小时内甲、乙、丙 3 台交换机需要工人照看的概率分别是 0.8, 0.9, 0.85，求在一小时中，没有一台交换机需要照看的概率.

第十三章 随机变量及其数字特征

第十二章讨论了随机事件与概率,在随机事件中,很多事件都可以用数量来表示,如抽样检查产品质量时出现的次品个数、某天某粮库粮食的入库量等.对于那些没有直接用数量表示的事件,也可数量化.例如,抽检一件产品有两种可能的结果:正品或次品,可将"正品"记为1,"次品"记为0.机器在某段时间内可能"正常运转"和"发生故障",可将"正常运转"记为1,"发生故障"记为0,等等.这样,对于试验结果就都可以给予数量化的描述.

如果对于试验的每一个基本事件,都对应着一个实数,则称这个随试验结果不同而变化的变量为随机变量.下面引入随机变量来描述随机实验的结果,以便用微积分的方法对随机现象进行更深入的研究.

13.1 随 机 变 量

一、随机变量的概念

例如:在10件同类的商品中,有4件次品,现任取2件,可设变量 $X=\{2$ 件中的次品数$\}$,
$$X=0=\{0 \text{ 件次品}\}, \quad X=1=\{1 \text{ 件次品}\},$$
$$X=2=\{2 \text{ 件次品}\}.$$

则
$$P(X=0)=\frac{C_4^0 C_6^2}{C_{10}^2}, \quad P(X=1)=\frac{C_4^1 C_6^1}{C_{10}^2},$$
$$P(X=2)=\frac{C_4^2}{C_{10}^2}.$$

又如:某射手射击的命中率为 $p=0.8$,现射击五次,可设变量 $Y=\{$命中次数$\}$,$Y=0,1,2,3,4,5$.

则
$$P(Y=i)=C_5^i (0.8)^i 0.2^{5-i} \quad (i=0,1,2,3,4,5).$$

通过上面的例子,可以发现上述变量有如下三个特征:

(1) 取值是随机的,事前并不知道取哪一个值;

(2) 所取的每一个值,都对应一个随机事件;

(3) 所取的每一个值的概率大小是确定的.

因此,我们有如下定义.

定义1 如果一个变量,它的取值随着实验结果的不同而变化,当实验结果确定后,它的取值也相应确定,这种变量称为随机变量,用大写的 X、Y 表示.

注:随机变量与一般变量的区别:

(1) 取值是随机的,且它的取值受到一定概率的支配;

(2) 每个取值都对应着试验中的一个可能结果.

当用随机变量描述随机现象的统计规律性时,若随机现象比较容易用数量来描述,如产品的合格数、等车的时间等,则直接令随机变量 X 为合格数、时间即可,而 X 可能取的值就是合格数、时间的取值.实际中遇到一些似乎与数量无关的随机现象,如抽取一件产品是否为合格品、打靶一次是否打中等.我们也可用随机变量来描述随机现象.

例 1 某人打靶,一发子弹打中的概率为 p,不中的概率为 $1-p$.
规定
$$X = \begin{cases} 1, & \text{中靶,} \\ 0, & \text{脱靶.} \end{cases}$$
$$P(X=1) = p, \quad P(X=0) = 1-p$$
这里的 1 和 0 仅仅是代号,也可用其他数来表示.

例 2 单位面积上稻谷产量 X 是一个随机变量,它可以取某个区间内的一切实数值.

例 3 某段时间内候车室的乘客数量 X 是一个随机变量,可以取 0 及一切自然数.所以无论什么样的随机现象,都可以用随机变量来描述.

从上面的例子我们知道,随机变量的取值有不同的情况,根据其取值情况的不同,可将随机变量进行如下分类:

(1) 离散型随机变量:随机变量 X 的取值为可数或可列多个不同的值,则称 X 为离散型随机变量,如商品的次品数、某段时间内候车室的乘客数量.

(2) 非离散型随机变量:随机变量 X 的取值不能一一列举,如候车的时间、降雨量、单位面积上稻谷产量.

在非离散型随机变量中,我们只研究连续型随机变量,它是按照一定的概率规律在数轴的某个区间上取值的. X 的取值规律称为 X 的分布.

二、离散型随机变量

上面给出了离散型随机变量的定义,即它只取有限个或可列个值.但我们想知道的不只是随机变量可能取哪些值,更重要的是要知道它取这些值的概率.对于一个离散型随机变量来讲,如果知道它可能取的值,以及取这些值的概率,那么就掌握了它的变化规律.

1. 定义

定义 2 设离散型随机变量 X 的所有取值为 $x_1,x_2,x_3,\cdots$ 且 X 取各个可能值的概率分别为
$$p_k = P(X = x_k),$$
则称 p_k 为 X 的概率分布,或分布列(分布).

X 及其分布列一般用表格的形式表示(见表 13-1):

表 13-1

X	x_1	x_2	$\cdots$	x_k
p_k	p_1	p_2	$\cdots$	p_k

2. 性质

(1) $p_k \geq 0 \quad (k=1,2,3,\cdots)$;

(2) $\sum\limits_{k=1}^{\infty} p_k = 1$.

例 4 在 10 件同类型产品中,有 3 件次品,现任取 2 件,2 件中的次品数 X 的分布列为

X	0	1	2
p_k	$\frac{7}{15}$	$\frac{7}{15}$	$\frac{1}{15}$

三、连续型随机变量

连续型随机变量的特点是,它可以取某个区间(有限或无穷区间)内所有的值,因此不能采取离散型随机变量的方法描述它的概率分布. 另外,对于连续型随机变量,我们关心的不是它取某个值的概率,而是它取值在某个区间的概率. 例如,在公共汽车站候车,候车时间是一个连续型随机变量,乘客关心的不是"正好候车几分钟",而是"候车时间不超过几分钟". 又如,测量某个零件长度时,测量误差是一个连续型随机变量,人们关心的是"误差不超过某个数值"而不是"误差等于某个数值".

下面给出连续型随机变量的精确定义.

1. 定义

定义 3 设随机变量 X,如果存在非负可积函数 $f(x)$,使得对任意实数 $a \leqslant b$ 有

$$P(a \leqslant X \leqslant b) = \int_a^b f(x) \mathrm{d}x,$$

称 X 为连续型随机变量,$f(x)$ 为 X 的概率密度函数,或概率密度、分布密度.

2. 概率密度 $f(x)$ 的性质

(1) $f(x) \geqslant 0$;

(2) $\int_{-\infty}^{+\infty} f(x) \mathrm{d}x = 1$,表示 $y = f(x)$ 与 x 轴之间的平面图形面积为 1;

(3) $P(X = a) = 0$.

因为 $P(X = a) = \lim_{\Delta x \to 0^+} P(a \leqslant X \leqslant a + \Delta x)$

$$= \lim_{\Delta x \to 0^+} \int_a^{a+\Delta x} f(x) \mathrm{d}x = 0,$$

所以

$$P(a < X < b) = P(a < X \leqslant b) = P(a \leqslant X < b)$$
$$= P(a \leqslant X \leqslant b) = \int_a^b f(x) \mathrm{d}x.$$

例 5 设随机变量 X 的概率密度为

$$f(x) = \begin{cases} \dfrac{A}{\sqrt{1-x^2}}, & |x| < 1, \\ 0, & \text{其他}. \end{cases}$$

求(1) 系数 A;(2) 分别求 X 落在 $\left(-\dfrac{\sqrt{2}}{2}, \dfrac{\sqrt{2}}{2}\right)$ 和 $\left(-\dfrac{\sqrt{3}}{2}, 3\right)$ 内的概率.

解:(1) 根据概率密度的性质,有

$$\int_{-\infty}^{+\infty} f(x) \mathrm{d}x = \int_{-1}^{1} \frac{A}{\sqrt{1-x^2}} \mathrm{d}x = A \arcsin x \Big|_{-1}^{1} = \pi A = 1.$$

从而 $A = \dfrac{1}{\pi}$.

(2) $P\left(-\dfrac{\sqrt{2}}{2} < x < \dfrac{\sqrt{2}}{2}\right) = \int_{-\frac{\sqrt{2}}{2}}^{\frac{\sqrt{2}}{2}} \dfrac{1}{\pi} \dfrac{1}{\sqrt{1-x^2}} dx = \dfrac{1}{\pi} \arcsin x \Big|_{-\frac{\sqrt{2}}{2}}^{\frac{\sqrt{2}}{2}} = \dfrac{1}{2}$.

$$\begin{aligned} P\left(-\dfrac{\sqrt{3}}{2} < x < 3\right) &= \int_{-\frac{\sqrt{3}}{2}}^{3} f(x) dx = \int_{-\frac{\sqrt{3}}{2}}^{1} f(x) dx + \int_{1}^{3} f(x) dx \\ &= \int_{-\frac{\sqrt{3}}{2}}^{1} \dfrac{1}{\pi} \dfrac{1}{\sqrt{1-x^2}} dx + \int_{1}^{3} 0 dx \\ &= \dfrac{1}{\pi} \arcsin x \Big|_{-\frac{\sqrt{3}}{2}}^{1} = \dfrac{5}{6}. \end{aligned}$$

练习题 13.1

1. 下列各表给出的数据是否为某随机变量的分布列？

(1)：

X	−2	0	1	3	4	5
Y	0.1	0.3	0.2	0.1	0.3	0.2

(2)：

X	1	3	4	5
Y	0.1	0.4	0.2	0.3

2. 掷一枚骰子，写出点数 X 的概率分布列，并求 $P(X>3)$ 及 $P(2<X\leqslant 4)$.

3. 盒子中装有 20 件产品，其中 2 件次品，从中任抽 4 件，试求取出次品数 X 的分布列.

4. 某电器设备厂生产电器，次品率为 0.03，任取 5 件检测，求取到的次品数 X 的分布列.

5. 设随机变量 X 的概率密度为

$$f(x) = \begin{cases} kx, & (0 \leqslant x \leqslant 2), \\ 0, & \text{其他}. \end{cases}$$

求(1) 常数 k；

(2) X 分别落在区间 $(0,1)$ 及 $(0.5, 1.2)$ 内的概率.

6. 设随机变量 X 的概率密度为

$$f(x) = \begin{cases} \dfrac{A}{\sqrt{1-X^2}}, & |X| < \dfrac{\sqrt{2}}{2}, \\ 0, & |X| \geqslant \dfrac{\sqrt{2}}{2}. \end{cases}$$

求(1) 常数 A；

(2) X 落在区间 $\left(-\dfrac{1}{2}, \dfrac{1}{2}\right)$ 内的概率.

7. 设随机变量 X 的概率密度为

$$f(x) = Ce^{-|x|} \quad -\infty < x < +\infty.$$

求(1) 常数 C；

(2) X 落在 $(-1, 1)$ 内的概率.

13.2 分布函数

一、分布函数的概念

第 13.1 节研究了离散型随机变量的分布列以及连续型随机变量的概率密度函数,它全面反映了随机变量的取值及概率分布的情况,但是,不便于做数学分析处理.因此有必要制造一个便于研究随机变量的性质和特征的工具,这就是我们下面要研究的分布函数.

1. 定义

定义 设 X 是一个随机变量,称函数
$$F(x) = P(X \leqslant x) \quad (-\infty < x < +\infty)$$
为随机变量 X 的分布函数,记作 $X \sim F(X)$ 或 $F_x(X)$.

(1) 离散型随机变量 X,它的概率分布是 p_k,则 X 的分布函数为
$$F(x) = P(X \leqslant x) = \sum_{x_k \leqslant x} p_k \quad (x \in \mathbf{R}).$$

(2) 连续型随机变量 X,它的概率密度为 $f(x)$,则 X 的分布函数为
$$F(x) = P(X \leqslant x) = \int_{-\infty}^{x} f(t) \mathrm{d}t \quad (x \in \mathbf{R}).$$

即分布函数是概率密度的变上限定积分,由微积分知识可知
$$F'(x) = f(x).$$
概率密度是分布函数的导数.

实际上分布函数就是概率分布或概率密度的"累计和",分布函数与概率分布或概率密度只要知道其一,另一个也就可以求得.

2. 性质

分布函数 $F(x)$ 具有如下性质.
性质 1 $0 \leqslant F(x) \leqslant 1$;
性质 2 $F(x)$ 是单调不减函数且
$$F(+\infty) = \lim_{x \to +\infty} P(X \leqslant x) = 1,$$
$$F(-\infty) = \lim_{x \to -\infty} P(X \leqslant x) = 0;$$
性质 3 $\int_{a}^{b} f(x) \mathrm{d}x = F(b) - F(a)$.

二、分布函数的计算

例 1 设随机变量 X 的分布列是

X	-1	0	1
p_k	0.2	0.6	0.2

求 X 的分布函数.

解:当 $x < -1$ 时, $F(x) = P(X \leqslant x) = 0$.

当 $-1 \leqslant x < 0$ 时，$F(x) = P(X \leqslant x) = P(x = -1) = 0.2$.

当 $0 \leqslant x < 1$ 时，$F(x) = P(X \leqslant x) = P(X = -1) + P(X = 0)$
$= 0.2 + 0.6 = 0.8$.

当 $x \geqslant 1$ 时，$F(x) = P(X \leqslant x) = P(X = -1) + P(X = 0) + P(X = 1)$
$= 1$.

故分布函数为

$$F(x) = P(X \leqslant x) = \begin{cases} 0, & x < -1, \\ 0.2, & -1 \leqslant x < 0, \\ 0.8, & 0 \leqslant x < 1, \\ 1, & x \geqslant 1. \end{cases}$$

例 2 设随机变量 X 的概率密度是

$$f(x) = \begin{cases} \dfrac{1}{b-a}, & a \leqslant x \leqslant b, \\ 0, & \text{其他}. \end{cases}$$

求 X 的分布函数 $F(x)$.

解 $F(x) = P(X \leqslant x) = \displaystyle\int_{-\infty}^{x} f(t) \mathrm{d}t$.

当 $x < a$ 时，$f(x) = 0$，所以 $F(x) = 0$.

当 $a \leqslant x < b$ 时，$f(x) = \dfrac{1}{b-a}$.

所以 $F(x) = \displaystyle\int_{-\infty}^{x} f(t) \mathrm{d}t$
$= \displaystyle\int_{-\infty}^{a} f(t) \mathrm{d}t + \int_{a}^{x} f(t) \mathrm{d}t$
$= \displaystyle\int_{a}^{x} \dfrac{1}{b-a} \mathrm{d}t = \dfrac{x-a}{b-a}$.

当 $x \geqslant b$ 时 $f(x) = 0$.

$$F(x) = \int_{-\infty}^{x} f(t) \mathrm{d}t$$
$$= \int_{-\infty}^{a} f(t) \mathrm{d}t + \int_{a}^{b} f(t) \mathrm{d}t + \int_{b}^{+\infty} f(t) \mathrm{d}t$$
$$= \int_{a}^{b} \dfrac{1}{b-a} \mathrm{d}t = 1.$$

故 X 的分布函数 $F(x)$ 为

$$F(x) = \begin{cases} 0, & x < a, \\ \dfrac{x-a}{b-a}, & a \leqslant x < b, \\ 1, & x \geqslant b. \end{cases}$$

例 3 随机变量 X 的分布函数是 $F(x) = A + B\arctan x$，其中 $x \in \mathbf{R}$. 求(1)常数 A, B；(2)$P(-1 < X < 1)$；(3)X 的概率密度.

解：(1) $F(+\infty) = \lim\limits_{x \to +\infty}(A + B\arctan x) = A + \dfrac{\pi}{2}B = 1$.

$$F(-\infty) = \lim_{x \to -\infty}(A + B\arctan x) = A - \frac{\pi}{2}B = 0.$$

所以,$A = \frac{1}{2}$,$B = \frac{1}{\pi}$.

从而 $F(x) = \frac{1}{2} + \frac{1}{\pi}\arctan x$.

(2) $P(-1 < x < 1) = F(1) - F(-1)$
$$= \left(\frac{1}{2} + \frac{1}{\pi}\arctan 1\right) - \left(\frac{1}{2} + \frac{1}{\pi}\arctan(-1)\right) = \frac{1}{2}.$$

(3) $f(x) = F'(x) = \left(\frac{1}{2} + \frac{1}{\pi}\arctan x\right)' = \frac{1}{\pi(1+x^2)}$ $(-\infty < x < +\infty)$.

练习题 13.2

1. 已知随机变量 X 的分布列

X	-2	-1	0	1	3
P	0.2	0.3	k	0.1	0.1

求 (1) 参数 k;

(2) 求 $Y_1 = X^2$ 及 $Y_2 = 2X + 1$ 的概率分布.

2. 设随机变量 X 的分布列为

X	-3	0	3
P	0.4	0.3	0.3

求 $Y_1 = X^2$ 及 $Y_2 = 3X - 1$ 的概率分布.

3. 设随机变量 X 的分布列为

X	-2	0	2
P	0.4	0.5	0.1

求 X 的分布函数.

4. 已知随机变量 X 的概率密度为

$$f(x) = \begin{cases} Ae^{-\frac{x}{2}}, & x > 0, \\ 0, & x < 0. \end{cases}$$

求:(1) 常数 A;

(2) X 的分布函数.

5. 已知随机变量 X 的概率密度为

$$f(x) = \begin{cases} Cx, & 0 \leqslant x \leqslant 1, \\ 0, & 其他. \end{cases}$$

求 (1) 常数 C;

(2) X 的分布函数.

6. 已知连续型随机变量 X 的概率密度为

$$f(x) = \begin{cases} kx + 1, & 0 < x < 2, \\ 0, & 其他. \end{cases}$$

求:(1) 系数 k;

(2) 分布函数 $F(x)$;

(3) 计算 $P(1.5<x<2.5)$.

13.3 几种常见随机变量的分布

一、常见离散型随机变量的分布

1. 两点分布

若随机变量 X 只可能取两个值 0、1,它的概率分布是
$$P(X=1)=p, \quad P(X=0)=1-p \quad (0<p<1),$$
则称 X 服从两点分布,记为 $X\sim(0,1)$.

两点分布简单,但在实际中应用广泛. 当一组条件下随机现象只有两个可能结果时,都可将它数量化,变为(0,1)分布,如产品的"合格"与"不合格"、试种一粒种子"发芽"与"不发芽"、天气现象中的"有雨"与"无雨"等.

2. 二项分布(伯努利概型)

随机变量 X 的概率分布为
$$P_k = P(X=k) = C_n^k p^k (1-p)^{n-k} \quad k=0,1,\cdots,n, \quad 0<p<1,$$
则称 X 服从参数为 n,p 的二项分布,记为 $X\sim B(n,p)$.

例1 已知某地区人群患有鼻炎的概率是 0.2,研制某种新药有防治作用. 现有 15 人服用此药,无一人得病. 从这个结果判断新药对此病是否有用.

解:15 人服用此药可看成 15 次独立实验,设 $X=\{得病人数\}$,显然 $X\sim B(15,0.2)$,从而 $P(15$ 个都不得病$)=P(X=0)=C_{15}^0 0.2^0 0.8^{15}=0.035$.

这是小概率事件,在一次试验中不可能发生,但现在服药后发生了,说明新药对病有作用.

3. 泊松分布

随机变量 X 的取值为 $0,1,2,\cdots$,其相应概率分布为
$$P(X=k) = \frac{\lambda^k}{k!} e^{-\lambda} \quad (k=0,1,2,\cdots), \quad \lambda 为参数(\lambda>0),$$
称 X 服从泊松分布,记为 $X\sim P(\lambda)$.

例如,在一段时间内,十字路口的车辆数,交换台电话被呼叫的次数,到公共汽车站候车的乘客数等都服从泊松分布.

例2 电话交换台每分钟接到呼叫的次数 $X\sim P(4)$,求一分钟内呼叫次数(1)恰为 8 次的概率;(2)不超过 1 次的概率.

解:$\lambda=4, P(X=k)=\frac{4^k}{k!}e^{-4}, k=0,1,2,\cdots$.

从而,(1) $P(X=8)=\frac{4^8}{8!}e^{-4}=0.0298$,

(2) $P(X\leqslant 1)=P(X=0)+P(X=1)=\dfrac{4^0}{0!}e^{-4}+\dfrac{4^1}{1!}e^{-4}=0.092$.

4. 泊松分布与二项分布之间的关系

当 n 很大 p 很小时，二项分布可以用泊松分布近似表示，

即 $C_n^k p^k (1-p)^{n-k} \approx \dfrac{\lambda^k}{k!}e^{-\lambda}, \lambda=np$.

例 3 某学校为女职工买生育险，由统计资料知道，因生育而死亡的概率是 0.002 5，该学校有女职工 800 人，试求未来一年该学校女职工死亡人数恰为 2 人的概率.

解：设 X 表示死亡人数.
$$X \sim B(800, 0.002\,5), 又因为 \lambda=np=2,$$
从而
$$P(X=2)=C_{800}^2(0.002\,5)^2 0.997\,5^{798}$$
$$\approx P(K=2)=\dfrac{2^2}{2!}e^{-2} \approx 0.135.$$

二、常见连续型随机变量的分布

1. 均匀分布

如果随机变量 X 的概率密度是
$$f(x)=\begin{cases}\dfrac{1}{b-a}, & a\leqslant x\leqslant b,\\ 0, & 其他,\end{cases}$$
则称 X 服从 $[a,b]$ 上的均匀分布，记为 $X \sim U(a,b)$，如图 13-1 所示.

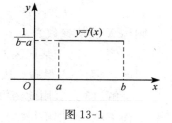

图 13-1

例如，乘客在公共汽车站候车的时间 X 服从均匀分布.

例 4 一乘客的候车时间 X 是一个随机变量，假设该汽车站每隔 8 分钟有一辆汽车通过，则乘客在 0 到 8 分钟内乘上汽车的可能性相同，服从均匀分布，分布密度函数为
$$f(x)=\begin{cases}\dfrac{1}{8}, & 0\leqslant x\leqslant 8,\\ 0, & 其他,\end{cases}$$
求候车时间不超过 3 分钟的概率和候车时间在 4 到 6 分钟之间的概率.

解：因为 $f(x)=\begin{cases}\dfrac{1}{8}, & 0\leqslant x\leqslant 8,\\ 0, & 其他.\end{cases}$

所以
$$P(0\leqslant X\leqslant 3)=\int_0^3 \dfrac{1}{8}\mathrm{d}x=\dfrac{3}{8}.$$
$$P(4\leqslant X\leqslant 6)=\int_4^6 \dfrac{1}{8}\mathrm{d}x=\dfrac{1}{4}.$$

2. 正态分布

如果随机变量 X 的概率密度是

$$f(x) = \frac{1}{\sigma\sqrt{2\pi}} e^{-\frac{(x-\mu)^2}{2\sigma^2}} \quad (-\infty < x < +\infty)$$

则称 X 服从正态分布,记为 $X \sim N(\mu,\sigma^2)$ ($\sigma>0$, $-\infty<\mu<+\infty$),如图 13-2 所示,特别地,当 $\mu=0$, $\sigma^2=1$ 时,称 X 服从标准正态分布.记为 $x \sim N(0,1)$,如图 13-3 所示.

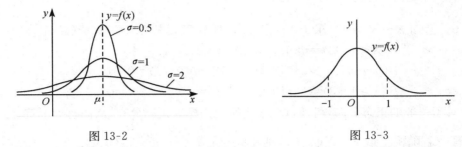

图 13-2　　　　　　　　　　图 13-3

正态分布在概率统计中占有特别重要的地位.现实生活中很多随机变量都服从正态分布或近似服从正态分布.只要某个随机变量是大量相互独立的随机因素的和,且每个因素的个别影响很微小,则这个随机变量可以认为服从或近似服从正态分布,如只受随机因素影响的测量值、稳定生产条件下的产品质量指标等,都服从正态分布.

正态分布有如下性质:

(1) $f(x)$ 以 $x=\mu$ 为对称轴,并在 $x=\mu$ 处达到最大值 $\frac{1}{\sqrt{2\pi}\sigma}$;

(2) 当 $x \to \pm\infty$ 时, $f(x) \to 0$, 即 $f(x)$ 以 x 轴为渐进线;

(3) $x=\mu\pm\sigma$ 为 $f(x)$ 两个拐点的横坐标,且 σ 为拐点到对称轴的距离.

3. 标准正态分布

标准正态分布的概率密度为

$$\varphi(x) = \frac{1}{\sqrt{2\pi}} e^{-\frac{x^2}{2}} \quad (-\infty < x < +\infty).$$

标准正态分布的分布函数为

$$\Phi(x) = P(X \leqslant x) = \int_{-\infty}^{x} \frac{1}{\sqrt{2\pi}} e^{\frac{-t^2}{2}} dt.$$

$\Phi(x)$ 其值等于标准正态概率密度曲线下小于 x 的区域面积.如图 13-4 和图 13-5 所示.

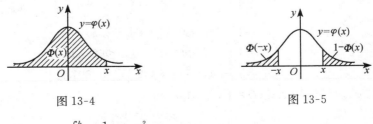

图 13-4　　　　　　　　　　图 13-5

即,$P(a \leqslant x \leqslant b) = \int_a^b \frac{1}{\sqrt{2\pi}} e^{-\frac{x^2}{2}} dx = \Phi(b) - \Phi(a)$.

由图 13-5 可知 $y=\varphi(x)$ 是偶函数,即

$$\Phi(-x) = 1 - \Phi(x).$$

一般当 $X \sim N(0,1)$ 时,要求 $P(X \leqslant x)$ 或 $P(a \leqslant X \leqslant b)$ 时,可转化为求 $\Phi(x)$ 的值,而 $\Phi(x)$ 的值有附表可查.

例5 查表可求得 $\Phi(1.65) = 0.9505, \Phi(-1.96) = 1 - \Phi(1.96) = 0.025, \Phi(0.21) = 0.5832$.

例6 已知 $X \sim N(0,1)$,求 $P(X < 1.32)$、$P(0.78 \leqslant X < 2.45)$ 和 $P(X \geqslant 1.93)$.

解: $P(X < 1.32) = \Phi(1.32) = 0.9066;$

$P(0.78 \leqslant X < 2.45) = \Phi(2.45) - \Phi(0.78) = 0.2106;$

$P(X \geqslant 1.93) = 1 - P(X < 1.93) = 1 - 0.9732 = 0.0268.$

4. 对于一般的正态分布,可通过变量代换化为标准正态分布,从而有如下定理.

定理 若随机变量 $X \sim N(\mu, \sigma^2)$,则随机变量 $Y = \dfrac{X - \mu}{\sigma} \sim N(0,1)$.

例7 设 $X \sim N(1, 0.4^2)$,求 $P(X < 1.6)$ 及 $P(0.8 \leqslant X < 1.2)$.

解: 设 $Y = \dfrac{X - 1}{0.4} \sim N(0,1)$,

从而
$$P(X < 1.6) = P\left(Y < \dfrac{1.6 - 1}{0.4}\right) = P(Y < 1.5)$$
$$= \Phi(1.5)$$
$$= 0.9332;$$

$$P(0.8 \leqslant X \leqslant 1.2) = P\left(\dfrac{0.8 - 1}{0.4} \leqslant Y \leqslant \dfrac{1.2 - 1}{0.4}\right)$$
$$= P(-0.5 \leqslant Y \leqslant 0.5)$$
$$= \Phi(0.5) - \Phi(-0.5)$$
$$= \Phi(0.5) - [1 - \Phi(0.5)]$$
$$= 2\Phi(0.5) - 1$$
$$= 0.3830.$$

例8 设 $X \sim N(3, 2^2)$,求 (1) $P(|X| > 2)$;(2) $P(X > 3)$;(3) 若 $P(X > C) = P(X \leqslant C)$,求 C 的值.

解: 因为 $Y = \dfrac{X - 3}{2} \sim N(0,1)$,

从而有
$$P(|X| > 2) = 1 - P(|X| \leqslant 2) = 1 - P(-2 \leqslant X \leqslant 2)$$
$$= 1 - \left[\Phi\left(\dfrac{2 - 3}{2}\right) - \Phi\left(\dfrac{-2 - 3}{2}\right)\right]$$
$$= 1 - [\Phi(-0.5) - \Phi(-2.5)]$$
$$= 1 - [1 - \Phi(0.5) - 1 + \Phi(2.5)]$$
$$= 1 + \Phi(0.5) - \Phi(2.5) = 0.6977.$$

因为 $P(X > C) = 1 - P(X \leqslant C) = P(X \leqslant C)$,

所以
$$P(X \leqslant C) = \dfrac{1}{2}.$$

则
$$\Phi\left(\dfrac{C - 3}{2}\right) = \dfrac{1}{2}.$$

从而 $$\frac{C-3}{2}=0, C=3.$$

5. 正态分布的 3σ 原则

若 $X \sim N(0,1)$,

则 $P(X<1)=0.6826, \quad P(X<2)=0.9544, \quad P(X\leqslant 3)=0.9974.$

相应的若 $X \sim N(\mu, \sigma^2)$,

则 $P(|X-\mu|<\sigma)=0.6826, P(|X-\mu|<2\sigma)=0.9544, P(|X-\mu|<3\sigma)=0.9924.$

因此,确认一个数据来自正态分布 $N(\mu,\sigma^2)$ 时,此数据满足
$$|X-\mu|<3\sigma.$$

上列不等式表明,如果 $X \sim N(\mu,\sigma^2)$,则 X 取值落在区间 $(\mu-3\sigma, \mu+3\sigma)$ 内的概率达到了 99% 以上,而落在该区间外是一个小概率事件,几乎是不可能的,在质量管理中,稳定生产条件下,产品质量指标被认为是正态变量,通常以这一变量的样本值是否落在 $(\mu-3\sigma, \mu+3\sigma)$ 内作为判断生产过程是否正常的一个主要指标.

例 9 某自动化车床生产的螺栓长度 $X \sim N(10.05, 0.06^2)$,若规定长度在范围 10.05 ± 0.12 内为合格品,求螺栓为不合格品的概率.

解:设 $A=\{$螺栓为不合格品$\}$.

因为 $X \sim N(10.05, 0.06^2)$,

所以 $P(\overline{A}) = P(9.93<X<10.17) = \Phi(2) - \Phi(-2)$
$$= 2\Phi(2) - 1 = 2 \times 0.9772 - 1 \approx 0.95.$$

所以 $P(A) = 1 - P(\overline{A}) = 0.05.$

例 10 某地区的年降水量(单位:cm)$X \sim N(100, 10^2)$,从今年起,连续 10 年的年降水量不超过 125 cm 的概率是多少(假设各年的降水量相互独立).

解:因为年降水量 $X \sim N(100, 10^2)$,所以每年年降水量不超过 125 cm 的概率为
$$P(0<X\leqslant 125) = \Phi\left(\frac{125-100}{10}\right) - \Phi\left(\frac{0-100}{10}\right)$$
$$= \Phi(2.5) - \Phi(-10)$$
$$= \Phi(2.5) - 1 + \Phi(10) \quad (\Phi(10) \approx 1)$$
$$= 0.9938.$$

于是由伯努利概型的概率计算公式知,连续 10 年的年降水量不超过 125 cm 的概率为
$$P(10) = C_{10}^{10} 0.9938^{10}(1-0.9938)^0$$
$$= 0.9397.$$

练习题 13.3

1. 电话交换台每分钟接到的呼叫次数 X 为随机变量,设 $X \sim P(6)$,求一分钟内呼叫次数(1)恰为 9 次的概率;(2)不超过 1 次的概率.

2. 已知随机变量 $X \sim P(\lambda), P(X=0)=0.5$,求参数 λ.

3. 某公共汽车站每隔 20 min 有一辆公共汽车通过,某人到达汽车站的任一时刻是等可能的,求此人候车时间不超过 5 min 的概率.

4. 电话站为 500 个电话用户服务,在一个小时内每一个电话用户使用电话的概率是 0.02,求在 1 小时内

有 8 个用户使用电话的概率.

5. 设随机变量 X 在 $[0,10]$ 上服从均匀分布.
(1) 写出 X 的密度函数；
(2) 求 $P(X<4)$, $P(X\geqslant 5)$ 与 $P(3<X<9)$.

6. 已知 $X\sim N(0,1)$，查表求 $\Phi(1.32)$, $\Phi(0.57)$, $\Phi(-2.14)$.

7. 设 $X\sim N(0,1)$，求 (1) $P(0<X<1)$；(2) $P(1<X<2)$；(3) $P(-1.36<X<0)$；(4) $P(|X|<2.1)$；(5) $P(X\geqslant 1)$；(6) $P(|X|>1)$.

8. 设 $X\sim N(1,4)$，求 (1) $P(1\leqslant X<2)$；(2) $P(4<X<6.5)$；(3) $P(-3<X<3)$；(4) $P(X>2)$.

9. 已知某零件的重量服从 $\mu=100$, $\sigma=2.5$ 的正态分布，重量在 100 ± 5 kg 内都属于合格品，求合格品的概率.

10. 设打一次电话所用的时间（单位：分）服从以 $\lambda=\dfrac{1}{10}$ 为参数的指数分布（指数分布的密度函数为 $f(x)=\begin{cases}\lambda e^{-\lambda x}, & x\geqslant 0,\\ 0, & x<0,\end{cases}$ $(\lambda>0)$ 如果某人刚好先于你使用电话，求你将等待 (1) 超过 10 min 的概率；(2) 10～20 min 之间的概率.

13.4 期望与方差

前面我们全面讨论了随机变量的取值及分布情况，而在实际应用中，着重考虑的是随机变量取值的平均情况，以及在平均值附近波动的情况，即随机变量的期望和方差.

一、数学期望（平均数或称为加权平均值）

1. 离散型随机变量的数学期望

定义 1 设离散型随机变量 X 的概率分布为

X	X_1	X_2	$\cdots$	$X_k\cdots$
p_k	p_1	p_2	$\cdots$	$p_k\cdots$

如果 $\sum\limits_{k=1}^{n}X_k p_k$ 绝对收敛，则称 $\sum\limits_{k=1}^{n}X_k p_k$ 为随机变量 X 的数学期望，或期望，或均值，记为 $E(X)$.

如果 $f(X)$ 的数学期望存在，则 $E(f(X))=\sum\limits_{k=1}^{n}f(X_k)p_k$.

例 1 设 X 的概率分布为

X	-1	0	2	3
p_k	$\dfrac{1}{8}$	$\dfrac{1}{8}$	$\dfrac{1}{2}$	$\dfrac{1}{4}$

求 $E(X)$, $E(X^2)$, $E(-2X+1)$.

解：$E(X)=-1\times\dfrac{1}{8}+0\times\dfrac{1}{8}+2\times\dfrac{1}{2}+3\times\dfrac{1}{4}=\dfrac{13}{8}$；

$E(X^2)=(-1)^2\times\dfrac{1}{8}+0^2\times\dfrac{1}{8}+2^2\times\dfrac{1}{2}+3^2\times\dfrac{1}{4}=\dfrac{35}{8}$；

$$E(-2X+1)=3\times\frac{1}{8}+1\times\frac{1}{8}-3\times\frac{1}{2}-5\times\frac{1}{4}=-\frac{9}{4}.$$

2. 连续型随机变量的数学期望

定义 2 设连续型随机变量 X 的概率密度是 $f(x)$，若积分 $\int_{-\infty}^{+\infty}|x|f(x)\mathrm{d}x$ 收敛，则称积分 $\int_{-\infty}^{+\infty}xf(x)\mathrm{d}x$ 为随机变量 X 的数学期望，即 $E(X)=\int_{-\infty}^{+\infty}xf(x)\mathrm{d}x$.

如果 $g(X)$ 的数学期望存在，则 $E(g(X))=\int_{-\infty}^{+\infty}g(x)f(x)\mathrm{d}x$

例 2 已知随机变量 X 的概率密度为
$$f(x)=\begin{cases}2(1-x),&0\leqslant x\leqslant 1,\\0,&\text{其他},\end{cases}$$
求 X 的数学期望 $E(X)$.

解：$E(X)=\int_{-\infty}^{+\infty}xf(x)\mathrm{d}x$
$=\int_{0}^{1}x\cdot 2(1-x)\mathrm{d}x$
$=2\int_{0}^{1}(x-x^2)\mathrm{d}x$
$=2\left[\frac{x^2}{2}-\frac{1}{3}x^3\right]_0^1$
$=\frac{1}{3}.$

例 3 设随机变量 X 服从均匀分布
$$f(x)=\begin{cases}\dfrac{1}{a},&0<x<a,\\0,&\text{其他}.\end{cases}$$
求 X 和 $Y=5X^2$ 的数学期望 $(a>0)$.

解：$E(X)=\int_{-\infty}^{+\infty}xf(x)\mathrm{d}x=\int_{0}^{a}x\cdot\frac{1}{a}\mathrm{d}x=\frac{1}{2}a$；
$E(Y)=\int_{-\infty}^{+\infty}5x^2f(x)\mathrm{d}x=\int_{0}^{a}5x^2\cdot\frac{1}{a}\mathrm{d}x=\frac{5}{3}a^2.$

二、方差

用数学期望描述随机变量取值的平均情况，有时还需研究随机变量取值在期望附近的波动情况，我们引入方差来表示它们的波动程度.

1. 定义

定义 3 设 X 是一个随机变量，若 $E[X-E(X)]^2$ 存在，则称 $E[X-E(X)]^2$ 为 X 的方差，记为 $D(X)$，$D(X)=E[x-E(X)]^2$.

2. 标准差：$\sqrt{D(X)}=\sqrt{E[X-E(X)]^2}$；

3. 公式：$D(X) = E(X^2) - [E(X)]^2$（常用公式）．

证：$$D(X) = \int_{-\infty}^{+\infty} [x - E(X)]^2 f(x) dx$$
$$= \int_{-\infty}^{+\infty} x^2 f(x) dx - 2E(X) \int_{-\infty}^{+\infty} x f(x) dx + \int_{-\infty}^{+\infty} [E(X)]^2 f(x) dx$$
$$= E(X^2) - 2[E(X)]^2 + [E(X)]^2 \int_{-\infty}^{+\infty} f(x) dx$$
$$= E(X^2) - [E(X)]^2$$

例 4 设 X 服从两点分布 $P(X=1)=p, P(X=0)=1-p=q$，求 $E(X), D(X)$．

解：
$$E(X) = 1 \cdot p + 0 \cdot q = p,$$
$$E(X^2) = 1^2 \cdot p + 0^2 q = p,$$
$$D(X) = E(X^2) - [E(x)]^2 = p - p^2 = pq.$$

例 5 设 $X \sim N(0,1)$，求 $E(X), D(X)$．

解：因为 $X \sim N(0,1)$，

所以 $\Phi(x) = \dfrac{1}{\sqrt{2\pi}} e^{-\frac{x^2}{2}}$．

因为奇函数在对称区间上的积分为 0，所以 $E(X) = 0$．

$$E(X^2) = \int_{-\infty}^{+\infty} x^2 \cdot \frac{1}{\sqrt{2\pi}} e^{-\frac{x^2}{2}} dx$$
$$= \frac{1}{\sqrt{2\pi}} \int_{-\infty}^{+\infty} (-x) d(e^{-\frac{x^2}{2}})$$
$$= \frac{1}{\sqrt{2\pi}} \left[-x e^{-\frac{x^2}{2}} \Big|_{-\infty}^{+\infty} + \int_{-\infty}^{+\infty} e^{-\frac{x^2}{2}} dx \right]$$
$$= 0 + \int_{-\infty}^{+\infty} \frac{1}{\sqrt{2\pi}} e^{-\frac{x^2}{2}} dx = 0 + 1 = 1.$$
$$D(X) = E(X^2) - [E(X)]^2 = 1.$$

三、期望和方差的性质

(1) $E(C) = C; D(C) = 0$．

(2) $E(kX) = kE(X); D(kX) = k^2 D(X)$；

(3) 任意两个随机变量 X、Y 有（可推广）
$$E(X \pm Y) = E(X) \pm E(Y);$$
相互独立的两个随机变量 X、Y 有（可推广）
$$D(X \pm Y) = D(X) + D(Y);$$

(4) $E(aX+b) = aE(X) + b; D(aX+b) = a^2 D(X)$．

例 6 已知 $Y \sim N(3, 0.4^2)$，求 $E(Y), D(Y)$．

解：设 $X = \dfrac{Y-3}{0.4} \sim N(0,1), E(X) = 0, D(X) = 1$，

则 $Y = 0.4X + 3$，
$$E(Y) = E(0.4X + 3) = 0.4 E(X) + 3 = 3,$$

$$D(Y) = D(0.4X+3) = 0.4^2 D(X) = 0.4^2.$$

结论:$E(Y)=\mu, D(Y)=\sigma^2$.

四、常用分布的期望与方差

(1) 两点分布:$E(X)=p, D(X)=pq$;

(2) 二项分布:$E(X)=np, D(X)=np(1-p)$;

(3) 泊松分布:$E(X)=\lambda, D(X)=\lambda$;

(4) 均匀分布:$E(X)=\dfrac{a+b}{2}, D(X)=\dfrac{(b-a)^2}{12}$;

(5) 正态分布:

$$X \sim N(0,1), \quad E(X)=0; \quad D(X)=1;$$
$$X \sim N(\mu,\sigma^2), \quad E(X)=\mu; \quad D(X)=\sigma^2.$$

例 7 某种子公司的某类种子不发芽率为 0.3,今购得该类种子 1 000 粒,求这批种子的平均发芽粒数.

解: 设 X 为这批种子的发芽数,又每粒种子的不发芽率为 0.3,则每粒种子的发芽率为 0.7,又有 $n=1\,000$,且每粒种子是否发芽是相互独立的,所以 $X \sim B(1\,000, 0.7)$,于是,这批种子的平均发芽粒数为

$$E(X) = np = 1\,000 \times 0.7 = 700(粒).$$

例 8 设 X_1, X_2, X_3 的期望为 9, 20, 12,方差为 2, 1, 4. 求 $Y_1 = 2X_1 + 3X_2 + X_3$ 和 $Y_2 = 3X_1 - 2X_2 + 4X_3$ 的期望与方差.

解: $E(Y_1) = E(2X_1 + 3X_2 + X_3) = 2E(X_1) + 3E(X_2) + E(X_3)$
$= 2 \times 9 + 3 \times 20 + 12 = 90$;

$E(Y_2) = E(3X_1 - 2X_2 + 4X_3) = 3E(X_1) - 2E(X_2) + 4E(X_3)$
$= 3 \times 9 - 2 \times 20 + 4 \times 12 = 35$;

$D(Y_1) = D(2X_1 + 3X_2 + X_3) = 4D(X_1) + 9D(X_2) + D(X_3)$
$= 4 \times 2 + 9 \times 1 + 4 = 21$;

$D(Y_2) = D(3X_1 - 2X_2 + 4X_3) = 9D(X_1) + 4D(X_2) + 16D(X_3)$
$= 9 \times 2 + 4 \times 1 + 16 \times 4 = 86$.

例 9 已知 $X_1 \sim P(0.2), X_2 \sim B(10, 0.1)$,

求 $E(3X_1 + 4X_2)$ 及 $D(2X_1 - 3X_2)$.

解: $E(X_1) = 0.2, D(X_1) = 0.2$,

$E(X_2) = 10 \times 0.1 = 1, \quad D(X_2) = 10 \times 0.1 \times 0.9 = 0.9$,

$E(3X_1 + 4X_2) = 3E(X_1) + 4E(X_2) = 3 \times 0.2 + 4 \times 1 = 4.6$,

$D(2X_1 - 3X_2) = 4D(X_1) + 9D(X_2) = 4 \times 0.2 + 9 \times 0.9 = 8.9$.

例 10 据统计,一位 40 岁的健康者(体检未发现病症者),在 5 年之内仍然活着或自杀的概率为 $p(0 < p < 1)$,p 为已知,在 5 年之内死亡(非自杀)的概率为 $1-p$. 保险公司开办五年人寿保险,条件是参加者需交保险费 a 元(a 已知). 若五年内死亡,公司赔偿 b 元($b > a$),问 b 的取值定在什么范围内公司才能可望获益.

解: 公司获益就是公司平均收益非负,属数学期望问题.

设 $\{\xi=1\}$ 表示一个人在 5 年内非自杀死亡，$\{\xi=0\}$ 表示一个人在五年内活着或自杀，由题设有
$$P(\xi=0)=p, \quad P(\xi=1)=1-p.$$
以随机变量 η 表示公司的收益，则
$$\eta = \begin{cases} a, & \xi=0, \\ a-b, & \xi=1. \end{cases}$$
注意到事件 $\{\eta=a\}$ 与 $\{\xi=0\}$ 等价，$\{\eta=a-b\}$ 与 $\{\xi=1\}$ 等价，由期望的定义得到
$$\begin{aligned} E(\eta) &= aP(\eta=a)+(a-b)P(\eta=a-b) \\ &= aP(\xi=0)+(a-b)P(\xi=1) \\ &= ap+(a-b)(1-p) \\ &= a-b(1-p). \end{aligned}$$
因当平均收益非负，即 $E(\eta)\geqslant 0$ 时，可望收益，故由
$$E(\eta)=a-b(1-p)\geqslant 0$$
得到：$a<b\leqslant \dfrac{a}{1-p}$ 时，保险公司才可望获益.

五、矩

定义 4 设 X 为随机变量. 若 X^k 的期望 $E(X^k)$ 存在，则称它为 X 的 k 阶原点矩，若 $E[X-E(X)]^k$ 存在，则称它为 X 的 k 阶中心矩. $E(X)$ 是一阶原点矩，$D(X)$ 是二阶中心矩.

练习题 13.4

1. 设随机变量 X 的分布列为

X	-1	0	1	2
P	0.3	0.1	0.5	0.1

求 $E(X), E(X^2), E(2X+1)$.

2. A、B 两厂生产同一标准的手机时所出的次品数用 X、Y 表示，据统计，它们的分布列如下：

X	0	1	2	3	4
P	0.3	0.2	0.1	0.2	0.2

Y	0	1	2	3	4
P	0.1	0.3	0.2	0.3	0.1

问哪一个厂家生产的手机质量好些.

3. 已知随机变量 X 的分布列如下，且 $E(X)=6.6$.

X	2	4	6	X_4
P	0.2	0.1	0.3	p_4

求(1) p_4；(2) X_4.

4. 某种元件的次品率为 0.01，今购买该类元件 10 000 件，求这批元件的平均次品数.

5. 设 $X\sim B(n,p)$，且 $E(X)=6, D(X)=3.6$，求 n 和 p.

6. 设随机变量 X 的分布列为

X	1	2	3
P	0.4	0.5	0.1

求 (1) $E(X)$；

(2) $D(X)$；

(3) $D(2X+1)$.

7. 设随机变量 X 的概率密度

$$f(x) = \begin{cases} 2(1-x), & 0 < x < 1, \\ 0, & \text{其他}. \end{cases}$$

求 (1) $E(X)$；(2) $D(X)$.

8. 在某项有奖销售中,每 10 万份奖券中有 1 个头奖(奖金 10 000 元),2 个二等奖(奖金 5 000 元),500 个三等奖(奖金 100 元),10 000 个四等奖(奖金 5 元).假定奖券全部卖光,求每张奖券奖金的期望值,如果每张奖券 3 元,销售一张奖券平均获利多少元?

9. 设随机变量 X 的密度为

$$f(x) = \begin{cases} \cos x, & 0 \leqslant x \leqslant \frac{\pi}{2}, \\ 0, & \text{其他}. \end{cases}$$

求 (1) $E(X)$；

(2) $D(X)$.

10. 已知独立的 $X_1 \sim P(2), X_2 \sim B(10, 0.3)$,求(1) $E(2X_1 + 3X_2)$；(2) $D(X_1 + 2X_2)$.

11. 设独立的随机变量 X_1, X_2, X_3 的期望为 10, 7, 5,方差为 4, 3, 2,求

$$Y_1 = 2X_1 + 3X_2 + 2X_3, \quad Y_2 = X_1 - 2X_2 + 3X_3$$

的期望和方差.

12. 设独立的随机变量 $X_1 \sim N(1, 2^2), X_2 \sim U(3, 5)$,求 $Y_1 = 2X_2 - 3X_1, Y_2 = 3X_1 + X_2$ 的期望和方差.

13. 对圆的直径进行测量,假设得直径均匀地分布在区间 $[a, b]$ 上,求圆面积的期望.

14. 设某射击手命中率为 0.8,现在连续射击 40 次,求(1)"击中目标次数 X"的概率分布；(2) $E(X)$；(3) $D(X)$.

本 章 小 结

一、基本概念

了解随机变量、离散型随机变量、连续型随机变量、分布函数的概念和性质.

1. 离散型随机变量 X 的分布列 $p_k = P(X = X_k)$ 满足：

(1) $p_k \geqslant 0 \quad k = 1, 2, \cdots$；

(2) $\sum_{k=1}^{\infty} p_k = 1$.

2. 连续型随机变量 X 的概率密度满足：

(1) $f(x) \geqslant 0$；

(2) $\int_{-\infty}^{+\infty} f(x) \mathrm{d}x = 1$.

3. 分布函数 $F(x) = P(X \leqslant x) = \sum\limits_{x_k \leqslant x} p_k$（离散型）

和 $F(x) = P(X \leqslant x) = \int_{-\infty}^{x} f(t) \mathrm{d}t$（连续型），

满足如下性质：

(1) $0 \leqslant F(x) \leqslant 1$；

(2) $F(+\infty) = 1, F(-\infty) = 0$；

(3) $P(a \leqslant X \leqslant b) = F(b) - F(a) = \int_{a}^{b} f(x) \mathrm{d}x$ （连续型），

$\sum\limits_{a \leqslant X_i \leqslant b} P_i = F(b) - F(a)$ （离散型）.

二、几种常见分布

了解两点分布、泊松分布、均匀分布. 掌握二项分布、正态分布.

三、随机变量的数字特征

理解数学期望、方差的概念、性质及其计算，牢记几种常见分布的期望，方差公式. 会求随机变量函数的期望.

1. 离散型：$E(X) = \sum\limits_{k=1}^{n} X_k p_k$，其中分布列 $P_k = P(X = x_k)$

$$D(X) = \sum_{k=1}^{n} [x_k - E(X)]^2 p_k.$$

2. 连续型：$E(X) = \int_{-\infty}^{+\infty} x f(x) \mathrm{d}x$，其中 $f(x)$ 是 X 的概率密度

$$D(X) = \int_{-\infty}^{+\infty} [x - E(X)]^2 f(x) \mathrm{d}x$$

统一公式：$D(X) = E(X^2) - [E(X)]^2$.

3. 随机变量 X 的函数 $Y = f(X)$ 的期望

离散型：$E(f(x)) = \sum\limits_{k=1}^{n} f(x_k) p_k$，其中 $p_k = P(X = x_k)$；

连续型：$E(g(X)) = \int_{-\infty}^{+\infty} g(x) f(x) \mathrm{d}x$，其中 $f(x)$ 是 X 的概率密度.

四、计算事件的概率

掌握利用概率分布列，概率密度及分布函数计算有关事件概率的方法.

五、本章知识结构图

随机变量与数字特征 $\begin{cases} 基本概念：分布函数，概率分布，概率密度 \\ 随机变量 \begin{cases} 离散型（两点，二项，泊松） \\ 连续型（正态，均匀，指数） \end{cases} \\ 数字特征 \begin{cases} 期望 \\ 方差 \end{cases} \end{cases}$

习 题 13

1. 设随机变量 X 的分布列为

X	-2	-1	0	1	3
P	$\frac{1}{5}$	$\frac{1}{6}$	$\frac{1}{5}$	$\frac{1}{15}$	$\frac{11}{30}$

求 $Y=X^2$ 的分布列.

2. 掷一枚均匀骰子,试写出点数 X 的分布列,并求 $P(X>3), P(1<X<4)$.

3. 在 100 件元件中有 98 件是正品,从这些元件中任抽 2 件,试求所抽到的次品数 X 的分布列.

4. 某自动流水线在单位时间内生产的产品中,含有的次品数为 X,已知 X 的分布列如下:

X	0	1	2	3	4	5
P	$\frac{1}{12}$	$\frac{1}{6}$	$\frac{1}{4}$	$\frac{1}{4}$	$\frac{1}{6}$	$\frac{1}{12}$

求该流水线在单位时间内生产的次品数的平均值.

5. 若 X 的概率密度为

$$f(x)=\begin{cases} a\cos x, & -\frac{\pi}{2} \leqslant x \leqslant \frac{\pi}{2}, \\ 0, & \text{其他}. \end{cases}$$

求(1) 系数 a;(2) 分布函数 $F(x)$.

6. 若 $X \sim N(0,1)$,求 $P(x \geqslant 0), P(|x|<3), P(0<x<5), P(x>3), P(-1<x<3)$.

7. 设 X 的分布函数为

$$F(x)=\begin{cases} 0, & X<0, \\ x^3, & 0 \leqslant x \leqslant 1, \\ 1, & x>1, \end{cases} \text{求 } E(X).$$

8. 设 X 的概率密度为

$$f(x)=\begin{cases} A\sin x + b, & 0 \leqslant x \leqslant \frac{\pi}{2}, \\ 0, & \text{其他}, \end{cases}$$

且 $E(X)=\frac{\pi+4}{8}$,求 a 和 b.

9. 一电话交换机每分钟收到的呼叫次数服从 $\lambda=6$ 的泊松分布. 求
(1) 每一分钟内有 8 次呼叫的概率;
(2) 某一分钟内呼叫次数大于 2 的概率.

第十四章 集 合 论

集合论是现代数学中的重要分支,它研究由各种对象构成的集合的共同性质.因此,集合的理论被广泛地应用于各种科学领域.

一、集合

1. 集合的概念

集合是一个重要的概念,一个班级可以看成由该班全体同学组成的集合;一个局域网可以看成由 1 台服务器、若干台计算机和若干条网络线组成的集合.

直观地说,把一些确定的、彼此不同的、具有某种共同特性的事物作为一个整体来研究时,这个整体就称为一个集合,而组成这个集合的个别事物称为该集合的元素.集合通常用大写字母 $A,B,C,\cdots$ 表示,集合中的元素通常用小写字母 $a,b,c,\cdots$ 表示.如果 a 是 A 的元素,则记为 $a \in A$,读作"a 属于 A"或"a 在集合 A 中".如果 a 不是 A 的元素,则记为 $a \notin A$,读作"a 不属于 A"或"a 不在集合 A 中".

集合是集合论中的原始概念,和几何学中的点、直线、平面等原始概念一样,不能严格定义,但它是集合论的基石,非常重要,需要准确理解.

集合的元素是个相当广泛的概念,既可以是个别的事物,也可以是另外的集合.这两种情况在实际问题中经常遇到.为了帮助理解,下面举两个实例.

(1) 乒乓球比赛,既有单打,又有双打,还有团体赛.在考虑整个比赛时,每一个参加单打的选手,每一对双打的选手(都是两个人的集合),每一个参加团体赛的队(都是多个人的集合)都是整个乒乓球比赛这个集合的元素.

(2) 如果把计算机的文件夹看成一个集合,则组成这个集合的元素可以是一些具体的文件,也可以是一些子文件夹(它们实际上是另一些文件的集合).

集合有这样 3 个特性:确定性、互异性和无序性.

(1) 确定性:任意一个元素或属于该集合或不属于该集合,二者必居其一;

(2) 互异性:一个集合中的任意两个元素都是不相同的;

(3) 无序性:一个集合中的所有元素间没有顺序关系,例如,$\{1,2,3\}$ 和 $\{2,1,3\}$ 表示同一个集合.

确定性和互异性是判断是否为集合的重要依据.通过下面的例1可以加深对集合的理解.

例 1 下面各个事物哪些是集合?哪些不是?并说明理由.

A:某操作系统的全部指令.

B:大于 0 的所有实数.

C:一个班级所有学生的英语成绩.

D:一副扑克牌中的所有不同数字.

E:家中比较好的书.

解:A、B、D 是集合,它们都符合集合的 3 个特性.

C 一般情况下不是集合,因为不同学生很有可能成绩相同,如果所有学生的成绩都不相同,则 C 是集合.

E 不是集合,因为它包含的元素不明确.

集合有下面几个重要概念.

集合 A 中所包含的元素个数称为集合 A 的基数,记为 $|A|$. 基数为有限数的集合称为有限集合,否则称为无限集合. 在例 1 中,A 和 D 都是有限集合,B 是无限集合.

不含任何元素的集合称为空集,记作 $\varnothing$,例如刚刚新建的文件夹就是一个空集.

2. 集合的表示

表示集合通常用列举法和描述法.

(1) 列举法:把集合中的所有元素一一列举出来并写在一对花括号{ }内,各元素间用逗号分开. 例如例 1 的 D 可以表示成 $D=\{1,2,3,4,5,6,7,8,9,10\}$ 或 $D=\{1,2,3,\cdots,10\}$.

(2) 描述法:把集合中所有元素的共同属性写在一对花括号{ }内. 例如,例 1 的 B 可以表示成 $B=\{x\mid x>0, x\in \mathbf{R}\}$ 或 $B=\{x\mid x>0\}$(以后都把 $x\in \mathbf{R}$ 省略);例 1 的 A 可以表示成 $A=$ {某操作系统的全部指令}.

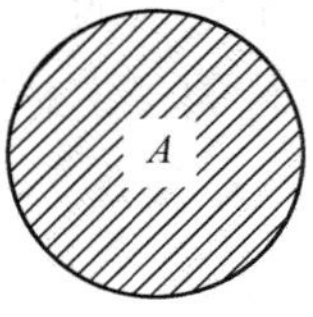

另外,集合也可以用图表示:用圆(或任何其他封闭曲线围成的图形)表示集合,圆中的点表示集合的元素,这样的图形称为文氏图. 集合 A 可以用图 14-1 表示.

图 14-1

列举法只能表示有限集合. 描述法和文氏图既能表示无限集合,也能表示有限集合. 用文氏图表示后面介绍的集合间的关系很直观,能帮助理解.

数集是关于数的集合. 常用的数集用特殊的符号表示:自然数集 $\mathbf{N}$(包括 0)、整数集 $\mathbf{Z}$、有理数集 $\mathbf{Q}$、实数集 $\mathbf{R}$ 和复数集 $\mathbf{C}$. 显然有:
$$2\in \mathbf{N}, 2\in \mathbf{Q}, 2\in \mathbf{R}, 0.7\notin \mathbf{N}, 0.7\notin \mathbf{Z}, 0.7\in \mathbf{R}.$$

二、集合的运算及其性质

1. 集合间的关系

这里介绍集合间的几种主要关系.

定义 1 设有两个集合 A 和 B,如果集合 A 的每个元素都是集合 B 的元素,则称 A 是 B 的子集,记作 $A\subseteq B$ 或 $B\supseteq A$,读作"A 包含于 B"或"B 包含 A".

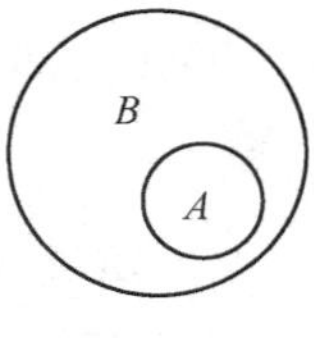

一个集合 B 与它的子集 A 的关系可以用图 14-2 表示.

如果 $A\subseteq B$ 且 $A\neq B$,则称 A 是 B 的真子集,记作 $A\subset B$ 或 $B\supset A$.

图 14-2

在数集中,$\mathbf{Z}\subset \mathbf{Q}, \mathbf{Q}\subset \mathbf{R}$.

子集有如下性质:

(1) 任何集合都是其自身的子集,即 $A\subseteq A$;

(2) 空集是任何集合的子集,即对于任何集合 A,都有 $\varnothing\subseteq A$;

(3) 如果 $A\subseteq B, B\subseteq C$,则 $A\subseteq C$.

例如,设 $A=\{2,3,5,7,11,13\}, B=\{3,5,7\}$,则有 $B\subseteq A$.

定义 2 设有两个集合 A 和 B,如果 $A\subseteq B$ 且 $A\supseteq B$,则称 A 与 B 相等,记作 $A=B$. 两个集合 A 与 B 相等是指集合 A 与集合 B 的元素全部相同.

设 $A=\{x\mid x^2-4x+3=0\}, B=\{x\mid 0<x<4,\text{并且是奇数}\}$. 因为集合 A 与 B 中含有的元素都只是 1 和 3 这两个数,所以 $A=B$.

定义 3 在一定范围内,如果所有集合均为某一集合的子集,则称某集合为全集,记作 E.

定义 4 设 A 是任意集合,A 的全部子集组成的集合称为 A 的幂集,记作 $\mathscr{P}(A)$.

例 2 设 $A=\{x,y,z\}$,求 $\mathscr{P}(A)$ 和 $|\mathscr{P}(A)|$.

解:因为集合 A 的全部子集是:

(1) 不含任何元素的子集,即空集 $\varnothing$,只有 1 个;

(2) 含有 1 个元素的子集有 3 个,$\{x\},\{y\},\{z\}$;

(3) 含有 2 个元素的子集有 3 个,$\{x,y\},\{y,z\},\{x,z\}$;

(4) 含有 3 个元素的子集就是集合 A 本身,只有 1 个,$\{x,y,z\}$;

(5) 因此 $\mathscr{P}(A)=\{\varnothing,\{x\},\{y\},\{z\},\{x,y\},\{y,z\},\{x,z\},\{x,y,z\}\}$.

$\mathscr{P}(A)$ 共有 8 个元素,所以 $|\mathscr{P}(A)|=8$.

一般地,如果集合 A 含有 n 个元素,则含有 0 个元素的子集有 C_n^0 个,含有 1 个元素的子集有 C_n^1 个,含有 2 个元素的子集有 C_n^2 个$\cdots$,含有 n 个元素的子集有 C_n^n 个. 所以集合的子集总数为 $C_n^0+C_n^1+C_n^2+\cdots+C_n^n=(1+1)^n=2^n$. 这就是下面的定理.

定理 1 设 A 为一有限集合,$|A|=n$,那么 A 的子集个数为 2^n.

由于 $\mathscr{P}(A)$ 中的元素恰是 A 的全部子集,根据定理 1 知,如果 $|A|=n$,则 $|\mathscr{P}(A)|=2^n$.

再次说明,尽管集合与元素是两个不同的概念,但一个集合可以是另一个集合的元素.

例 3 设 $A=\{1,2,\{1\},\{3\}\}$,判断下列各个表示方法哪些正确,哪些错误,并说明理由.

(1) $1\in A$;   (2) $\{1\}\subseteq A$;   (3) $\{1\}\in A$;   (4) $2\subseteq A$;

(5) $\{1,2\}\in A$;   (6) $\{1,2\}\subseteq A$;   (7) $\{3\}\in A$;   (8) $\{3\}\subseteq A$.

解:(1),(2),(3)(6),(7)正确,(4),(5),(8)错误.

2. 集合的基本运算

定义 5 设有两个集合 A 和 B,由 A 和 B 的所有元素构成的集合称为集合 A 和 B 的并集,记为 $A\cup B$(读作 A 并 B),即

$$A\cup B=\{x\mid x\in A \text{ 或 } x\in B\}.$$

定义 6 设有两个集合 A 和 B,由既属于 A 又属于 B 的所有元素构成的集合称为集合 A 和 B 的交集,记作 $A\cap B$(读作 A 交 B),即

$$A\cap B=\{x\mid x\in A \text{ 且 } x\in B\}.$$

定义 7 设有两个集合 A 和 B,由属于 A 而不属于 B 的所有元素构成的集合称为集合 A 和 B 的差集,记作 $A-B$,即

$$A-B=\{x\mid x\in A \text{ 且 } x\notin B\}.$$

定义 8 设有两个集合 A 和 B,由属于 A 而不属于 B 的所有元素和属于 B 而不属于 A 的所有元素构成的集合称为集合 A 和 B 的对称差,记作 $A\oplus B$,即
$$A \oplus B = (A-B) \cup (B-A).$$

定义 9 设 A 是全集 E 的子集,由全集 E 中所有不属于 A 的元素构成的集合称为集合 A 的补集,记作 $\overline{A}$,即
$$\overline{A} = \{x \mid x \in E \text{ 且 } x \notin A\}.$$

$A\cup B, A\cap B, A-B, A\oplus B, \overline{A}$ 的文氏图如图 14-3 所示.

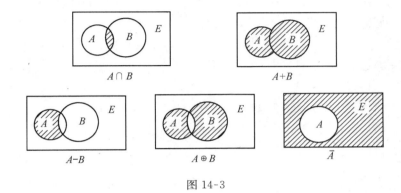

图 14-3

例 4 设 $E=\{1,2,3,4,5\}, A=\{1,4\} B=\{1,2,5\}, C=\{2,4\}$,求 $A\cup B, A\cap B, A\cap \overline{B}, A\cap(B\cup \overline{C}), \overline{A\cup B}, \overline{B}\cup C, \mathscr{P}(A)\cup \mathscr{P}(B)$.

解:$A\cup B=\{1,2,4,5\}$,
$A\cap B=\{1\}, A\cap \overline{B}=\{4\} A\cap(B\cup \overline{C})=\{1\}$,
$\overline{A\cup B}=\{3\}, \overline{B}\cup C=\{2,3,4\}$,
$\mathscr{P}(A)=\{\varnothing, \{1\}\{4\}, \{1,4\}\}$,
$\mathscr{P}(B)=\{\varnothing, \{1\}\{2\}, \{5\}, \{1,2\}\{1,5\}, \{2,5\}, \{1,2,5\}\}$,
$\mathscr{P}(A)\cup \mathscr{P}(B)=\{\varnothing, \{1\}, \{2\}, \{4\}, \{5\}, \{1,2\}, \{1,4\}, \{1,5\}, \{2,5\}, \{1,2,5\}\}$.

例 5 设 $A=\{x\mid 1<x<8\}, B=\{x\mid 3<x<10\}$ 求 $A\cup B, A\cap B, B-A, A\oplus B$.

解:$A\cup B=\{x\mid 1<x<10\}, A\cap B=\{x\mid 3<x<8\}, B-A=\{x\mid 8<x<10\}, A\oplus B=\{x\mid 1<x<3 \text{ 或 } 8<x<10\}$.

3. 集合的运算性质

定理 2 设 A,B,C 为任意集合,则有下列各集合间的恒等式成立.
(1) 双重否定律　$\overline{(\overline{A})}=A$;
(2) 幂等律　$A\cup A=A$;
(3) 交换律　$A\cup B=B\cup A$;
(4) 结合律　$(A\cup B)\cup C=A\cup(B\cup C)$;
(5) 分配律　$A\cup(B\cap C)=(A\cup B)\cap(A\cup C)$;
　　　　　　$A\cap(B\cup C)=(A\cap B)\cup(A\cap C)$;
(6) 德·摩根律　$\overline{A\cup B}=\overline{A}\cap \overline{B}, \overline{A\cap B}=\overline{A}\cup \overline{B}$;

(7) 吸收律　$A\cup(A\cap B)=A, A\cap(A\cup B)=A$；

(8) 零律　$A\cup E=E, A\cap\varnothing=\varnothing$；

(9) 同一律　$A\cup\varnothing=A, A\cap E=A$；

(10) 排中律　$A\cup\overline{A}=E$；

(11) 矛盾律　$A\cap\overline{A}=\varnothing$；

(12) 补交转换律　$A-B=A\cap\overline{B}$.

在上面介绍的集合恒等式中，不难发现绝大部分是成对出现的，例如 $A\cup B=B\cup A$, $A\cap B=B\cap A$, $A\cup(B\cap C)=(A\cup B)\cap(A\cup C)$, $A\cap(B\cup C)=(A\cap B)\cup(A\cap C)$. 这样成对出现的集合恒等式就互称对偶式.

例 6　化简 $((A\cup(B-C))\cap A)\cup(B-(B-A))$.

解：原式$=A\cup(B\cap\overline{B\cap\overline{A}})$
$=A\cup(B\cap\overline{B}\cup\overline{A})$
$=A\cup(B\cap\overline{B})\cup(B\cap A)$
$=A\cup\varnothing\cup(B\cap A)$
$=A\cup(B\cap A)=A$.

4. 集合元素的计数

例：某班在一次考试中，有 15 人英语得 90 分以上，有 18 人计算机数学得 90 分以上，那么，这个班有多少人在这两门课程中至少有一门得 90 分以上呢？

这个问题并没有确定的答案. 因为，有部分人这两门课程都得 90 分以上，而这部分人的人数不知道. 如果用集合的概念，上例可以这样描述：设该班英语得 90 分以上的学生为集合 A，计算机数学得 90 分以上的学生为集合 B，并且 $|A|=15, |B|=18$，求 $|A\cup B|$. 显然，不能简单地说 $|A\cup B|=|A|+|B|$. 因为这两门课都得 90 分以上的人（也可能没有）在集合 A 和集合 B 中重复计算了. 正确的计算方法是利用定理 3 来计算.

定理 3　对有限集合 A 和 B，有

$$|A\cup B|=|A|+|B|-|A\cap B|, \tag{14.1}$$

特别地，当 A 和 B 不相交，即 $|A\cap B|=\varnothing$ 时，有

$$|A\cup B|=|A|+|B|. \tag{14.2}$$

式(14.1)和式(14.2)可以推广到更多集合的情形. 对有限集合 A、B 和 C，可以证明

$$|A\cup B\cup C|=|A|+|B|+|C|-|A\cap B|-|B\cap C|-|A\cap C|+|A\cap B\cap C| \tag{14.3}$$

多个有限集合的元素的计数有两种方法，其一是根据式(14.1)，式(14.2)，式(14.3)，其二是借助文氏图.

例 7　一个班级共有 50 名学生. 在一次考试中，有 15 人英语得 90 分以上，有 18 人计算机数学得 90 分以上，有 22 人这两门课程均没有得到 90 分以上. 问有多少人这两门课程均得到 90 分以上？

解：设全班学生为全集 E，英语得 90 分以上的学生为集合 A，计算机数学得 90 分以上的学生为集合 B. 则有

$|E|=50, |A|=15, |B|=18, |\overline{A \cup B}|=22.$

所以 $|A \cup B|=|A|+|B|-|A \cap B|$
$=|A|+|B|-(|E|-|\overline{A \cup B}|)$
$=15+18-(50-22)=5.$

例8 某软件公司的程序员都熟悉 C++ 或 VB, 其中熟悉 C++ 的共有 47 人, 熟悉 VB 的共有 35 人, C++ 和 VB 都熟悉的共有 23 人, 问该公司共有多少程序员?

解: 设 A, B 分别表示熟悉 C++ 和 VB 的程序员集合, 则该公司的程序员集合为 $A \cup B$, 所以 $|A \cup B|=|A|+|B|-|A \cap B|=47+35-23=59.$

故该公司共有 59 名程序员.

例9 一个班级共有 25 人, 其中会打排球的 12 人, 会打网球的 6 人, 会打篮球的 14 人, 会打排球和篮球的 6 人, 会打网球和篮球的 5 人, 会打三种球的 2 人, 会打网球并且会打排球或篮球的 6 人, 计算不会打这三种球的人数.

解 设 A, B, C 分别表示会打排球, 网球, 篮球的人集合, 则有
$|A|=12, |B|=6, |C|=14, |A \cap C|=6, |B \cap C|=5, |A \cap B \cap C|=2,$
$|A \cup B \cup C|=|A|+|B|+|C|-|A \cap C|-|B \cap C|-|A \cap B|+|A \cap B \cap C|$
$=12+6+14-6-5-|A \cap B|+2.$

即 $|A \cup B \cup C|=23-|A \cap B|.$ 又 $|B \cap (A \cup C)|=6$

所以 $6=|(B \cap A) \cup (B \cap C)|=|B \cap A|+|B \cap C|-|A \cap B \cap C|=5+|B \cap A|-2.$

即 $|B \cap A|=3.$

故 $|A \cup B \cup C|=20.$

所以不会打这三种球的人数为 $25-20=5$(人).

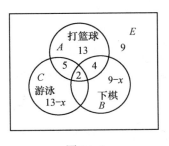

图 14-4

例10 一个班级共有 52 名学生, 其中有 24 人喜欢打篮球, 有 15 人喜欢下棋, 有 20 人喜欢游泳, 有 6 人既喜欢打篮球又喜欢下棋, 有 7 人既喜欢打篮球又喜欢游泳, 有 2 人这 3 项活动都喜欢, 有 9 人这 3 项活动都不喜欢(如图 14-4 所示). 问有多少人既喜欢下棋又喜欢游泳?

解: 用文氏图解, 设既喜欢下棋又喜欢游泳, 但不喜欢打篮球的有 x 人, 则
$13+(9-x)+(13-x)+5+2+4+x+9=52.$

解得 $x=3.$

三、关系

关系是数学中最重要的概念之一. 人与人之间有夫妻、父子、师生关系; 两个数之间有等于、大于、小于关系; 两直线有平行或垂直关系; 计算机程序间有调用关系. 以至于以关系为基础建立了数据库管理中应用非常广泛的关系数据库. 可见, 关系在包括计算机科学在内的许多学科中都有着非常广泛的应用.

1. 笛卡儿积

定义 10 由两个元素 x 和 y(允许 x 和 y 相同) 按一定次序排列成的序列, 称为序偶或有

序对,记作$\langle x,y \rangle$.其中,x是它的第一元素,y是它的第二元素.

例如,平面直角坐标系中任意一点的坐标(x,y)就是序偶.

序偶的概念可以推广到更多元素组成的有序n元组:$\langle x_1,x_2\cdots,x_n \rangle$.例如$\langle a,b,c \rangle$就是一个有序3元组.

定义 11 两个序偶$\langle a,b \rangle$和$\langle c,d \rangle$,当且仅当$a=b$且$b=d$时,称序偶$\langle a,b \rangle$与$\langle c,d \rangle$相等,记作$\langle a,b \rangle=\langle c,d \rangle$.

当$x \neq y$时,$\langle x,y \rangle \neq \langle y,x \rangle$.

定义 12 设A、B是两个集合,若序偶中第一个元素取自集合A,第二个元素取自集合B,则所有这样的序偶组成的集合称为集合A和集合B的笛卡积,记作$A \times B$,即

$$A \times B = \{\langle x,y \rangle \mid x \in A \text{ 且 } y \in B\},$$ 通常把$A \times A$记作A^2.

例 11 设$A=\{x,y\}$　$B=\{1,2,3\}$,求$A \times B, B \times A, A^2, B^2$.

解: $A \times B = \{\langle x,1 \rangle, \langle x,2 \rangle, \langle x,3 \rangle, \langle y,1 \rangle, \langle y,2 \rangle, \langle y,3 \rangle\}$;

$B \times A = \{\langle 1,x \rangle, \langle 1,y \rangle, \langle 2,x \rangle, \langle 2,y \rangle, \langle 3,x \rangle, \langle 3,y \rangle\}$;

$A^2 = \{\langle x,x \rangle, \langle x,y \rangle, \langle y,x \rangle, \langle y,y \rangle\}$;

$B^2 = \{\langle 1,1 \rangle, \langle 1,2 \rangle, \langle 1,3 \rangle, \langle 2,1 \rangle, \langle 2,2 \rangle, \langle 2,3 \rangle, \langle 3,1 \rangle, \langle 3,2 \rangle, \langle 3,3 \rangle\}$.

定理 4 若A、B是有限集合,则有$|A \times B| = |A| \cdot |B|$.

换句话说,若A有m个元素,B有n个元素,则笛卡儿积$A \times B$有mn个元素.

两个集合的笛卡儿积的概念可以推广到更多个集合的情形.

2. 关系的概念

定义 13 设A、B是两个集合,则$A \times B$的任何子集R称为从A到B的二元关系,简称关系,即

$$R \subseteq A \times B,$$

当$B=A$时,称R为A上的二元关系.若$\langle a,b \rangle \in R$,可记作$aRb$,否则记作$a\bar{R}b$.

例如,实数间的大于关系$=\{(x,y) \mid x>y\}$;人群中的父子关系$=\{(x,y) \mid x,y$是人,并且x是y的父亲$\}$.

为了加深对关系的理解,这里再举两个例子.

(1) 关系数据库中就是利用关系的概念建立基础数据表的,例如,学校的计算机管理系统中把开设的所有课程编号,在课程代号和课程名称之间建立了一一对应的关系,即

$$R = \{\langle A0101, 英语 \rangle, \langle B0101, 数学 \rangle, \langle C0101, 计算机数学 \rangle, \cdots\}$$

(2) 设A是计算机专业03级某班的学生的学号(从0301001到0301055)构成的集合,B是该校开设的课程代号(A0101、B0101,C0101等)构成的集合,那么关系

$$R = \{\langle A0101, 英语 \rangle, \langle B0101, 数学 \rangle, \langle C0101, 计算机数学 \rangle\}$$

完整地记录了该班学生选课的情况.

由于关系是集合(只是以序偶为元素),因此,关系可以用集合的方法表示,并且所有关于集合的运算及其性质在关系中都适用.

如果A,B是有限集合,笛卡儿积$A \times B$的子集的个数恰好是幂集$\mathscr{P}(A \times B)$的元素的个数.若A、B分别含有n个和m个元素,则从A到B共有2^{nm}个不同的二元关系.

在上例中,A、B分别含有2个和3个元素,所以$A \times B$共有$2 \times 3=6$个元素,则从A到B

共有 $2^{2\times3}=2^6=64$ 个不同的二元关系.下面是其中的 3 个关系.
$R_1=\{\langle y,2\rangle\}$, $R_2=\{\langle x,1\rangle,\langle y,1\rangle,\langle y,2\rangle\}$,
$R_3=\{\langle x,1\rangle,\langle x,2\rangle,\langle x,3\rangle,\langle y,1\rangle\}$.

定义 14 设 A、B 是两个集合,R 是从 A 到 B 的二元关系;若 $R=\varnothing$,则称 $\varnothing$ 为从 A 到 B 的空关系;若 $R=A\times B$,则称 $A\times B$ 为从 A 到 B 的全域关系.

集合 A 上的空关系记作 $\varnothing$,集合 A 上的全域关系记作 E_A.

定义 15 设 A 是任意集合,R 是 A 上的二元关系,并且满足 $R=\{(a,a)|a\in A\}$,则称 R 为 A 上的恒等关系,记作 I_A.

例 12 设 $A=\{1,2,3\}$,求 E_A 和 I_A.

解:$E_A=\{\langle 1,1\rangle,\langle 1,2\rangle,\langle 1,3\rangle,\langle 2,1\rangle,\langle 2,2\rangle,\langle 2,3\rangle,\langle 3,1\rangle,\langle 3,2\rangle,\langle 3,3\rangle\}$;
$I_A=\{\langle 1,1\rangle,\langle 2,2\rangle,\langle 3,3\rangle\}$.

例 13 设集合 $A=\{1,2,3,4,6,12\}$,求 A 上的"整除"二元关系 R.

解:$R=\{\langle 1,1\rangle,\langle 1,2\rangle,\langle 1,3\rangle,\langle 1,4\rangle,\langle 1,6\rangle,\langle 1,12\rangle,\langle 2,2\rangle,\langle 2,4\rangle,\langle 2,6\rangle,$
$\langle 2,12\rangle,\langle 3,3\rangle,\langle 3,6\rangle,\langle 3,12\rangle,\langle 4,4\rangle,\langle 4,12\rangle,\langle 6,6\rangle,\langle 6,12\rangle,\langle 12,12\rangle\}$.

例 14 设 $A=\{1,2,3,4,5\}$,$B=\{1,2,3\}$,求 $R=\{\langle a,b\rangle|a=b^2\}$.

解: $R=\{\langle 1,1\rangle,\langle 4,2\rangle\}$.

3. 关系矩阵和关系图

关系是一种特殊的集合,当然可以用集合表达式表示,此外,关系还可以用本小节将要介绍的关系矩阵和关系图两种方法表示.

定义 16 设两个有限集合 $A=\{a_1,a_2,\cdots,a_m\}$,$B=\{b_1,b_2,\cdots,b_n\}$,R 是从 A 到 B 的二元关系,即 $R=\{\langle a,b\rangle|a\in A,b\in B,aRb\}$,则称矩阵 $M_R=(r_{ij})_{m\times n}$ 为 R 的关系矩阵,其中,

$$r_{ij}=\begin{cases}1,\text{当 }a_iRb_j,\\0,\text{当 }a_i\overline{R}b_j,\end{cases}\quad\text{式中 }i=1,2,\cdots,m,j=1,2,\cdots,n.$$

即,当 $\langle a_i,b_j\rangle\in R$ 时,在第 i 行、第 j 列交叉位置上用 1 来标识;当 $\langle a_i,b_j\rangle\notin R$ 时,在第 i 行、第 j 列交叉位置上用 0 来标识.当 $|B|=|A|$ 时,A 上的二元关系 R 的关系矩阵 $\mathbf{M}_R$ 为方阵.

定义 17 设两个有限集合 $A=\{a_1,a_2,\cdots,a_m\}$,$B=\{b_1,b_2,\cdots,b_n\}$,R 是从 A 到 B 的二元关系.用 m 个空心点表示元素 $a_1,a_2,\cdots,a_m$,用 n 个空心点表示元素 $b_1,b_2,\cdots,b_n$;如果集合 B 与集合 A 有相同的元素,则用一个空心点表示;如果 a_iRb_j,那么由点 a_i 到点 b_j 画一条有向边,箭头指向 b_j;如果 $a_i\overline{R}b_j$,那么由点 a_i 到点 b_j 就不画有向边;这样的图称为 R 的关系图.

例 15 设集合 $A=\{2,4,6\}$,$B=\{1,3,5,7\}$,$R=\{\langle x,y\rangle|x\in A,y\in B\text{ 且 }x<y\}$,

(1) 用列举法写出关系 R;
(2) 求关系矩阵 M_R;
(3) 画出 R 的关系图.

解:(1) $R=\{\langle 2,3\rangle,\langle 2,5\rangle,\langle 2,7\rangle,\langle 4,5\rangle,\langle 4,7\rangle,\langle 6,7\rangle\}$;

(2) $M_R=\begin{pmatrix}0&1&1&1\\0&0&1&1\\0&0&0&1\end{pmatrix}$;

(3) 其关系图见图 14-5.

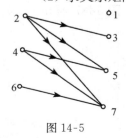

图 14-5

例 16 （1）写出例 13 中关系 R 的关系矩阵 M_R；

（2）设 $A=\{2,3,5\}$，$B=\{3,4,5,6,10\}$，$\langle a,b\rangle \in R$，当且仅当 a 整除 b，画出关系 R 的关系图.

解：（1）关系矩阵

$$M_R = \begin{bmatrix} 1 & 1 & 1 & 1 & 1 & 1 \\ 0 & 1 & 0 & 1 & 1 & 1 \\ 0 & 0 & 1 & 0 & 1 & 1 \\ 0 & 0 & 0 & 1 & 0 & 1 \\ 0 & 0 & 0 & 0 & 1 & 1 \\ 0 & 0 & 0 & 0 & 0 & 1 \end{bmatrix};$$

（2）其关系图见图 14-6.

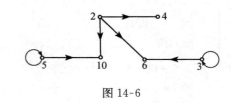

图 14-6

关系 R 的集合表达式、R 的关系矩阵 M_R 和 R 的关系图之间都可以相互唯一确定，但它们各有特点. 有了关系矩阵就可以将关系的信息用一种更一般的方式存储在计算机中，以便用关系图直观形象地表示出关系的信息.

4. 关系的性质

集合上的关系有许多有用的性质，这里介绍几个重要性质.

定义 18 设 R 为集合 A 上的二元关系，即 $|A|=n$，$M_R=[f_{ij}(R)]_{n\times n}$，则

（1）如果对于每一个 $a\in A$，都有 aRa，则称 R 在集合 A 上是自反的；即 M_R 中的对角线元素 $f_{ii}=1(i=1,2,\cdots,n)$；

（2）如果对于每一个 $a\in A$，都有 $a\bar{R}a$，则称 R 在集合 A 上是反自反的；即 M_R 中的对角线元素 $f_{ii}=0(i=1,2,\cdots,n)$；

（3）对于任意的 $a,b\in A$，如果 aRb，就有 bRa，则称 R 在集合 A 上是对称的；即 M_R 中的元素满足 $f_{ij}=f_{ji}$；

（4）对于任意的 $a,b\in A$，如果 aRb，且 bRa，必有 $a=b$，则称 R 在集合 A 上是反对称的；即 M_R 中的元素满足 $f_{ij}f_{ji}=0(i\neq j)$；

（5）对于任意的 $a,b,c\in A$，如果 aRb，且 bRc，就有 aRc，则称 R 在集合 A 上是传递的.

例如，在实数集中，"="关系是自反的，对称的和传递的；"≠"关系是对称的；">"和"<"关系是反对称的和传递的；"≥"和"≤"是自反的和传递的.

例如，若集合 $A=\{a,b,c,d\}$，$R=\{\langle a,a\rangle,\langle b,b\rangle,\langle b,d\rangle,\langle c,d\rangle,\langle c,c\rangle,\langle d,c\rangle,\langle d,d\rangle\}$ 是 A 上的一个关系. 显然，R 是自反的，其关系图如图 14-7 所示. 而关系矩阵

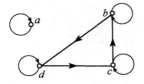

图 14-7

$$M_R = \begin{bmatrix} 1 & 0 & 0 & 0 \\ 0 & 1 & 0 & 1 \\ 0 & 1 & 1 & 0 \\ 0 & 0 & 1 & 1 \end{bmatrix}.$$

自反关系的关系图中每一个结点都有环. 自反关系的关系矩阵 M_R 的主对角线上的元素都是 1.

例如,若集合 $A=\{a,b,c,d\}$,$R=\{\langle a,b\rangle,\langle b,a\rangle,\langle b,d\rangle,\langle c,d\rangle,\langle d,b\rangle,\langle d,c\rangle\}$ 是 A 上的一个关系. 可以判断,R 是反自反的,关系矩阵

$$M_R = \begin{pmatrix} 0 & 1 & 0 & 0 \\ 1 & 0 & 0 & 1 \\ 0 & 0 & 0 & 1 \\ 0 & 1 & 1 & 0 \end{pmatrix}.$$

反自反关系的关系图中每一个结点都没有环. 反自反关系的关系矩阵 M_R 的主对角线上的元素都是 0.

又如,若集合 $A=\{a,b,c,d\}$,$R=\{\langle a,a\rangle,\langle a,b\rangle,\langle b,a\rangle,\langle b,d\rangle,\langle c,c\rangle,\langle c,d\rangle,\langle d,b\rangle,\langle d,c\rangle\}$ 是 A 上的一个关系. 可以判断,R 是对称的,其关系图如图 14-8 所示.

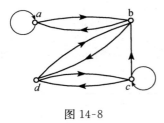

图 14-8

关系矩阵 M_R 如下

$$M_R = \begin{pmatrix} 1 & 1 & 0 & 0 \\ 1 & 0 & 0 & 1 \\ 0 & 0 & 1 & 1 \\ 0 & 1 & 1 & 0 \end{pmatrix}.$$

对称关系的关系图中,如果两个结点间有有向边,必成对出现. 对称关系的关系矩阵 M_R 必是对称矩阵.

例如,若集合 $A=\{a,b,c,d\}$,$R=\{\langle a,a\rangle,\langle a,b\rangle,\langle b,c\rangle,\langle c,c\rangle,\langle c,d\rangle,\langle d,b\rangle\}$ 是 A 上的关系. 可以判断,R 是反对称的,其关系图如图 14-9 所示.

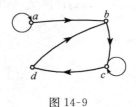

图 14-9

而关系矩阵

$$M_R = \begin{pmatrix} 1 & 1 & 0 & 0 \\ 0 & 0 & 1 & 0 \\ 0 & 0 & 1 & 1 \\ 0 & 1 & 0 & 0 \end{pmatrix}.$$

反对称关系的关系图中,如果两个结点间有有向边,则必不是成对出现的. 反对称关系的关系矩阵 M_R 中,如果非对角线上有某元素是 1,则其对称位置上的元素一定是 0.

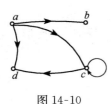

图 14-10

再如,若集合 $A=\{a,b,c,d\}$,$R=\{\langle a,b\rangle,\langle a,c\rangle,\langle a,d\rangle,\langle c,c\rangle,\langle c,d\rangle,\langle d,d\rangle\}$ 是 A 上的关系. 可以判断,R 是传递的,其关系图如图 14-10 所示.

而关系矩阵

$$M_R = \begin{pmatrix} 0 & 1 & 1 & 1 \\ 0 & 0 & 0 & 0 \\ 0 & 0 & 1 & 1 \\ 0 & 0 & 0 & 1 \end{pmatrix}.$$

传递关系的关系图中,如果有从结点 a 到结点 b 的有向边,同时又有从结点 b 到结点的 c 的有向边,则必有从结点 a 到结点 c 的有向边. 传递关系的关系矩阵 M_R 没有明显的特征.

说明:(1) 一个关系可以既不是对称的,也不是反对称的,例如,集合 $A=\{1,2,3\}$ 上的关系 $R=\{\langle 1,2\rangle,\langle 2,1\rangle,\langle 2,3\rangle\}$ 既不是对称的,也不是反对称的;

(2) 一个关系可以既是对称的,也是反对称的. 例如,集合 $A=\{1,2,3\}$ 上的关系 $R=\{\langle 1,1\rangle,\langle 2,2\rangle,\langle 3,3\rangle\}$ 既是对称的,也是反对称的.

根据关系性质的定义,一些特殊关系的性质如下:

(1) 空关系是对称的、反对称的和传递的;

(2) 全域关系是自反的、对称的和传递的;

(3) 恒等关系是自反的、对称的、反对称的和传递的.

对于稍复杂的关系,直接根据定义判断关系的性质比较困难,而通过关系图和关系矩阵判断会比较方便.

例 17 设集合 $A=\{1,2,3,4,5\}$,R 是 A 中的关系,设

$R=\{\langle 1,1\rangle,\langle 1,2\rangle,\langle 1,3\rangle,\langle 1,4\rangle,\langle 1,5\rangle,\langle 2,2\rangle,\langle 2,3\rangle,\langle 2,4\rangle,\langle 2,5\rangle,\langle 3,3\rangle,\langle 3,4\rangle,$
$\langle 3,5\rangle,\langle 4,4\rangle\langle 4,5\rangle,\langle 5,5\rangle\}$,

试写出 R 的关系矩阵 M_R,并判断 R 是否是下列类型的关系:

(1) A 中的自反关系; (2) A 中的反自反关系; (3) A 中的对称关系;

(4) A 中的反对称关系; (5) A 中的传递关系.

解:R 的关系矩阵 M_R 如下

$$M_R = \begin{pmatrix} 1 & 1 & 1 & 1 & 1 \\ 0 & 1 & 1 & 1 & 1 \\ 0 & 0 & 1 & 1 & 1 \\ 0 & 0 & 0 & 1 & 1 \\ 0 & 0 & 0 & 0 & 1 \end{pmatrix}.$$

R 是自反关系,不是反自反关系,也不是对称关系,但是反对称关系和传递关系.

5. 等价关系

等价关系是集合上的一种特殊关系. 研究等价关系的目的是将集合中的元素按一定的要求进行分类.

定义 19 设 R 是集合 A 上的二元关系,如果关系 R 同时具有自反性、对称性和传递性,则称 R 是等价关系. 此时的 aRb 又称 a 与 b 等价.

现实世界中的等价关系有很多,下面是几个实例.

实例 1 三角形的全等关系和相似关系.

实例 2 人类中的同龄关系.

实例 3 集合 A 上的恒等关系 I_A 和全域关系 E_A.

例 18 设集合 $A=\{0,1,2,3,4,5,6\}$,R 为集合 A 上的"模 3 同余"关系,即

$$R=\left\{(x,y)\left|\frac{x-y}{3}\text{是整数},x,y\in A\right.\right\},$$ 试通过关系图来验证 R 为等价关系.

解：按题意
$R=\{\langle 0,0\rangle,\langle 0,3\rangle,\langle 0,6\rangle,\langle 1,1\rangle,\langle 1,4\rangle,\langle 2,2\rangle,\langle 2,5\rangle,\langle 3,0\rangle,\langle 3,3\rangle,\langle 3,6\rangle,\langle 4,1\rangle,\langle 4,4\rangle,$
$\langle 5,2\rangle,\langle 5,5\rangle,\langle 6,0\rangle,\langle 6,3\rangle,\langle 6,6\rangle\}.$

R 的关系图如图 14-11 所示.

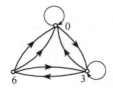

图 14-11

从关系图可以看出：

(1) 每个结点都有环，所以 R 具有自反性；

(2) 两个结点间如果有有向边，都是成对出现的，所以 R 具有对称性；

(3) 如果有从结点 a 到结点的 b 有向边，同时又有从结点 b 到结点 c 的有向边，则有从结点 a 到结点 c 的有向边，所以 R 具有传递性．

综合上面三点可知 R 为等价关系．

定义 20　设 A 是非空集合，R 是 A 上的等价关系，M 是 R 的非空子集，并且满足下列两个条件：

(1) 若 $a\in M$，且 $b\in M$，必定 a 与 b 等价；

(2) 若 $a\in M$，且 $b\notin M$，必定 a 与 b 不等价；

则称子集 M 是 A 的一个等价类．

由定义知，M 中任意两个元素都等价，M 中任意元素与 M 外的任意元素都不等价．

例 18 中的 0,3,6 构成一个等价类，记作 $M_1=\{0,3,6\}$．同理，1 与 4、2 与 5 也分别构成一个等价类，可记作 $M_2=\{1,4\}$，$M_3=\{2,5\}$．即例 18 可以划分成上述三个等价类．

本 章 小 结

本章介绍了集合论中集合和关系的基础知识．关于集合，重点是掌握集合、子集、幂集等概念和集合的基本运算、集合元素的计数等方法．关于关系，重点是掌握关系、关系矩阵、关系图、关系的性质，关系的自反性、反自反性、对称性、反对称性、传递性，等价关系，等价类等内容．

下面是本章知识的要点以及对它们的要求．

1. 懂得集合、子集、幂集、笛卡儿积、关系等概念．
2. 深刻理解元素与集合的从属关系和集合和集合间的包含关系．
3. 熟练掌握集合的基本运算和集合元素的计数方法．

4. 知道集合的运算性质,会证明简单的集合恒等式和化简集合运算式.

5. 会用集合的方式表示关系,会写出关系矩阵和画出关系图.

6. 懂得关系的自反性、反自反性、对称性、反对称性、传递性等重要性质.

7. 知道空关系、全域关系和恒等关系的性质.

8. 会判断各种关系的性质.会判断等价关系,会划分等价类.

习 题 14

1. 列举下列集合的所有子集:
(1) $\{1,\{2,3\}\}$;
(2) $\{\{1,\{2,3\}\}\}$;
(3) $\{\varnothing,\{\varnothing\}\}$.

2. 求出下列集合的幂集合:
(1) $\{a,\{b\}\}$;
(2) $\{1,\varnothing\}$;
(3) $\{\{\varnothing,2\},\varnothing,\{2\}\}$.

3. 若 $A=\{\varnothing,1,2,\{1,3\}\}$,判断下列各表示方法哪些正确,哪些错误,并说明理由.
(1) $\varnothing \in A$;　　(2) $\varnothing \subseteq A$;　　(3) $1 \in A$;　　(4) $3 \in A$;
(5) $\{1,2\} \in A$;　(6) $\{1,2\} \subseteq A$;　(7) $\{1,3\} \subseteq A$;　(8) $\{1,3\} \in A$.

4. $E=\{0,1,2,\cdots,10\}, A=\{1,2,3,7,8\}, B=\{0,2,4,6,8\}$,求 $A \cap B, B-A, A-B, A \oplus B, \bar{B}$.

5. 化简下列等式:
(1) $((A \cup B) \cap B)-(A \cup B)$;
(2) $(A \cup B \cup C)-(B \cup C) \cup A$;
(3) $(B-(A \cap C)) \cup (A \cap B \cap C)$;
(4) $(A \cap B)-(C-(A \cup B))$.

6. 调查计算机系在校学生中是否拥有台式电脑或笔记本电脑.结果发现,505 名学生拥有台式电脑,105 名学生拥有笔记本电脑,120 名学生没有台式电脑,45 名学生既没有台式电脑也没有笔记本电脑.
(1) 求计算机系在校学生数;
(2) 求计算机系既有台式电脑又有笔记本电脑的学生数;
(3) 计算机系仅有笔记本电脑的学生人数.

7. 对 65 个人调查表明有 24 人喜欢打篮球,25 人喜欢打排球,26 人喜欢打乒乓球,8 人喜欢打篮球和乒乓球,9 人喜欢篮球和排球,10 人喜欢打排球和乒乓球,还有 8 人什么球也不喜欢打.求
(1) 喜欢打三种球的人数;
(2) 分别喜欢打篮球,排球和乒乓球的人数.

8. 设 $A=\{a,b,c\}, B=\{\{1,2\},3\}$,求 $A \times B, B \times A, B^2$.

9. 设 $A=\{1,2,3\}$,求 E_A, I_A.

10. 若 $A=\{2,4,5,7\}, B=\{3,4,5,6\}, R=\{(x,y)|x \in A, y \in B, 且(x-y)是偶数\}$
(1) 用列举法表示 R;　(2) 写出 R 的关系矩阵 $\boldsymbol{M_R}$;　(3) 画出 R 的关系图.

11. 设集合 $A=\{a,b,c,d\}$,判定下列关系哪些是自反的、反自反的、对称的、反对称的、传递的?
$R_1=\{\langle a,a \rangle,\langle b,a \rangle\}, R_2=\{\langle a,a \rangle,\langle b,c \rangle,\langle d,a \rangle\}$,
$R_3=\{\langle c,d \rangle\}, R_4=\{\langle a,a \rangle,\langle b,b \rangle,\langle c,c \rangle\}, R_4=\{\langle a,c \rangle,\langle b,d \rangle\}$.

12. 对下列每一个所给出的 A 上的二元关系 R,试用列举法表示 R.

(1) $\{\langle x,y\rangle \mid 0\leqslant x$ 且 $y\leqslant 3\}$,$A=\{0,1,2,3,4\}$;

(2) $\{\langle x,y\rangle \mid 2\leqslant x,y\leqslant 7$ 且 x 用 y 整除$\}$,$A=\{n\mid n\in \mathbf{N}$ 且 $n\leqslant 10\}$;

(3) $\{\langle x,y\rangle \mid 0\leqslant x-y<3\}$,$A=\{0,1,2,3,4\}$;

(4) $\{\langle x,y\rangle \mid x$ 和 y 是互质的$\}$,$A=\{2,3,4,5,6\}$.

第十五章 数 理 逻 辑

逻辑推理在日常生活中很常见,在计算机科学中显得更重要.计算机程序设计、程序正确性证明和人工智能系统等方面都用到数理逻辑.数理逻辑是用数学方法研究推理的形式结构和推理规律的数学学科.

一、命题符号化

1. 命题

数理逻辑研究的核心问题是推理,而推理的前提和结论都是表达判断的陈述句.因此,能表达判断的陈述句就构成了推理的基本要素.

定义 1 在数理逻辑中,能唯一判断真假的陈述句称为命题,以命题作为研究对象的逻辑称为命题逻辑.

命题可能为真,也可能为假.真、假统称为命题的真值.真值为真的命题称为真命题,记作"1"(也可记作"T");真值为假的命题称为假命题,记作"0"(也可记作"F").

例 1 判断下列句子哪些是命题.

(1) 2 是素数.

(2) 北京是中国的首都.

(3) 2100 年人们将在月亮上生活.

(4) $1+1=10$.

(5) 如果天气炎热,小梅就去游泳.

(6) $x+y>7$.

(7) 请把这个定理证明一下.

(8) 这里可以坐吗?

(9) 大海多么宽广啊!

解:这 9 个句子中,(7)~(9)都不是陈述句,因而都不是命题.

(1)、(2)是真命题.

(3) 的真值虽然现在还不能判断,到 2100 年就能判断了,因而是命题.

(4) 在十进制中为假,在二进制中为真,当确定了进位制时其真值就确定了,因而是命题.

(5) 是命题,真值视具体情况唯一确定(不是真就是假).

(6) 不是命题,因为它没有确定的真值.如果赋给 x、y 一组确定的值,这句话就成了命题.例如,当 $x=3$,$y=6$ 时,$3+6>7$ 是真命题;而当 $x=2$,$y=1$ 时,$2+1>7$ 是假命题.第五部分将对这类问题进行详细的讨论.

通过例 1 的解答可以看出,命题必须有唯一确定的真值,但并不要求知道它的真值.命令句、疑问句、祈使句、感叹句没有真假之分,都不是命题.

定义 2 不能分解为更简单的陈述句的命题称为原子命题或简单命题.

定义 3 由原子命题和连接词"非……""不(是)……""……和……""不但……而且……""(或者)……或者……""如果……就(那么)……""……当且仅当……"等组成的命题称为复合命题.

例 1 中,(1)~(4)是原子命题,(5)是复合命题.

定义 4 原子命题的真值是确定的,这样的命题称为命题常元或命题常项.本书用小写英文字母 $p,q,r,p_1,q_1,\cdots$ 表示原子命题.例如,p:广州是广东省的省会.

定义 5 真值可以变化的陈述句称为命题变元或命题变项,也用小写英文字母 $p,q,r,p_1,q_1,\cdots$ 表示.

例 1 中的(6)就是命题变元,它的真值随 x 和 y 取不同值而变化,当给定 x 和 y 的值后,它的真值就确定了,从而变成一个原子命题.

二、命题的连接词

在传统数学中,严格规定了各种运算符号,例如,"＋"表示"加","×"表示"乘".有了运算符号,就能够准确地表达代数式,且方便书写和演算.同样,在数理逻辑中,必须对连接词给出精确的定义,并且将其符号化.这样做,也方便了书写和推演.下面介绍 5 种常用连接词.

1. 否定"¬"

定义 6 设 p 为任一命题,复合命题"非 p"(或"p 的否定")称为 p 的否定式,记作:¬p."¬"为否定连接词.¬p 为真,当且仅当 p 为假.

¬p 的真值表如表 15-1 所示.

一般地,日常语言中的"不""无""没有""非"等词均可符号化为"¬".

表 15-1

p	¬p
0	1
1	0

例 2 将下列命题符号化:

(1) 今天不是星期三.

(2) 小梅不会唱歌.

解:(1) 设 p:今天是星期三,则该命题符号化为 ¬p.

(2) 设 q:小梅会唱歌,则该命题符号化为 ¬q.

2. 合取"∧"

定义 7 设 p,q 为任意两个命题,复合命题"p 并且 q"(或"p 与 q")称为 p 与 q 的合取式,记为:$p \wedge q$."∧"是合取连接词.$p \wedge q$ 为真,当且仅当 p 与 q 同时为真.

$p \wedge q$ 的真值表如表 15-2 所示.

一般地,日常语言中的"……和……""……与……""……并且……""既……又……""不但……而且……"等词均可符号化为"∧".

表 15-2

p	q	$p \wedge q$
0	0	0
0	1	0
1	0	0
1	1	1

例 3 将下列命题符号化:

(1) 小刚和小明都是男孩子.

(2) 房间里有 5 把凳子和 10 张桌子.

解:(1) 设 p:小刚是男孩子,q:小明是男孩子;则该命题符号化为 $p \wedge q$;

(2) 设 r:房间里有 5 把凳子,s:房间里有 10 张桌子;则该命题符号化为 $r \wedge s$.

说明:不能一见到"和""与"就用"$\wedge$",需要从具体语句的实际含义去判断. 例如,"韩平和张雷是好朋友"是原子命题,不是复合命题.

3. 析取"$\vee$"

定义 8　设 p,q 为任意两个命题,复合命题"p 或 q"称为 p 与 q 的析取式,记为:$p \vee q$. "$\vee$"称为析取连接词. $p \vee q$ 为假,当且仅当 p 与 q 同为假.

$p \vee q$ 的真值表如表 15-3 所示.

表 15-3

p	q	$p \vee q$
0	0	0
0	1	1
1	0	1
1	1	1

一般地,日常语言中的"或者……或者……"和"可能……可能……"等词均可符号化为"$\vee$".

说明:由定义 8 知,"$\vee$"允许 p 与 q 同时为真,这叫作相容性或. 在自然语言中,"或"一般具有排斥性. 例如:"老李今天去上海或北京出差"的实际意义是"老李到上海或北京中的一个地方出差(不是两个地方都去)". 这种或叫作排斥或. 排斥或不能简单地用 $p \vee q$ 表示. 参看例 4.

例 4　将下列命题符号化:

(1) 老李去过上海或北京.

(2) 老李今天去上海或北京出差.

解:(1) 设 p:老李去过上海,q:老李去过北京;则该命题符号化为 $p \vee q$.

(2) 设 r:老李今天去上海出差,s:老李今天去北京出差;则该命题符号化为 $(r \wedge \neg s) \vee (\neg r \wedge s)$,也可以符号化为 $(r \vee s) \wedge \neg (r \wedge s)$.

4. 蕴涵"$\rightarrow$"

定义 9　设 p,q 为任意两个命题,复合命题"如果 p,则 q"称为 p 与 q 的蕴涵式,记为:$p \rightarrow q$. p 称为蕴涵式的前件,q 称为蕴涵式的后件,"$\rightarrow$"称为蕴涵连接词. $p \rightarrow q$ 为假,当且仅当 p 为真、q 为假.

表 15-4

p	q	$p \rightarrow q$
0	0	1
0	1	1
1	0	0
1	1	1

$p \rightarrow q$ 的真值表如表 15-4 所示. 在解答实际问题时,一定要根据定义认真判别.

例 5　将下列命题符号化:

(1) 如果 $x=2$,那么 $x^2=4$.

(2) 只有 $x=2$,才有 $x^2=4$.

(3) 仅当 $x=2$,才有 $x^2=4$.

(4) 除非 $x=2$,否则没有 $x^2=4$.

解:设 p:$x=2$,q:$x^2=4$;则

(1) 符号化为 $p \rightarrow q$;

(2)、(3)、(4) 均符号化为 $q \rightarrow p$.

说明:(1) $p \rightarrow q$ 的逻辑关系是:p 是 q 的充分条件,q 是 p 的必要条件. 在日常语言中,特别是数学语言中,q 是 p 的必要条件有多种不同的叙述方式,如:"如果 p 就 q""只要 p 就 q""p 仅当 q(仅当 q,才 p)""只有 q 才 p""除非 q,否则不 p""非 p,除非 q"等均可符号化为 $p \rightarrow q$.

(2) 当前件 p 为假时,无论后件 q 是真是假,$p\to q$ 的真值均为 1. 而传统数学中"如果 p,则 q"往往表示前件 p 为真,后件 q 为真. 两者含义不同.

(3) 在日常语言中,"如果 p 就 q"往往表现前件 p 和后件 q 之间有一定的内在联系. 而 $p\to q$ 表示的逻辑中,这两者可以没有内在联系,参看例 6. 实际上,连接词 $\vee$、$\wedge$、$\leftrightarrow$ 也是如此.

例 6 将下列命题符号化:

(1) 如果明天下雨,我就不去学校.

(2) 如果石头会说话,那么月亮上就会出现海洋.

解:(1) 设 p:明天天下雨,q:我不去学校;则该命题符号化为 $p\to q$.

(2) 设 r:石头会说话,s:月亮上出现海洋;则该命题符号化为 $r\to s$.

5. 等价"$\leftrightarrow$"

定义 10 设 p,q 为任意两个命题,复合命题"p 当且仅当 q"称为 p 与 q 的等价式,记为:$p\leftrightarrow q$. "$\leftrightarrow$"称为等价连接词. $p\leftrightarrow q$ 为真,当且仅当 p 与 q 真值相同.

p 与 q 的真值表如表 15-5 所示.

表 15-5

p	q	$p\leftrightarrow q$
0	0	1
0	1	0
1	0	0
1	1	1

说明:$p\leftrightarrow q$ 的逻辑关系是:p 与 q 互为充分必要条件. 在日常语言和数学语言中,p 与 q 互为充分必要条件的叙述方式,如:"……当且仅当……""当且仅当……(才)……"均可符号化为"$\leftrightarrow$".

例 7 将下列命题符号化:

(1) 两个圆的面积相等当且仅当它们的半径相等.

(2) 当且仅当 $\theta=\dfrac{\pi}{3}$,才有 $\cos\dfrac{\pi}{3}=\dfrac{1}{2}$.

解:(1) 设 p:两个圆的半径相等,q:两个圆的面积相等;则该命题符号化为 $p\leftrightarrow q$.

(2) 设 r:$\theta=\dfrac{\pi}{3}$,s:$\cos\dfrac{\pi}{3}=\dfrac{1}{2}$;则该命题符号化为 $r\leftrightarrow s$.

例 8 将下列命题符号化:

(1) 小强既聪明又用功.

(2) 小强不是不聪明,而是不用功.

(3) 小强虽然不聪明,但很用功.

(4) 小强既不聪明,也不用功.

解:设 p:小强聪明,q:小强用功;则

(1) $p\wedge q$.

(2) $p\wedge\neg q$.

(3) $\neg p\wedge q$.

(4) $\neg p\wedge\neg q$.

例 9 将下列命题符号化:

(1) 9 能被 3 整除,但不能被 4 整除.

(2) 林强学过英语或法语.

(3) 方梅出生于 1956 年或 1957 年.
(4) 小芳只能拿一个苹果或一个梨.

解: (1) 设 p: 9 能被 3 整除, q: 9 能被 4 整除; 则该命题符号化为 $p \wedge \neg q$.

(2) 设 p: 林强学过英语, q: 林强学过法语. 由于林强既可能学过其中一种语言, 也可能这两种语言都学过, 还可能这两种语言都没有学过, 所以这是相容性或. 该命题符号化为 $p \vee q$.

(3) 设 p: 方梅出生于 1956 年, q: 方梅出生于 1957 年. 由于方梅可能出生于 1956 年, 也可能出生于 1957 年, 还可能出生于其他年份, 但不可能既出生于 1956 年又出生于 1957 年. 所以这是排斥或. 但是, 由于 p 和 q 不能同时为真, 所以该命题符号化为 $p \vee q$.

(4) 设 s: 小芳拿一个苹果, t: 小芳拿一个梨. 这也是排斥或. 但它与(3)的排斥或不一样, 这里的 s 和 t 可以同时为真, 所以该命题符号化为 $(s \wedge \neg t) \vee (\neg s \wedge t)$.

实际上, (3) 也可以符号化为 $(p \wedge \neg q) \vee (\neg p \wedge q)$, 但(2) 却不能符号化为 $(p \wedge \neg q) \vee (\neg p \wedge q)$. 希望读者认真想明白其中的原因.

例 10 将下列命题符号化:
(1) 这本书内容很有趣, 并且习题也很难.
(2) 这本书内容无趣, 习题也不难, 而且这门课程也不让人喜欢.
(3) 如果这本书内容有趣, 习题也不难, 那么这门课程让人喜欢.
(4) 这本书内容有趣意味着这本书习题很难, 并且反之亦然.
(5) 或者这本书内容有趣, 或者这本书习题很难, 并且两者恰有其一.

解: 设 p: 这本书内容有趣, q: 这本书习题很难, s: 这门课程让人喜欢.
(1) 命题符号化为: $p \wedge q$.
(2) 命题符号化为: $\neg p \wedge \neg q \wedge s$.
(3) 命题符号化为: $(p \wedge \neg q) \to s$.
(4) 命题符号化为: $p \to q$.
(5) 命题符号化为: $(p \vee q) \wedge \neg (p \wedge q)$, 或者: $(p \wedge \neg q) \vee (\neg p \wedge q)$.

三、命题公式及分类

五种连接词也称为逻辑运算符. 其中"$\neg$"是一元运算符, "$\wedge$""$\vee$""$\to$""$\leftrightarrow$"是二元运算符. 本书规定五种逻辑运算符的优先级顺序为:
(1) $\neg$、$\wedge$、$\vee$、$\to$、$\leftrightarrow$;
(2) 同级的连接词按其出现的先后次序(从左到右);
(3) 如果有括号, 括号最优先.

由多个原子命题和五种连接词可以组成逻辑关系复杂的复合命题. 在命题逻辑中, 只需要考虑命题的"真"与"假", 不需要考虑命题的具体含义. 例如, 当 p 是一个真命题时, $\neg p$ 就是一个假命题. 至于 p 表示的命题是"月亮是圆的", 还是"4 是奇数"无关紧要. 这时, p 是一个原子命题的抽象, 与代数式中用 a 表示一个没有具体指定值的抽象的常数类似.

由命题常项、命题变项、连接词、括号等按一定的逻辑关系连接起来的符号串称为命题公式(简称公式). 下面的定义 11 将给出命题公式的严格定义.

定义 11 命题公式的递归定义如下:

(1) 单个命题常项或命题变项是命题公式；
(2) 如果 A 是一个命题公式，则 $(\neg A)$ 也是命题公式；
(3) 如果 A,B 是命题公式，则 $(A\wedge B),(A\vee B),(A\rightarrow B),(A\leftrightarrow B)$ 也是命题公式；
(4) 有限次地应用(1)~(3)组成的符号串是命题公式.

说明：为简捷起见，公式最外层及 $(\neg A)$ 的括号可以省略. 根据上述定义，$\neg(p\wedge q)$，$p\rightarrow(q\rightarrow\neg r)$，$(p\wedge q)\rightarrow r$ 都是公式，而 $(\wedge p)$，$\neg p\wedge q)$，$pq\rightarrow r$ 都不是公式. 因为 $(\wedge p)$ 中连接词 $\wedge$ 左边缺少一个命题，$\neg p\wedge q)$ 中括号不配对，$pq\rightarrow r$ 的 pq 中间缺少连接词.

定义 12 设 A 是一个命题公式，$p_1,p_2,\cdots,p_n$ 为出现在 A 中的所有命题变项. 给 $p_1,p_2,\cdots,p_n$ 指定一组真值，称为对 A 的一个赋值或解释. 若指定的一组值使 A 的值为真，则称这组值为 A 的成真赋值；若使 A 的值为假，则称这组值为 A 的成假赋值.

含 $n(n\geqslant 1)$ 个命题变项的命题公式，共有 2^n 组不同赋值. 将 A 在所有赋值之下取值的情况列成表，该表称为 A 的真值表.

例 11 构造下列命题公式的真值表：
(1) $\neg(p\rightarrow q)\rightarrow p$；
(2) $\neg(p\rightarrow q)\wedge q$；
(3) $(p\rightarrow q)\wedge p$.

解：(1)、(2)、(3)的真值表分别见表 15-6、表 15-7 和表 15-8. 由表 15-6 可知，(1)全是成真赋值；由表 15-7 可知，(2)全是成假赋值；由表 15-8 可知，(3)既有成真赋值，又有成假赋值.

表 15-6

p	q	$p\rightarrow q$	$\neg(p\rightarrow q)$	$\neg(p\rightarrow q)\rightarrow p$
0	0	1	0	1
0	1	1	0	1
1	0	0	1	1
1	1	1	0	1

表 15-7

p	q	$p\rightarrow q$	$\neg(p\rightarrow q)$	$\neg(p\rightarrow q)\wedge q$
0	0	1	0	0
0	1	1	0	0
1	0	0	1	0
1	1	1	0	0

表 15-8

p	q	$p\rightarrow q$	$(p\rightarrow q)\wedge p$
0	0	1	0
0	1	1	0
1	0	0	0
1	1	1	1

例 11 中的三个小题代表了三种不同类型的命题公式. 命题公式分类的严格定义如下.

定义 13　设 A 是一个命题公式：

(1) 若 A 在它的各种赋值下取值均为真，则称 A 为重言式或永真式；

(2) 若 A 在它的各种赋值下取值均为假，则称 A 为矛盾式或永假式；

(3) 若 A 至少存在一种赋值是成真赋值，则称 A 为可满足式.

由定义 13 可知：

(1) 重言式一定是可满足式，但可满足式不一定是重言式；

(2) 矛盾式一定不是可满足式，可满足式也一定不是矛盾式.

通过例 11 可以看出，当命题变项较少（$n \leqslant 3$）时，利用真值表判断公式类型比较方便. 根据定义知，例 11 中的(1)是重言式，(2)是矛盾式，(3)是可满足式.

四、等值演算

例 12　构造公式 $\neg p \vee q$、$p \rightarrow q$、$\neg q \rightarrow \neg p$ 的真值表.

解：公式 $\neg p \vee q$、$p \rightarrow q$、$\neg q \rightarrow \neg p$ 的真值表如表 15-9 所示.

表 15-9

p	q	$\neg p \vee q$	$p \rightarrow q$	$\neg q \rightarrow \neg p$
0	0	1	1	1
0	1	1	1	1
1	0	0	0	0
1	1	1	1	1

表 15-9 表明，本例的三个公式虽然形式上不同，但它们的真值表完全相同. 这不是偶然的. 事实上，$n(n \geqslant 2)$ 个命题变项可以生成无穷多个命题公式，而 n 个命题变项的不同赋值是有限的（共有 2^n 组），这有限个不同赋值只能生成有限个（共有 2^{2^n} 个）真值不完全相同的真值表. 所以，必然有一些公式在命题变项的所有赋值下真值是一样的，这些公式被称为是等值的. 下面是公式等值的严格定义.

定义 14　设 A、B 是两个命题公式，若等价式 $A \leftrightarrow B$ 是重言式，则称 A 与 B 是等值的，记作 $A \Leftrightarrow B$.

说明：(1) "$\Leftrightarrow$" 与 "$\leftrightarrow$" 是两个不同的符号. "$\leftrightarrow$" 是连接词，$A \leftrightarrow B$ 是一个公式. "$\Leftrightarrow$" 不是连接词，而是两个公式之间的关系符. $A \Leftrightarrow B$ 不是一个公式，它表示 A 与 B 是两个真值表完全相同的公式.

(2) "$\Leftrightarrow$" 具有如下性质：

① 自反性，$A \Leftrightarrow A$；

② 对称性，若 $A \Leftrightarrow B$，则 $B \Leftrightarrow A$；

③ 传递性，若 $A \Leftrightarrow B$，$B \Leftrightarrow C$，则 $A \Leftrightarrow C$.

根据定义 14，当且仅当 A、B 的真值表相同时，A 与 B 等值. 所以，判断两命题是否等值可用真值表法.

例 13　用真值表判断下列两命题公式是否等值：

(1) $\neg(p \wedge q)$ 与 $\neg p \vee \neg q$；

(2) $\neg(p \wedge q)$ 与 $\neg p \wedge \neg q$.

解：由表 15-10 知，$\neg(p\wedge q)$ 与 $\neg p\vee\neg q$ 是等值的，$\neg(p\wedge q)$ 与 $\neg p\wedge\neg q$ 不等值.

表 15-10

p	q	$\neg p$	$\neg q$	$p\wedge q$	$\neg(p\wedge q)$	$\neg p\vee\neg q$	$\neg p\wedge\neg q$
0	0	1	1	0	1	1	1
0	1	1	0	0	1	1	0
1	0	0	1	0	1	1	0
1	1	0	0	1	0	0	0

例 13 表明，用真值表可以判断命题公式是否等值或验证等值式. 但是，当命题变项较多时，这种方法不太方便，需要寻求其他方法.

在许许多多的等值式中，有一些是基本的，它们在等值演算中起重要作用. 下面是这些基本等值式.

(1) 双重否定律　　　　　$A\Leftrightarrow\neg\neg A$；

(2) 幂等律　　　　　　　$A\Leftrightarrow A\vee A$，　$A\Leftrightarrow A\wedge A$；

(3) 交换律　　　　　　　$A\vee B\Leftrightarrow B\vee A$，　$A\wedge B\Leftrightarrow B\wedge A$；

(4) 结合律　　　　　　　$(A\vee B)\vee C\Leftrightarrow A\vee(B\vee C)$，　$(A\wedge B)\wedge C\Leftrightarrow A\wedge(B\wedge C)$；

(5) 分配律　　　　　　　$A\vee(B\wedge C)\Leftrightarrow(A\vee B)\wedge(A\vee C)$；

　　　　　　　　　　　　$A\wedge(B\vee C)\Leftrightarrow(A\wedge B)\vee(A\wedge C)$；

(6) 德·摩根律　　　　　$\neg(A\vee B)\Leftrightarrow\neg A\wedge\neg B$，　$\neg(A\wedge B)\Leftrightarrow\neg A\vee\neg B$；

(7) 吸收律　　　　　　　$A\vee(A\wedge B)\Leftrightarrow A$，　$A\wedge(A\vee B)\Leftrightarrow A$；

(8) 零律　　　　　　　　$A\vee 1\Leftrightarrow 1$，　$A\wedge 0\Leftrightarrow 0$；

(9) 同一律　　　　　　　$A\vee 0\Leftrightarrow A$，　$A\wedge 1\Leftrightarrow A$；

(10) 排中律　　　　　　 $A\vee\neg A\Leftrightarrow 1$；

(11) 矛盾律　　　　　　 $A\wedge\neg A\Leftrightarrow 0$；

(12) 蕴涵等值式　　　　 $A\rightarrow B\Leftrightarrow\neg A\vee B$；

(13) 等价等值式　　　　 $A\leftrightarrow B\Leftrightarrow(A\rightarrow B)\wedge(B\rightarrow A)$；

(14) 假言易位　　　　　 $A\rightarrow B\Leftrightarrow\neg B\rightarrow\neg A$；

(15) 等价否定等值式　　 $A\leftrightarrow B\Leftrightarrow\neg A\leftrightarrow\neg B$；

(16) 归谬论　　　　　　 $(A\rightarrow B)\wedge(A\rightarrow\neg B)\Leftrightarrow\neg A$.

这些基本等值式都可以用真值表验证. 其中，$A\vee(B\wedge C)\Leftrightarrow(A\vee B)\wedge(A\vee C)$ 左右两边公式的真值表如表 15-11 所示. 比较表 15-11 的第 5、6 两列可知，这个基本等值式得到了验证. 读者可以用真值表验证其他的基本等值式.

表 15-11

A	B	C	$B\wedge C$	$A\vee B$	$A\vee C$	$A\vee(B\wedge C)$	$(A\vee B)\wedge(A\vee C)$
0	0	0	0	0	0	0	0
0	0	1	0	0	1	0	0
0	1	0	0	1	0	0	0
0	1	1	1	1	1	1	1
1	0	0	0	1	1	1	1

续表

A	B	C	B∧C	A∨B	A∨C	A∨(B∧C)	(A∨B)∧(A∨C)
1	0	1	0	1	1	1	1
1	1	0	0	1	1	1	1
1	1	1	1	1	1	1	1

有了这些基本等值式,就可以推演出更多的等值式,这个推演过程称为等值演算. 在等值演算中,允许按下述置换规则进行等值置换:

如果 $\Phi(A)$ 是含公式 A 的命题公式,且 $B \Leftrightarrow A$,则可以用公式 B 置换 $\Phi(A)$ 中的 A,从而将 $\Phi(A)$ 置换成 $\Phi(B)$.

例如,对于 $p \to q \Leftrightarrow \neg p \vee q$(蕴涵等值式),根据置换规则,需要时可以将 $p \to q$ 和 $\neg p \vee q$ 相互进行置换,从而有 $(p \to q) \wedge r \Leftrightarrow (\neg p \vee q) \wedge r$.

和集合的性质类似,上述仅含 $\neg$、$\wedge$ 和 $\vee$ 的那些基本等值式也是成对出现的. 这些成对出现的基本等值式有如下特点:只要将一个基本等值式中的 $\wedge$ 换成 $\vee$,同时将 $\vee$ 换成 $\wedge$,并且将可能有的 1 换成 0,将 0 换成 1,就得到另一个基本等值式. 这样成对出现的基本等值式就互称为对偶式. 例如,$\neg(A \vee B) \Leftrightarrow \neg A \wedge \neg B$ 和 $\neg(A \wedge B) \Leftrightarrow \neg A \vee \neg B$ 是对偶式,$A \vee \neg A \Leftrightarrow 1$ 和 $A \wedge \neg A \Leftrightarrow 0$ 也是对偶式.

例 14 用等值演算方法证明下列等值性:

(1) $((p \to q) \to r) \Leftrightarrow ((p \wedge \neg q) \vee r)$;

(2) $(p \to (q \to r)) \Leftrightarrow ((p \wedge q) \to r)$;

(3) $((p \vee q) \to r) \Leftrightarrow ((p \to r) \wedge (q \to r))$.

证明:(1) $((p \to q) \to r) \Leftrightarrow ((\neg p \vee q) \to r)$ (蕴涵等值式)

$\Leftrightarrow (\neg(\neg p \vee q) \vee r)$ (蕴涵等值式)

$\Leftrightarrow ((p \vee \neg q) \vee r)$;   (德·摩根律)

(2) $(p \to (q \to r)) \Leftrightarrow (\neg p \vee (q \to r))$ (蕴涵等值式)

$\Leftrightarrow (\neg p \vee (\neg q \vee r))$ (蕴涵等值式)

$\Leftrightarrow ((\neg p \vee \neg q) \vee r)$ (结合律)

$\Leftrightarrow (\neg(p \wedge q) \vee r)$ (德·摩根律)

$\Leftrightarrow ((p \wedge q) \to r)$;   (蕴涵等值式)

(3) $((p \vee q) \to r) \Leftrightarrow (\neg(p \vee q) \vee r)$ (蕴涵等值式)

$\Leftrightarrow ((\neg p \wedge \neg q) \vee r)$ (德·摩根律)

$\Leftrightarrow ((\neg p \vee r) \wedge (\neg q \vee r))$ (分配律)

$\Leftrightarrow ((p \to r) \wedge (q \to r))$;   (蕴涵等值式)

利用等值演算还可以化简形式较复杂的命题公式,并进一步判别公式的类型.

例 15 判别下列各公式的类型:

(1) $(p \wedge (p \to q)) \to q$;

(2) $(p \vee \neg p) \to ((q \wedge \neg q) \wedge r)$;

(3) $(\neg p \wedge (\neg q \wedge r)) \vee (q \wedge r) \vee (p \wedge r)$.

解:(1) $(p \wedge (p \to q)) \to q \Leftrightarrow (p \wedge (\neg p \vee q)) \to q$ (蕴涵等值式)

$\Leftrightarrow (p \wedge \neg p) \vee (p \wedge q) \to q$ (分配律)

$\Leftrightarrow (p \wedge q) \to q$ （交换律,同一律）

$\Leftrightarrow \neg (p \wedge q) \vee q$ （蕴涵等值式）

$\Leftrightarrow (\neg p \vee \neg q) \vee q \Leftrightarrow 1.$ （德·摩根律,结合律,零律）

由此可知,$(p \wedge (p \to q)) \to q$ 为重言式.

(2) $(p \vee \neg p) \to ((q \wedge \neg q) \wedge r)$

$\Leftrightarrow 1 \to (0 \wedge r)$ （排中律、矛盾律）

$\Leftrightarrow 1 \to 0$ （零律）

$\Leftrightarrow 0.$ （等值置换）

这说明,$(p \vee \neg p) \to ((q \wedge \neg q) \wedge r)$ 为矛盾式.

(3) $(\neg p \wedge (\neg q \wedge r)) \vee (q \wedge r) \vee (p \wedge r)$

$\Leftrightarrow (\neg p \wedge (\neg q \wedge r)) \vee ((q \wedge r) \vee (p \wedge r))$ （结合律）

$\Leftrightarrow ((\neg p \wedge \neg q) \wedge r) \vee ((q \wedge p) \wedge r)$ （结合律、分配律）

$\Leftrightarrow ((\neg p \wedge \neg q) \wedge r) \vee ((p \wedge q) \wedge r)$ （交换律）

$\Leftrightarrow ((\neg p \wedge \neg q) \vee (p \vee q)) \wedge r$ （分配律）

$\Leftrightarrow (\neg (p \vee q) \vee (p \vee q)) \wedge r$ （德·摩根律）

$\Leftrightarrow 1 \wedge r.$ （排中律）

$\Leftrightarrow r$ （同一律）

因此,$(\neg p \wedge (\neg q \wedge r)) \vee (q \wedge r) \vee (p \wedge r)$ 为可满足式.

通过本例的解答可知,等值演算的功能比真值表强. 正因为等值演算能揭示各种命题公式间的等值关系,因而等值演算在计算机硬件设计、开关理论及电子元器件设计中都占有重要的地位.

五、命题逻辑推理

推理是从前提推出结论的思维过程. 前提是指在当前情况下已知的若干命题公式,结论是从前提出发应用推理规则推出的一个命题公式. 一个典型的推理实例是:如果章蕾努力学习,那么她就能考上研究生;章蕾确实在努力学习,所以她一定能考上研究生. 按常识,这个推理是正确的.

实际的推理有许许多多,可能还比较复杂. 那么,推理是否正确如何严格判断？正确的推理过程应该怎样进行？这就是这一部分要研究的问题.

定义 15 若$(A_1 \wedge A_2 \wedge \cdots \wedge A_n) \to B$ 为重言式,则称由$A_1, A_2, \cdots, A_n$ 推出结论B 的推理正确,B 是$A_1, A_2, \cdots, A_n$ 的逻辑结论或有效结论,记作$(A_1 \wedge A_2 \wedge \cdots \wedge A_n) \Rightarrow B.$ 称$(A_1 \wedge A_2 \wedge \cdots \wedge A_n) \to B$ 为由前提$A_1, A_2, \cdots, A_n$ 推出结论B 的推理的形式结构.

说明:(1)"$\Rightarrow$"与"$\to$"是两个性质不同的符号."$\to$"是连接词,$A \to B$ 是一个公式."$\Rightarrow$"不是连接词,$(A_1 \wedge A_2 \wedge \cdots \wedge A_n) \Rightarrow B$ 表示由$A_1, A_2, \cdots, A_n$ 推结论B 的推理正确.

(2)"$\Rightarrow$"具有如下性质：

① 自反性,$A \Rightarrow A$；

② 反对称性,若$A \Rightarrow B$,且 $B \Rightarrow A$,则 $A \Leftrightarrow B$；

③ 传递性,若 $A \Rightarrow B, B \Rightarrow C$,则 $A \Rightarrow C.$

由定义 15 可以看出,推理与传统数学中的定理证明不同. 在传统数学中,定理的证明实质上是由全是真命题的前提(已知条件)推出也是真命题的结论,目的是证明结论的正确性(这样的结论可以称为合法结论).数理逻辑中的推理着重研究的是推理的过程.在过程中使用的推理规则必须是公认的,而作为前提和结论的命题不一定都是真命题.

判断推理是否正确的方法就是判断蕴涵式是否是重言式的方法.前面介绍过的真值表法和等值演算法都可以用来判断推理是否正确.如果推理过程涉及的命题变项较少,用这两种方法还算简便;如果命题变项多就很麻烦了.下面介绍构造证明法.这种方法必须按给定的规则进行.这些规则就是下面介绍的推理定律和推理规则.

本书给出的推理定律是指以下 7 个重言蕴涵式:

(1) $A \Rightarrow (A \vee B)$；　　　　　　　　　附加
(2) $(A \wedge B) \Rightarrow A$；　　　　　　　　　化简
(3) $((A \rightarrow B) \wedge A) \Rightarrow B$；　　　　　　假言推理
(4) $((A \rightarrow B) \wedge \neg B) \Rightarrow \neg A$；　　　　拒取式
(5) $((A \vee B) \wedge \neg A) \Rightarrow B$；　　　　　析取三段论
(6) $((A \rightarrow B) \wedge (B \rightarrow C)) \Rightarrow (A \rightarrow C)$；　假言三段论
(7) $((A \leftrightarrow B) \wedge (B \leftrightarrow C)) \Rightarrow (A \leftrightarrow C)$．　等价三段论

推理规则包括以下三项.

(1) 前提引入规则:在证明的任何步骤上,都可以引入前提.

(2) 结论引入规则:在证明的任何步骤上,已经得到证明的结论都可作为后续证明的前提.

(3) 置换规则:在证明的任何步骤上,公式中的任何子公式都可以用与之等值的公式置换.

将重言蕴涵式两边公式的真值表列出,如果左边公式的真值不大于右边公式的真值,这就验证了重言蕴涵式.其中,拒取式$((A \rightarrow B) \wedge \neg B) \Rightarrow \neg A$左右两边公式的真值表如表 15-12 所示.比较表 15-12 的第 3、4 两列可知,这个重言蕴涵式得到了验证.

表 15-12

A	B	$A \rightarrow B$	$(A \rightarrow B) \wedge \neg B$	$\neg A$
0	0	1	1	1
0	1	1	0	1
1	0	0	0	0
1	1	1	0	0

构造证明可以看成这样的公式序列:其中的每一个公式都是按照上述推理定律和推理规则得到的,并且要将所用的规则写在对应的公式后面.该序列的最后一个公式就是所要证明的结论.

例 16　写出下列推理的形式结构:如果天气炎热,小梅就去游泳.天气真的很热,小梅去游泳了.

解:设 p:天气炎热；q:小梅去游泳.

前提:$p \rightarrow q, p$,

结论:q.

推理的形式结构为：$((p \to q) \wedge p) \to q$.

例 17 构造下列推理的证明.

前提：$\neg(p \wedge \neg q), \neg q \vee r, \neg r,$

结论：$\neg p$.

证明：

(1) $\neg q \vee r$;   前提引入

(2) $\neg r$;   前提引入

(3) $\neg q$;   (1)、(2)析取三段论

(4) $\neg(p \wedge \neg q)$;   前提引入

(5) $\neg p \vee q$;   置换

(6) $p \to q$;   置换

(7) $\neg p$.   (3)、(6)拒取式

构造证明法还可以用于实际的推理. 例 18 是一个典型的例子.

例 18 公安人员审理一件盗窃案. 已知：

(1) 甲或乙盗窃了计算机；

(2) 若甲盗窃计算机，则作案时间不可能发生在午夜前；

(3) 若乙证词正确，则在午夜时屋里灯光未灭；

(4) 若乙证词不正确，则作案时间发生在午夜前；

(5) 午夜时屋里灯光灭了.

问：谁是盗窃犯？

解： 设 p：甲盗窃了计算机，q：乙盗窃了计算机，r：作案时间发生在午夜前，s：乙证词正确，t：午夜时屋里灯光灭了.

前提：$p \vee q, p \to \neg r, s \to \neg t, \neg s \to r, t$.

推理过程如下：

(1) t;   前提引入

(2) $s \to \neg t$;   前提引入

(3) $\neg s$;   (1)、(2)拒取式

(4) $\neg s \to r$;   前提引入

(5) r;   (3)、(4)假言推理

(6) $p \to \neg r$;   前提引入

(7) $\neg p$;   (5)、(6)拒取式

(8) $p \vee q$;   前提引入

(9) q.   (7)、(8)析取三段论

得出结论：乙是盗窃犯.

六、谓词与量词

在命题逻辑中，原子命题是逻辑关系和推理的基本单位，不再进行分解. 这样，有些推理用命题逻辑就无法解决. 例如，著名的苏格拉底三段论：所有的人都要死；苏格拉底是人；所以苏格拉底要死.

根据常识,这个推理是正确的.但是,在命题逻辑中,如果用 p,q,r 分别表示上述三个命题,则上述推理应该表示为

$$(p \wedge q) \Rightarrow r.$$

然而,$(p \wedge q) \rightarrow r$ 不是重言式.这说明,用命题逻辑不能证明这个推理的正确性.原因是,这三个命题有内在联系.命题逻辑不能解决这种有内在联系的逻辑推理.

因此,为了解决这一类涉及命题的内部结构和命题间有内在联系的逻辑推理问题,需要对原子命题作进一步的分析,分析出其中的个体词、谓词、量词等,研究它们的形式结构和逻辑关系、正确的推理形式和规则.这些就是谓词逻辑(又称一阶逻辑)的基本内容.

1. 个体词和谓词

定义 16 在原子命题中,可以独立存在的客体(句子的主语,宾语等)称为个体词.而用以刻画客体的性质或客体之间的关系的是谓词.个体词是指命题所讨论的对象(即可以独立存在的客体),它可以是具体的事物,也可以是抽象的概念.例如,"李明""计算机""2""品质""逻辑"等都可以作为个体词.谓词是用来描述单个个体的性质或多个个体间的关系的词(或短语).个体词和谓词一起构成了原子命题中的主谓结构.例如:

(1) 阿芳是大学生;

(2) 去年元旦是晴天;

(3) 老李是小李的爸爸;

(4) 2 整除 6.

在上述 4 个命题中,"阿芳""去年元旦""老李""小李""2""6"是个体词;"……是大学生""……是晴天""……是……的爸爸""……整除……"是谓词.

说明:不要简单地把所有单个名词都当做个体词.具体到上述四个命题,其中的"大学生"、"去年"、"元旦"、"爸爸"都不是个体词.

定义 17 (1)表示具体的或特定的个体词称为个体常项,常用小写英文字母 $a,b,c,a_i,b_i,\cdots$ 表示.

(2) 表示抽象的或泛指的个体词称为个体变项,一般用小写英文字母 $x,y,z,x_i,y_i,\cdots$ 表示.个体变项的取值范围称为个体域,个体域可以是有限集,也可以是无限集.当没有具体说明时,个体域由宇宙中的一切事物组成.这样的个体域称为全总个体域.

定义 18 (1)表示具体性质或关系的谓词称为谓词常项.

(2) 表示抽象的、泛指的性质或关系的谓词称为谓词变项,谓词常项和谓词变项都用大写英文字母 $F,G,H,F_i,G_i\cdots$ 表示.

在谓词逻辑中,可以用 $F(x)$ 表示个体变项 x 具有性质 F,用 $G(x,y)$ 表示个体变项 x 和 y 具有关系 G.这里,F 和 G 都是谓词变项.如果指定 $F(x)$ 表示"x 是大学生"、$G(x,y)$ 表示"x 整除 y",则 F 和 G 又都成了谓词常项.如果再指定 a 表示"阿芳",b 表示"2",c 表示"6",则 $F(a)$ 表示"阿芳是大学生",$G(b,c)$ 表示"2 整除 6".

谓词变项和谓词常项统称为谓词.由个体变项和谓词组成的符号串称为命题函数.例如,$F(x)$ 和 $G(x,y)$ 都是命题函数.

含有 $n(n \geqslant 1)$ 个个体变项的命题函数中的谓词称为 n 元谓词.$F(x)$ 中的 F 是一元谓词,而 $G(x,y)$ 中的 G 是二元谓词.

命题函数不是命题,只有对命题函数中的谓词变项赋予明确含义(改变为谓词常项),同时将其中的个体变项代以具体的个体(指定为个体常项),才能构成命题. 例如,$G(x,y)$ 不是命题,"$G(x,y):x$ 整除 y"也不是命题,若取 $b:2,c:6$,则 $G(b,b)$、$G(b,c)$ 及 $G(c,b)$ 均是命题,前两个是真命题,第三个是假命题.

有时,将不含个体变项的谓词称为 0 元谓词,一旦其中的谓词变项明确了含义,0 元谓词即成命题. 例如,按前面指定的含义,$F(a)$ 和 $G(b,c)$ 都是 0 元谓词.

因此,命题逻辑中的部分原子命题可以用 0 元谓词表示. 因而可将命题看成谓词的特殊情形. 命题逻辑中的连接词在谓词逻辑中都可以使用,命题逻辑中的等值式在谓词逻辑中同样成立.

例 19　将下列命题用 0 元谓词符号化:

(1) 阿芳是计算机系的学生.

(2) 老李是小李的爸爸.

(3) 3 介于 2 和 5 之间.

解:(1) 令 $F(x):x$ 是学生,$G(x):x$ 是计算机系的,a:阿芳. 则原句符号化为 $F(a) \wedge G(a)$.

(2) 令 $G(x,y):x$ 是 y 的爸爸,a:老李,b:小李. 则原句符号化为 $G(a,b)$.

(3) 令 $R(x,y,z):x$ 介于 y 和 z 之间. $a:3,b:2,c:5$. 则原句符号化为 $R(3,2,5)$.

从本例看出,有了个体词和谓词,能够将部分原子命题符号化为谓词逻辑中的命题. 但是,诸如"所有的人都是要死的"这样的命题,仅用个体词和谓词是不能将其符号化的. 这是因为,这样的命题涉及个体变项取值范围. 所以,在谓词逻辑中,还需要有表示数量的方式,这就是下面将要介绍的量词.

2. 量词

定义 19　在谓词逻辑中,表示数量的词称为量词. 量词又分为以下两种.

(1) 全称量词:表示个体域中的全体. 对应自然语言中的"一切""所有的""任意的""每一个"等词,所用符号是"$\forall$". $\forall x$ 表示对个体域中的所有个体. $\forall x F(x)$ 表示对个体域中的所有个体都具有性质 F.

(2) 存在量词:表示个体域中的部分个体(至少一个). 对应自然语言中的"存在着""有""有一些""至少有一个"等词. 所用符号是"$\exists$". $\exists x$ 表示存在个体域中的个体. $\exists x F(x)$ 表示个体域中存在部分个体具有性质 F.

说明:$\forall x F(x)$ 和 $\exists x F(x)$ 与 $F(x)$ 有着本质的区别. $F(x)$ 是不能确定真值的命题函数,而 $\forall x F(x)$ 和 $\exists x F(x)$ 都是可以确定真值的命题. 通过下面的例题可以对它们之间的区别有更深刻的理解.

例 20　将下列命题符号化:

(1) 这 3 个小朋友都是女孩子.

(2) 这 3 个小朋友至少有一个是女孩子.

解:如果令 $F(x):x$ 是女孩子,a:第 1 个小朋友,b:第 2 个小朋友,c:第 3 个小朋友,这两个命题可以符号化为:

(1) $F(a) \wedge F(b) \wedge F(c)$;

(2) $F(a) \vee F(b) \vee F(c)$.

如果指定该命题的个体域 $D=\{a,b,c\}$，这两个命题还可以符号化为：

(1) $\forall x F(x)$;

(2) $\exists x F(x)$.

对于本题，当且仅当 $F(a),F(b),F(c)$ 的真值均为 1 时，$\forall x F(x)$ 的真值为 1；若 $F(a),F(b),F(c)$ 中至少有一个真值为 0，$\forall x F(x)$ 的真值为 0；当且仅当 $F(a),F(b),F(c)$ 的真值均为 0 时，$\exists x F(x)$ 的真值为 0；若 $F(a),F(b),F(c)$ 中至少有一个真值为 1，则 $\exists x F(x)$ 的真值为 1.

本题的结论可以推广到一般情况. 当个体域为有限集时，如 $D=\{a_1,a_2,\cdots,a_n\}$，对于任意的谓词，都有

$$\forall x F(x) \Leftrightarrow F(a_1) \wedge F(a_2) \wedge \cdots \wedge F(a_n) \tag{15.1}$$

$$\exists x F(x) \Leftrightarrow F(a_1) \wedge F(a_2) \wedge \cdots \wedge F(a_n) \tag{15.2}$$

如果个体域 D 是全总个体域，则例 20 的两个命题不能符号化为 $\forall x F(x)$ 和 $\exists x F(x)$. 原因是，此时的 $\forall x F(x)$ 表示宇宙间一切事物都是女孩子，这与原命题不同；而 $\exists x F(x)$ 表示宇宙间一切事物中至少有一个女孩子，显然与原命题的意思不一样.

在谓词逻辑中，对含有量词的命题，除非特别声明，其个体域都是指全总个体域. 因此，就需要在命题中描述个体变项的变化范围与全总个体域的关系. 例如，在例 20 中需要引进一个新的谓词

$$M(x): x \text{ 是这三个小朋友之一},$$

描述个体变项变化范围的谓词称为特性谓词.

在全总个体域中，例 20 中的两个命题的实际含义是：

(1) 考虑所有个体，如果她是这三个小朋友中的任何一个，则她是女孩子；

(2) 存在着这样的个体，她是这三个小朋友之一，并且是女孩子.

因此，在全总个体域中，例 20 中的两个命题分别符号化为：

(1) $\forall x(M(x) \rightarrow F(x))$;

(2) $\exists x(M(x) \rightarrow F(x))$.

使用量词时，应注意以下 4 点：

(1) 在不同的个体域中，命题符号化的形式可能不一样；

(2) 如果没有指定个体域，则默认为是全总个体域；

(3) 引入特性谓词后，全称量词与存在量词符号化的形式不同，分别以式（15.1）、式（15.2）的形式表示；

(4) 如果有多个量词同时出现，一般不能改变它们的顺序.

对于第（4）点，下面的例子是很好的说明.

如果令 $H(x,y): y=3x$，个体域为实数集，则 $\forall x \exists y H(x,y)$ 其含义是：对任意的 x，都存在着 y，使 $y=3x$ 成立，这是真命题. 而 $\exists y \forall x H(x,y)$ 其含义是：存在着 y，对任意的 x，都使 $y=3x$ 成立. 这个命题与前一个命题意义不同，而且这是假命题.

例 21 在谓词逻辑中将下列命题符号化：

(1) 所有电脑都染上了病毒.

(2) 有的电脑没有染上病毒.

解：个体域为全总个体域.

如果令 $G(x):x$ 是电脑,$H(x):x$ 染上了病毒.则这两个命题分别符号化为:

(1) $\forall x(G(x)\to H(x))$;

(2) $\exists x(G(x)\wedge\neg H(x))$.

涉及个体变项取值范围的命题,其否定形式应该是怎样的呢? 先看下面的命题:所有的计算机都染上了病毒.

或许有人认为这个命题的否定是:所有的计算机都没有染上病毒.其实,这是一个误解.实际上,如果至少有一台计算机没有染上病毒,则原来命题就是假命题了.所以原来命题的否定是:至少有一台计算机没有染上病毒.

根据上面的分析可知:$\forall xA(x)$ 的否定形式应该是 $\exists x\neg A(x)$,即
$$\neg \forall xA(x) \Leftrightarrow \exists x\neg A(x).$$

经过类似的分析还可以得到
$$\neg \exists xA(x) \Leftrightarrow \forall x\neg A(x).$$

七、谓词公式

前面介绍了谓词逻辑符号化的有关概念和方法.为了使符号化更准确和规范以及正确进行谓词演算和推理,需要先给出以下几个定义.

定义 20　谓词逻辑使用的字母表如下.

(1) 个体常项:$a,b,c,\cdots,a_i,b_i,c_i,\cdots(i\geq 1)$;

(2) 个体变项:$x,y,z,\cdots,x_i,y_i,z_i,\cdots(i\geq 1)$;

(3) 函数符号:$f,g,h,\cdots,f_i,g_i,h_i,\cdots(i\geq 1)$;

(4) 谓词符号:$F,G,H,\cdots,F_i,G_i,H_i,\cdots(i\geq 1)$;

(5) 量词符号:$\forall,\exists$;

(6) 连接词符号:$\neg,\wedge,\vee,\to,\leftrightarrow$;

(7) 括号:();

(8) 逗号:,.

说明:函数符号不同于谓词符号.谓词符号运算的结果只能是逻辑值 1 和 0(分别表示真和假);函数符号运算的结果可能多样(不一定是逻辑值).例如,令 $F(x)$ 中 x 是偶数,若 $a=8$,则 $F(a)=1$(逻辑值);令 $f(x)$ 表示 x 的爸爸,若 a 为小李,则 $f(a)$ 表示小李的爸爸.函数符号可以按照传统数学中的含义理解.

定义 21　令 $A(x_1,x_2,\cdots,x_n)$ 表示一个 n 元谓词,$x_1,x_2,\cdots,x_n$ 是个体常项或个体变项,则称 $A(x_1,x_2,\cdots,x_n)$ 为原子公式.

定义 22　谓词公式的递归定义如下:

(1) 原子公式称为谓词公式;

(2) 如果 A 是一个谓词公式,则 $(\neg A)$ 也是谓词公式;

(3) 如果 A,B 是谓词公式,则 $(A\wedge B)$、$(A\vee B)$、$(A\to B)$、$(A\leftrightarrow B)$ 也是谓词公式;

(4) 如果 A,B 是谓词公式,则 $\forall xA,\exists xA$ 也是谓词公式;

(5) 有限次地应用(1)~(4)组成的符号串是谓词公式.

说明:为简捷起见,谓词公式最外层及 $(\neg A)$ 的括号可以省略.

一般情况下,谓词公式含有个体常项、个体变项、函数变项和谓词变项.对谓词公式中的所

有变项用具体的常项代替,就构成了该谓词公式的一个解释. 下面是谓词公式解释的定义.

定义 23 谓词公式 A 的一个解释 I 由以下 4 部分组成:

(1) 为个体域指定一个非空集合;

(2) 为每个个体常项指定一个特定的个体;

(3) 为每个函数指定特定的函数;

(4) 为每个谓词变项指定一个特定的谓词.

对任意一个谓词公式 A,如果给出 A 的一个解释,则 A 在该解释下就有一个真值.

例如,谓词公式 $\forall x F(x, g(x))$,在没有给出解释时没有实际意义. 如果对其给出下面的解释:

D:全人类的集合;

$g(x)$:x 的爸爸;

$F(x,y)$:x 的年龄比 y 小,

那么它就是这样一个命题:每一个人的年龄都比他爸爸小. 这是真命题. 如果对 $\forall F(x, g(x))$ 给出下面的另一个解释:

D:全体实数;

$g(x)$:x^2;

$F(x,y)$:$x > y$,

那么此式就是这样一个命题:任何一个实数都大于它的平方. 这是假命题.

例 22 已知解释如下:

(1) $D\{2,3\}$;

(2) $a = 2$;

(3) 函数 $f(2) = 3, f(3) = 2$;

(4) 谓词 $P(2) = 0, P(3) = 1, Q(2,2) = 1, Q(2,3) = 1, Q(3,2) = 1, Q(3,3) = 1$,求 $\forall x((P(f(x)) \vee Q(x, f(a)))$ 的真值.

解: $\forall x((P(f(x)) \vee Q(x, f(a)))$

$\Leftrightarrow (P(f(2)) \vee Q(2, f(2))) \wedge (P(f(3)) \vee Q(3, f(2)))$

$\Leftrightarrow (P(3) \vee Q(2,3)) \wedge (P(2) \vee Q(3,3))$

$\Leftrightarrow (1 \vee 1) \wedge (0 \vee 1)$

$\Leftrightarrow 1 \wedge 1 \Leftrightarrow 1.$

八、谓词逻辑推理

命题公式是谓词公式的特殊情形,所以在谓词逻辑中,由前提 $A_1, A_2, \cdots, A_n$ 推出结论 B 的形式结构仍然是 $(A_1 \wedge A_2 \wedge \cdots \wedge A_n) \rightarrow B$. 如果此式是重言式,则称由前提推出结论 B 的推论正确,记作 $(A_1 \wedge A_2 \wedge \cdots \wedge A_n) \Rightarrow B$,否则称推理不正确.

谓词逻辑是建立在命题逻辑的基础上的. 因此,命题逻辑中的推理定律和推理规则在谓词逻辑的推理中都适用. 下面介绍适用于谓词逻辑推理的四条规则.

1. 全称量词消去规则

$$\forall x A(x),$$

$$\frac{c \in D}{A(c)}.$$

该规则中,c 是个体域 D 中的任意一个个体. 该推理规则的横线上面是两个前提 $\forall x A(x)$ 和 $c \in D$,横线下面是结论 $A(c)$. 该规则表明,如果个体域 D 中全部个体都满足 $A(x)$,则个体域 D 中的某个个体 c 满足 $A(x)$.

2. 全称量词引入规则

$$\frac{A(y)}{\forall x A(x)}.$$

该规则对量词进行量化. 如果能够证明对个体域 D 中的任意一个个体 y 断言 $A(y)$ 都成立,则由该规则可得结论 $\forall x A(x)$ 成立.

3. 存在量词消去规则

$$\frac{\exists x A(x)}{A(c)}.$$

该规则中,c 是个体域 D 中使 $A(x)$ 为真的个体,而不是任意取的一个个体.

4. 存在量词引入规则

$$\frac{A(c)}{\exists x A(x)}.$$

该规则的前提中的 c 是个体域 D 中使 $A(x)$ 为真的个体.

例 23 证明苏格拉底三段论的正确性.
  所有的人都要死.
  苏格拉底是人.
  所以苏格拉底要死.

证明:首先将命题符号化. 设个体域是全总个体域. 令 $P(x):x$ 是人,$Q(x):x$ 是要死的,c:苏格拉底. 则有

前提:$\forall x(P(x) \rightarrow Q(x)), P(c)$,

结论:$Q(c)$.

以下是证明过程:

(1) $\forall x(P(x) \rightarrow Q(x))$;   前提引入
(2) $P(c) \rightarrow Q(c)$;   (1)消去全称量词
(3) $P(c)$;   前提引入
(4) $Q(c)$.   (2)、(3)假言推理

苏格拉底三段论的正确性证毕.

例 24 证明下列推理的正确性.
  所有的有理数都是实数,某些有理数是整数,因此某些实数是整数.

解:首先将命题符号化. 设个体域是全体实数. 令 $P(x):x$ 是实数,$Q(x):x$ 是有理数,$R(x):x$ 是整数,则有

前提:$\forall x(Q(x) \rightarrow P(x)), \exists x(Q(x) \wedge R(x))$,

结论：$\exists x(P(x) \wedge R(x))$.

证明：

(1) $\exists x(Q(x) \wedge R(x))$	前提引入
(2) $Q(a) \wedge R(a)$	(1)消去存在量词
(3) $Q(a)$	(2)化简
(4) $\forall x(Q(x) \rightarrow P(x))$	前提引入
(5) $Q(a) \rightarrow P(a)$	(4)消去全称量词
(6) $P(a)$	(3)、(5) 化简
(7) $R(a)$	(2)化简
(8) $P(a) \wedge R(a)$	(6)、(7) 合取
(9) $\exists x(P(x) \rightarrow R(x))$	(8)引入存在量词

本 章 小 结

本章介绍了命题逻辑和谓词逻辑的基本知识. 关于命题逻辑，重点是熟练掌握命题符号化的方法、构造命题的真值表、等值演算. 关于谓词逻辑，重点是掌握含有量词命题的符号化方法、消去量词的方法和量词的否定形式.

下面是本章知识的要点以及对它们的要求.

(1) 深刻理解命题、连接词、命题符号化、个体词、个体域、谓词、量词等重要概念.

(2) 会将结构较为简单的命题符号化. 将实际命题符号化时一定要准确理解其连接词的真实含义.

(3) 理解命题公式的概念，会构造命题的真值表，知道重言式、矛盾式、可满足式，会用真值表判断命题公式的类型.

(4) 记住基本等值式，会利用等值演算验证等值式、化简形式较复杂的命题公式和判别公式的类型.

(5) 理解命题逻辑推理的概念，记住 8 个推理定律和 3 个推理规则，会用构造证明法判断推理是否正确和进行合理的推理.

(6) 会用 0 元谓词或谓词逻辑将有关命题符号化，特别要掌握个体域是全总个体域时含有量词命题的符号化方法，即式(3)和式(4).

(7) 掌握消去量词的方法和量词的否定形式，即式(1)、式(2)和式(5)、式(6).

(8) 理解谓词公式及其解释的概念.

(9) 理解谓词逻辑推理的概念，知道量词的消去、引入规则，会进行简单的谓词逻辑推理.

习 题 15

1. 判断下列句子哪些是命题.
(1) 离散数学是计算机系的一门必修课.
(2) 请勿高声讲话.
(3) 2 是无理数.
(4) 今天天气多好啊!

(5) 明天我去上海.

(6) 太阳系以外的星球上有生物.

(7) 不存在最大的质数.

(8) $9+5 \leqslant 10$.

(9) 我们要努力学习.

(10) 把门打开!

2. 将下列命题符号化.

(1) 太阳明亮且湿度不高.

(2) 如果我吃饭前完成家庭作业,并且天不下雨的话,我们就去看球赛.

(3) 如果你明天看不到我,那么我就去北京.

(4) $3+2=6$,当且仅当美国位于亚洲.

(5) 小王既会唱歌又会跳舞.

(6) 小王或在唱歌或在跳舞.

(7) 停机的原因在于语法错误或程序错误.

(8) 如果你不去上学,那么我也不去上学.

(9) 控制台打字机既可作为输入设备,又可作为输出设备.

(10) 如果晚上他在家里且没有其他的事情,他一定会看电视或听音乐.

3. 设命题 P:这个材料很有趣;Q:这些习题很难;R:这门课程使人喜欢. 将下列句子符号化.

(1) 这个材料很有趣,并且这些习题很难.

(2) 这个材料无趣,习题也不难,那么这门课程就不会使人喜欢.

(3) 这个材料无趣,习题也不难,而且这门课程也使人喜欢.

(4) 这个材料很有趣意味着这些习题很难,反之亦然.

(5) 或者这个材料很有趣,或者这些习题很难,并且两者恰具其一.

4. 构造下列命题的真值表,并指出各公式的类型:

(1) $(p \rightarrow p) \vee (p \rightarrow \neg p)$;

(2) $(p \vee p) \leftrightarrow (q \vee p)$;

(3) $(p \vee \neg p) \rightarrow \neg q$;

(4) $(p \vee (q \wedge r)) \wedge (p \vee r)$;

(5) $(p \rightarrow q) \wedge (p \rightarrow r)$;

(6) $(p \rightarrow q) \leftrightarrow (q \rightarrow p)$.

5. 用真值表判断下列各小题中的两个命题是否等值:

(1) $p \rightarrow q$ 与 $\neg p \rightarrow \neg q$;

(2) $p \rightarrow (q \rightarrow r)$ 与 $(p \wedge q) \rightarrow r$;

(3) $p \rightarrow (q \rightarrow r)$ 与 $q \rightarrow (p \rightarrow r)$;

(4) $\neg (p \leftrightarrow q)$ 与 $(p \vee q) \wedge (\neg p \vee \neg q)$.

6. 用等值演算验证下列等值式:

(1) $p \Leftrightarrow (p \wedge q) \vee (p \wedge \neg q)$;

(2) $p \rightarrow (q \vee r) \Leftrightarrow (p \rightarrow q) \vee (p \rightarrow r)$;

(3) $p \rightarrow (q \rightarrow r) \Leftrightarrow q \rightarrow (p \rightarrow r)$;

(4) $(p \rightarrow q) \wedge (p \rightarrow r) \Leftrightarrow (p \rightarrow (q \wedge r))$.

7. 用等值演算验证判别下列各公式的类别:

(1) $(p \rightarrow q) \wedge (\neg p \rightarrow q)$;

(2) $(p\to q)\wedge(q\to r)\to(p\to r)$;

(3) $\neg((p\to q)\to p)$;

(4) $(\neg p\to q)\to(q\to\neg q)$.

8. 写出下列推理的形式结构.

(1) 若今天是 1 号,则明天是 5 号,今天是 1 号,所以明天是 5 号.

(2) 若今天是 1 号,则明天是 5 号,明天是 5 号,所以今天是 1 号.

(3) 若今天是 1 号,则明天是 5 号,明天不是 5 号,所以今天不是 1 号.

(4) 若今天是 1 号,则明天是 5 号,今天不是 1 号,所以明天不是 5 号.

9. 构造下列推理的证明:

(1) 前提: $\neg(p\wedge\neg q),\neg q\vee r,\neg r$,

  结论: $\neg p$.

(2) 前提: $p\to q,(\neg q\vee r)\wedge\neg r,\neg(\neg p\wedge s)$,

  结论: $\neg s$.

10. 判断下列的推理是否正确,并证明你的结论.

(1) 如果他晚上上班,他白天一定睡觉. 如果他白天不上班,他晚上一定上班. 现在,他白天没有睡觉,所以他一定白天上班.

(2) 每一个大学生,不是文科学生,就是理工科学生;有的大学生是优等生;小张不是文科生,但他是优等生. 因而,如果小张是大学生,他就是理工科学生.

11. 设下面的个体域均为 $\{a,b,c\}$,试将各表达式的量词消去,写成与之等价的命题.

(1) $\forall x(A(x)\to B(x))$;

(2) $\exists x(A(x))\wedge\exists y(\neg B(y))$.

12. 用谓词将下列命题符号化.

(1) 有人爱看小说.

(2) 这个班的小朋友都会说简单的英语.

(3) 并非所有的人都爱吃糖.

(4) 没有不爱看电影的人.

13. 已知解释如下:

(1) $D=\{2,3\}$;

(2) $a=3$;

(3) 函数 $f(2)=3,f(3)=2$;

(4) 谓词 $P(2)=1,P(3)=0,Q(2,2)=1,Q(2,3)=0,Q(3,2)=0,Q(3,3)=1$,

求 $\exists x(P(f(x))\wedge Q(f(x),a))$ 的真值.

14. 证明下列推理的正确性.

(1) 凡是计算机系的学生都会安装系统软件,阿芳不会安装系统软件,所以阿芳不是计算机系的学生.

(2) 任何人如果他喜欢步行,他就不喜欢乘汽车;每一个人或者喜欢乘汽车,或者喜欢骑自行车;有的人不爱骑自行车,因而有的人不爱步行.

参 考 答 案

第一章

练习题 1.1

1. (1) $(-\infty,1)\cup(1,+\infty)$ (2) $\left[-\dfrac{3}{5},+\infty\right)$ (3) $(-\infty,+\infty)$

   (4) $[-3,3]$ (5) $(-4,4)$ (6) $\left\{x\mid x\neq-\dfrac{1}{2}\right\}$

练习题 1.2

1. (1) 偶函数 (2) 偶函数 (3) 偶函数 (4) 奇函数 (5) 既不是奇函数,也不是偶函数
   (6) 奇函数

2. (1) 周期函数,周期为 2π (2) 周期函数,周期为 $\dfrac{2\pi}{5}$
   (3) 周期函数,周期为 2 (4) 非周期函数

4. (1) 有界 (2) 无界

练习题 1.3

1. $f(-1)=2\quad f(1)=0\quad f(\pi)=\pi+1\quad f(-\sqrt{2})=1+\sqrt{2}$

2. $f\left(\dfrac{\pi}{6}\right)=\dfrac{1}{2}\quad f\left(\dfrac{\pi}{4}\right)=\dfrac{\sqrt{2}}{2}\quad f\left(-\dfrac{\pi}{4}\right)=\dfrac{\sqrt{2}}{2}$

3. (1) $y=(1+x^3)^2$ (2) $y=\ln 3^{\frac{1}{x}}$

4. $f(\varphi(t))=3\ln^2(1+t),t\in(-1,+\infty)$

练习题 1.4

6. $L(2)=3$(万元)
   $L(5)=0$(万元)
   $L(7)=-12$(万元)

7. (1) 1 吨 5 吨
   (2) $P\geqslant 3.7143$(万元)

第二章

练习题 2.1

1. (1) D (2) A 3. $f(0+0)=f(0-0)=\lim\limits_{x\to 0}f(x)=1$

4. $\lim\limits_{x\to 0}f(x)=1\quad \lim\limits_{x\to 1}f(x)$ 不存在

练习题 2.2

1. (1) D (2) C

2. (1) $x \to \infty$ 时无穷小, $x \to -1$ 时无穷大
   (2) $x \to 0$ 时无穷小, $x \to -5$ 时无穷大
   (3) $x \to 0$ 时无穷小
   (4) $x \to 1$ 时无穷小, $x \to +\infty$ $x \to 0^+$ 时无穷大

3. (1) 当 $x \to 0$ 时, $5x^2$ 是比 $3x$ 高阶的无穷小
   (2) 当 $x \to \infty$ 时, $\dfrac{5}{x^2}$ 是比 $\dfrac{4}{x^3}$ 底阶的无穷小

练习题 2.3

1. (1) $\dfrac{1}{2}$ (2) 1 (3) $\dfrac{8}{9}$ (4) 2

2. (1) -4 (2) 2 (3) 4 (4) $\dfrac{1}{4}$ (5) 3 (6) 0
   (7) 0 (8) 0 (9) 0 (10) 2

3. $\lim\limits_{x \to 1} f(x)$ 不存在 $\lim\limits_{x \to 2} f(x) = 2$, $\lim\limits_{x \to 3} f(x) = 4$

练习题 2.4

1. (1) 2 (2) 2 (3) -1 (4) $\cos a$ (5) $e^{\frac{3}{5}}$ (6) e^{-4}
   (7) e^{-2} (8) e (9) e^3 (10) e^{2a}

练习题 2.5

1. C

2. 4

3. (1) $x = k\pi$ (2) $x = 3$ $x = -3$ (3) $x = 1$ $x = -1$
   (4) $x = 1$ (5) $x = 0$ (6) $x = 0$

4. (1) e^{-1} (2) $\dfrac{1}{12}$ (3) $\dfrac{1}{5}$

习题 2

1. (1) B (2) A (3) C (4) D

2. (1) $\lim\limits_{x \to -2} \dfrac{x^3 + 3x^2 + 2x}{x^2 - x - 6} = \lim\limits_{x \to -2} \dfrac{x(x+2)(x+1)}{(x+2)(x-3)} = \lim\limits_{x \to -2} \dfrac{x(x+1)}{(x-3)} = -\dfrac{2}{5}$

   (2) $\lim\limits_{x \to +\infty} (\sqrt{x^2+1} - \sqrt{x^2-1})$
   $= \lim\limits_{x \to +\infty} \dfrac{(\sqrt{x^2+1} - \sqrt{x^2-1})(\sqrt{x^2+1} + \sqrt{x^2-1})}{(\sqrt{x^2+1} + \sqrt{x^2-1})}$
   $= \lim\limits_{x \to +\infty} \dfrac{x^2+1-x^2+1}{\sqrt{x^2+1} + \sqrt{x^2-1}} = \lim\limits_{x \to +\infty} \dfrac{2}{\sqrt{x^2+1} + \sqrt{x^2-1}} = 0$

   (3) $\lim\limits_{x \to \infty} \dfrac{(2x-3)^{20}(3x+2)^{30}}{(5x+1)^{50}} = \dfrac{2^{20} 3^{30}}{5^{50}}$

   (4) $\lim\limits_{x \to 1} \left(\dfrac{1}{x^2-1} - \dfrac{1}{x-1} \right) = \lim\limits_{x \to 1} \dfrac{1-x-1}{(x-1)(x+1)} = \lim\limits_{x \to 1} \dfrac{-x}{(x-1)(x+1)} = \infty$

(5) $\lim\limits_{x\to\infty}\left(\dfrac{x}{1+x}\right)^x = \lim\limits_{x\to\infty}\left(1+\dfrac{-1}{1+x}\right)$
$= \lim\limits_{x\to\infty}\left[\left(1+\dfrac{-1}{1+x}\right)^{-(x+1)}\right]^{-1}\left(1+\dfrac{-1}{1+x}\right)^{-1} = e^{-1}$

(6) $\lim\limits_{x\to 0} x\sin\dfrac{1}{x} = 0$

(7) $\lim\limits_{x\to\infty}\left(\dfrac{x+a}{x-a}\right)^x = \lim\limits_{x\to\infty}\left(1+\dfrac{2a}{x-a}\right)^x$
$= \lim\limits_{x\to\infty}\left[\left(1+\dfrac{2a}{x-a}\right)^{\frac{x-a}{2a}}\right]^{2a}\left(1+\dfrac{2a}{x-a}\right)^a = e^{2a}$

(8) $\lim\limits_{x\to 1}\dfrac{\sqrt{3-x}-\sqrt{x+1}}{x^2-1} = \lim\limits_{x\to 1}\dfrac{3-x-x-1}{(x^2-1)(\sqrt{3-x}+\sqrt{x+1})}$
$= \lim\limits_{x\to 1}\dfrac{2(1-x)}{(x-1)(x+1)(\sqrt{3-x}+\sqrt{x+1})} = \lim\limits_{x\to 1}\dfrac{-2}{(x+1)(\sqrt{3-x}+\sqrt{x+1})} = -\dfrac{\sqrt{2}}{4}$

(9) $\lim\limits_{x\to 0}\dfrac{\tan x-\sin x}{x^2} = \lim\limits_{x\to 0}\dfrac{\dfrac{\sin x}{\cos x}-\sin x}{x^2}$
$= \lim\limits_{x\to 0}\dfrac{\sin x(1-\cos x)}{x^2\cos x} = \lim\limits_{x\to 0}\dfrac{2\sin^2\dfrac{x}{2}}{x} = 0$

(10) $\lim\limits_{x\to 0}\left(1+\dfrac{x}{2}\right)^{\frac{x-1}{x}} = \lim\limits_{x\to 0}\left(1+\dfrac{x}{2}\right)^{1-\frac{1}{x}}$
$= \lim\limits_{x\to 0}\left(1+\dfrac{x}{2}\right)^{-\frac{1}{x}}\left(1+\dfrac{x}{2}\right) = \lim\limits_{x\to 0}\left[\left(1+\dfrac{x}{2}\right)^{\frac{2}{x}}\right]^{-\frac{1}{2}} = e^{-\frac{1}{2}}$

3. 在 $x=\pm 2$ 处不连续

4. 设 $f(x)=\sin x+x+1$，则 $f(x)$ 在区间 $\left[-\dfrac{\pi}{2},\dfrac{\pi}{2}\right]$ 上连续
$$f\left(-\dfrac{\pi}{2}\right)=-1-\dfrac{\pi}{2}+1=-\dfrac{\pi}{2}<0,$$
$$f\left(\dfrac{\pi}{2}\right)=1+\dfrac{\pi}{2}+1=2+\dfrac{\pi}{2}>0,$$
故方程 $\sin x+x+1=0$ 在区间 $\left(-\dfrac{\pi}{2},\dfrac{\pi}{2}\right)$ 内至少有一个根

第三章

练习题 3.1

1. (1) 不正确. 例如函数 $y=|x|$ 在点 $(0,0)$ 处
   (2) 不正确. 例如由方程 $y^2=x$ 所确定的函数 $f(x)$ 在点 $(0,0)$ 处

2. (1) -0.78 m/s (2) $10-gt$

3. $\sin 1$

4. (1) $-A$ (2) $2A$

5. (1) $\dfrac{2}{3\sqrt[3]{x}}$ (2) $\dfrac{7}{2}x^2\sqrt{x}$ (3) $-\dfrac{2}{x^3}$ (4) $\dfrac{3}{4\sqrt[4]{x}}$

6. 切线方程 $y-1=\dfrac{1}{3\ln 3}(x-3)$，法线方程 $y-1=-3(x-3)\ln 3$

练习题 3.2

1. (1) $-2\sin(1+x)$ (2) $\dfrac{1}{x^2}\csc^2\dfrac{1}{x}$ (3) $\dfrac{\sin 2x}{x}+2\ln(3x)\cos 2x$ (4) $\dfrac{4(1+x)}{(1-x)^3}$

(5) $\dfrac{1}{2\sqrt{x+1}}e^{\sqrt{x+1}}$ (6) $\dfrac{1}{\sqrt{x^2(x^2-1)}}$ (7) $-\dfrac{1}{1+x^2}$ (8) $\dfrac{1}{\sqrt{1+x^2}}$

2. (1) $y''=4-\dfrac{1}{x^2}$ (2) $y''=4e^{1-2x}$ (3) $y''=-\dfrac{1}{4}x^{-\frac{3}{2}}+\dfrac{3}{4}x^{-\frac{5}{2}}$

   (4) $y''=2\arctan x+\dfrac{2x}{1+x^2}$

3. (1) $-4e^x\sin x$ (2) $2^n\sin\left(2x+\dfrac{n\pi}{2}\right)$

练习题 3.3

1. (1) 0.040 1, 0.04 (2) $\dfrac{1}{x+\sqrt{1+x^2}}$, $\dfrac{1}{\sqrt{1+x^2}}$ (3) $\dfrac{2}{3}x^{\frac{3}{2}}$ (4) $\dfrac{1}{3}\sin 3x+C$

   (5) $\ln x+C$ (6) $2\sqrt{x}+C$ (7) $-\dfrac{1}{2}e^{-2x}+C$ (8) $\tan x+C$

2. (1) 0.04 (2) $\left(-\dfrac{1}{2}x^{-\frac{3}{2}}+\dfrac{1}{2}x^{-\frac{1}{2}}\right)dx$ (3) $2(e^{2x}-e^{-2x})dx$ (4) $-\dfrac{1}{2\sqrt{x-x^2}}dx$

   (5) $-2\sin(2-4x)dx$

3. (1) 0.795 4 (2) 2.005 2 (3) 0.500 05 (4) 0.01

4. $2\pi R_0 h$ 5. 6.99g

习题 3

1. (1) 充分,必要,充要,充要 (2) $\lim\limits_{\Delta x\to 0}\dfrac{f(x_0+\Delta x)-f(x_0)}{\Delta x}$

   (3) 曲线 $y=f(x)$ 在对应点 (x_0,y_0) 处的切线斜率 (4) 作变速直线运动物体的加速度

   (5) $y-y_0=-\dfrac{1}{f'(x_0)}(x-x_0)$ (6) $ax^{a-1}, a^x\ln a$ (7) $\dfrac{1}{2x\ln x\sqrt{\ln x-1}}$

   (8) $2\sqrt{1+x^2}$ (9) $\sin x, \sin 2x$

2. (1) C (2) C (3) B (4) C (5) C (6) D (7) B

3. $\dfrac{1}{3}$.

4. (1) $\dfrac{2}{\sqrt[3]{x}}-\dfrac{1}{x}$ (2) $2\tan x\sec^2 x$ (3) $2x\ln x+x$ (4) $\dfrac{1}{1+\cos x}$ (5) $-\dfrac{1}{2\sqrt{-x-x^2}}$

   (6) $\dfrac{1}{x(1+\ln^2 x)}$

6. $a=2, b=-1$ 7. (1) $\dfrac{2}{\left(1+\dfrac{\pi}{2}\right)^2}$ (2) 8

8. $56x-28y-19=0$ 9. (1) $\dfrac{x+y}{x-y}$ (2) $-\dfrac{y}{x+e^y}$

10. 切线方程 $x=0$,法线方程 $y=0$

11. (1) $[3x^2\ln x^2+6x^2]dx$ (2) $\dfrac{1}{2}\cot\dfrac{x}{2}dx$ (3) $\dfrac{1}{\sqrt{x^2+a^2}}dx$

12. (1) 10.003 3 (2) 2.663 9 (3) -0.01 (4) 0.000 3

第四章

练习题 4.1

(1) $\dfrac{m}{n}a^{m-n}$ (2) $\ln a - \ln b$；   (3) 1 (4) $-\dfrac{3}{5}$

(5) $\dfrac{\beta^2-\alpha^2}{2}$ (6) 1 (7) 0 (8) 0 (9) $\dfrac{1}{3}$ (10) $-\dfrac{1}{2}$

练习题 4.2

1. (1) 递增区间 $(-\infty,-1),(1,+\infty)$，递减区间 $(-1,1)$ (2) 递增区间 $\left(\dfrac{1}{2},+\infty\right)$，递减区间 $\left(0,\dfrac{1}{2}\right)$

2. (1) 极大值 0 极小值 -1 (2) 极大值 $\dfrac{27}{2}$ 极小值 13 (3) 无极值   (4) 无极值

3. (1) 最大值 $f(4)=8$，最小值 $f(0)=0$ (2) 最大值 $f(0)=f\left(\dfrac{\pi}{2}\right)=1$，最小值 $f\left(\dfrac{\pi}{4}\right)=f\left(\dfrac{3\pi}{4}\right)=0$

7. 与墙平行一边 $10\,\mathrm{m}$ 长，另一边 $5\,\mathrm{m}$ 长

习题 4

1. (1) D   (2) A   (3) B   (4) C   (5) D

2. (1) α (2) $\dfrac{\pi^2}{4}$ (3) 0 (4) 2

3. (1) 递增区间 $\left[2k\pi+\dfrac{\pi}{4},2k\pi+\dfrac{5\pi}{4}\right]$，递减区间 $\left[2k\pi-\dfrac{3\pi}{4},2k\pi+\dfrac{\pi}{4}\right]$；极大值 $f\left(2k\pi+\dfrac{\pi}{4}\right)=\dfrac{\sqrt{2}}{2}\mathrm{e}^{2k\pi+\frac{\pi}{4}}$，极小值 $f\left(2k\pi+\dfrac{5\pi}{4}\right)=-\dfrac{\sqrt{2}}{2}\mathrm{e}^{2k\pi+\frac{5\pi}{4}}\;(k\in\mathbf{Z})$

   (2) 递增区间 $\left(-\infty,-\dfrac{1}{2\sqrt{2}}\right)\cup\left(\dfrac{1}{2\sqrt{2}},+\infty\right)$，递减区间 $\left(-\dfrac{1}{2\sqrt{2}},\dfrac{1}{2\sqrt{2}}\right)$；极大值 $f\left(-\dfrac{1}{2\sqrt{2}}\right)=\dfrac{\sqrt{2}}{3}$，极小值 $f\left(\dfrac{1}{2\sqrt{2}}\right)=-\dfrac{\sqrt{2}}{3}$

   (3) 递增区间 $\left(\dfrac{12}{5},+\infty\right)$，递减区间 $\left(-\infty,\dfrac{12}{5}\right)$；极小值 $f\left(\dfrac{12}{5}\right)=-\dfrac{1}{24}$

   (4) 递增区间 $(0,1)$，递减区间 $(1,2)$；极大值 $f(1)=\ln 3$

4. (1) 最大值 $f(1)=-29$，最小值 $f(3)=-61$

   (2) 最大值 $f(4)=\ln 15$，最小值 $f(2)=\ln 3$

   (3) 最大值 $f(1)=\dfrac{1}{2}$，最小值 $f(0)=0$

第五章

练习题 5.1

1. (1) $\dfrac{1}{6}x^6$ (2) $\dfrac{1}{2}\mathrm{e}^{2x}$ (3) $-\dfrac{1}{3}\cos 3x$ (4) $\mathrm{e}^x+\sin x$

2. (1) $\arctan x+C$ (2) $\tan x+C$ (3) $-\dfrac{1}{3}x^{-3}+C$ (4) $\dfrac{1}{5}\mathrm{e}^{5x}+\sin x+C$

3. $y=\dfrac{1}{3}x^3-9$

练习题 5.2

1. (1) $\dfrac{\sqrt[3]{1+\ln x}}{x}$ (2) $x^3 e^x (\sin 2x + \cos x) + C$

   (3) $e^x \sin x^2 + C$ (4) $\dfrac{\sin^2 x}{1+\cos x} dx$

2. (1) $\dfrac{1}{7} x^7 + C$ (2) $-\dfrac{2}{5} x^{-\frac{5}{2}} + C$

   (3) $\dfrac{2}{5} x^{\frac{5}{2}} + C$ (4) $\dfrac{1}{3} x^3 - x^2 - x + C$

   (5) $\dfrac{4}{7} x^3 \sqrt{x} - \dfrac{2}{5} x^2 \sqrt{x} + \dfrac{2}{3} x \sqrt{x} + C$ (6) $\dfrac{3^x e^x}{\ln(3e)} + C$

   (7) $\sin t - \cos t + C$ (8) $-2\csc 2x + C$

   (9) $-4\cot x + C$ (10) $-\cot x - t + C$

   (11) $\dfrac{1}{2}(x - \sin x) + C$ (12) $\dfrac{1}{3} x^3 - x + \arctan x + C$

   (13) $\dfrac{2}{3} x\sqrt{x} - 3x + C$ (14) $t - 4\ln t - \dfrac{4}{t} + C$

   (15) $\dfrac{2^x}{\ln 2} - \dfrac{\left(\dfrac{2}{3}\right)^x}{\ln 2 - \ln 3} + C$ (16) $\ln|x| + 2\arctan x + C$

3. $f(x) = 3x - x^2 + 2$

练习题 5.3

1. (1) $\dfrac{1}{2}$ (2) $\dfrac{1}{2}$ (3) -1

   (4) $\dfrac{1}{2}$ (5) $-\dfrac{1}{2}$ (6) $\dfrac{1}{3}$

2. (1) $\dfrac{1}{4} \sin 4x + C$ (2) $-\dfrac{1}{2} e^{-2x} + C$ (3) $\dfrac{(3x-1)^5}{15} + C$

   (4) $-\dfrac{1}{2(2x-1)} + C$ (5) $\dfrac{10^{3x}}{3\ln 10} + C$ (6) $-\dfrac{1}{2} e^{-x^2} + C$

   (7) $\sqrt{x^2 + a^2} + C$ (8) $\dfrac{1}{b} \ln|a + b\sin x| + C$ (9) $\dfrac{1}{4} \ln^4 x + C$

   (10) $-2\cos(\sqrt{x} + 1) + C$ (11) $\dfrac{1}{2} \ln(1 + e^{2x}) + C$ (12) $\arctan e^x + C$

   (13) $\dfrac{1}{3} \arctan^3 x + C$ (14) $\dfrac{1}{15} \arctan \dfrac{3}{5} x + C$ (15) $\dfrac{1}{6} \ln\left|\dfrac{x-3}{x+3}\right| + C$

   (16) $\dfrac{1}{2} \arctan 2x - C$ (17) $\sin x - \dfrac{1}{3} \sin^3 x + C$ (18) $\dfrac{1}{2} x - \dfrac{1}{4} \sin 2x + C$

   (19) $\tan x + \dfrac{1}{3} \tan^3 x + C$ (20) $\dfrac{1}{3} \sin^3 x - \dfrac{1}{5} \sin^5 x + C$

3. (1) $2(\sqrt{x} - \arctan \sqrt{x}) + C$ (2) $\dfrac{\sqrt[3]{(3x+1)^5}}{15} + \dfrac{\sqrt[3]{(3x+1)^2}}{3} + C$

   (3) $2(\sqrt{x-1} - 2\arctan \sqrt{x-1}) + C$ (4) $\dfrac{a^2}{2} \arcsin \dfrac{x}{a} - \dfrac{x\sqrt{a^2 - x^2}}{2} + C$

   (5) $-\dfrac{\sqrt{(a^2 - x^2)^3}}{3a^2 x^3} + C$ (6) $2\sqrt{1+e^x} + \ln\left(\dfrac{\sqrt{1+e^x} - 1}{\sqrt{1+e^x} + 1}\right) + C$

参考答案

练习题 5.4

1. (1) $-x\cos x+\sin x+C$ (2) $\frac{1}{2}x^2\ln x-\frac{1}{4}x^2+C$

   (3) $-\frac{1}{4}\mathrm{e}^{-2t}(2t+1)+C$ (4) $x\arcsin x+\sqrt{1-x^2}+C$

   (5) $x^2\sin x+2x\cos x-2\sin x+C$ (6) $2x\sin\frac{x}{2}+4\cos\frac{x}{2}+C$

   (7) $2\sqrt{x}\ln x-4\sqrt{x}+C$ (8) $\frac{1}{2}\mathrm{e}^{-x}(\sin x-\cos x)+C$

   (9) $x\ln(1+x^2)-2x+2\arctan x+C$ (10) $-\frac{1}{4}x\cos 2x+\frac{1}{8}\sin 2x+C$

   (11) $x\tan x+\ln|\cos x|-\frac{x^2}{2}+C$ (12) $\frac{x^2}{2}\sin 2x+\frac{1}{2}x\cos 2x+\frac{1}{4}\sin 2x+C$

   (13) $\frac{x}{2}[\sin(\ln x)-\cos(\ln x)]+C$ (14) $x\ln^2 x-2x\ln x+2x+C$

   (15) $\frac{1}{2}(\sec x\tan x+\ln|\sec x+\tan x|)+C$

习题 5

1. (1) $F(\mathrm{e}^x)+C$ (2) $\sin[f(x)]+C$
   (3) $y=x^2$ (4) $xf(x)-F(x)+C$

2. (1) $\frac{3}{4}(1+\ln x)^{\frac{4}{3}}+C$ (2) $-2\cos\sqrt{x}+C$

   (3) $2\sqrt{1+\tan x}+C$ (4) $\frac{1}{6}\arctan\frac{2}{3}x+C$

   (5) $\frac{2}{5}\sqrt{(x-1)^5}+\frac{2}{3}\sqrt{(x-1)^3}+C$ (6) $\frac{1}{8}x-\frac{1}{32}\sin 4x+C$

   (7) $\frac{1}{9}\sqrt{(3x^2+4)^3}+C$ (8) $\ln|\sin x|-\ln|1+\sin x|+\frac{1}{1+\sin x}+C$

3. $y=\frac{a}{2}(\mathrm{e}^{\frac{x}{a}}+\mathrm{e}^{-\frac{x}{a}})$

第六章

练习题 6.1

1. $\frac{8}{3}$

2. (1) 20 (2) 12

3. $\frac{13}{6}$

4. (1) 正的 (2) 负的

5. (1) $\int_0^1 x^2\mathrm{d}x>\int_0^1 x^3\mathrm{d}x$ (2) $\int_{-1}^0 \mathrm{e}^x\mathrm{d}x<\int_{-1}^0 \mathrm{e}^{-x}\mathrm{d}x$

练习题 6.2

1. (1) e^{x^2} (2) $-x\sin^2 2x$
   (3) $2x\sqrt{1+x^2}$ (4) $-\sin 2x$

2. $F'(x)=e^x(1-x)^2, F'(1)=0$

3. (1) $-\dfrac{1}{4}$ (2) e^2-3

   (3) $1-\dfrac{\pi}{4}$ (4) $\dfrac{3\pi}{8}-\dfrac{\sqrt{2}}{4}-\dfrac{1}{2}$

   (5) 2 (6) $\dfrac{5}{2}$

4. $\dfrac{19}{3}$

练习题 6.3

1. (1) $2-2\ln 3+2\ln 2$ (2) $\dfrac{26}{3}$ (3) $2\ln 3$ (4) π

   (5) $\dfrac{1}{5}$ (6) $\dfrac{1}{2}e^3(e^2-1)$ (7) $\ln(e+1)-\ln 2$ (8) $\ln 2$

2. (1) $1-2e^{-1}$ (2) 1 (3) $-\dfrac{\sqrt{3}\pi}{9}+\dfrac{\pi}{4}+\dfrac{1}{2}(\ln 3-\ln 2)$ (4) $\dfrac{\pi}{4}-\dfrac{1}{2}$

   (5) $\dfrac{1}{2}(e^{2\pi}-1)$ (6) -2π (7) $\dfrac{\pi}{12}+\dfrac{\sqrt{3}}{2}$ (8) 1

3. (1) 0 (2) 0 (3) 0

   (4) 0 (5) 0 (6) $\dfrac{\pi^3}{324}$

练习题 6.4

1. (1) 4 (2) $\dfrac{4}{3}$ (3) $\dfrac{1}{2}$ (4) $e+\dfrac{1}{e}-2$ (5) 5

2. 50，80

3. 222.4(百元)

4. (1) 13 万元，20 万元

   (2) 3 百台

   (3) $C(x)=4x+\dfrac{1}{3}x^2+1, L(x)=4x-\dfrac{5}{8}x^2-1$

   (4) 15 万元，20 万元，5 万元

习题 6

1. (1) 0 (2) $0, \sin x^2$ (3) 3 (4) 0 (5) $\dfrac{\pi}{2}-\arctan\dfrac{1}{2}$

2. (1) $\dfrac{2}{5}$ (2) $\dfrac{13}{2}$ (3) $\pi-\dfrac{4}{3}$ (4) $\sqrt{3}-\dfrac{\pi}{3}$

   (5) $\dfrac{1}{6}$ (6) $\dfrac{e^2-1}{4}$ (7) $\dfrac{3}{2}$ (8) $\dfrac{\pi}{2}-1$

3. (1) 发散 (2) $\dfrac{\pi}{3}$ (3) $\dfrac{8}{3}$ (4) $\dfrac{(b-a)^{1-k}}{1-k}$

4. $k_1=0$，$k_2=-1$.

5. $\dfrac{32}{3}$

参考答案

第七章

练习题 7.2

1. (1) 1 (2) 3 (3) 1 (4) 2

2. (1) 非通解 (2) 为通解 (3) 非通解 (4) 为通解

3. (1) $y=\frac{1}{2}x^2+x$ (2) $y=\frac{1}{2}x^2+x$ (3) $y=Ce^x$ (4) $\arcsin y=\arcsin x+C$ (5) $y=-\frac{3}{x^3+C}$

   (6) $\left(\frac{1}{10}\right)^y=-10^x+C$

练习题 7.3

1. (1) $\tan y=C(\cot x)$ (2) $y=(x+C)e^{-x}$ (3) $y=(x+C)e^{-\sin x}$

   (4) $y=-2\cos^2 x+C\cos x$ (5) $\rho=\left(\frac{2}{3}e^{-3\theta}+C\right)e^{-3\theta}=\frac{2}{3}+Ce^{-3\theta}$

   (6) $y=(2e^{x^2}+C)e^{-x^2}=2+Ce^{-x^2}$

2. (1) $y=\ln(e^{2x}+1)-\ln 2$ (2) $y=\arccos\left(\frac{\sqrt{2}}{2}\cos x\right)$ (3) $y=\frac{4}{x^2}$

   (4) $y=x\frac{1}{\cos x}$ (5) $y=(-\cos x+\pi-1)\frac{1}{x}$ (6) $y=\left(\frac{8}{3}e^{3x}-\frac{2}{3}\right)e^{-3x}=\frac{8}{3}-\frac{2}{3}e^{-3x}$

3. $y=-x+5$

4. $y=-2x+2-2e^x$

5. $v=-\frac{k_1 k_2}{m}t-k_1+k_1 e^{\frac{k_2}{m}t}$

练习题 7.4

1. (1) $y=C_1 e^{-2t}+C_2 e^{-3t}$ (2) $y=C_1+C_2 e^{3t}$ (3) $y=C_1+C_2 e^{-4t}$

   (4) $y=e^{-x}(C_1\cos\sqrt{3}x+C_2\sin\sqrt{3}x)$ (5) $y=e^{2x}(C_1\cos x+C_2\sin x)$

   (6) $y=(C_1\cos 5x+C_2\sin 5x)$

2. (1) $y=3e^x-e^{3x}$ (2) $y=(2+x)e^{-\frac{1}{2}x}$ (3) $y=3e^{-2x}\sin 5x$

习题 7

1. (1) n (2) $\frac{dy}{dx}+p(x)y=0, y=ce^{-\int p(x)dx}$

   (3) $y=\frac{1}{2}x^2+\frac{3}{2}x$ (4) $c_1 e^{\sqrt{5}x}+c_2 e^{-\sqrt{5}x}$

   (5) $A\cos x+B\sin x$

2. (1) C (2) B (3) B (4) C

3. $y=\frac{1}{x+1}$

4. $y=(C_1+C_2 x)e^{3x}$

5. $y=\cos 3x-\frac{1}{3}\sin 3x$

6. $R=R_0 e^{-\frac{\ln 2}{1600}t}$

7. $i = \left[\frac{1}{10}e^{5t}(\sin 5t - \cos 5t)\right]e^{-5t} = \frac{1}{10}(\sin 5t - \cos 5t)$

第八章

练习题 8.1

1. (1) 10 (2) 5 (3) $\sin(\alpha - \beta)$ (4) 0

2. (1) $\begin{cases} x = \frac{2}{7} \\ y = \frac{9}{7} \end{cases}$ (2) $\begin{cases} I_1 = \frac{21}{11} \\ I_2 = -\frac{3}{11} \end{cases}$

练习题 8.2

1. (1) -260 (2) 8 (3) -27 (4) $-2abc$

2. (1) $\begin{cases} x = 1 \\ y = 2 \\ z = 1 \end{cases}$ (2) $\begin{cases} x_1 = 0 \\ x_2 = 0 \\ x_3 = 0 \end{cases}$ (3) $\begin{cases} x = 1 \\ y = 3 \\ z = 1 \end{cases}$

3. (1) $x = -15$, $x = 2$ (2) $x = 9$, $x = -1$

练习题 8.3

1. (1) 4 (2) 0 (3) 1 (4) -8
   (5) -3 (6) -69 (7) $a_{14}a_{23}a_{32}a_{41}$

习题 8

1. (1) 0 (2) 120
   (3) $16\sin^4 \alpha$ (4) $(\alpha - a)(\alpha - b)(\alpha - c)$
   (5) -2

2. (1) $\begin{cases} x = 1 \\ y = 2 \\ z = -2 \end{cases}$ (2) $\begin{cases} x_1 = 3 \\ x_2 = -4 \\ x_3 = -1 \\ x_4 = 1 \end{cases}$

   (3) $\begin{cases} x_1 = 1 \\ x_2 = -1 \\ x_3 = 1 \\ x_4 = -1 \end{cases}$

第九章

练习题 9.1

1. $\begin{bmatrix} 6 & 8 & 1 \\ 8 & 8 & 9 \\ 1 & 9 & 10 \end{bmatrix}$, $\begin{bmatrix} 0 & 4 & 3 \\ -4 & 0 & 5 \\ -3 & -5 & 0 \end{bmatrix}$

2. $\begin{cases} x_1 = 2 \\ x_2 = 1 \\ x_3 = 2 \end{cases}$ $\begin{cases} y_1 = 5 \\ y_2 = 3 \\ y_3 = 2 \end{cases}$

4. (1) $\begin{bmatrix} 3 & 2 \\ 5 & 6 \end{bmatrix}$

(2) (0)

(3) $\begin{bmatrix} -4 & 2 & 0 \\ -2 & 1 & 0 \\ 2 & -1 & 0 \\ -4 & 2 & 0 \end{bmatrix}$

(4) $((3x-4y)^2)$

(5) $\begin{bmatrix} \lambda^3 & 3\lambda^2 & 3\lambda \\ 0 & \lambda^3 & 3\lambda^2 \\ 0 & 0 & \lambda^3 \end{bmatrix}$

(6) $\begin{bmatrix} 8 & 11 & -1 & 6 \\ 1 & 0 & 0 & 0 \\ 0 & 1 & 0 & 0 \\ 0 & 0 & 1 & 0 \end{bmatrix}$

练习题 9.2

1. (1) $\begin{bmatrix} 5 & -2 \\ -2 & 1 \end{bmatrix}$

(2) $\begin{bmatrix} 1 & 0 & 0 \\ 0 & 1 & 0 \\ 0 & 0 & 1 \end{bmatrix}$

(3) $\begin{bmatrix} 1 & -2 & 7 \\ 0 & 1 & -2 \\ 0 & 0 & 1 \end{bmatrix}$

(4) 无逆矩阵

(5) $\dfrac{1}{16}\begin{bmatrix} 8 & -4 & 2 & -1 \\ 0 & 8 & -4 & 2 \\ 0 & 0 & 8 & -4 \\ 0 & 0 & 0 & 8 \end{bmatrix}$

2. (1) $\begin{cases} x_1 = -35 \\ x_2 = 30 \\ x_3 = 15 \end{cases}$

(2) $\begin{cases} x_1 = 1 \\ x_2 = 2 \\ x_3 = 3 \end{cases}$

3. (1) $\begin{bmatrix} 2 & -23 \\ 0 & 8 \end{bmatrix}$

(2) $\begin{bmatrix} -3 & 2 & 0 \\ -4 & 5 & -2 \\ -5 & 3 & 0 \end{bmatrix}$

(3) $\begin{bmatrix} 8 & -3 \\ 10 & -4 \\ -10 & 4 \end{bmatrix}$

练习题 9.3

1. (1) 2 (2) 3 (3) 5 (4) 3
2. (1) 2,2 (2) 3,4

习题 9

1. (1) $\dfrac{1}{10}\begin{bmatrix} -25 & 10 & 5 \\ 15 & -4 & 3 \\ -5 & 2 & 1 \end{bmatrix}$

(2) $\begin{bmatrix} -2 & 0 & 2 & 1 \\ 0 & -1 & -1 & 0 \\ 2 & -1 & -2 & -1 \\ 1 & 0 & -1 & 0 \end{bmatrix}$

(3) $\dfrac{1}{(m+1)(2m-1)}\begin{bmatrix} -1 & m & m \\ m & -1 & m \\ m & m & -1 \end{bmatrix}$

(4) $\begin{bmatrix} 1 & 3 & -2 \\ -\dfrac{3}{2} & -3 & \dfrac{5}{2} \\ 1 & 1 & -1 \end{bmatrix}$

2. (1) $\begin{pmatrix} 24 & 13 \\ -34 & -18 \end{pmatrix}$

(2) $\begin{bmatrix} 2 & -1 & 0 \\ 1 & 3 & -4 \\ 1 & 0 & -2 \end{bmatrix}$

第十章

习题 10.2

1. (1) $\begin{cases} x_1 = \dfrac{1}{3} \\ x_2 = -1 \\ x_3 = \dfrac{1}{2} \\ x_4 = 1 \end{cases}$ (2) $\begin{cases} x_1 = 0 \\ x_2 = 0 \\ x_3 = 0 \\ x_4 = 0 \end{cases}$

2. 销售员、摄影师、后期修图师总收入 10 万元、2 万元、6 万元.

习题 10.3

1. $m = 5$ $\begin{cases} x_1 = \dfrac{4}{5} - \dfrac{1}{5}c_1 - \dfrac{6}{5}c_2 \\ x_2 = \dfrac{3}{5} + \dfrac{3}{5}c_1 - \dfrac{7}{5}c_2 \\ x_3 = c_1 \\ x_4 = c_2 \end{cases}$

2. (1) $\begin{cases} x_1 = 7c \\ x_2 = -5c \\ x_3 = c \end{cases}$ (2) 无解

   (3) $\begin{cases} x_1 = x_2 + x_4 + \dfrac{1}{2} \\ x_2 = x_2 \\ x_3 = 2x_4 + \dfrac{1}{2} \\ x_4 = x_4 \end{cases}$

3. (1) $m = 2, m = 2 + \sqrt{2}, m = 2 - \sqrt{2}$
   (2) $m = 0, m = -3 + 2\sqrt{21}, m = -3 - 2\sqrt{21}$

习题 10

1. (1) $\lambda = -2$ 无解，
   $\lambda = 1$ 有无穷多组解，
   $\lambda \neq -2$ 且 $\lambda \neq 1$ 有唯一解
   (2) $b \neq 0$ 且 $a \neq 1$ 有唯一解，
   $b = 0$ 无解，
   $a = 1$ 且 $b = \dfrac{1}{2}$ 有无穷多组解，
   $a = 1$ 且 $b \neq \dfrac{1}{2}$ 无解
   (3) $b \neq 5$ 无解，
   $b = 5$ 且 $a \neq -2$ 有唯一解，
   $b = 5$ 且 $a = -2$ 有无穷多组解

第十一章

练习题 11.2

1. （1）$S^* = -16$
   （2）无最优解
   （3）无可行解

练习题 11.3

1. （1）$\max S = 3x_1 + 4x_2 + 0x_3 + 0x_4 + 0x_5$
   s.t. $\begin{cases} x_1 + x_2 + x_3 = 6 \\ x_1 + 2x_2 + x_4 = 6 \\ x_2 + x_5 = 3 \\ x_j \geqslant 0 (j=1,2,3,4,5) \end{cases}$

   （2）$\max S' = -6x_1 - 3x_2 + 4(x_4 - x_5) + 0x_6 + 0x_7$
   s.t. $\begin{cases} x_1 + x_2 + 5(x_4 - x_5) + x_6 = 20 \\ x_1 + 3x_2 - 2(x_4 - x_5) - x_7 = 30 \\ 5x_1 + 2x_2 = 10 \\ x_j \geqslant 0 (j=1,2,4,5,6,7) \end{cases}$

练习题 11.4

1. $S = 20$.

习题 11

1. $\max S = 30x_1 + 20x_2 + 5x_3$
   $\begin{cases} 15x_1 + 10x_2 + 3x_3 \leqslant 500, \\ 8x_1 + 4x_2 + 2x_3 \leqslant 200, \\ x_1 \geqslant 0, x_2 \geqslant 0, x_3 \geqslant 0. \end{cases}$

2. $\max S' = 2x_1 + 3x_2 + 4x_5 - 5x_6 + 5x_7$
   $\begin{cases} 2x_1 + x_2 + 4x_3 + x_6 - x_7 = 8 \\ 3x_1 + x_2 + x_5 - x_6 + x_7 + x_8 = 14 \\ -x_1 + 2x_2 + x_5 + 2x_6 - 2x_7 - x_9 = 3 \\ x_i \geqslant 0 (i=1,2,5,6,7,8,9). \end{cases}$

3. 最优值为 $S = 1 + 2 \times 3 = 7$.
4. 最优值是 $S = 1\,000$.

第十二章

练习题 12.1

1. （1）是 （2）是 （3）是 （4）是 （5）不是
2. $\{1红, 1白\}$、$\{1红, 1黄\}$、$\{1黄, 1白\}$、$\{2红\}$、$\{2黄\}$.
3. $A = \{7\}, B = \{7, 8\}$.
4. $C_{50}^3, C_4^2, C_{46}^1, C_{46}^3 + C_4^1 C_{46}^2$

5. (1) AB (2) $AB\overline{C}$ (3) ABC
    (4) $AB\overline{C}+A\overline{B}C+\overline{A}BC$ (5) $AB+BC+AC$

6. $A=\{3\}$ $B=\{5,6\}$ $C=\{1,2,3,4,5\}$ $D=\{1,3,5\}$ $A+B=\{3,5,6\}$ $BC=\{5\}$ $D \in A+C$

7. (1) $\overline{A}_1\overline{A}_2\overline{A}_3$ (2) $\overline{A}_1 A_2 A_3 + A_1\overline{A}_2 A_3 + A_1 A_2 \overline{A}_3$ (3) $A_1+A_2+A_3$
    (4) $\overline{A}_1 A_2 A_3 + A_1 \overline{A}_2 A_3 + A_1 A_2 \overline{A}_3 + A_1 A_2 A_3$ (5) $\overline{A}_1\overline{A}_2\overline{A}_3 + \overline{A}_1\overline{A}_2 A_3 + \overline{A}_1 A_2 \overline{A}_3 + A_1 \overline{A}_2 \overline{A}_3$

练习题 12.2

1. 0.9   2. $\dfrac{C_7^1 C_2^1 C_3^1}{C_{12}^3}$ 3. $\dfrac{1}{3}$ 4. (1) $\dfrac{C_3^1 C_{17}^1}{C_{20}^2}$ (2) $\dfrac{C_{17}^1 C_{17}^1}{20^2}$

5. $1-\dfrac{C_{55}^4}{C_{60}^4}$

6. $1-\left(\dfrac{1}{30}\right)^5, 30.29, 28, 27, 26$

练习题 12.3

1. $\dfrac{92}{100} \times \dfrac{91}{99}$ 2. $\dfrac{8}{9}$ 3. $\dfrac{2}{3}, \dfrac{6}{7}$ 4. $\dfrac{18}{55}$ 5. 0.017 5

6. $\dfrac{6}{10} \times \dfrac{4}{9} + \dfrac{4}{10} \times \dfrac{6}{9}$

7. $\dfrac{1}{8}, \dfrac{17}{24}, \dfrac{3}{8}$

练习题 12.4

1. $\dfrac{1}{36}$ 2. 0.82   3. 0.48, 0.92   4. 0.051 2, 0.993 3

5. $C_{10}^5 (0.8)^5 (0.2)^5, C_{10}^6 (0.8)^6 (0.2)^4, C_{10}^9 (0.8)^9 0.2 + C_{10}^{10}(0.8)^{10}$ 6. $\dfrac{3}{5}$

习题 12

一、

1. 所有可能结果是明确不变的,但每次试验的具体结果在实验前是无法预知的
2. 发生的可能性
3. U
4. 0.72
5. (1) $C_5^4 p^4 (1-p)$ (2) $1 - C_5^4 p^4 (1-p) - p^5$
6. 0.82
7. 0.6

二、

1. 0.3, 27, 0.5
2. 0.9
3. (1) $\dfrac{99}{392}$ (2) $\dfrac{541}{1\,960}$ (3) $\dfrac{1\,959}{1\,960}$
4. 0.87
5. $\dfrac{1}{4}$ 6. 0.3%

第十三章

练习题 13.1

1. (1) 不是　(2) 是

2.

X	1	2	3	4	5	6
Y	$\frac{1}{6}$	$\frac{1}{6}$	$\frac{1}{6}$	$\frac{1}{6}$	$\frac{1}{6}$	$\frac{1}{6}$

$\frac{1}{2}$，$\frac{1}{3}$

3. $P(X=i)=\dfrac{C_2^i C_{18}^{4-i}}{C_{20}^4}(i=0、1、2)$

4. $P(X=i)=C_5^i (0.97)^{5-i}(0.03)^i (i=0,1,\cdots,5)$

5. (1) $k=\dfrac{1}{2}$　(2) $\dfrac{1}{4}$，$\dfrac{551}{1\,600}$

6. (1) $A=\dfrac{2}{\pi}$　(2) $\dfrac{2}{3}$

7. (1) $C=\dfrac{1}{2}$　(2) $P(-1<x<1)=0.63$

练习题 13.2

1. (1) $k=0.3$

   (2)

Y_1	0	1	4	9
p	0.3	0.4	0.2	0.1

Y_2	-3	-1	1	3	7
p	0.2	0.3	0.3	0.1	0.1

2.

Y_1	0	9
p	0.3	0.7

Y_2	-10	-1	8
p	0.4	0.3	0.3

3. $F(x)=P(X\leqslant x)=\begin{cases} 0, & x<-2, \\ 0.4, & -2\leqslant x<2, \\ 0.9, & 0\leqslant x<2, \\ 1, & x\geqslant 2 \end{cases}$

4. (1) $A=\dfrac{1}{2}$

   (2) $F(x)=\begin{cases} 0, & x<0, \\ 1-e^{-\frac{x}{2}}, & x>0 \end{cases}$

5. (1) $C=2$

   $F(x)=\begin{cases} 0, & x<0, \\ x^2, & 0\leqslant x<1, \\ 1, & x\geqslant 1 \end{cases}$

6. (1) $k = -\dfrac{1}{2}$

(2) $F(x) = \begin{cases} 0, & x<0, \\ -\dfrac{1}{4}x^2 + x, & 0 \leqslant x < 2, \\ 1, & x \geqslant 2 \end{cases}$

(3) $\dfrac{1}{16}$

练习题 13.3

1. (1) $\dfrac{6^9}{9!}e^{-6}$ (2) $\dfrac{6^0}{0!}e^{-6} + \dfrac{6^1}{1!}e^{-6}$

2. $\lambda = \ln 2$

3. $\dfrac{1}{4}$

4. $C_{500}^{8}(0.02)^8(0.98)^{492}$

5. (1) $F(x) = \begin{cases} \dfrac{1}{10}, & 0 \leqslant x \leqslant 10, \\ 0, & 其他 \end{cases}$

(2) 0.4 0.5 0.6

6. 0.906 6   0.715 7   0.016 2

7. (1) 0.341 3 (2) 0.136 0 (3) 0.413 1 (4) 0.954 4 (5) 0.158 7 (6) 0.317 4

8. (1) 0.191 5 (2) 0.063 8 (3) 0.977 2 (4) 0.5

9. 0.954 4

10. (1) 0.368 (2) 0.233

练习题 13.4

1. 0.4 1.2 1.8
2. A 厂好
3. (1) $P_4 = 0.4$ (2) 10
4. 100
5. 15   0.4
6. (1) 1.7 (2) 0.41 (3) 1.64
7. (1) $\dfrac{1}{3}$ (2) $\dfrac{1}{18}$
8. $E(X) = 1.2$ 元，获利 1.8 元
9. (1) $\dfrac{\eta}{2} - 1$ (2) $\eta - 1$
10. (1) 13 (2) 10.4
11. $E(Y_1) = 51$ $D(Y_1) = 51$ $E(Y_2) = 11$ $D(Y_2) = 38$
12. $E(Y_1) = -10$ $D(Y_1) = 19$ $E(Y_2) = 7$ $D(Y_2) = 36\dfrac{1}{3}$
13. $E(X) = \dfrac{\eta}{2}(a^2 + b^2 + ab)$
14. (1) $P(X = k) = C_{40}^{k}(0.8)^k(0.2)^{40-k}$

(2) $E(X) = 32$

(3) $D(X) = 6.4$

习题 13

1.

X^2	0	1	4	9
P	$\frac{1}{5}$	$\frac{7}{30}$	$\frac{1}{5}$	$\frac{11}{30}$

2.

X	1	2	3	4	5	6
P	$\frac{1}{6}$	$\frac{1}{6}$	$\frac{1}{6}$	$\frac{1}{6}$	$\frac{1}{6}$	$\frac{1}{6}$

3.

X	0	1	2
P	0.96	0.0396	0.0004

4. $\frac{5}{2}$

5. (1) $a = 5$

(2) $F(x) = \begin{cases} 0, & x < -\frac{\pi}{2}, \\ \frac{\sin x + 1}{2}, & -\frac{\pi}{2} \leq x \leq \frac{\pi}{2}, \\ 1, & x > \frac{\pi}{2} \end{cases}$

6. 0.5   0.9974   0.5   0.0012   0.84

7. $E(X) = \int_0^1 3x^2 \, dx$

8. $a = \frac{1}{2}$ $b = \frac{1}{\pi}$

9. (1) 10.3%   (2) 93.8%

第十四章

习题 14

1. (1) $\varnothing, \{1\}, \{\{2,3\}\}, \{1,\{2,3\}\}$

   (2) $\varnothing, \{\{1,\{2,3\}\}\}$

   (3) $\varnothing, \{\varnothing\}, \{\{\varnothing\}\}, \{\varnothing, \{\varnothing\}\}$

2. (1) $P(A) = \{\varnothing, \{a\}, \{\{b\}\}, \{a,\{b\}\}\}$

   (2) $P(A) = \{\varnothing, \{1\}, \{\varnothing\}, \{1,\varnothing\}\}$

   (3) $P(A) = \{\varnothing, \{\varnothing\}, \{\{\varnothing,2\}\}, \{\{2\}\}, \{\varnothing,\{2\}\}, \{\varnothing,\{\varnothing,2\}\}, \{\{2\},\{\varnothing,2\}\}, \{\{\varnothing,2\},\varnothing,\{2\}\}\}$

3. (1),(2),(3),(6),(8)正确

4. $A \cap B = \{2,8\}$

   $B - A = \{0,4,6\}$

   $A - B = \{1,3,7\}$

   $A \oplus B = \{0,1,3,4,6,7\}$

$\overline{B} = \{1,3,5,7,9\}$

5. (1) $((A \cup B) \cap B) - (A \cup B)$
   $= ((A \cap B) \cup (B \cap B)) - (A \cup B)$
   $= B - (A \cup B) = B$

   (2) $(A \cup B \cup C) - (B \cup C) \cup A$
   $= (A \cup B \cup C) - (A \cup B \cup C) = \varnothing$

   (3) $((A \cup (B-C)) \cap A) \cup (B-(B-A))$
   $= A \cup (B-(B-A))$
   $= A \cup (A \cap B) = A$

   (4) $(A \cap B) - (C - (A \cup B))$
   $= (A \cap B) \cap \overline{(C-(A \cup B))}$
   $= (A \cap B) \cap \overline{C \cap \overline{(A \cup B)}}$
   $= (A \cap B) \cap \overline{C \cap \overline{A} \cap \overline{B}}$
   $= (A \cap B) \cap (\overline{C} \cup A \cup B)$
   $= A \cap B$

6. 设计算机系在校学生的集合为 E,拥有台式电脑的学生的集合为 A,拥有笔记本电脑的学生的集合为 B. 则
   $|A| = 505, |B| = 105, |\overline{A}| = 120, |\overline{A} \cap \overline{B}| = 45$
   所以(1) 计算机系在校学生数为:
   $|E| = |A| + |\overline{A}| = 505 + 120 = 625$
   (2) $|A \cup B| = |E| - |\overline{A \cup B}| = 625 - |\overline{A} \cap \overline{B}| = 625 - 45 = 580$
   于是计算机系既有台式电脑又有笔记本电脑的学生数为:
   $|A \cap B| = |A| + |B| - |A \cup B| = 505 + 105 - 580 = 30$
   (3) 计算机系仅有笔记本电脑的学生数为:
   $|B| - |A \cap B| = 105 - 30 = 75$

7. 设会打排球的人的集合为 A,会打网球的人的集合为 B,会打篮球的人的集合为 C.
   则根据题意
   $|A| = 12, |B| = 6, |C| = 14, A \cap C = 6, B \cap C = 5, |A \cap B \cap C| = 2$
   所以: $|A \cup B \cup C| = |A| + |B| + |C| - |A \cap B| - |A \cap C| - |B \cap C|$
   $= 12 + 6 + 14 - |A \cap B| - 5 - 6 + 2$
   即 $|A \cup B \cup C| = 23 - |A \cap B|$
   又根据题意,$|B \cap (B \cup C)| = 6$
   即 $6 = |(B \cap A) \cup (C \cap B)| = |B \cap A| + |C \cap B| - |A \cap B \cap C|$
   $= 5 + |A \cap B| - 2$
   即 $|A \cap B| = 3$ 所以 $|A \cup B \cup C| = 20$
   所以不会打这三种球的人数为: $25 - 20 = 5$

8. $A \times B = \{\langle a, \{1,2\}\rangle, \langle a, 3\rangle, \langle b, \{1,2\}\rangle, \langle b, 3\rangle, \langle c, \{1,2\}\rangle, \langle c, 3\rangle\}$
   $B \times A = \{\langle \{1,2\}, a\rangle, \langle 3, a\rangle, \langle \{1,2\}, b\rangle, \langle 3, b\rangle, \langle \{1,2\}, c\rangle, \langle 3, c\rangle\}$
   $B^2 = \{\langle \{1,2\}, \{1,2\}\rangle, \langle \{1,2\}, 3\rangle, \langle 3, \{1,2\}\rangle, \langle 3, 3\rangle\}$

9. $E_A = \{\langle 1,1\rangle, \langle 1,2\rangle, \langle 1,3\rangle, \langle 2,1\rangle, \langle 2,2\rangle, \langle 2,3\rangle, \langle 3,1\rangle, \langle 3,2\rangle, \langle 3,3\rangle\}$
   $I_A = \{\langle 1,1\rangle, \langle 2,2\rangle, \langle 3,3\rangle\}$

10. (1) $R = \{\langle 2,4\rangle, \langle 2,6\rangle, \langle 4,4\rangle, \langle 4,6\rangle, \langle 5,3\rangle, \langle 5,5\rangle, \langle 7,3\rangle, \langle 7,5\rangle\}$

(2) $M_R = \begin{pmatrix} 0 & 1 & 0 & 1 \\ 0 & 1 & 0 & 1 \\ 1 & 0 & 1 & 0 \\ 1 & 0 & 1 & 0 \end{pmatrix}$

(3) 略

11. $R_1 = \{\langle 1,1 \rangle, \langle 1,2 \rangle, \langle 1,3 \rangle, \langle 3,3 \rangle\}$ 具有自反性、反对称性

$R_2 = \{\langle 1,1 \rangle, \langle 1,2 \rangle, \langle 2,1 \rangle, \langle 2,2 \rangle, \langle 3,3 \rangle\}$ 具有自反性、对称性、传递性

$R_3 = \{\langle 1,1 \rangle, \langle 1,2 \rangle, \langle 2,2 \rangle, \langle 2,3 \rangle\}$ 具有反对称性

$R_4 = \varnothing$ 具有对称性、传递性、反对称性

$R_5 = E_A$ 具有自反性、对称性、传递性

12. (1) $R = \{\langle 0,0 \rangle, \langle 0,1 \rangle, \langle 0,2 \rangle, \langle 0,3 \rangle, \langle 1,0 \rangle, \langle 1,1 \rangle, \langle 1,2 \rangle, \langle 1,3 \rangle, \langle 2,0 \rangle \langle 2,1 \rangle$
$\langle 2,2 \rangle, \langle 2,3 \rangle, \langle 3,0 \rangle, \langle 3,1 \rangle, \langle 3,2 \rangle, \langle 3,3 \rangle, \langle 4,0 \rangle, \langle 4,1 \rangle, \langle 4,2 \rangle, \langle 4,3 \rangle\}$

(2) $R = \{\langle 2,2 \rangle, \langle 2,4 \rangle, \langle 2,6 \rangle, \langle 3,3 \rangle, \langle 3,6 \rangle, \langle 4,4 \rangle, \langle 5,5 \rangle, \langle 6,6 \rangle, \langle 7,7 \rangle\}$

(3) $R = \{\langle 0,0 \rangle, \langle 1,0 \rangle, \langle 2,0 \rangle, \langle 1,1 \rangle, \langle 2,1 \rangle, \langle 3,1 \rangle, \langle 2,2 \rangle, \langle 3,2 \rangle, \langle 4,2 \rangle \langle 3,3 \rangle, \langle 4,3 \rangle, \langle 4,4 \rangle\}$

(4) $R = \{\langle 2,3 \rangle, \langle 3,2 \rangle, \langle 2,5 \rangle, \langle 5,2 \rangle, \langle 3,4 \rangle, \langle 4,3 \rangle, \langle 3,5 \rangle, \langle 5,3 \rangle, \langle 4,5 \rangle \langle 5,4 \rangle, \langle 5,6 \rangle, \langle 6,5 \rangle\}$

第十五章

习题 15

1. (1)、(3)、(5)、(6)、(7)、(8) 是命题

2. (1) p:太阳明亮,q:湿度不高,则 $p \wedge q$

   (2) p:我吃饭前完成家庭作业,q:天不下雨,r:我们就去看球赛
   则:$p \wedge q \rightarrow r$

   (3) p:你明天看不到我,q:我去北京. 则 $p \rightarrow q$

   (4) p:$3+2=6$,q:美国位于亚洲,则 $p \leftrightarrow q$

   (5) p:小王会唱歌,q:小王会跳舞,则 $p \wedge q$

   (6) p:小王在唱歌,q:小王在跳舞,则 $p \vee q$

   (7) p:停机,q:语法错误,r:程序错误. 则 $p \rightarrow q \vee r$

   (8) p:你不去上学,q:我也不去上学,则 $p \rightarrow q$

   (9) p:控制台打字机可作为输入设备,q:控制台打字机可作为输出设备.
   则 $p \wedge q$

   (10) p:晚上他在家里,q:他没有其他的事情,r:他会看电视,t:他会听音乐.
   则:$p \wedge q \rightarrow r \vee t$

3. (1) $P \wedge Q$

   (2) $\neg P \wedge \neg Q \rightarrow \neg R$

   (3) $\neg P \wedge \neg Q \wedge \neg R$

   (4) $P \leftrightarrow Q$

   (5) $(P \vee Q) \wedge \neg (P \wedge Q)$

8. 解:设 P:今天是 1 号,Q:明天是 5 号.

   (1) $(P \rightarrow Q) \wedge P \rightarrow Q$

   (2) $(P \rightarrow Q) \wedge Q \rightarrow P$

   (3) $(P \rightarrow Q) \wedge \neg Q \rightarrow \neg P$

(4) $(P \rightarrow Q) \wedge \neg P \rightarrow \neg Q$

9. 证明:(1) ① $\neg r$ P
         ② $\neg q \vee r$ P
         ③ $\neg q$ ①②T1
         ④ $\neg(p \wedge \neg q)$ P
         ⑤ $\neg p \vee q$ ④ T1
         ⑥ $\neg p$ ③⑤T1

   (2) ① $(\neg q \vee r) \wedge \neg r$ P
       ② $\neg q \vee r$ ①T1
       ③ $\neg r$ ①T1
       ④ $\neg q$ ②③T1
       ⑤ $p \rightarrow q$ P
       ⑥ $\neg p$ T1④⑤
       ⑦ $\neg(\neg p \wedge s)$ P
       ⑧ $p \vee \neg s$ ⑦T1
       ⑨ $\neg s$ ⑥⑧T1

10. 解:(1) 设 p:他晚上上班,q:他白天睡觉,r:白天不上班
        前提:$p \rightarrow q, r \rightarrow p, \neg q,$
        结论:$\neg r$.
        证明 ① $p \rightarrow q$ P
             ② $\neg q$ P
             ③ $\neg p$ ①②T1
             ④ $r \rightarrow p$ P
             ⑤ $\neg r$ ③④T1

   (2)不正确。理由是前提错误。

11. (1) $\forall x(A(x) \rightarrow B(x))$
        $\Leftrightarrow (A(a) \rightarrow B(a)) \wedge (A(b) \rightarrow B(b)) \wedge (A(c) \rightarrow B(c))$
    (2) $\exists x(A(x)) \wedge \exists y(\neg B(y))$
        $\Leftrightarrow (A(a) \vee A(b) \vee A(c)) \wedge (\neg B(a) \vee \neg B(b) \vee \neg B(c))$

12. (1) 令 $F(x):x$ 是人. $G(x):x$ 爱看小说
        则 $\exists x F(x) \wedge G(x)$
    (2) 令 $F(x):x$ 是这个班的小朋友. $G(x):x$ 会说简单的英语
        则 $\forall x(F(x) \rightarrow G(x))$
    (3) 令 $F(x):x$ 是人,$G(x):x$ 爱吃糖
        则 $\exists x(F(x) \wedge \neg G(x))$
    (4) 令 $F(x):x$ 是人. $G(x):x$ 爱看电影
        则 $\forall x(F(x) \rightarrow \neg G(x))$

13. 解 $\exists x(P(f(x)) \wedge Q(f(x),a))$
        $\Leftrightarrow (P(f(2)) \wedge Q(f(2),2)) \vee (P(f(3)) \wedge Q(f(3),3))$
        $\Leftrightarrow (P(3) \wedge Q(3,2)) \vee (P(2) \wedge Q(2,3))$
        $\Leftrightarrow (0 \wedge 0) \wedge (1 \wedge 0) \Leftrightarrow 0 \vee 0 \Leftrightarrow 0$

14. 解:(1)令 $F(x):x$ 是计算机系学生,$G(x):x$ 会安装系统软件,a:阿芳.

所以,命题符号化为　　$\forall x(F(x) \rightarrow G(x)), \neg G(a) \Rightarrow \neg F(a)$

证明　① $\forall x(F(x) \rightarrow G(x))$　　　　　　P
　　　② $F(a) \rightarrow G(a)$　　　　　　　　　①$T1$
　　　③ $\neg G(a)$　　　　　　　　　　　　P
　　　④ $\neg F(a)$　　　　　　　　　　　　②③$T1$

(2) 令 $F(x):x$ 喜欢步行,$G(x):x$ 喜欢乘汽车,$R(x):x$ 喜欢骑自行车.

所以,命题符号化为
$(\forall x)(F(x) \rightarrow \neg G(x)), (\forall x)(G(x) \vee R(x)), (\exists x)\neg R(x) \Rightarrow (\exists x)\neg F(x)$

证明　① $(\exists x)\neg R(x)$　　　　　　　　　P
　　　② $\neg R(c)$　　　　　　　　　　　　①$T1$
　　　③ $(\forall x)(G(x) \vee R(x))$　　　　　　P
　　　④ $(G(c) \vee R(c))$　　　　　　　　　③$T1$
　　　⑤ $G(c)$　　　　　　　　　　　　　②④$T1$
　　　⑥ $(\forall x)(F(x) \rightarrow \neg G(x))$　　　　　P
　　　⑦ $F(c) \rightarrow \neg G(c)$　　　　　　　　⑥$T1$
　　　⑧ $\neg F(c)$　　　　　　　　　　　　⑤⑦$T1$
　　　⑨ $(\exists x)\neg F(x)$　　　　　　　　　⑧$T1$

附录1 初等数学常用公式

一、代数

1. 绝对值

(1) 定义 $|x| = \begin{cases} x, & x \geq 0 \\ -x, & x < 0 \end{cases}$

(2) 性质 $|x| = |-x|$,

$|xy| = |x||y|$,

$\left|\dfrac{x}{y}\right| = \dfrac{|x|}{|y|} \ (y \neq 0)$,

$|x| \leq a \Leftrightarrow -a \leq x \leq a \ (a \geq 0)$,

$|x+y| \leq |x| + |y|$,

$|x-y| \geq |x| - |y|$.

2. 指数

(1) $a^m \cdot a^n = a^{m+n}$.   (2) $\dfrac{a^m}{a^n} = a^{m-n}$.

(3) $(ab)^m = a^m \cdot b^m$.   (4) $(a^n)^m = a^{am}$.

(5) $a^{\frac{m}{n}} = \sqrt[n]{a^m}$.   (6) $a^{-m} = \dfrac{1}{a^m}$.

(7) $a^0 = 1 \ (a \neq 0)$.

(8) 算术根 $\sqrt{a^2} = |a| = \begin{cases} a, & a > 0 \\ 0, & a = 0 \\ -a, & a > 0 \end{cases}$

3. 对数

(1) 定义 $b = \log_a N \Leftrightarrow a^b = N \ (a > 0, a \neq 1)$.

(2) 性质 $\log_a 1 = 0, \log_a a = 1, a^{\log_a N} = N$.

(3) 运算法则 $\log_a(xy) = \log_a x + \log_a y$,

$\log_a \dfrac{x}{y} = \log_a x - \log_a y$,

$\log_a x^n = n \log_a x$.

(4) 换底公式 $\log_a b = \dfrac{\log_c b}{\log_c a}, \log_a b = \dfrac{1}{\log_b a}$.

4. 排列、组合与二项式定理

(1) 排列数公式 $A_n^m = n(n-1)(n-2)\cdots(n-m+1), A_n^0 = 1, A_n^n = n!, 0! = 1.$

(2) 组合数公式 $C_n^m = \dfrac{n(n-1)(n-2)\cdots(n-m+1)}{m!}, C_n^0 = 1, C_n^m = C_n^{n-m}.$

(3) 二项式定理 $(a+b)^n = \sum\limits_{k=0}^{n} C_n^k a^{n-k} b^k = a^n + na^{n-1}b + \cdots$
$$+ \dfrac{n(n-1)(n-2)\cdots(n-k+1)}{k!} a^{n-k} b^k + \cdots + b^n.$$

5. 数列

(1) 等差数列

通项公式 $a_n = a_1 + (n-1)d.$

求和公式 $S_n = \dfrac{n(a_1 + a_n)}{2} = na_1 + \dfrac{n(n-1)d}{2}.$

(2) 等比数列

通项公式 $a_n = a_1 q^{n-1}.$

求和公式 $S_n = \dfrac{a_1(1-q^n)}{1-q} \quad (q \neq 1).$

(3) 常见数列的和

$1+2+3+\cdots+n = \dfrac{1}{2}n(n+1),$

$1+3+5+\cdots+(2n-1) = n^2,$

$1^2+2^2+3^2+\cdots+n^2 = \dfrac{1}{6}n(n+1)(2n+1),$

$1^3+2^3+3^3+\cdots+n^3 = \left[\dfrac{n(n+1)}{2}\right]^2,$

$1+x+x^2+x^3+\cdots+x^{n-1} = \dfrac{1-x^n}{1-x} \quad (x \neq 1).$

二、几何

在下面的公式中,S 表示面积,$S_{侧}$ 表示侧面积,$S_{全}$ 表示全面积,V 表示体积.

1. 多边形的面积

(1) 三角形的面积

$S = \dfrac{1}{2}ah$ (a 为底,h 为高);

$S = \sqrt{p(p-a)(p-b)(p-c)}$ $\left(a,b,c \text{ 为三边}, p = \dfrac{a+b+c}{2}\right);$

$S = \dfrac{1}{2}ab\sin C$ (a,b 为两边,C 是夹角).

(2) 平行四边形的面积

$S=ah$(a 为一边，h 是 a 边上的高)；

$S=ah\sin\theta$(a,b 为两邻边，θ 为这两边的夹角).

(3) 梯形的面积 $S=\dfrac{1}{2}(a+b)h$ (a,b 为两底边，h 为高).

(4) 正 n 边形的面积

$S=\dfrac{n}{4}a^2\cot\dfrac{180°}{n}$ (a 为边长，n 边数)；

$S=\dfrac{1}{2}nr^2\sin\dfrac{360°}{n}$ (r 为外接圆的半径).

2. 圆、扇形的面积

(1) 圆的面积 $S=\pi r^2$ (r 为半径).

(2) 扇形面积

$S=\dfrac{\pi n r^2}{360}$ (r 为半径，n 为圆心角的度数)；

$S=\dfrac{1}{2}rL$ (r 为半径，L 为弧长).

3. 柱、锥、台、球的面积和体积

(1) 直棱柱　$S_{侧}=PH, V=S_{底}\cdot H$ (P 为底面周长，H 为高).

(2) 正棱锥　$S_{侧}=\dfrac{1}{2}Ph, V=\dfrac{1}{3}S_{底}\cdot H$ (P 为底面周长，h 为斜高，H 为高).

(3) 正棱台　$S_{侧}=\dfrac{1}{2}h(P_1+P_2), V=\dfrac{1}{3}H(S_1+S_2+\sqrt{S_1 S_2})$ (P_1,P_2 为上、下底面周长，h 为斜高，S_1,S_2 为上、下底面面积，H 为高).

(4) 圆柱　$S_{侧}=2\pi rH, S_{全}=2\pi r(H+r), V=\pi r^2 H$ (r 为底面半径，H 为高).

(5) 圆锥　$S_{侧}=\pi rl, V=\dfrac{1}{3}\pi r^2 H$ (r 为底面半径，l 为母线长，H 为高).

(6) 圆台　$S_{侧}=\pi l(r_1+r_2), V=\dfrac{1}{3}\pi H(r_1^2+r_2^2+r_1 r_2)$ (r_1,r_2 为上、下底面半径，l 为母线长，H 为高).

(7) 球　$S=4\pi R^2, V=\dfrac{4}{3}\pi R^3$ (R 为球的半径).

三、三角

1. 度与弧度的关系　$1°=\dfrac{\pi}{180}\text{rad}, 1\text{rad}=\dfrac{180°}{\pi}$.

2. 三角函数的符号

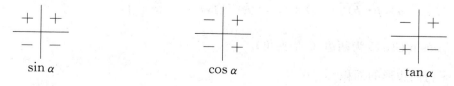

3. 同角三角函数的关系

(1) 平方和关系　$\sin^2 x + \cos^2 x = 1, 1 + \tan^2 x = \sec^2 x, 1 + \cot^2 x = \csc^2 x.$

(2) 倒数关系　$\sin x \csc x = 1, \cos x \sec x = 1, \tan x \cot x = 1.$

(3) 商数关系　$\tan x = \dfrac{\sin x}{\cos x}, \cot x = \dfrac{\cos x}{\sin x}.$

4. 和差公式

$$\sin(x \pm y) = \sin x \cos y \pm \cos x \sin y,$$
$$\cos(x \pm y) = \cos x \cos y \mp \sin x \sin y,$$
$$\tan(x \pm y) = \dfrac{\tan x \pm \tan y}{1 \mp \tan x \tan y}.$$

5. 二倍角公式

$$\sin 2x = 2 \sin x \cos x,$$
$$\cos 2x = \cos^2 x - \sin^2 x = 2 \cos^2 x - 1 = 1 - 2 \sin^2 x,$$
$$\tan 2x = \dfrac{2 \tan x}{1 - \tan^2 x}.$$

6. 半角公式

$$\sin \dfrac{x}{2} = \pm \sqrt{\dfrac{1 - \cos x}{2}},$$
$$\cos \dfrac{x}{2} = \pm \sqrt{\dfrac{1 + \cos x}{2}},$$
$$\tan \dfrac{x}{2} = \pm \sqrt{\dfrac{1 - \cos x}{1 + \cos x}} = \dfrac{\sin x}{1 + \cos x} = \dfrac{1 - \cos x}{\sin x}.$$

7. 和差化积公式

$$\sin x + \sin y = 2 \sin \dfrac{x + y}{2} \cos \dfrac{x - y}{2},$$
$$\sin x - \sin y = 2 \cos \dfrac{x + y}{2} \sin \dfrac{x - y}{2},$$
$$\cos x + \cos y = 2 \cos \dfrac{x + y}{2} \cos \dfrac{x - y}{2},$$
$$\cos x - \cos y = -2 \sin \dfrac{x + y}{2} \sin \dfrac{x - y}{2}.$$

8. 积化和差公式

$$\sin x \cos y = \dfrac{1}{2} [\sin(x + y) + \sin(x - y)],$$

$$\cos x \sin y = \frac{1}{2}[\sin(x+y) - \sin(x-y)],$$

$$\cos x \cos y = \frac{1}{2}[\cos(x+y) + \cos(x-y)],$$

$$\sin x \sin y = -\frac{1}{2}[\cos(x+y) - \cos(x-y)].$$

9. 正弦、余弦定理

(1) 正弦定理 $\quad \dfrac{a}{\sin A} = \dfrac{b}{\sin B} = \dfrac{c}{\sin C}.$

(2) 余弦定理 $\quad a^2 = b^2 + c^2 - 2bc\cos A$

附录 2 标准正态分布数值表

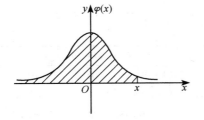

$$\Phi(x) = \frac{1}{\sqrt{2\pi}} \int_{-\infty}^{x} e^{-\frac{t^2}{2}} dt \quad (x \geqslant 0)$$

x	0.00	0.01	0.02	0.03	0.04	0.05	0.06	0.07	0.08	0.09
0.0	0.5000	0.5040	0.5080	0.5120	0.5160	0.5199	0.5239	0.5279	0.5319	0.5359
0.1	0.5398	0.5438	0.5478	0.5517	0.5557	0.5596	0.5636	0.5675	0.5714	0.5753
0.2	0.5793	0.5832	0.5871	0.5910	0.5948	0.5987	0.6026	0.6064	0.6103	0.6141
0.3	0.6179	0.6217	0.6255	0.6293	0.6331	0.6368	0.6404	0.6443	0.6480	0.6517
0.4	0.6554	0.6591	0.6628	0.6664	0.6700	0.6736	0.6772	0.6808	0.6844	0.6879
0.5	0.6915	0.6950	0.6985	0.7019	0.7054	0.7088	0.7123	0.7157	0.7190	0.7224
0.6	0.7257	0.7291	0.7324	0.7357	0.7389	0.7422	0.7454	0.7486	0.7517	0.7549
0.7	0.7580	0.7611	0.7642	0.7673	0.7703	0.7734	0.7764	0.7794	0.7823	0.7852
0.8	0.7881	0.7910	0.7939	0.7967	0.7995	0.8023	0.8051	0.8078	0.8106	0.8133
0.9	0.8159	0.8186	0.8212	0.8238	0.8264	0.8289	0.8315	0.8340	0.8365	0.8389
1.0	0.8413	0.8438	0.8461	0.8485	0.8508	0.8531	0.8554	0.8577	0.8599	0.8621
1.1	0.8643	0.8665	0.8686	0.8708	0.8729	0.8749	0.8770	0.8790	0.8810	0.8830
1.2	0.8849	0.8869	0.8888	0.8907	0.8925	0.8944	0.8962	0.8980	0.8997	0.9015
1.3	0.9032	0.9049	0.9066	0.9082	0.9099	0.9115	0.9131	0.9147	0.9162	0.9177
1.4	0.9192	0.9207	0.9222	0.9236	0.9251	0.9265	0.9279	0.9292	0.9306	0.9319
1.5	0.9332	0.9345	0.9357	0.9370	0.9382	0.9394	0.9406	0.9418	0.9430	0.9441
1.6	0.9452	0.9463	0.9474	0.9484	0.9495	0.9505	0.9515	0.9525	0.9535	0.9545
1.7	0.9554	0.9564	0.9573	0.9582	0.9591	0.9599	0.9608	0.9616	0.9625	0.9633
1.8	0.9641	0.9648	0.9656	0.9664	0.9672	0.9678	0.9686	0.9693	0.9700	0.9706
1.9	0.9713	0.9719	0.9726	0.9732	0.9738	0.9744	0.9750	0.9756	0.9762	0.9767
2.0	0.9773	0.9778	0.9783	0.9788	0.9793	0.9798	0.9803	0.9808	0.9812	0.9817
2.1	0.9812	0.9826	0.9830	0.9834	0.9838	0.9842	0.9846	0.9850	0.9854	0.9857
2.2	0.9861	0.9864	0.9868	0.9871	0.9874	0.9878	0.9881	0.9884	0.9887	0.9890
2.3	0.9893	0.9896	0.9898	0.9901	0.9904	0.9906	0.9909	0.9911	0.9913	0.9916
2.4	0.9918	0.9920	0.9922	0.9925	0.9927	0.9929	0.9931	0.9932	0.9934	0.9936
2.5	0.9938	0.9940	0.9941	0.9943	0.9945	0.9946	0.9948	0.9949	0.9951	0.9952
2.6	0.9953	0.9955	0.9956	0.9957	0.9959	0.9960	0.9961	0.9962	0.9963	0.9964
2.7	0.9965	0.9966	0.9967	0.9968	0.9969	0.9970	0.9971	0.9972	0.9973	0.9974
2.8	0.9974	0.9975	0.9976	0.9977	0.9977	0.9978	0.9979	0.9979	0.9980	0.9981
2.9	0.9981	0.9982	0.9982	0.9983	0.9984	0.9984	0.9985	0.9985	0.9986	0.9986
x	0.0	0.1	0.2	0.3	0.4	0.5	0.6	0.7	0.8	0.9
3	0.9987	0.9990	0.9993	0.9995	0.9997	0.9998	0.9998	0.9999	0.9999	1.0000

附录3 泊松分布表

$$1-F(x-1) = \sum_{k=x}^{\infty} \frac{\lambda^k}{k!} e^{-\lambda}$$

x	$\lambda=0.2$	$\lambda=0.3$	$\lambda=0.4$	$\lambda=0.5$	$\lambda=0.6$	$\lambda=0.7$	$\lambda=0.8$	$\lambda=0.9$	$\lambda=1.0$	$\lambda=1.2$
0	1.000 000 0	1.000 000 0	1.000 000 0	1.000 000 0	1.000 000 0	1.000 000 0	1.000 000 0	1.000 000 0	1.000 000 0	1.000 000 0
1	0.181 269 2	0.259 181 8	0.329 680 0	0.393 469	0.451 188	0.503 415	0.550 671	0.593 430	0.632 121	0.698 806
2	0.017 523 1	0.036 936 3	0.061 551 9	0.090 204	0.121 901	0.155 805	0.191 208	0.227 518	0.264 241	0.337 373
3	0.001 148 5	0.003 599 5	0.007 926 3	0.014 388	0.023 115	0.034 142	0.047 423	0.062 857	0.080 301	0.120 513
4	0.000 056 8	0.000 265 8	0.000 776 3	0.001 752	0.003 385	0.005 753	0.009 080	0.013 459	0.018 988	0.033 769
5	0.000 002 3	0.000 015 8	0.000 061 2	0.000 172	0.000 394	0.000 786	0.001 411	0.002 344	0.003 660	0.007 746
6	0.000 000 1	0.000 000 8	0.000 004 0	0.000 014	0.000 039	0.000 090	0.000 184	0.000 343	0.000 594	0.001 500
7			0.000 000 2	0.000 001	0.000 003	0.000 009	0.000 021	0.000 043	0.000 083	0.000 251
8						0.000 001	0.000 002	0.000 005	0.000 010	0.000 037
9									0.000 001	0.000 005
10										0.000 001

x	$\lambda=1.4$	$\lambda=1.6$	$\lambda=1.8$	$\lambda=2.0$	$\lambda=2.5$	$\lambda=3.0$	$\lambda=3.5$	$\lambda=4.0$	$\lambda=4.5$	$\lambda=5.0$
0	1.000 000	1.000 000	1.000 000	1.000 000	1.000 000	1.000 000	1.000 000	1.000 000	1.000 000	1.000 000
1	0.753 403	0.789 103	0.834 701	0.864 665	0.917 915	0.950 213	0.969 803	0.981 684	0.988 891	0.993 262
2	0.408 167	0.475 069	0.537 163	0.593 994	0.712 703	0.800 852	0.864 112	0.908 422	0.938 901	0.959 572
3	0.166 502	0.216 642	0.269 379	0.323 324	0.456 187	0.576 810	0.679 153	0.761 897	0.826 422	0.875 348
4	0.053 725	0.078 813	0.108 708	0.142 877	0.242 424	0.352 768	0.463 367	0.566 530	0.657 704	0.734 974
5	0.014 253	0.023 682	0.036 407	0.052 653	0.108 822	0.184 737	0.274 555	0.371 163	0.467 896	0.559 507
6	0.003 201	0.006 040	0.010 378	0.016 564	0.042 021	0.083 918	0.142 386	0.214 870	0.297 070	0.384 039
7	0.000 622	0.001 336	0.002 569	0.004 534	0.014 187	0.033 509	0.065 288	0.110 674	0.168 949	0.237 817
8	0.000 107	0.000 260	0.000 562	0.001 097	0.004 247	0.011 905	0.026 739	0.051 134	0.086 586	0.133 372
9	0.000 016	0.000 045	0.000 110	0.000 237	0.001 140	0.003 803	0.009 874	0.021 363	0.040 257	0.068 094
10	0.000 002	0.000 007	0.000 019	0.000 046	0.000 277	0.001 102	0.003 315	0.008 132	0.017 093	0.031 828
11		0.000 001	0.000 003	0.000 008	0.000 062	0.000 292	0.001 019	0.002 840	0.000 669	0.013 695
12				0.000 001	0.000 013	0.000 071	0.000 289	0.000 915	0.002 404	0.005 453
13					0.000 002	0.000 016	0.000 076	0.000 274	0.000 805	0.002 019
14						0.000 003	0.000 019	0.000 076	0.000 252	0.000 698
15						0.000 001	0.000 004	0.000 020	0.000 074	0.000 226
16							0.000 001	0.000 005	0.000 020	0.000 069
17								0.000 001	0.000 005	0.000 020
18									0.000 001	0.000 005
19										0.000 001

参 考 文 献

[1] 周卓夫. 通信数学[M]. 北京:北京理工大学出版社,2009.
[2] 顾静相. 经济数学基础[M]. 北京:高等教育出版社,2004.
[3] 周忠荣. 计算机数学[M]. 北京:清华大学出版社,2006.